Augustus Brown

Warum Pandas Handstand machen

Augustus Brown

WARUM PANDAS HANDSTAND MACHEN

Und andere kuriose Mitteilungen über Tiere

Aus dem Englischen von
Hainer Kober

Ullstein

Die Originalausgabe erschien 2006 unter dem Titel
Why Pandas Do Handstands
And Other Curious Truths About Animals
by BANTAM PRESS, London

ISBN 978-3-550-08692-2

Gesetzt aus der Bembo
bei LVD GmbH, Berlin
Druck und Bindung: CPI books, Leck
Printed in Germany

Für Gabriella, Thomas und Cilene

Inhalt

Vorwort

Noch vor einigen Generationen hielten auch die klügsten Köpfe Tiere für dumme und uninteressante Geschöpfe – jedenfalls im Vergleich zu uns Menschen.

So war Mark Twain der Meinung, der Mensch sei »das einzige Tier, das erröte oder es zumindest sollte«, während D. H. Lawrence den Menschen als das einzige Tier auf der Welt bezeichnete, das zu fürchten sei. G. K. Chesterton schrieb, zweifellos ein Glas in der Hand: »Kein Tier hat jemals so etwas Schlechtes wie die Trunkenheit erfunden – und keines so etwas so Gutes wie einen Drink.«

Er hätte sicherlich einen steifen Whisky gebraucht, wenn er erfahren hätte, wie gründlich sie alle irrten.

Offensichtlich war Mr Chesterton nie einem skandinavischen Elch begegnet, der von gegorenen Äpfeln sturzbetrunken war, und hatte nie beobachtet, was für eine blutige Schweinerei Vögel anrichten, wenn sie sich beerentrunken in die Glasfront eines Büroturms stürzen. Auch hatte Mr Twain augenscheinlich noch keinen sexuell erregten männlichen Strauß erblickt, dessen langer Hals knallrot leuchtete. Wäre es der Fall gewesen, hätte er wohl selbst einen roten Kopf bekommen.

Und Mr Lawrence dürfte nie von einer Seewespe gestochen worden sein, der berüchtigten australischen Würfelqualle. Wäre es dazu gekommen, hätte er eine Woche lang unter dem Irukandji-Syndrom gelitten, einer Mischung aus Übelkeit, Bluthochdruck und manisch-depressiven Zuständen – Symptomen, die aus einem Menschen … nun ja, eine zitternde Qualle machen. In so einem Fall hätte er wohl bis ans Ende seiner Tage eine heilige Furcht vor Tieren gehabt.

Zur Ehrenrettung all dieser klugen Männer sei angemerkt, dass sie in einer anderen Zeit gelebt haben, in einer Zeit, als es noch keine Elektronenmikroskope und Tierfilmer gab, keinen National-Geographic-Kanal und Computer, welche die DNA eines Hundes entschlüsseln können.

Heute kann sich niemand eingehender mit der Tierwelt beschäftigen, ohne immer wieder von Staunen überwältigt zu werden.

Täglich, so will es scheinen, vermeldet irgendeine wissenschaftliche Zeitschrift, ein Forschungsbericht, ein Dokumentarfilmer oder ein Zoologe eine neue Entdeckung oder Erkenntnis. Die Vielfalt, Unvorhersehbarkeit und außerordentliche Seltsamkeit der präsentierten Fakten kennen keine Grenzen – so wenig wie die Faszination, die sie auslösen. Kühe geben mehr Milch beim Klang von Beethoven, männliche Mäuse bringen ihrer Herzallerliebsten ein Ständchen, Pinguine können ihren Kot wie Kanonenkugeln abschießen, Hummer bereiten friedlichen Zeitgenossen Kummer, Elefanten ahmen das Geräusch vorbeifahrender Lastwagen nach. Offensichtlich ist das Leben der Tiere alles andere als langweilig.

Dieses Buch versammelt einige der merkwürdigen, bizarren und manchmal kaum glaubhaften Tatsachen, die heute über Tiere verbürgt sind.

Wie von Beginn an ersichtlich sein wird, handelt es sich um eine Sammlung, die zwar auch informieren und bilden, vor allem aber unterhalten möchte. Daher habe ich bei aller

Sorgfalt, die ich Quellenangaben und wissenschaftlicher Genauigkeit angedeihen ließ, immer darauf geachtet, dass nicht Pedanterie die Freude und das Staunen vergällt, die, wie ich hoffe, den besonderen Reiz dieses Buches ausmachen.

Andernfalls laufen wir Gefahr, der nächsten Generation das Interesse an Tieren zu nehmen. Und das kann es einfach nicht sein.

AUGUSTUS BROWN
London, Ostern 2006

TEIL EINS

Im Reich Dr. Doolittles

Die seltsame Kunst tierischer Kommunikation

Das Beste an Tieren ist, dass sie nicht so viel reden.

Thornton Wilder,
Wir sind noch einmal davongekommen

Im Grunde ist es ein Wunder, dass wir unser eigenes Wort verstehen, denn überall sind Tiere in ihre Gespräche vertieft: Sie unterhalten sich über Essen, Sex und Kindererziehung, übermitteln streng geheime Nachrichten zur inneren Sicherheit oder tratschen einfach über vorbeikommende Fremde – und all das im Rahmen höchst einfallsreicher und häufig absonderlicher Sprachen. Sie schwänzeln und tänzeln ihre Mitteilungen, sie singen, summen und trommeln sie. Sie benutzen Semaphore und Farbcodes, setzen Geruchsstoffe und Sekrete frei. Fast alles scheint Tieren zum Sprechen zu dienen – sogar Fürze.

Körpersprache

Wie Tiere ihre Anatomie zur Verständigung nutzen

Heringe verständigen sich durch Furzen. Sie erzeugen hochfrequente Laute, indem sie Luft explosionsartig aus ihren Ani freisetzen. Dabei entsteht zudem ein Strom feiner Blasen, den andere Heringe sehen können.

Bevorzugt greifen Heringe zu diesem Mittel, wenn es dunkel ist und wenn sich viele andere Fische in ihrer Umgebung aufhalten. Wissenschaftler gehen davon aus, dass die Heringe die Geräusche hören können und einander auf diese Weise ihre Aufenthaltsorte mitteilen. Die Forscher haben die Heringssprache *Fast Repetitive Tick* genannt, »schnelles repetitives Ticken«, abgekürzt FRT (*fart* ist das englische Wort für »Furz«).

Schlangen lassen einen kurzen Furzton verlauten, um ihre Feinde abzuschrecken. Ein Forscher, der zwei Schlangenrassen aus dem Südwesten der Vereinigten Staaten untersuchte, die Harlekin-Korallenschlange und die Mexikanische Hakennasennatter, vernahm ein Grollen aus ihrer am Schwanzende gelegenen Kloakenöffnung, die der Fortpflanzung und Ausscheidung dient. Er gelangte zu dem Schluss, dass das Geräusch von Luftblasen erzeugt wurde, die aus Darmblähungen entstanden.

Flusskrebse haben eine rasche und wirksame Methode, einander vor Gefahr zu warnen. Beim ersten Anzeichen eines Räubers leeren sie einfach ihre Blase.

Hummer haben diese Sprache noch ein bisschen weiter entwickelt: Sie kommunizieren miteinander, indem sie sich gegenseitig ins Gesicht urinieren. Der Harn wird aus winzigen Spritzdrüsen in Augennähe abgeschossen und ist mit Chemikalien durchmischt, welche Botschaften übertragen, meist über Krieg oder Liebe.

Auch Streifenhörnchen bedienen sich zum Austausch wichtiger Informationen ihres Harns. Ihr Signalsystem ist so elaboriert, dass sie nicht nur in der Lage sind, die Stellen zu markieren, wo sich Nahrung befindet, sondern auch die Orte zu kennzeichnen, wo alle Vorräte bereits verzehrt sind.

Eine weitere Art, deren Individuen miteinander kommunizieren, indem sie ihre Umgebung mit Urin markieren, sind die Wühlmäuse. Leider ist es nicht die sicherste Kommunikationsweise angesichts des Umstandes, dass ihre häufigsten Feinde Raubvögel wie der Turmfalke sind. Der Urin der Wühlmäuse ist im ultravioletten Spektrum sichtbar, und die

Wahrnehmung eines Turmfalken umfasst diesen Bereich. Wie nicht anders zu erwarten, kommt es zu massiven Populationseinbrüchen bei Wühlmäusen, wann immer Turmfalken auf die Bewegungen der kleinen Nager achten.

Nach Auffassung der Forscher verständigen sich Elefanten, indem sie Schwingungen über den Erdboden weitergeben. Die sechs Tonnen schweren Ungetüme bringen den Grund durch Trampeln und Scheinangriffe zum Erzittern und können sich so Nachrichten über Entfernungen von bis zu 32 Kilometern schicken, viel weiter als Schall in der Luft übertragen wird. Die Botschaften werden von anderen Elefanten mit den Füßen empfangen, die ihnen als Antennen dienen. Wissenschaftlichen Berichten zufolge hat man Elefanten in die entgegengesetzte Richtung laufen sehen, wenn kilometerweit entfernt andere Elefanten abgeschlachtet wurden. Man nimmt an, dass die fliehenden Elefanten durch das Trampeln ihrer sterbenden Herdenmitglieder gewarnt wurden.

Afrikanische Elefanten sind auch in der Lage, Geräusche nachzuahmen. So hat man aufgezeichnet, wie sie Lastwagen imitierten, die auf einer nahen Schnellstraße vorbeifuhren. Warum sie das tun, ist bislang noch unklar.

Kängurus kommunizieren mit Hilfe ihres Schwanzes.

Wenn das Mitglied einer Gruppe von Roten Riesenkängurus ein Raubtier entdeckt, stampft es entweder mit den Füßen auf oder klopft mit seinem großen, schweren Schwanz auf die Erde. Das ist das Signal für den Rest der Gruppe, auseinanderzustieben und dem dominanten männlichen Tier die Verteidigung zu überlassen.

Kängurus erzeugen auch eine kleine Anzahl von Lauten. Zum Repertoire des Roten Riesenkängurus gehört beispielsweise ein Klick-Laut, während das Weibchen des

Grauen Riesenkängurus die Jungen mit einem Glucksen ruft. Husten kann beim Kampf zweier Männchen ein Unterwerfungssignal sein.

Der Panama-Stummelfußfrosch, eine seltene Amphibie aus Costa Rica und Panama, hat seine eigene Semaphorenspielart. Er beschreibt mit seinen Vorder- und Hinterextremitäten langsame, kreisförmige Bewegungen, die anderen Fröschen mitteilen, welche Richtung er einschlägt. Nach Auffassung der Wissenschaftler übermitteln sich die Frösche auf diese Weise Botschaften wie »Ich komme jetzt zu dir« und »Ich kümmere mich um dich«.

Tintenfische blinzeln. Die Tiere sind in der Lage, die komplexen Muster auf ihrem Rücken zu verändern, darunter zwei schwarze »Augenflecke«, die sie so manipulieren können, als würden sie sie öffnen und wieder schließen, womit sie ihre Anwesenheit signalisieren.

Oper der Tiere

Vögel, Wale und andere Stimmwunder

Als man die Aufzeichnungen, die man vom Gesang zweier Zaunkönigarten aufgenommen hatte, mit verminderter Geschwindigkeit abspielte, stellte man überrascht fest, dass sie klassische Musik sangen. Ein Waldzaunkönig produzierte das vertraute »Da-da-da-daaaah« aus Beethovens Fünfter, während ein Schluchtenzaunkönig eine schnelle Tonfolge sang, die fast exakt dem Anfang von Chopins »Revolutionsetüde« entsprach. Ob die Komponisten sich von den kleinen Sängern anregen ließen, ist nicht bekannt. Von Mozart zumindest wissen wir, dass er von seinem Lieblingsstar behauptete, er inspiriere ihn. Als der Vogel sein neues Klavierkonzert in G-Dur nachsang und dabei die erhöhten Töne durch erniedrigte ersetzte, räumte Mozart ein, dass es sich um eine Verbesserung handle, und berücksichtigte die Veränderungen des Stars. Nach Auffassung der Forscher verwenden Vögel die gleichen Kombinationen von Tönen, Rhythmen und Tonartwechseln wie wir.

Vögel produzieren viele der Klangfarben, die von Orchesterinstrumenten erzeugt werden. Beispielsweise klingt der Gesang der australischen Diamantamadine wie eine Oboe. Das Zwitschern der Bronzefruchttaube oder des Tigerfinks ist leicht mit einer Flöte zu verwechseln. Der Tagschläfer singt wie ein Fagott, während die Krontaube aus Neuguinea um ihre Paarungspartner mit Tönen wirbt, die von einer Tuba stammen könnten.

Zwei der besten Imitatoren in der Vogelwelt sind der Maina und der australische Leierschwanz, die beide den Gesang anderer Vögel perfekt nachahmen können. Doch der Meistertitel in dieser Disziplin gebührt vermutlich der Spottdrossel. Ein Vogelbeobachter, der das Verhalten einer männlichen Spottdrossel mehr als ein Jahr lang studierte, hörte sie die Laute von 25 anderen Vögeln nachahmen, von Möwen und Sperbern bis hin zu Amseln und Drosseln. Einige Beobachter behaupten, sie hätten auch die Imitation anderer Geräusche gehört, das Quietschen von Türen etwa oder das Miauen von Katzen.

Ornithologen glauben, das Männchen der Spottdrossel benutze seine Fähigkeiten, um Mitglieder des anderen Geschlechts anzulocken. Die Weibchen fühlen sich zu den Männchen mit dem umfangreichsten Repertoire hingezogen, weil es ein Zeichen für die Eignung des Männchens als Paarungspartner ist. Vielleicht denken die Weibchen auch: Wenn er so viel über andere Vögel weiß, dann weiß er bestimmt auch, wo sie ihre Vorräte verstecken.

Die Nachtigall dürfte das beste musikalische Gehör in der Natur haben. Sie kann komplizierte Musikstücke wiederholen, die sechzig verschiedene »Phrasen« enthalten. Auch die sanglichen Fähigkeiten der Nachtigall sind außergewöhnlich. Ihr Repertoire umfasst 900 verschiedene Melodien.

Männliche Vögel singen morgens, um den Macho herauszukehren. In der Regel fressen Vögel am Tage und fasten bei Nacht, daher müssten sie morgens eigentlich am schwächsten sein. Wenn sie am Morgen ein fröhliches Lied schmettern, vermitteln sie damit die Botschaft, dass sie noch immer voller Energie sind.

Einige Vogelarten beginnen mit ihrem Gesang früher am Morgen als andere. Amseln und Singdrosseln beispielsweise können ihr Morgenlied mehr als anderthalb Stunden früher anstimmen als Buchfinken und Blaumeisen. Man hat herausgefunden, dass Vögel umso früher singen, je größer ihre Augen sind. Ihr Gesang lockt nämlich nicht nur mögliche Paarungspartner an, sondern auch Raubvögel wie zum Beispiel Eulen. Da sie nichts hören können, solange sie trällern, müssen sie sich auf die Augen verlassen, um mögliche Angreifer rechtzeitig wahrzunehmen. Vögel mit kleineren Augen brauchen zusätzliches Sonnenlicht für ihre Sicherheit.

Vögel reichen ihre Gesänge von Generation zu Generation weiter. Tropische Zaunkönige verfahren dabei geschlechterspezifisch. Väter vermitteln den Söhnen ihr Repertoire an Zwitschern und Trillern, Mütter das ihre den Töchtern.

Weibliche Singvögel lernen schneller als männliche. Wie aus einer Untersuchung hervorgeht, vermochte ein weiblicher Kardinal eine Zusammenstellung von Gesangsfolgen in einem Drittel der Zeit zu lernen, die ein Männchen für dieses Repertoire brauchte.

Ein seltener südamerikanischer Vogel bellt wie ein Hund. Nach Meinung der Ornithologen, die diesen Vogel, den *Jocotoco antpitta,* 1997 in Südecuador entdeckten, dient der bizarre Ruf dazu, mögliche Eindringlinge abzuschrecken.

Vögel schließen sich zusammen, um nach gewonnenen Revierkämpfen Triumphgesänge anzustimmen.

Wenn es dem Flötenwürger der Elfenbeinküste gelungen ist, einen Eindringling aus seinem Revier zu vertreiben, finden sich Vogelpaare zum Duett zusammen, um ihren Sieg zu verkünden. Nach Meinung der Forscher teilt dieser Gesang anderen Flötenwürgern mit, dass die Luft rein ist, und dient potenziellen Eindringlingen als Warnung.

Eulen schreien weniger, wenn es regnet. Feuchtes Wetter beeinträchtigt die Akustik in Waldgebieten. Der Eulenschrei ist siebzigmal besser zu vernehmen, wenn es trocken ist.

Der männliche Seetaucher hat einen unverkennbaren Gesang, ein lautes Jodeln, das eine unmissverständliche Drohung für andere Vögel darstellt. Nach Meinung eines Experten lautet die Übersetzung: »Wenn du mir zu nahe kommst, rupf ich dir die Federn aus.« Ungewöhnlich ist die Eigenart der Seetaucher, ihren Gesang von Grund auf umzustellen, wenn sie umziehen. Das geschieht offenbar, damit sich ihr Gesang von dem der dort bereits ansässigen Vögel unterscheidet. Auch er signalisiert: Komm mir besser nicht in die Quere. Mit Seetauchern ist nicht zu spaßen.

Die Männchen des Hindublatthühnchens leben in Harems, die von einem Weibchen der Art regiert werden. Die Vögel schreien, wenn sie um die Aufmerksamkeit des Weibchens konkurrieren.

Was Sie essen, wirkt sich auf Ihre Singstimme aus – zumindest wenn Sie ein Vogel sind. Wie Musikinstrumente produzieren auch Schnäbel von unterschiedlicher Form unterschiedliche Töne. Kräftige Schnäbel, die dafür gedacht sind, harte Samenschalen zu knacken, erzeugen tiefere, weniger komplizierte Töne als schmale Schnäbel, die ideal zum Fangen von Insekten sind. Daher können Vögel mit kräftigen Schnäbeln nicht die gleiche Bandbreite von Trillern erzeugen wie solche mit kleineren Schnäbeln.

Die nordamerikanische Schwarzkopfmeise, die das lautmalende, ihren Ruf nachahmende *Chicadee (Tschi-ka-die)* als englischen Namen hat, verwendet ein ganzes System von Warnschreien, die in ihrer Abstufung anzeigen, welchem Grad von Gefahr der Schwarm ausgesetzt ist. Ein leiser, hoher Ruf warnt vor anfliegenden Räubern, etwa Eulen und Falken, und teilt den anderen Meisen mit, sich zu verbergen und nicht zu rühren, bis die »Entwarnung« kommt. Der vollständige Tschi-ka-die-Ruf warnt vor lauernden Feinden, beispielsweise einer auf einem Ast sitzenden Eule. Wenn die Schwarzkopfmeisen diesen Ruf hören, rotten sie sich zusammen und umflattern den Greifvogel, bis er davonfliegt, wobei ihnen gelegentlich andere Vögel wie Kleiber und kleinere Spechte helfen. Der nachdrücklichste Warnruf ist jedoch kleinen Raubvögeln vorbehalten wie den Sperlingskäuzen, denen die Schwarzkopfmeisen nur schwer entkommen. In diesem Fall beschließt das »Tschi-ka-die« eine Reihe von zusätzlichen »Dies«. Dann heißt es für den Schwarm, sich in alle Richtungen zu verteilen und um sein Leben zu fliegen.

Die tiefste Stimme hat der Kasuar, der nach dem Strauß auch der größte Vogel der Welt ist. Er äußert sich im niederfrequenten Infraschallbereich, der nur noch von einem anderen Landtier verwendet wird, dem Elefanten. Sein Ruf ist so tief, dass er eine Frequenz von 23 Hz erreicht, die unterste Grenze für das menschliche Gehör.

Buckelwale können bis zu 24 Stunden am Stück singen. Wale haben einen Stimmumfang von mindestens sieben Oktaven. Trotzdem sind die Intervalle zwischen den Tönen ähnlich wie bei den Tonleitern, die Menschen verwenden. Infolgedessen besteht der Gesang der Wale aus Rhythmen und Mustern, die mit einigen musikalischen Formen des Menschen identisch sind, von Balladen bis zu klassischen Sonaten. Von Forschern wird die Auffassung vertreten, Wale würden ständig neue Melodien komponieren, um Bewunderer anzulocken. Der männliche Buckelwal ist der kreativste Songschreiber und hat sich auf Lieder spezialisiert, deren Texte Reime zu haben scheinen.

Die niederfrequenten Schallpulse des Blauwals können eine Lautstärke von bis zu 188 Dezibel erreichen – das ist lauter als ein Düsentriebwerk. Die Töne können noch aus einer Entfernung von 800 Kilometern wahrgenommen werden. Finnwale sind in der Lage, sich über eine Distanz von 3000 Kilometern zu verständigen.

Männliche Zwergwale erzeugen ein sehr merkwürdiges Geräusch. Ihr unverkennbares »Ba-Ba-Boinnnnnnnggg« hört sich wie eine Laserkanone an und hat den Spitznamen *Star-Wars*-Ruf erhalten. Man nimmt an, der Zwergwal verwende diesen Laut, um andere Wale auf Distanz zu halten.

Schwertwale verständigen sich in verschiedenen Dialekten miteinander.

Wie Popmusik kann Walgesang gerade angesagt oder ziemlich out sein. Als einheimische Wale vor der australischen Pazifikküste auf einen Zug Wale stießen, die es von der australischen Küste des Indischen Ozeans dorthin verschlagen hatte, zeigten sie sich augenblicklich von dem Songrepertoire der Besucher tief beeindruckt. Binnen eines Jahres hatten die Ostküstenwale sich von ihren alten Songs verabschiedet und das Liedgut des Indischen Ozeans übernommen.

Legendenumwoben ist der ungewöhnlichste aller Walgesänge. Er ist seit 1992 in den Weltmeeren zu vernehmen und passt nicht in das Liedschema irgendeiner bekannten Walart. Auch liegt seine Frequenz bei 52 Hz und damit deutlich über der normalen Frequenz von 15 bis 20 Hz der anderen Wale. Das Migrationsmuster dieses Wals ist ebenfalls so ungewöhnlich, dass es einige Forscher zu der Vermutung veranlasst hat, es handle sich um eine noch unentdeckte Art der Säugetiere.

Fische singen. Die Männchen des nördlichen Bootsmannfisches brummen in der Nacht, um Weibchen anzulocken. Ihre Gesänge sind so unverkennbar, dass man ihre Urheber auch als *Californian Singing Fish* bezeichnet. Jugendliche Fische sind allerdings noch nicht in der Lage zu brummen. Sie können nur grunzen.

Delfine pfeifen. Jeder Delfin hat seinen eigenen Erkennungston, mit dessen Hilfe ihn die anderen identifizieren. Delfine sind auch talentierte Imitatoren und können die Pfiffe von Artgenossen nachahmen. Freilebende Tiere verwenden diese Fertigkeit, um sich mit unbekannten Delfinen zu verständigen.

Die Redewendung »Still wie ein Mäuschen« ist irreführend, da Mäuse weit mehr von sich hören lassen als ein gelegentliches Piepsen. In einer Studie an männlichen Mäusen hat man beobachtet, dass sie auf die sexuellen Duftstoffe weiblicher Mäuse mit der Erzeugung von Überschalltönen reagieren. Als man die Aufzeichnung dieser Laute verlangsamt abspielte, stellte sich heraus, dass es sich um Lieder handelte. Daraus schlossen die Forscher, dass die Mäuse ihren möglichen Partnerinnen ein Ständchen darbrachten.

Ratten pfeifen sich heimlich zu. Die Nager erzeugen ganz tief in ihrer Kehle Ultraschalltöne. Die Frequenz des Pfeifens sorgt dafür, dass es nur von Artgenossen wahrgenommen wird und nicht die Aufmerksamkeit potenzieller Feinde erregt.

Einige Frösche haben Gold in der Kehle. Eine besonders begabte Art von chinesischen Fröschen verfügt über ein erstaunliches Spektrum an Stimmakrobatik, das von affenähnlichem Knurren über Vogelgezwitscher bis hin zu niederfrequenten Liedern ähnlich den Walgesängen reicht. Seine erstaunliche Vielseitigkeit verdankt dieser Frosch der Tatsache, dass er zwei Paar Schallblasen statt wie gewöhnlich nur eines besitzt.

Weibliche Frösche und Grillen erwählen ihre Paarungspartner nach dem Prinzip »Wer zuerst kommt, mahlt zuerst«, daher singen männliche Frösche und Grillen alle gleichzeitig, aus Furcht, ihnen könnte ein verfügbares Weibchen entgehen. Außerdem stoßen sie ihre Rufe in möglichst rascher Folge aus, wodurch es zu den häufig ohrenbetäubenden Frosch- und Grillenchören kommt.

Der nordamerikanische Ochsenfrosch hat eine besonders dröhnende Stimme. Das liegt in erster Linie daran, dass er seine Ohren als Verstärker verwendet.

Von der Natur weniger begünstigte Geschöpfe stellen sich ihre Verstärker selbst her. Männliche Maulwurfsgrillen bringen Weibchen aus den Tiefen ihres in den Sand gegrabenen Baus ein Ständchen dar. Sie geben der Öffnung die Form eines Trichters, was schallverstärkend wirkt, besonders wenn es feucht ist. Andere Grillenarten schneiden sich Blätter zurecht, um ihre Rufe zu verstärken.

Frösche können auch Holzblasinstrumente spielen. Eine Art aus den Regenwäldern Borneos hat man dabei beobachtet, wie sie die Bäume, in denen sie lebt, als Musikinstrumente verwendet. Bei der Werbung um Weibchen sitzen die Männchen halb untergetaucht in wassergefüllten Hohlräumen ihres jeweiligen Baumstammes. Wenn sie ihre dröhnenden Rufe ausstoßen, stimmen sie die Frequenz und Länge ihrer Töne solange ab, bis sie mit dem Baum in Resonanz schwingen, wodurch der Ton verstärkt wird wie bei einem Menschen, der unter der Dusche singt. Nach Auffassung der Forscher verfahren die Frösche so, weil sie dann auf potenzielle Paarungspartnerinnen noch anziehender wirken. Der Wissenschaft ist kein anderes Tier bekannt, dass ein Musikinstrument so effektiv einsetzt.

Langusten können auf sich selbst wie auf Geigen spielen. Die Tiere ziehen die Ausstülpungen an der Basis ihrer Fühler – die sogenannten Plektren – über eine Reihe von Wülsten unter ihren Augen, wenn sie sich bedroht oder gestört fühlen. Der Vorgang erinnert an einen Geiger, der mit dem Bogen über die Saiten fährt. Das Geräusch dient als Alarm- oder Protestsignal.

Waldmurmeltiere warnen Artgenossen mit einem Pfeifgeräusch vor Gefahr. Daher ihr englischer Spitzname: *Whistling Pig* (Pfeifschwein).

Der singende Neuguinea-Dingo ist einzigartig. Abgesehen vom Jaulen und Bellen, also den Lauten, die auch andere Hunde erzeugen, stößt er eine Reihe von Schreien aus, die wie eine Mischung aus Vogelrufen und Walgesängen klingen.

Hummeln im Hintern

Schwirren, Schlagen, Steppen, Rappen

Musik ist allgegenwärtig in der Welt der Insekten. Viele Arten versetzen ihre Flügel in Schwingungen, um einen rhythmischen Summton hervorzubringen. So erzeugt beispielsweise die Stubenfliege ihr charakteristisches Summen, indem sie ihre Flügel mit einer Frequenz von 345 Schlägen pro Sekunde bewegt, wodurch das F der mittleren Oktave entsteht. Die Königin der Honigbiene produziert eine Reihe von Tönen, darunter Quak- und Hupgeräusche, wobei erstere die Anwesenheit von Konkurrentinnen im Nest verkünden. Eine andere Biene, die Melipona, verwendet einen gesummten »Morsecode«, um die anderen Bienen des Stocks zu Nahrungsquellen zu geleiten.

Viele Tiere verständigen sich, indem sie einander Schwingungen übermitteln. Zu den Arten, die einander gute und schlechte Schwingungen zuleiten, gehören Frösche, Chamäleons und Termiten. Der eindrucksvollste Laut dürfte von einer Baumwanze aus Costa Rica stammen. Die Männchen erzeugen gemeinsam Schwingungen in Pflanzenblättern, woraus ein Geräusch entsteht, das große Ähnlichkeit mit dem unverkennbaren Klang einer Tuba hat.

Ameisen bringen ganz andere Arten von Musik hervor.

Trommeln unter Einsatz des ganzen Körpers findet man häufig bei Arten, die im Holz oder in Nestern aus getrocknetem Holzbrei leben. Die Tiere schlagen ihre Vorderkiefer und Hinterleiber gegen die Wände ihres Nestes in Sequenzen von sieben Schlägen, die durch Intervalle von 50 Millisekunden getrennt sind.

Raupen steppen. Biologen glauben, dass Schmetterlingsraupen Stepptänze auf Blättern und Pflanzenstängeln aufführen, um Ameisen anzulocken, die sie vor Raubwespen schützen.

Honigbienen verständigen sich durch Tanzen. Durch den Schwänzeltanz teilen sie anderen Bienen mit, wie weit entfernt und in welcher Richtung Nahrungsquellen liegen. Ein anderer Tanz, bei dem sie zittern, gibt den Artgenossen bekannt, dass sie sich nicht mehr auf die Suche nach weiterem Nektar begeben sollen, weil sich bereits zu viel im Stock befindet. Die Honigbiene kommuniziert auch durch Erhöhung ihrer Körpertemperatur, wenn sie Nahrung findet.

Blindmäuse verständigen sich untereinander, indem sie mit dem Kopf gegen das Dach ihres Erdganges schlagen. Das Trommeln löst eine seismische Erschütterung aus, die andere Blindmäuse verstehen können. Man nimmt an, dass die Mäuse mit Hilfe des Trommelns auch die Länge ihrer Gänge vermessen.

Bei Wärme reduzieren Bienen ihr Summen. Die Honigbiene verringert ihre Flügelfrequenz, um den Körper abzukühlen und die Gefahr der Überhitzung zu mindern.

Schmetterlinge formulieren ihre Drohungen in Form einer Morsesprache. Forscher haben blauweiße Zebrafalter belauscht, wie sie eine Reihe von Klickgeräuschen ausstießen, als sie einer anderen Art von Schmetterlingen begegneten. Dieses Klicken richtet sich aber nicht nur gegen andere Schmetterlingsarten, sondern dient auch zur Kommunikation untereinander.

Das Pochen des berüchtigten Klopfkäfers, der sich durchs Holz frisst, ist in Wahrheit eine Form der sexuellen Kommunikation.

Der neueste Klatsch

Worüber Tiere reden

Präriehunde tratschen über vorbeikommende Fremde. Die Nager haben eine elaborierte Sprache mit speziellen Wörtern, mit der sie einander warnen, wenn Gefahr durch andere Tierarten droht.

Forscher an der Northern Arizona University haben die Rufe der Präriehunde entschlüsselt und eine Reihe von zentralen Signalen herausgefunden. Zu ihnen gehört ein einzelner durchdringender Ruf, der »Habicht in der Luft« bedeutet. Wiederholte Rufe durch eine Gruppe stehen für »Kojotenalarm«, und eine Kombination aus langen Tönen und Bellen hat die Bedeutung »Mensch nähert sich«.

Ferner war zu beobachten, dass Präriehunde bei der Erzeugung ihres Revierrufs, den sie auf den Hinterbeinen stehend ausstoßen, richtig in Rage geraten können. Sie können sich so in die Sache hineinsteigern, dass sie vor Aufregung in die Luft springen und hintenüber fallen.

Die interessanteste Entdeckung war, dass Präriehunde auch Rufe für Tiere haben, die keine Bedrohung für sie darstellen. Für ein Holzobjekt, das die Forscher in der Nähe ihrer Kolonie vorbeizogen, erfanden sie sogar einen neuen Ruf. Die Wissenschaftler gelangten zu dem Schluss, dass die äußerst geselligen Nager nicht nur aufeinander aufpassen, sondern auch über die Welt tratschen, die an ihnen vorüberzieht.

Schimpansen unterhalten sich übers Essen. Bei einer Studie im Zoo von Edinburgh stellte man fest, dass die Affen verschiedene hohe und tiefe Grunzlaute verwendeten, um sich über unterschiedliche Speisen zu verständigen. Die hohen Töne betrafen Brot, das sie mochten. Das tiefe Grunzen galt Äpfeln, die ihnen weniger zusagten.

Weibliche Paviane reden über Sex. Je besser er ihnen gefallen hat, desto mehr Lärm machen sie darum. Die Weibchen stoßen nach der Paarung eine Reihe von maschinengewehrartigen Grunzlauten aus. Einige Biologen meinen, das Geschnatter habe mit der Geltung des Paarungspartners zu tun – je höher sein Status, desto intensiver das Geräusch. Damit, so die Theorie, wolle das Weibchen dem überlegenen Sperma die größte Chance zur Befruchtung seiner Eizellen geben. Es schrecke andere Männchen ab und schmeichle dem Paarungspartner möglicherweise so sehr, dass er sie beschütze.

Einige Ameisenarten piepsen, indem sie sich der Technik bedienen, die auch beim Zirpen ihre Anwendung findet. Dabei reiben sie verschiedene Teile ihres Körperendes so aneinander, dass ein hoher Laut entsteht. Man hat beobachtet, dass Ameisen damit verschiedene Dinge signalisieren. Von Blattschneideameisen weiß man, dass sie einen quiekenden Notruf ausstoßen, um Hilfe herbeizuholen, wenn ein Nest zusammengebrochen ist. Weibchen verwenden ihn auch, um den Paarungsvorgang abzubrechen; sie signalisieren damit, dass ihre Samentasche voll ist.

Hunde bellen unterschiedlich, je nachdem welcher Situation sie sich gegenübersehen. Lautes, tiefes oder raues Bellen erfolgt in der Regel, wenn ein Hund sich bedroht, unsicher oder unwohl fühlt. Das Bellen erfolgt umso häufiger, je größer die empfundene Bedrohung ist. Fühlen sich Hunde hingegen wohl, etwa wenn sie spielen oder sich unterwerfen, bellen sie melodischer und höher.

Lamas gelten als stille Tiere, tatsächlich steht ihnen aber eine ganze Reihe von Lauten zu Gebote, um miteinander zu kommunizieren. Ihr wichtigstes Verständigungsmittel ist das Brummen. Verschiedene Brummlaute übermitteln verschiedene Emotionen. Wenn ihnen beispielsweise warm ist, wenn sie sich müde oder unwohl fühlen, ist das Brummen leise und in die Länge gezogen, ein bisschen wie ein Stöhnen. Wenn sie neugierig sind, ist das Brummen kürzer und höher. Ein längeres höheres Brummen gibt zu erkennen, dass sie besorgt oder in Not sind. Lamamütter schließlich erzeugen ein weiches Brummen von mittlerer Tonlage, um ihre Jungen zu beruhigen.

Lamas können auch einen merkwürdigen Alarmruf ausstoßen. Nach Aussage eines Lamaforschers ähnelt er einer Mischung aus einem Truthahnruf und dem Startgeräusch eines kalten Motors.

Wie nicht anders zu erwarten, begleitet die Sexualität eine Reihe weiterer Laute. Beim Flirten geben Lamas ein klickendes Geräusch von sich, das menschlichem Zungenschnalzen ähnelt. Wenn die Männchen erregt sind, stoßen sie ein Geräusch aus, das an menschliches Gurgeln erinnert. Dieses Geräusch wird bei der Paarung fortgesetzt, die bis zu einer Stunde dauern kann.

Neben diesen stimmlichen Tönen verfügen Lamas noch über eine weitere Methode, um sich Nachrichten zukommen zu lassen. Wenn ein Lama uneins mit einem anderen ist, spuckt es dieses an. Spucken ist jedoch nur der letzte Ausweg. Der Speichel dieser Tiere hat den üblen Geruch und Geschmack verfaulten Abfalls, weil Lamas wie Kühe Wiederkäuer sind. Der Geschmack, den Lamas nach dem Spucken im Maul zurückbehalten, ist so unangenehm, dass sie es noch einige Minuten lang offen lassen, um den unerträglichen Gestank loszuwerden.

Grüne Meerkatzen verfügen über verschiedene Rufe, um mitzuteilen, dass sie von Schlangen, Adlern oder Leoparden angegriffen werden. Werden sie vor Räubern der ersten Art gewarnt, suchen sie ihre Umgebung nach dem Eindringling ab. Handelt es sich um die zweite, studieren sie den Himmel und lassen sich aus den Bäumen fallen. Im letzten Falle klettern sie in Windeseile in die Wipfel hinauf.

Schaben haben eine zischende Sprache. Eine Art dieser Insekten, die auf Madagaskar zu Hause ist, erzeugt ein Zischgeräusch durch zwei Atmungslöcher – Tracheenöffnungen – in ihrem Thorax. Männchen haben das vielseitigere Spektrum von Zischlauten und verständigen sich mit anderen Schaben durch vier verschiedene Laute, die sich in Hinblick auf Muster und Lautstärke unterscheiden. Ein spezielles Zischen verwenden sie während der Werbung, ein anderes bei Revierstreitigkeiten mit anderen Männchen. Weibchen zischen meist, wenn sie sich gestört fühlen.

Erdhörnchen hören nicht auf Artgenossen, die blinden Alarm schlagen. Bei Studien an einer Art, dem Richardson-Ziesel, entdeckte man, dass die Tiere unterschiedlich auf Alarmrufe anderer Ziesel reagierten. Wie die Forscher herausfanden, schenkten die Erdhörnchen den Artgenossen weniger Aufmerksamkeit, die schon in der Vergangenheit öfter blinden Alarm geschlagen hatten.

Pandas erzeugen eine Vielzahl von Lauten. Sie können blöken, quieken, stöhnen, knurren, bellen und wie Wildgänse schreien.

In wissenschaftlichen Untersuchungen der Katzenlaute hat sich gezeigt, dass diese Tiere über eine differenzierte Sprache für verschiedene Situationen und verschiedene Emotionen verfügen. Ein Murmeln bedeutet eine Bitte oder eine Begrüßung, während Schnurren ein soziales Geräusch ist, das in der Regel Unterwerfung anzeigt. Knurren und Zischen erfolgen, wie nicht anders zu erwarten, in Konfliktsituationen, während schrille Schreie Aggression oder Schmerz zum Ausdruck bringen.

Mit den Zähnen klappern Katzen, wenn sie jagen oder, noch häufiger, wenn sie mit Gewalt am Jagen gehindert werden. Gähnen ist bei Katzen auch eine Reaktion auf Gerüche, die sie nicht erkennen. Quiekende Töne geben sie beim Spiel oder in Erwartung einer Mahlzeit von sich. Weibchen quieken auch nach der Paarung.

Die Macht der Sprache

Tiere mit spektakulären Stimmen

Delfine können wie Esel schreien. Der Große Tümmler erzeugt dieses Geräusch vermutlich, um Beutetiere zur Unterbrechung ihrer Flucht zu bewegen.

Königskobras knurren.

Raupen können brüllen. Die Raupe des Birken-Sichelflüglers hat einen ausgeprägten Territorialinstinkt und veranstaltet einen Heidenlärm, wenn andere ihr zu nahe kommen. Das Insekt klopft, schabt und kratzt mit dem Kiefer und anderen Körperteilen an den Blättern seines Heims. Wenn der Eindringling eine andere Raupe ist, veranstalten die beiden Insekten unter Umständen einen Schreiwettstreit.

Nach Insektenmaßstäben muss das Raupenbrüllen schrecklich sein. In einer ruhigen Versuchsumgebung haben Forscher das Geräusch aus einer Entfernung von fünf Metern vernommen. Offenbar ist es auch durchaus wirksam. Die meisten Raupen, die dieses Geräusch erzeugen, um eingedrungene Insekten zu vertreiben, behalten die territoriale Kontrolle über ihr Revier.

Einige Tiere dürfen von sich behaupten, über besonders spektakuläre Rufe zu verfügen. Beispielsweise ist der Paarungsschrei, den der Froschfisch unter Wasser ausstößt, so laut, dass er von Menschen über Wasser vernommen werden kann. Geparden erzeugen einen Laut, der dem Zwitschern eines Vogels oder dem Jaulen eines Hundes ähnelt. Dieser Laut ist so intensiv, dass er anderthalb Kilometer weit zu hören ist. Den durchdringendsten Laut an Land jedoch erzeugt vermutlich der Brüllaffe, dessen markerschütternder Schrei noch aus fünf Kilometern Entfernung vernommen werden kann.

Eine Zikade ist 400 Meter weit zu hören.

Der spektakulärste Laut im gesamten Tierreich ist womöglich das Schnappen einer Garnele. Bei einer Körperlänge von lediglich vier Zentimetern kann die Garnele mit ihrer Schere ein Schnappen erzeugen, das sich wie ein Knallfrosch anhört. Das Geräusch ist so laut, dass es die Beute der Garnele zu betäuben oder sogar zu töten vermag. Wie sich herausgestellt hat, entsteht der Laut durch die Art und Weise, wie die Garnele die Blasen zerquetscht, die sich in der sich schließenden Schere gebildet haben.

Tiger verständigen sich mittels eines ausgeklügelten Systems von Lauten. Um einander Signale zu übermitteln, knurren die Großkatzen, zischen und schnurren, und zwar häufig in Frequenzbereichen, die das menschliche Ohr nicht vernehmen kann. Das bei weitem wirksamste Instrument in ihrem akustischen Repertoire ist jedoch das Brüllen, das sie einsetzen, um andere Raubtiere abzuschrecken. Untersuchungen haben gezeigt, dass es eine Frequenz von weniger als 20 Hz aufweist; damit ist es ein Infraschallsignal, das Gebäude und sogar Berge zu durchdringen vermag. Infolgedessen kann das Brüllen eines Tigers große Entfernungen überwinden: bis zu zwei Kilometer. Am spektakulärsten wirkt es sich aber auf seine Adressaten aus. Das Brüllen schüttelt sie buchstäblich durch und lässt sie dann vor Furcht erstarren.

Der Fisch, der die seltsamsten Laute erzeugt, ist der Westatlantische Umberfisch, der seine Muskeln in Schwingungen versetzt, sodass sie gegen die Schwimmblase schlagen und ein trommelartiges Geräusch hervorrufen. Er hört sich mehr nach einem Frosch als einem Fisch an – daher sein englischer Name: *Croaker* (»Quaker«). Warum und wo Umberfische quaken, bleibt ein Rätsel.

Der an der südafrikanischen Küste beheimatete Brillenpinguin gibt Töne von sich, die einzigartig innerhalb seiner Tierfamilie sind: Eselsschreie. So ist er auch zu seinem englischen Spitznamen gekommen: *Jackass Penguin* (»Eselspinguin«).

Glück auf vier Pfoten

Wie Hunde und andere Tiere ihre Freude zeigen

Das Lachen ist vielen Tierarten eigen, nicht nur den Menschen. Ratten zwitschern ausgelassen, wenn sie spielen.

Hunde lachen, indem sie keuchen. Der beste Freund des Menschen produziert ein spezielles Atemgeräusch, welches der Mensch nicht vom Hecheln eines Hundes nach körperlicher Anstrengung zu unterscheiden vermag. Doch die eingehende Analyse von Aufzeichnungen hat gezeigt, dass Hunde im ersten Fall ein größeres Spektrum von Frequenzen erzeugen als beim normalen Hecheln. Nach Auffassung der Forscher teilt ein Hund anderen auf diese Weise mit, dass er fröhlich gestimmt und zum Spielen aufgelegt ist.

Das »Lachen« des Pferdes ist von ganz anderer Natur. Männliche Pferde, Zebras und andere Verwandte werfen ihre Oberlippe auf, um ihren Geruchssinn zu steigern, besonders während der Paarungszeit, wenn sie feststellen wollen, ob das Weibchen paarungsbereit ist. Dieses Verhalten bezeichnet man als Flehmen.

Eislaufende Büffel stoßen aufgeregte Laute aus. Man hat beobachtet, dass sie beim Schlittern über gefrorene Flächen ein begeistertes »Guaaa« hören lassen.

Kleiderordnung

Was Tiere tragen und was es anderen Tieren über sie mitteilt

Ganz ähnlich wie beim Militär ist die Rangfolge von Wespen untereinander durch Streifen geregelt. Die deutlich erkennbaren gelben und schwarzen Streifen auf ihrem Leib übermitteln zusammen mit den Farbflecken auf dem Gesicht den Rangplatz in der strengen Hierarchie des Nestes.

Chamäleons verändern ihre Hautfarbe nicht nur, um mit ihrer Umgebung zu verschmelzen, sondern auch, um sich miteinander zu verständigen. Männchen legen sich kräftigere Farben zu, um ihre Dominanz anzuzeigen, während Weibchen dunkel werden oder rote Flecke einstreuen, um zu signalisieren, dass ihnen nicht der Sinn nach Sex steht. Je dunkler ihre Farbe, desto aggressiver ihre Ablehnung potenzieller Partner.

Menschen hissen die weiße Fahne, wenn sie aufgeben, Lachse hissen eine dunkle. Junge europäische Lachse signalisieren Unterwerfung, indem sie die Flecke am Bauch dunkler färben, wenn sie mit einem anderen kämpfen.

Schmetterlinge versehen sich selbst mit einem eigenen Farbcode. Um nicht von Vögeln gefressen zu werden, schützen sich Schmetterlingsraupen, indem sie sich schädliche chemische Pflanzenstoffe einverleiben. Wenn sie sich in Schmetterlinge verwandeln, geben sie ihren giftigen Zustand dadurch bekannt, dass sie bestimmte Farben auf ihren Flügeln tragen. Vögel wissen dann, dass sie sie unter allen Umständen meiden müssen. Schmetterlinge eines Standortes einigen sich darauf, welche Farben Gefahr anzeigen und bleiben dann bei dieser Farbcodierung.

Wespen müssen »Wachsuniformen« tragen. Sie reiben sich mit dem Wachs aus ihrem Nest ein, damit ihre Nestgenossen wissen, dass sie zu derselben Kolonie gehören. Wenn sie fortfliegen und ohne die Wachsschicht zurückkehren, werden sie angegriffen, gestochen und aus dem Nest vertrieben.

Männliche Blaumeisen mit gelben Federn an der Brust sind ihren Jungen in der Regel gute Väter. Daher haben weibliche Blaumeisen eine Vorliebe für diese Gelbbäuche.

Zeisige müssen ihren Artgenossen nur auf die Brustfedern schauen, um zu erkennen, mit wem sie die Nahrung teilen sollten. Studien haben ergeben, dass ein Vogel meist umso mehr Hunger hat, je größer der schwarze Fleck auf seiner Brust ist. Der Fleck signalisiert außerdem den Status innerhalb der Zeisig-Gemeinschaft.

In einer Finkengemeinschaft führen Rotschöpfe das Regiment. Der Kopf der seltenen australischen Gouldamadine kann drei Farben aufweisen: Rot, Gelb und Schwarz. Studien haben gezeigt, dass männliche Rotschöpfe am aggressivsten sind. Gelb- und schwarzköpfige Vögel legen sich nicht gern mit ihnen an, daher nehmen die roten Vögel immer die Spitze der Hackordnung ein.

Das Hinterteil weiblicher Paviane gibt ihre Mutterqualitäten zu erkennen. Je größer und angeschwollener das Hinterteil, desto gebärfähiger die Paviandame.

Tiere bedienen sich chemischer Stoffe, um Alarm zu schlagen. Wenn beispielsweise eine Elritze von einem Räuber gebissen wird, tritt aus der Wunde eine Substanz ins Wasser aus, die ihren Artgenossen über Stunden anzeigt, das Gebiet besser zu meiden. Möglicherweise nehmen auch andere Fischarten die Substanz wahr, von der Forscher meinen, sie rufe ein Gefühl der Furcht in den Tieren hervor, die sie entdecken. Von Schnecken, Regenwürmern und Seeigeln weiß man, dass sie ähnliche Warnstoffe produzieren.

Elefanten pflegen eine Art chemischer Kommunikation mittels Sekreten, die aus Drüsen hinter ihren Ohren stammen.

Junge männliche Elefanten riechen nach Honig – jedenfalls einen Teil des Jahres. Mehrere Male im Jahr steigt das Interesse männlicher Elefanten an der Fortpflanzung sprunghaft an; dann geraten sie in einen Zustand, den man als Musth bezeichnet. Während dieser Zeit sind die Rivalitäten unter den Elefantenbullen heftig und oft ausgesprochen gewalttätig. Die erwachsenen Bullen sondern aus einer Drüse zwischen Auge und Ohr eine stechend riechende braune Flüssigkeit ab, die signalisiert, dass sie zur Verfügung stehen und bereit sind, sich mit einem Weibchen zu paaren. Die jungen, sexuell unreifen Bullen sondern das süße, honigartige Sekret ab, um den älteren Elefantenbullen mitzuteilen, dass sie kein Interesse daran haben, um die Weibchen zu konkurrieren und daher keine Bedrohung für sie darstellen.

TEIL ZWEI

Die kleinen Freuden des Lebens

Essen und Trinken im Tierreich

In der Welt der Natur ist man, was man – oder eher, wen man – isst. Was im Falle von Ratten und Schaben durchaus bedeuten kann, dass man sein nächster Verwandter ist.

Doch nicht alle Tiere sind opportunistische Allesfresser. Einige pflegen eine Diät mit einem hohen Salz- oder Zuckergehalt, andere verlangt es nach Nahrungsmitteln, die reich an Blut oder Fett sind (nach Möglichkeit frisch aus dem Gehirn des Opfers gesogen). Und während es Tiere gibt, für die Fastfood die einzige Option darstellt, genießen andere den Luxus eines ausgedehnten, opulenten Mahls.

Und dann gibt es natürlich auch Tiere, die eine ausgeprägte Vorliebe für Alkohol und Drogen haben, eine Mischung, die gewöhnlich nur eines bedeutet: Ärger.

Du bist, wen du isst

Wer frisst wen in der Tierwelt

Tiere sind in der Tat das, was sie fressen. So sind Flamingos nicht von Natur aus rosa. Für ihre Pigmentierung ist ihre Nahrung verantwortlich, winzige grüne Algen, die sich während der Verdauung rosa färben. Auch Garnelen leisten einen Beitrag zur besonderen Färbung der Flamingos.

Man ist auch so tödlich wie das, was man frisst. Giftfrösche sondern aus Drüsen ihrer Haut Sekrete ab, die so giftig sind, dass eine winzige Menge ein Pferd umbringen kann. Um das Gift in ihrem Körper zusammenbrauen zu können, verzehren die Frösche giftige Insekten.

Doch Tiere können sich so anpassen, dass sie fast alles vertragen. Die Schmetterlingsart Monarch schützt sich vor Feinden, indem sie giftige Stoffe freisetzt, die bei Verzehr zu einem raschen und qualvollen Tod des Räubers führen. Die Zwergbeutelratten aber konnten im Laufe der Evolution eine Immunität gegen das Gift entwickeln, und so tun sie sich jeden Winter an den Schmetterlingen gütlich.

Insekten können fast alles gefahrlos fressen. Das verdanken sie ihren extrem leistungsfähigen »Nieren«, die Gifte und andere schädliche Stoffe aus dem System herausspülen.

Bekanntlich ernähren sich Koalas von Eukalyptusblättern. Doch von Zeit zu Zeit haben sie die Nase voll von den wohlriechenden Blättern und klettern aus den Wipfeln der Eukalyptusbäume hinab, um sich mit Erde und Kies vollzustopfen. Im Kleinkindalter jedoch ist die erste feste Nahrung der Koalas von ganz anderer Beschaffenheit. Sie fressen den Kot der Mutter. Der enthält nämlich Mikroorganismen, welche die Kleinen gegen Krankheiten immunisieren und ihre Verdauung unterstützen.

Vampir-Fledermäuse haben die eintönigste Diät der Welt. Doch auch wenn der ausschließliche Verzehr von Blut langweilig sein mag, erspart er einem doch wenigstens, sich ständig überlegen zu müssen, was man essen will. Im Unterschied zu fast jeder anderen Tierart müssen sich Vampire auch keine Gedanken darüber machen, welche Nahrungsmittel ihnen möglicherweise nicht bekommen. Ob Blut giftig ist, lässt sich leicht bestimmen. Mit hoher Wahrscheinlichkeit ist sein Besitzer tot.

Fledermäuse sind nicht die einzigen Vampire. Eine ostafrikanische Spinnenart hat eine ausgesuchte Vorliebe für Blut. Sie fängt gezielt blutsaugende Moskitos, von denen sie weiß, dass sie sich vom Blut des Menschen und anderer Säugetiere ernähren. Auf den Galapagosinseln gibt es kleine Finken, die größere Vögel angreifen und ihr Blut trinken. Für sie ist »Vampirismus« eine Möglichkeit, die Trockenzeit zu überstehen.

Das Neunauge ist das Gegenstück des Vampirs in der Wasserwelt. Der aalartige Fisch jagt Forellen und andere kleinere Arten. Sobald er seiner Beute ansichtig wird, versenkt er die Zähne in ihr weiches Fleisch und beginnt, die Körperflüssigkeiten auszusaugen.

Einige Motten ernähren sich von den Tränen anderer Tiere. Zu den Arten, die für die Lebensgrundlage dieser Motten sorgen, gehören weinende Rinder, Rehe, Pferde, Tapire, Schweine und Elefanten. In Südostasien halten sich die Motten an die feuchten Augen von Wasserbüffeln.

Kannibalismus erfreut sich in der Tierwelt großer Beliebtheit. Viele Arten – von Vögeln und Ratten bis hin zu Affen – sind durchaus fähig, Artgenossen zu verspeisen, vor allem wenn diese jung oder noch im Eistadium sind. Einige Arten, etwa Frösche, legen sogar zusätzliche Eier, die ihre Jungen gegebenenfalls fressen können.

Salamanderembryos fressen ihre Geschwister bereits im Mutterleib.

Schaben fressen alles, auch einander. Die Küchenschabe hat jedoch Lieblingsspeisen. Besonders gut schmecken ihr zucker- oder stärkehaltige Nahrungsmittel.

Krötenfrösche und ihre Kaulquappen legen Wert darauf, keine Verwandten zu fressen. Die Kaulquappen sind Kannibalen und haben kräftige Kiefer, die es ihnen ermöglichen, andere Kaulquappen zu zerkauen. Doch bevor sie sich ans Fressen machen, führen sie einen raschen chemischen Test durch, um sich davon zu überzeugen, dass es sich nicht um Verwandte handelt. Wenn sie aus Versehen doch einen Bruder oder eine Schwester verschlingen sollten, erkennen sie diese am Geschmack und spucken sie wieder aus.

Kannibalismus ist gut für Schnecken. In einer Untersuchung hat man herausgefunden, dass junge Schnecken, die ihre Geschwister und andere ungeschlüpfte Schnecken fressen, länger leben als Jungschnecken, die dies nicht tun.

Erlesener Geschmack

Einige Vorlieben und Abneigungen

Der Kea, ein Verwandter des Papageis, ist in der Welt der Natur der einzige bekannte Gummifetischist. Er hat einen Ruf als Einzelgänger mit einem unvergleichlichen Appetit. Bei Nacht greift er häufig Schafe an, wobei er in ihr Hinterteil hackt, um durch das Fell zu stoßen und in die fettreichen Regionen in der Umgebung der Nieren zu gelangen, was schließlich zum Tode der angegriffenen Tiere führt.

Zur Legende in seiner Heimat Neuseeland ist der Vogel aber durch seine Vorliebe für Gummi geworden. Es gibt Geschichten in Hülle und Fülle über Keas, die das Gummi von Scheibenwischern abpicken. Sie krallen sich sogar noch an den Wischern fest, wenn sich das Fahrzeug in Bewegung setzt, und lassen erst los, wenn die Geschwindigkeit 65 Stundenkilometer überschreitet.

Die spektakulärste Anekdote handelt jedoch von einem geparkten Wagen, der nachts von einer Keabande attackiert wurde. Die Vögel verspeisten zunächst die gesamte Gummieinfassung der Windschutzscheibe, was dazu führte, dass die Scheibe ins Wageninnere fiel. Da die Geschmacksverirrung der Keas auch vor Schaumgummi nicht halt macht, rissen die Vögel als nächstes die Bezüge der Sitze auf, pflückten allen Schaumstoff heraus und verwandelten das Auto insgesamt in ein Wrack.

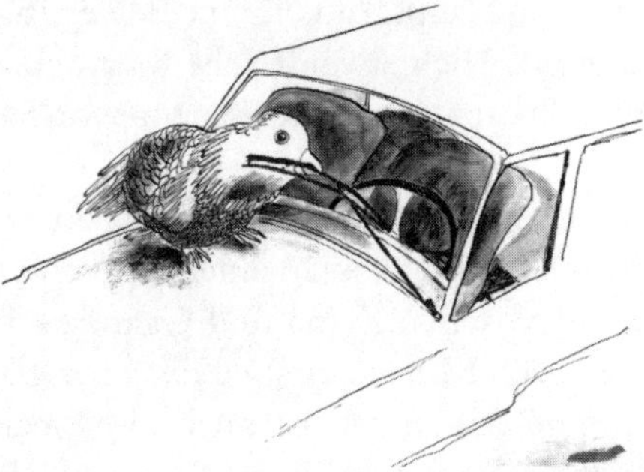

Gänse haben eine besondere Vorliebe für Styropor. 2005 fraß sich ein Schwarm durch die Styroporwände einer Schule im rumänischen Dorf Risesti.

Termiten mögen Müllbeutel aus Plastik.

Schimpansen gieren nach fetthaltiger Nahrung und fressen andere Affen, um sie zu bekommen. In Tansania und an der Elfenbeinküste jagen Schimpansen mit besonderer Vorliebe Stummelaffen. Wenn sie einen erwischen, fressen sie zunächst sein Gehirn, das die höchste Fettkonzentration aufweist. Anschließend saugen sie das Fett aus den langen Knochen des Stummelaffen. Erst danach wenden sie sich dem Fleisch zu. Was sie nicht selber fressen, teilen sie mit ihren Freunden. Weibchen, die an der Jagd teilnehmen, bekommen Fleisch nur gegen Sex.

Auch Eisbären ernähren sich vorwiegend von Fett. Ihr Verlangen nach fettreicher Kost ist so groß, dass sie Heuler nur töten, um ihr extrem fetthaltiges Gehirn zu verspeisen.

Grillen mögen Salz. Untersuchungen haben gezeigt, dass das Verlangen nach salzhaltigen Speisen – wie etwa urindurchtränkter Erde – ein Hauptgrund für die Bewegung von Grillenschwärmen ist. Auch eiweißreiche Kost lieben sie, etwa Samenhülsen, Blüten und die Exkremente von Säugetieren.

Elefanten nehmen gewaltige Mengen Salz zu sich und betreiben sogar selbst Salzabbau. In einem erloschenen Vulkan an der Grenze zwischen Kenia und Uganda schürfen die Tiere intensiv nach Mineralien. Die Forscher glauben, dass diese bestimmte Salze enthalten, welche die Elefanten nicht aus dem Boden gewinnen können. Sie überwinden einen gefährlichen Pfad von 350 Metern Länge, um an die Schürfstelle zu gelangen.

Schimpansen sind Naschkatzen. Sie suchen sich Früchte, Blätter und Rinden, die eine hohe Konzentration an Glucose, Sucrose und Fructose aufweisen.

Auch einige Echsen naschen gerne. Eine Balearen-Echse die auf einer kleinen Insel vor Menorca lebt, trinkt Nektar wie eine Biene.

Das amerikanische und kanadische Eichhörnchen kommt durch den Winter, indem es einen eigenen Vorrat an Ahornsirup bereithält. Wenn dem Eichhörnchen der Vorrat an Kiefernzapfen und Nüssen ausgeht, ritzt es die Rinde des Zuckerahorns mit seinen scharfen Zähnen ein, sodass der Saft herausläuft. Wenn er in der Sonne trocknet, bleibt ein zuckriger Rückstand zurück, den das Eichhörnchen aufleckt und sich auf diese Weise einen kräftigen Energieschub verschafft.

Katzen mögen nichts Süßes. Sie können es nicht schmecken. Man hat entdeckt, dass alle Mitglieder der Katzenfamilie, von der Hauskatze bis zu Leoparden und Löwen, eine ausgeprägte Abneigung gegen zuckerhaltige Nahrung haben. Als

Forscher den genetischen Code der Katze entschlüsselten, stellten sie fest, dass jener Teil des Genoms, der normalerweise die Geschmacksrezeptoren für Süßes codiert, nicht vorhanden ist. Daher sind Katzen einfach nicht in der Lage, süß schmeckende Bestandteile wie Zucker und Kohlenhydrate auszumachen, was erklären würde, warum Katzen weit mehr Gefallen an kräftigeren Speisen wie Fleisch finden. Das wiederum könnte erklären, warum sie zu den geschicktesten Jägern in der Natur gehören.

Schokolade kann Hunde umbringen. Theobromin, ein Bestandteil von Schokolade, ist giftig für sie, denn es regt das Herzkreislauf- und Nervensystem von Hunden in gefährlicher Weise an, insbesondere bei Welpen. Das kann zu Erbrechen, Übererregbarkeit und Gliederzittern führen. In schweren Fällen stirbt das Tier an Herzversagen. Dunkle Kochschokolade ist besonders gefährlich für Hunde, weil sie bis zu siebenmal so viel Theobromin enthält wie Milchschokolade.

Moskitos, die Malaria übertragen, fühlen sich in stärkerem Maße zu süß schmeckender Nahrung hingezogen. Das Vorhandensein des Malaria-Parasiten in ihrem Organismus veranlasst sie zu regelrechten Fressanfällen.
Nur weibliche Moskitos stechen. Sie werden unter anderem von menschlichem Schweiß angelockt.

Essstörungen

Wie einige Tiere hungern und andere futtern

Die Redensart »Essen wie ein Vögelchen« ist irreführend. Der Geier verschlingt beispielsweise bei einer Mahlzeit bis zu einem Viertel seines Körpergewichts. Manchmal kommt er hinterher nicht mehr in die Luft und muss einen Großteil der halbverdauten Nahrung wieder ausspeien, um rasch fortfliegen zu können. Der Flamingo dagegen überfrisst sich selten so hemmungslos, selbst wenn er wochenlang keine Nahrung bekommen hat. Mit dem Kopf nach unten kann er nämlich nur langsam fressen.

Kolibris nehmen fast fortwährend Nahrung zu sich. Der winzige Vogel ist im Reich des Fliegens so etwas wie eine Kreuzung zwischen einem Hubschrauber und einem senkrecht startenden Kampfflugzeug. Er kann sogar rückwärts fliegen. Im Schwebeflug schlägt er 90 Mal pro Sekunde mit den Flügeln und verdoppelt diese Frequenz im Sturzflug. Doch die Energie, die er dabei verbraucht, setzt voraus, dass er seinem Motor ständig Brennstoff zuführt. Tag für Tag muss der Kolibri mehr als sein Körpergewicht an Nahrung aufnehmen – und dabei auch noch wählerisch zu Werke gehen. Da er die Kalorien so rasch verbrennt, muss er sich von extrem energiereichem Nektar ernähren. Darauf angewiesen, möglichst viel Energie möglichst schnell aufzunehmen, frisst er auch sehr rasch. Ein Kolibri kann sich pro Sekunde bis zu zwölf Schlucke Nektar einverleiben.

Ein besonders begeisterter Fastfood-Anhänger im Tierreich ist der australische Dornteufel, eine zackenbewehrte, Ameisen fressende Echse. Die winzigen Ameisen, von denen sich der Dornteufel ernährt, haben einen beklagenswert geringen Nährwert, daher müssen Dornteufel möglichst rasch möglichst viele Ameisen fressen, um zu überleben. Der Dornteufel fängt die Ameisen, indem er seine Zunge blitzartig vorschnellen lässt, und schlingt sie dann, ohne zu kauen, hinunter. Auf diese Weise vermag er im Durchschnitt 2000 Ameisen pro Tag zu fressen.

Der Elefant gehört zu den eindrucksvollsten Vielfraßen im Tierreich. Er kann pro Tag zwischen 100 und 300 Kilogramm Nahrung verputzen und bis zu 190 Liter Wasser saufen.

Ein großer Heuschreckenschwarm kann mehr als 20 Millionen Kilogramm (20 000 Tonnen) Mais pro Tag fressen.

Der weibliche Floh verzehrt jeden Tag das Fünfzehnfache des eigenen Körpergewichts an Blut.

Maulwürfe sind imstande, pro Tag das eigene Körpergewicht in Form von Regenwürmern zu verspeisen.

Blauwale nehmen täglich zwischen 1500 und 3000 Kilogramm Nahrung zu sich. Das entspricht 8000 Hamburgern.

Schwertwale fressen Tiere der verschiedensten Art – von Fischen über Robben, Pinguine und Schildkröten bis hin zu

Haien und sogar Blauwalen. Einen Heuler oder jungen Seelöwen können sie ganz hinunterschlingen.

Wale haben verschiedene Techniken der Nahrungsaufnahme. Einige benutzen ihre Zähne, andere filtern ihre Nahrung mit Hilfe von sogenannten Barten, Hornplatten im Oberkiefer, heraus. Eine seltene Familie, die der Schnabelwale, ist jedoch zahnlos. Schnabelwale haben riesige Lippen mit einer winzigen Öffnung am Ende des Schnabels. Sie können nur saugen.

Eichhörnchen können sich so mit Nüssen vollstopfen, dass ihr Leibesumfang erheblich anschwillt. Ein Eichhörnchen, das sich in Devon durch das Metallgitter eines Vogelfutterhäuschens zwängte, musste feststellen, dass es aus eigener Kraft nicht wieder herauskam.

Wasser zu trinken ist für eine Giraffe eine gefährliche Prozedur. Dazu muss sie nämlich ihre Beine spreizen und ihren Kopf vorsichtig zum Wasser absenken. Das macht die Giraffe zu einer leichten Beute für Fressfeinde wie Löwen, daher verzichtet sie oft wochenlang aufs Trinken. Stattdessen nimmt sie die erforderliche Feuchtigkeit durch Pflanzen auf, etwa durch Akazienblätter.

Paviane der im südlichen Afrika gelegenen Namibwüste, einer der trockensten Regionen der Erde, können anscheinend 26 Tage ohne Wasser auskommen.
Schaben sind in der Lage, einen Monat ohne Nahrung, aber nur zwei Wochen ohne Wasser zu überleben.

Wenn die Natur ihr Recht verlangt

Einige unschöne Details über die Körperfunktionen von Tieren

Faultiere halten ihre Ausscheidungen während der Trockenzeit manchmal eine Woche lang zurück, weil sie Angst haben, sie könnten durch ihre Exkremente Fressfeinde anlocken. Wenn sie schließlich auf den Boden hinabklettern, um ihr Geschäft zu verrichten, wiegt dies bis zu 900 Gramm, rund ein Fünftel ihres gesamten Körpergewichts. Die Regenzeit macht solche ungewöhnlichen Anstrengungen überflüssig. Der Platzregen überdeckt den Geruch ihrer Exkremente, daher können sich die Faultiere dann von hoch oben auf die Welt unter ihnen entleeren.

Der Hoatzin, ein venezolanischer Vogel, hat einen höchst ungewöhnlichen Magen, der dem des Rindes ähnelt. Infolgedessen wird die Nahrung fermentiert, was einen unverkennbaren Geruch erzeugt, der zufällig auch an frischen Kuhdung erinnert. Der englische Spitzname des Hoatzins ist *Stink Bird* (Stinkvogel).

Pinguine gehören zu den Superpupsern der Tierwelt. Kehlstreifen- und Adeliepinguine strecken das Hinterteil zum Nest hinaus und schießen dann ihre dicken rosaweißen Exkremente mit solchem Schwung in die Luft, dass sie in einer Entfernung von bis zu 40 Zentimetern landen. Dank dieser

Technik fällt es den Vögeln leichter, Federn und Nester sauber zu halten. Der lange Streifen Pinguinkot, der sich im Schnee abzeichnet, ist bald verschwunden.

Nur wenige Tiere können ihre Exkremente so kraftvoll abschießen wie die Raupe des amerikanischen Dickkopffalters. Sie feuert ihre Ausscheidungen aus dem Hinterleib mit einer Geschwindigkeit von 1,3 und mehr Metern pro Sekunde ab, das heißt mit einer Wucht, die der einer Kanone ähnelt. Die Exkremente können bis zu 153 Zentimeter zurücklegen, was dem 30-fachen der Körperlänge des Insekts entspricht. Auf den Menschen übertragen, wären das 76 Meter. Nach Auffassung der Forscher haben die Raupen diese Technik nicht nur aus Hygienebewusstsein entwickelt, sondern auch, weil ihre Ausscheidungen Feinde anlocken könnten.

Nilpferde setzen ihren Schwanz ein, um ihre Exkremente möglichst weit zu streuen. Mit Hilfe dieser Technik markieren sie für sich ein möglichst weitläufiges Revier. Die männlichen Nilpferde lassen ihren Schwanz rasch rotieren, wäh-

rend sie defäkieren, sodass ihr Kot in alle Richtungen davonfliegt.

Landwirtschaftliche Nutztiere sind eine Hauptursache der globalen Erwärmung. Laut der Vereinten Nationen ist der Viehbestand – Rinder, Büffel, Ziegen, Schafe, Kamele, Schweine und Pferde – für 30 Prozent der mit menschlichen Aktivitäten zusammenhängenden Methanemissionen verantwortlich. Nach Kohlendioxid ist Methan das zweitwichtigste Treibhausgas.

Man nimmt an, dass auf das Konto von Rindern 20 Prozent der globalen Methanemissionen gehen. Milchkühe können pro Tag 400 bis 500 Liter Methangas durch Aufstoßen freisetzen. Das ist 200 Mal mehr als die Menge, die ein Mensch erzeugt. In einem Jahr emittiert ein solches Tier neun Kilogramm Smog aus sogenannten flüchtigen organischen Verbindungen (VOCs). Das ist mehr, als ein Auto oder ein Kleinlastwagen produziert.

In Neuseeland stammen 43 Prozent der Treibhausgasemissionen vom Nutzvieh. Die Rülpser der 40 Millionen dort lebenden Schafe und der 10 Millionen Kühe sorgen für 90 Prozent der Methanemissionen des Landes.

Termiten erzeugen vier Prozent des weltweit anfallenden Methangases. Das Gas entsteht im Enddarm des Insekts und wird an der gesamten Körperoberfläche freigesetzt.

Wenn sich Geier bedroht fühlen, übergeben sie sich häufig in Richtung ihrer Angreifer. Das geschieht jedoch nicht nur aus Furcht. Indem sie sich von einem Teil ihres Körpergewichts befreien, können sie sich leichter in die Luft emporschwingen und entkommen. Das faulig riechende Erbrochene – einer der unangenehmsten Gerüche in der Tierwelt – lenkt die Angreifer außerdem ab oder tötet sie sogar. Man hat beobachtet, dass Hunde verendeten, nachdem sie mit dem Erbrochenen von Geiern in Berührung gekommen waren.

Ratten können sich nicht übergeben. Andere Tierarten verspüren einen Reflex, der sie veranlasst, giftige Stoffe hinauszuwürgen. Ratten sind dazu nicht imstande, weil bei ihnen Magen und Speiseröhre durch eine Barriere getrennt sind und sie nicht genügend Muskelkraft besitzen, um unerwünschte Nahrung wieder durch diese Barriere zurückzudrängen. Auch ist ihr Gehirn nicht in der Lage, die Muskeln so zu koordinieren, dass das erforderliche Würgen entsteht. Stattdessen haben Ratten einen hoch entwickelten Geschmacks- und Geruchssinn, der sie daran hindert, giftige Stoffe zu sich zu nehmen. Außerdem fressen sie Substanzen wie Lehm, wenn ihnen übel ist. Der Lehm bindet überschüssige Magensäure und vertreibt die Übelkeit. Die Unfähigkeit, sich zu übergeben, ist nicht der einzige Nebeneffekt ihres Verdauungshandikaps. Sie können auch nicht aufstoßen.

Es gibt noch andere Tiere, die sich nicht übergeben können – unter anderem das Kaninchen, die Hausmaus und die Japanwachtel.

Vollgedröhnt

Wie Tiere sich berauschen und (manchmal) randalieren

Drogenkonsum ist keine Seltenheit in der Tierwelt. In Westafrika graben Eber nach den halluzinogenen Wurzeln des Ibogastrauchs, eine Droge, die sie zu wilder Raserei treibt. Katzenminze zieht Katzen so magisch an, weil sie das Halluzinogen Nepetalacton enthält, ein Stoff von ganz ähnlicher Wirkung wie ein natürliches Sexualpheromon. Auch Leoparden und andere Großkatzen fühlen sich von Katzenminze und ihrem japanischen Äquivalent Matatabi angezogen.

Zu den Drogen mit dem stärksten Suchtpotenzial im Tierreich gehören die halluzinogenen »Zauberpilze«. Ein renommierter Ethologe beobachtete einmal einen Schakal, der sich »wie ein Kreisel drehte«, nachdem er einige dieser Pilze verzehrt hatte. Auch Rentiere haben eine Vorliebe für bewusstseinsverändernde Pilze. Besonders versessen sind sie auf den Fliegenpilz, eine starke psychedelische Droge, die von sibirischen Schamanen verwendet wird. Das Verlangen der Rentiere nach diesen Pilzen ist so stark, dass sie sich am Urin von Menschen berauschen, die davon gegessen haben. Touristen, welche die sibirische Tundra besuchen, wird geraten, nicht im Freien zu urinieren, um sich nicht den Angriffen pilzsüchtiger Rentiere auszusetzen.

Amazonische Jaguare kauen die Rinde eines halluzinogenen Weinstocks. Die Rinde versetzt die Jaguare nicht nur in den siebten Drogenhimmel, sondern reinigt ihren Magen auch von Parasiten.

Makis verschaffen sich ihre Ekstase auf höchst eigenwillige Art – durch einen rauscherzeugenden Tausendfüßler.

Die Mohrenmakis auf Madagaskar fressen diese Tiere, weil sie einen giftigen chemischen Stoff enthalten, der wie ein Mückenspray wirkt. Doch der Verzehr der Tausendfüßler versetzt die Makis auch in einen ekstatischen Trancezustand. Ein Wissenschaftler, der diese Fressgewohnheit untersuchte, beobachtete, wie sich die Augenlider der Makis nach dem Verzehr immer weiter herabsenkten und sich Schaum vor ihrem Mund bildete. Außerdem verspürten sie offensichtlich verstärkte sexuelle Gelüste. Allerdings hält dieser Effekt nur einige Minuten an.

Landwirtschaftliches Nutzvieh flippt bei bestimmten Unkrautarten aus. Rinder, Schafe und Pferde im Westen der Vereinigten Staaten und in Mexiko können nach einer Pflanze süchtig werden, die dort *Locoweed* oder *Crazy Weed* heißt – es handelt sich um die Spitzkielart *Oxytropis splendens*. Das Kraut ist ein schmackhafter Ersatz für Gras, tatsächlich aber giftig, weil es das Alkaloid Swainsonin enthält, welches das Nervensystem angreift. Infolgedessen verhalten sich Tiere, die dem Spitzkiel verfallen, zunehmend merkwürdig. Zunächst isolieren sie sich vom Rest der Herde und fressen allein, dann tun sie seltsame Dinge: laufen gegen Telegraphenmasten und springen unmotiviert in die Luft. Außerdem wird ihr Gang schwankend.

Zu viel *Locoweed* kann die Tiere töten, daher haben Landwirte ein Entzugsprogramm für süchtige Rinder, Schafe und

Pferde entwickelt. Dabei erhalten die Tiere zusammen mit dem Unkraut so viel Salz, dass ihnen speiübel wird.

In den Bergen von Sikkim in Nordostindien verschaffen sich erschöpfte Pferde selbst eine Energiespritze, indem sie bittere Teeblätter fressen. In Mexiko halten sich Packesel beim Grasen an wilde Tabakpflanzen, um sich zu dopen.

Schimpansen können genauso nikotinabhängig werden wie Menschen. Ai Ai, eine Schimpansendame in einem chinesischen Zoo, begann zu rauchen, als Besucher ihr 1989 erstmals eine Zigarette reichten, kurz nachdem ihr erster Partner gestorben war. Acht Jahre später, als ihr zweiter Partner starb und man ihre Tochter in einen anderen Zoo verlegte, wurde sie zur Kettenraucherin. Erst nach einer längeren Therapie konnte sie dieses Laster 2005 wieder aufgeben.

Ein Dackel erreichte das stolze Hundealter von 22 Jahren – trotz des Konsums von zehn Zigaretten pro Tag. Als der Hund ins Tierheim kam, nachdem er ausgesetzt worden war, stellte man fest, dass er gern ganze Zigaretten verzehrte; nur den Filter spuckte er wieder aus. Normalerweise ist Nikotin für Hunde giftig.

In der Affenwelt überlässt man den Drogenkonsum den niederen Schichten. Bei einer Studie in einer Makakenkolonie wurden die dominanten, höher rangierenden Affen weit seltener kokainsüchtig. Nach Auffassung der Forscher holen diese sich ihren Kick, indem sie sich rangniederen Affen gegenüber aggressiv und dominant verhalten.

Wenn Rattenföten im Mutterleib dem Einfluss von Marihuana ausgesetzt werden, sind sie nach der Geburt hyperaktiv und vergesslich.

Ziegen können koffeinsüchtig werden, Ameisen eine Abhängigkeit von Nektar entwickeln.

Einige Ratten werden zu Testosteron-Junkies.

Kokain verschafft Taufliegen einen wilden Rausch. Als man sie mit Kokaindampf umnebelte, begannen die Fliegen zu kreiseln und buchstäblich von den Wänden abzuprallen.

Gegorene Früchte bewirken bei Tieren das Gleiche wie Alkohol bei Menschen. Wespen, die sich an gärenden Fruchtsäften gütlich tun, füllen sich manchmal bis zur Besinnungslosigkeit ab.

Auch Vögel können sich Räusche antrinken. 2005 musste ein großer Schwarm Zedernseidenschwänze in einem Naturschutzzentrum in South Carolina behandelt werden, nachdem die Tiere ungebremst in die Glasfassade eines Bürohochhauses geflogen waren. Offenbar war der mehrere Hundert Vögel starke Schwarm von Stechpalmenbeeren berauscht.

Afrikanische Elefanten werden vom Geruch reifender Marulafrüchte angezogen – sie vergären zu einer 7-prozentigen Alkohollösung. Jahrhundertelang glaubte man, die Elefanten würden davon betrunken und wären deshalb so wackelig auf den Beinen. Einige Forscher bezweifeln indessen, dass die Elefanten sich an den kleinen Mengen, die sie zu sich nehmen, wirklich berauschen können. Nach Ansicht der Wissenschaftler ist der schwankende Gang der grauen Riesen auf die Rinde des Marulabaums zurückzuführen, welche die Elefanten ebenfalls konsumieren. Die Rinde wird von den Puppen eines Käfers bewohnt, der traditionell zur Vergiftung von Pfeilspitzen verwendet wird.

Aus entsprechenden Untersuchungen geht hervor, dass Hamster Geschmack an Alkohol finden und dabei eine Toleranz entwickeln können, die, gemessen am Körpergewicht, vierzigmal höher ist als die des Menschen. Ein Mensch könnte dementsprechend pro Tag eine Kiste Wein ohne erkennbare Wirkung trinken.

Bei einem Übermaß an Alkohol ergeht es Hamstern unter Umständen ganz ähnlich wie manchen Menschen: Sie werden aggressiv. Außerdem ruft Alkohol bei den Männchen einen deutlichen Anstieg des Testosteronspiegels hervor. Die Trinkgewohnheiten von Hamstern lassen sich jedoch durch die Verabreichung eines chinesischen Kräutermittels unterdrücken, den Extrakt der Kopoubohnenwurzel.

Tauben berauschen sich an Nüssen.

Die Warzenfruchttaube frisst die Frucht des indischen Mandelbaums. Manchmal gären die Früchte allerdings. Wenn die Tauben genügend von den gegorenen Mandeln gefressen haben, sind sie so betütert, dass sie mehrere Stunden nicht fliegen können.

Könnten Menschen doch nur so viel trinken wie Fische. Man hat herausgefunden, dass ein wichtiger Bestandteil des Rotweins, das Resveratrol, das Leben spektakulär verlängern kann. Wie sich gezeigt hat, verlängert sich die Lebensdauer von Fliegen und Würmern unter dem Einfluss dieses Stoffes beträchtlich, und noch besser sind die Ergebnisse bei Fischen. Eine simbabwische Fischart, die normalerweise nur eine Lebenserwartung von neun Wochen hat, lebte 30 bis 60 Prozent länger, als man ihr hohe Dosen Resveratrol verabreichte. Selbst mit zwölf Wochen, in einem Alter also, in dem die Fische normalerweise längst tot gewesen wären, waren viele der Fische noch aktiv und ihre Gehirne leistungsfähig. Menschen, die in Erwägung ziehen, so viel Resveratrol zu sich zu nehmen wie die Fische, sollten es sich allerdings gut überlegen. Um unseren Organismus mit der gleichen Menge dieser Substanz zu versorgen, müssten wir 72 Flaschen Rotwein pro Tag trinken.

Elefanten in der Mongolei überleben den bitterkalten Winter, indem sie Wodka trinken. Mitglieder des weltbekannten Moskauer Staatszirkus entdeckten, dass das hochprozentige Getränk den an der Show beteiligten Elefanten half, mit den dort üblichen Temperaturen von bis zu minus 28 Grad Celsius fertig zu werden. Eine tägliche Ration von zwei Litern hielt die Kälte in Schach.

Einige Affen in Indien trinken sich einen Rausch an und fangen dann an zu randalieren. Bis zu 80 Prozent der Affen im Bundesstaat Himachal Pradesh leben in städtischen Gebieten, wo ihnen Alkohol zugänglich ist. Wenn sie betrunken sind, springen sie auf Autos und beißen Kinder.

Im Hinblick auf den Alkoholkonsum gliedern sich Ratten in vier verschiedene Kategorien. Bei einer Studie, bei der man einer Gruppe Ratten Alkohol vorsetzte, teilten sich die Tiere in folgenden Kategorien auf: strikte Abstinenzler, Geselligkeitstrinker, die nur gelegentlich einen hoben, Trinker, die ihren Konsum langsam bis zu einem bestimmten hohen Niveau steigerten und dieses dann hielten, und einige geborene Alkoholiker, die vom ersten Tag an bis zur Besinnungslosigkeit tranken.

Gestresste Mäuse suchen Trost im Alkohol. Wie Untersuchungen gezeigt haben, steigern Mäuse, die man mit Alkohol bekannt gemacht hat, ihren Konsum nach belastenden Erlebnissen.

In der Karibik betrinken sich Affen mit Rum. Die Bewohner der Insel St. Kitts haben gelernt, Grüne Meerkatzen in ihre Häuser zu locken, indem sie draußen Kokosnussschalen mit dem landesüblichen gesüßten Schnaps aufstellen. Die Affen trinken davon buchstäblich bis zur Bewusstlosigkeit.

Laut einer wissenschaftlichen Studie haben die Affen allerdings höchst unterschiedliche Trinkgewohnheiten. Während 14 Prozent überhaupt nicht trinken, sind 5 Prozent echte Säufer. Diese Affen trinken den Rum so schnell sie können, bis sie umfallen. Doch scheinen sie keinen Kater zu bekommen. Am nächsten Tag stehen sie auf und fangen wieder von vorne an.

Elche sind vermutlich die hartgesottensten Trinker im Tierreich. Besonders in Schweden fressen sie mit Vorliebe alte Äpfel, ohne zu merken, dass sie gegoren sind. Infolgedessen geraten sie häufig in einen Zustand aggressiver Trunkenheit. Schon oft sind nichts ahnende Jogger von Elchen angegriffen worden. 2005 belagerte eine Horde betrunkener Elche ein Seniorenheim in Malmö und musste von bewaffneten Polizisten vertrieben werden.

TEIL DREI

Von den Bienen und den Blumen

Tiere und ihr Liebesleben

Alle tun es, meint Cole Porter: *Birds do it, bees do it, even educated fleas do it.* Und der Wettstreit um die Fortpflanzung ist so erbittert, dass *Es* auch zum denkbar kürzesten Liebesabenteuer geraten kann – von den wilden, gewalttätigen und sogar tödlichen Begattungen ganz zu schweigen.

Tierischer Sex bleibt jedoch selten dem Zufall überlassen. Viele Arten durchlaufen lange, komplexe – und gelegentlich auch romantische – Werberituale, bevor sie sich endlich für einen Partner entscheiden, mit dem sie ihre kostbaren Gene teilen wollen. Allerdings geht es bei den Tieren – wie bei den Menschen – in der Sexualität nicht immer nur um Fortpflanzung. Es gibt Arten, deren Mitglieder dabei nur ihren Spaß haben wollen. Und dann gibt es Tiere, die keine Scheu haben, sich zwitschernd, pfeifend oder auch brüllend zu ihrer Homosexualität zu bekennen.

Auf der Suche nach dem Richtigen

Was Tiere vom idealen Partner erwarten

Die meisten Frauen finden schlampige Männer unattraktiv, und das Weibchen des Webervogels ist da keine Ausnahme. Es ist nicht bereit, sich mit einem Männchen zu paaren, das ein schäbiges Nest gebaut hat. Das verschmähte Männchen muss das Nest wieder auseinander reißen und vollkommen neu bauen, um die Zuneigung des Weibchens zu gewinnen.

Für die Weibchen bestimmter Fischarten spielt die Größe ganz zweifellos eine Rolle. Aus empirischen Untersuchungen wissen wir, dass 80 Prozent der Weibchen des Koboldkärpflings Männchen mit großen Geschlechtsorganen, sogenannten Gonopodien, bevorzugen. Zwar werden gut bestückte Koboldkärpflinge das gerne hören, doch hat die Sache einen Haken. Ihr natürlicher Vorzug macht sie auch zu einem begehrten Objekt für Fressfeinde.

Weibliche Singvögel bevorzugen Männchen mit einem umfangreichen Repertoire. Die Weibchen einiger Arten, wie etwa des Drosselrohrsängers, paaren sich mit den Männchen, die die meisten Melodien kennen. Den Grund sehen Forscher darin, dass der Umfang des Repertoires mit der Größe der Milz zusammenhängt, die sich ihrerseits auf den Zustand des Immunsystems auswirkt. Tatsächlich haben Studien gezeigt, dass Drosselrohrsänger mit umfangreichem Liedgut in der Regel länger leben.

Weibliche Fregattvögel vergaffen sich in die aufgeblasensten Männchen.

Im Zuge des Balzrituals füllen die Männchen ihren Kehlsack mit Luft, bis er auf die Größe eines Luftballons anschwillt. Die Männchen mit den größten, rötesten und auffälligsten Kehlsäcken gewinnen die meisten Paarungspartnerinnen. Allerdings müssen diese Prachtmännchen auf der Hut sein. Der Fregattvogel verfügt nämlich über einen scharfen Schnabel, und in dem Bemühen, einem Männchen die Partnerin auszuspannen, kann der Nebenbuhler den Ballon des anderen durchaus zum Platzen bringen.

Das Weibchen der Tamarine, einer Art der Halbaffen, findet gute Väter attraktiv, daher geben die Männchen dieser Art den »neuen Mann«. Sie tragen Junge mit sich herum, womit sie potenziellen Partnerinnen vor Augen führen wollen, welche elterlichen Qualitäten sie besitzen.

Rehe fühlen sich zu den Hirschen mit den schönsten Geweihen hingezogen.

Um Geweihe auszubilden, müssen Hirsche überschüssige Nährstoffe im Körper haben. Daher wird ein Männchen, das

immer nur auf der Flucht frisst und immer nur das Minimum dessen zu sich nimmt, was es zum Überleben braucht, nicht in der Lage sein, ein Geweih auszubilden. Dagegen strahlt ein Hirsch mit einem ausladenden, baumartig verzweigten Geweih körperliche Kraft und Wohlbefinden aus, weil er für einen solchen Kopfschmuck Zugang zu einem reichen Nahrungsangebot gehabt haben muss. Damit beweist er ferner, dass er in der Lage war, Fressfeinde abzuwehren. Kein Wunder also, dass sich Weibchen unwiderstehlich zu diesen prachtvoll anzuschauenden Mannsbildern hingezogen fühlen.

Die sexuell attraktivsten Papageien haben fluoreszierende Federn. Sowohl Männchen wie Weibchen finden Individuen mit bunt strahlendem Gefieder attraktiv, welches seine Leuchtkraft der Absorption von ultraviolettem Licht verdankt. Menschen können diesen Effekt normalerweise nicht sehen, doch Forscher bemerkten ihn, als einige tote Papageien unter fluoreszierendem Licht unheimlich zu schimmern begannen.

Weibliche Schaben mögen stark riechende Männchen. Allerdings sind sie nicht mehr ganz so wählerisch, wenn sie älter werden. Dann folgen sie eher dem Beispiel der Männchen, die sich mit jedem Weibchen paaren, das noch ein Lebenszeichen von sich gibt.

Alles, was glänzt, ist Gold – zumindest soweit es weibliche Schmetterlinge betrifft. Weibliche Schmetterlinge fühlen sich nämlich zu Männchen mit strahlenden Augen hingezogen. Das Funkeln entsteht, weil ultraviolettes Licht in den Pupillen der Schmetterlingsaugen reflektiert wird. Auch Weibchen locken Partner an, indem sie sie »anblitzen«. Sie erzeugen mit irisierenden Schuppen auf ihren Flügeln Blitze von glänzend blauer Farbe.

Auch Fische scheinen Gefallen an ein bisschen Glitzern zu finden. Im Frühjahr bauen männliche Stichlinge Nester in der Hoffnung, damit Paarungspartnerinnen anzulocken. Wie sich in einer Untersuchung zeigte, standen die Weibchen Schlange vor Nestern, die ihre Besitzer prächtig mit Silberpapierfetzen geschmückt hatten.

Männliche Grundeln bevorzugen Weibchen mit roten Bäuchen.

Männliche Giraffen haben eine bemerkenswerte Technik entwickelt, um herauszufinden, ob ein Weibchen ovuliert. Das Männchen stößt mit dem Kopf gegen das Hinterteil des Weibchens und bringt es so zum Urinieren. Dann leckt es eine Probe des Urins auf und stellt – ganz wie ein Weinkenner, der einen edlen Wein verkostet – fest, ob sie befruchtet werden kann.

Weibliche Wühlmäuse bevorzugen Männchen, die gut fressen. Die Wühlmausdamen sind außerordentlich wählerisch und beschnüffeln mehrere potenzielle Partner, bevor sie sich für einen entscheiden. Wie sich in Experimenten gezeigt hat, wenden sie sich in der Regel Männchen zu, die eiweißreiche Kost zu sich genommen haben.

Bei der Suche nach Paarungspartnern entscheiden sich Weibchen der Impalas und Gnus für die Männchen mit den besten Revieren.

Männchen, die ein Revier kontrollieren, das gutes Weideland mit Schutz bietenden Bäumen und, noch besser, Wasservorkommen aufweist, sind die begehrtesten Junggesellen. Wer über ödes Land herrscht, hat in der Liebe ganz schlechte Karten. Wie nicht anders zu erwarten, liefern sich männliche Impalas und Gnus erbitterte Kämpfe um besonders begehrte Reviere.

Für weibliche Schwalben sind Männchen mit langen, symmetrischen Schwänzen attraktiv. Verstümmelte und schiefe Schwänze turnen sie ab, weil sie auf schlechte Gene schließen lassen.

Rebhühner sind wenig beeindruckt von Macho-Hähnen, die ständig kämpfen. Sie ziehen Hähne vor, die sich um sie kümmern.

Die Weibchen des im Mittelmeer lebenden Schleimfisches unterziehen Männchen einem Test, um festzustellen, ob sie gute Väter sind. Die Weibchen lassen die Männchen zwei Tage mit einer kleinen Stichprobe ihrer Eier zurück. Wenn die Eier bei ihrer Rückkehr unversehrt und in gutem Zustand sind, paaren sich die Weibchen mit den Männchen.

Der ideale Paarungspartner für eine Pfauhenne ist der Hahn mit den meisten Augenflecken auf seinem spektakulären Schwanz. Genauso wählen weibliche Schmetterlinge Männchen mit großen Augenflecken auf den Hinterflügeln.

Das wählerischste Geschöpf im Tierreich dürfte wohl die kalifornische Winkerkrabbe sein. Bei der Beobachtung einer Krabbenkolonie stellte sich heraus, dass die Weibchen im Durchschnitt die Wohnhöhlen von 23 männlichen Krabben inspizierten, bevor sie sich zur Paarung mit einem von ihnen entschlossen. Ein ungebundenes Weibchen nahm sogar 106

Höhlen in Augenschein, bis es einen akzeptablen Partner fand.

Zwischen den Weibchen der Topi-Antilopen in der afrikanischen Serengeti herrscht ein harter Wettbewerb um die besten Männchen, daher ist den Weibchen fast jedes Mittel recht, um einen Mann für sich zu erobern. Sie fechten erbitterte Kämpfe um das richtige Männchen aus, doch selbst wenn sie dabei unterliegen, geben sie nicht auf. Manchmal lässt ein Weibchen ihre Rivalin in dem Glauben, sie hätte den Sieg davongetragen, um die Nebenbuhlerin erneut anzugreifen, sobald diese mit der Paarung beginnt.

Weibliche Hufeisennasenfledermäuse verschiedener Generationen paaren sich häufig mit ein und demselben Männchen, daher hat eine Großmutter unter Umständen Junge von demselben Männchen wie ihre Enkelin. Forscher der Queen Mary University of London glauben, das sei die in der Erbanlage der Fledermäuse festgeschriebene Methode, die Zukunft der Kolonie zu sichern – auch wenn es einige Verwirrung schafft. In mehreren Fällen haben genetische Tests gezeigt, dass weibliche Fledermäuse und ihre Tanten zweiten Grades mütterlicherseits zugleich Halbschwestern väterlicherseits waren.

Der Schopfalk, ein alaskischer Meeresvogel, hat einen sehr eigenwilligen Geschmack, was Sexualpartner angeht. Durch Schnüffeln pickt er sich diejenigen Mitglieder des anderen Geschlechts heraus, die nach Mandarinen riechen. Bislang hat noch niemand herausgefunden, warum das so ist.

Die Kunst der Verführung

Wie Tiere Eindruck auf das andere Geschlecht machen

Männliche Kanarienvögel machen die Weibchen mit ihrem Gesang kirre. Die Vögel können einen spektakulär schnellen Triller von sechzehn Tönen pro Sekunde erzeugen. Die Wirkung dieser furiosen Koloratur ist so gewaltig, dass Weibchen, die sie vernehmen, augenblicklich in eine paarungsbereite Körperhaltung verfallen.

Große Pandas markieren Bäume mit bestimmten Geruchsstoffen, um Mitglieder des anderen Geschlechts anzulocken. Während die Weibchen so urinieren, dass sie eine Markierung in Bodennähe hinterlassen, pinkeln die Männchen an den Stamm oder wischen mit ihren Analdrüsen darüber. Um zu zeigen, wie fit und viril sie sind, wetteifern die Männchen miteinander, diese Sekrete möglichst hoch anzubringen. Dazu nehmen sie im Wesentlichen vier Positionen ein. Die drei einfachsten sind die Hocke, das Wischen mit dem Hinterteil und ein hoch gestrecktes Bein. Um den Baum so hoch wie möglich zu markieren, nehmen besonders fitte Pandas eine kompliziertere vierte Position ein – den Handstand.

Menschen männlichen Geschlechts sind nicht die einzigen, die ihre Muskeln spielen lassen, um dem anderen Geschlecht zu imponieren. Der männliche Stachelleguan führt gymna-

stische Übungen aus, die Teil einer komplexen Körpersprache sind. Um die Aufmerksamkeit potenzieller Paarungspartnerinnen zu erregen, macht er Liegestütze.

Besonders elaboriert ist das Balzverhalten der Laubenvögel. Diese äußerst einfallsreichen Vögel besitzen ungewöhnlich große Gehirne, und die Männchen erbauen komplexe Strukturen – Lauben –, um ihre Weibchen zu beeindrucken. Einige Laubenvögel verwenden Zweige und glänzende Objekte wie Muscheln und Käfer, um ihre großen, schuppenartigen Bauwerke zu schmücken. Andere füllen ihre Nester ausschließlich mit blauen Objekten, um Weibchen anzulocken. Berichten zufolge haben Laubenvögel schon blaue Kugelschreiber, Juwelen und Perlen gestohlen, um ihr Heim für die Angehörigen des anderen Geschlechts attraktiver zu machen. Einige Psychologen vertreten die Ansicht, die Produkte ihres Fleißes hielten dem Vergleich mit menschlichen Kunstwerken durchaus stand.

Männliche Fische erbauen Sandburgen, um Eindruck auf die Mädels zu machen. Buntbarsche schichten kunstvolle Höhlen auf. Damit stellen sie nicht nur ihre Fähigkeiten als Baumeister unter Beweis, sondern die Höhe der Sandburg gibt den Weibchen auch einen klaren Hinweis auf die Gesundheit des Bewerbers. Je höher das Bauwerk, desto größer die Wahrscheinlichkeit, dass der Urheber über gute Gene verfügt.

Die Anziehungskraft eines hübschen Matrosen wirkt bis in die Fischwelt hinein. Weibliche Lachse bevorzugen Männchen, welche »zur See« gefahren und größer, kräftiger und erfahrener zurückgekehrt sind.

Der männliche Guppy weiß, dass die Liebe des Weibchens durch den Magen geht. Daher gibt er einfach vor, ihre Lieblingsspeise zu sein. Das Weibchen hat eine ganz besondere Vorliebe für Früchte von leuchtendem Orange, folglich tragen die Männchen große orangefarbene Flecke auf dem Bauch. Der bloße Anblick der leuchtenden Flecke macht die Fischdamen ganz wild.

Der männliche Stichling vollführt eines der komplexesten – und farbigsten – Paarungsrituale der Meereswelt.

Wenn die Laichsaison kommt, wechselt der winzige Fisch die Farbe: Seine Unterseite nimmt anstelle des normalen Graugrüns eine hellrote Färbung an. Außerdem verlassen die männlichen Stichlinge die Gemeinschaft, um im Meeresboden ihre eigenen Höhlen zu bauen – Gruben voller Pflanzenmaterial, das sie mit einer klebrigen Flüssigkeit aus ihren Nieren zusammenfügen.

Die Fertigstellung ihres Nests signalisieren sie durch einen weiteren Farbwechsel: Dieses Mal wird der Oberkörper blauweiß, eine Veränderung, welche die Weibchen magisch anzieht.

Erst wenn die Nester gebaut sind, führen die Männchen ihren charakteristischen »Zickzacktanz« aus, bei dem sie hin und her schießen und ihre Stacheln am Weibchen reiben. Wenn ein Männchen von einem Weibchen erwählt wird, geleitet er sie zu seinem neu erbauten Nest, indem er sich ihm zuwendet und mit dem Kopf darauf deutet. Sobald das Weibchen die Eier im Nest abgelegt hat, befruchtet der Stichling sie und hütet sie sorgsam. Nachdem der männliche Stichling so viel Mühe in die Zeugung investiert hat, ist es vielleicht keine Überraschung, dass er sich auch als verantwortungsvoller Vater erweist. Wenn eines der Kleinen sich zu weit vom Nest entfernt, verschluckt der Stichling es und speit es wieder ins Nest zurück.

Glühkäfer stehen auf etwas, was man das Discolicht der Insektenwelt nennen könnte. Das Abdomen der Insekten enthält eine Laterne, die mit Stickoxidgas gefüllt ist. Die Männchen beginnen den Balzprozess, indem sie mit ihren leuchtenden Bäuchen eine Reihe von Blitzen aussenden, deren Rhythmus genau festgelegt ist. Die Weibchen reagieren mit ihren eigenen Lightshows. Wenn ihnen gefällt, was sie sehen, geht das Feuerwerk erst richtig los.

Männliche Breitflossenkärpflinge stellen ihre sexuelle Leistungsfähigkeit unter Beweis, indem sie den Angehörigen einer reinen Weibchenart – den Amazonenkärpflingen – bei der Befruchtung ihrer Eier helfen. Da der Fortpflanzungsprozess der Amazonenkärpflinge sehr komplex ist, gelingt es den Breitflossenkärpflingen dabei nicht, ihre Gene weiterzugeben. Doch wie Biologen festgestellt haben, vergeuden die Männchen keineswegs ihre Zeit. Weibliche Breitflossenkärpflinge finden Männchen, die sich mit den Damen der anderen Kärpflingsart zu schaffen machen, sehr attraktiv.

Der nordamerikanische Wapitihirsch mischt sich sein eigenes Liebeselixier.

Um Weibchen anzulocken, legt der Elch ein komplexes, äußerst machohaftes, Balzverhalten an den Tag. So rennt er mit dem Geweih gegen Baumstämme an und reißt dabei die Rinde von den Bäumen. Vor allem aber wirbt er um die

Elchkuh, indem er einen weit tragenden tiefen Posaunenton erklingen lässt und sich dabei gleichzeitig Urin über Brust, Hals und Bauch sprüht. Anschließend gräbt der Elch mit Hufen und Geweih eine Grube, wobei er sich beständig mehr Urin über den Körper sprüht, bis er in eine durchdringend riechende Schlammschicht gehüllt ist.

Der Duft dieses Elchparfüms ist so unwiderstehlich, dass schon bald Elchkühe angetrabt kommen, die Köpfe paarungsbereit gesenkt.

Auch Fledermäuse verwenden ein eigenes Parfüm, um Weibchen anzulocken.

Die Sackflügelfledermaus ist nach den Duftessenzen enthaltenden Säcken auf ihren Flügeln benannt. Das Männchen dieser Art stellt das Parfüm selbst her, indem es Urin mit einem Drüsensekret mischt, das entsteht, wenn es die Kehle am Penis reibt. Diese Mischung verstaut es dann in seinen Flügelsäckchen, schwingt sich in die Luft empor und dreht seine Kreise über den Weibchen, wobei es den berauschenden Duft über sie hin streichen lässt. Die Fledermausweibchen können dem einfach nicht widerstehen.

Weibliche Hummer erobern ihre Männer mit einem Liebestrank. Wenn sich ein Weibchen paaren möchte, spritzt es seinen Urin, durchsetzt mit einem hohen Anteil an Sexualpheromonen, in die Höhle des Männchens. Das beruhigt das aggressive Männchen und macht es benommen. Außerdem beginnt das Weibchen zu tanzen, um den potenziellen Partner noch mehr zu bezirzen. Zu dem Zeitpunkt, da das Weibchen mit eindeutigen Absichten in die Höhle des Männchens eindringt, befindet letzteres sich in einem tranceartigen Zustand. Das Paarungsritual endet damit, dass sich die Partnerin entkleidet. Sie kann sich nur paaren, wenn sie den Panzer abgeworfen hat, und das tut sie, sobald sie sich in Gesellschaft des Alpha-Männchens sicher fühlt.

Schlangen sind Anhänger intensiven Pettings. Um eine weibliche Schlange in die richtige Stimmung für ein Liebesabenteuer zu bringen, lässt das Männchen seine Zunge über ihren Rücken gleiten und reibt sein Kinn an ihrem Körper. Manchmal schmiegt es sich auch an ihren Kopf oder wickelt seinen Körper um den ihren, um dann einen Strom von Muskelkontraktionen über ihren Leib wandern zu lassen. Hat das Männchen Erfolg, streckt das Weibchen seinen Körper und gibt damit seine Paarungsbereitschaft zu verstehen.

Ratten können durch Marihuana in die richtige Stimmung versetzt werden, während Regenwürmer durch leichte Strahlendosen erregt werden. Präriewühlmäuse zeigen ein größeres Interesse am Sex, wenn die langen Sommerabende einsetzen. Kalte Winternächte hingegen turnen sie ab.

Weibliche Waldmäuse wissen, dass es einen Mangel an fruchtbaren Weibchen gibt, die zum Sex bereit sind, daher verlangen sie für die Paarung einen Preis. Die Männchen müssen sie erst eine Zeitlang putzen.

Weibliche Pinguine frönen der Prostitution. Adelieweibchen paaren sich mit Männchen, wenn sie dafür Material zur Ausbesserung ihres Nests erhalten.

Der Südliche Glattwal oder Südkaper ist vielleicht der wohlerzogenste Brautwerber in der Tierwelt. Es bleibt ihm gar nichts anderes übrig. Manieren sind ein unverzichtbares Element der Wal-Gemeinschaft. Das ändert sich auch zur Paarungszeit nicht. Bis zu sieben Paarungspartner akzeptiert das Weibchen. Bedingung ist allerdings, dass sie sich ordentlich in einer Schlange anstellen.

Da der Tintenfisch zu einer Art gehört, bei der die Männchen den Weibchen während der Brutzeit zahlenmäßig im Verhältnis zehn zu eins überlegen sind, müssen die Männchen besonders listig zu Werke gehen, um eine Paarungspartnerin zu finden.

Kleine Männchen wenden dabei vor allem zwei Strategien an. Zum einen suchen sie sich versteckte Ecken auf dem Meeresboden, von wo aus sie sich vorsichtig bei den verfügbaren Weibchen bemerkbar machen. Während die größeren Tintenfische erbitterte Kämpfe um das Paarungsrecht ausfechten, fangen die kleineren heimliche Liebeshändel an.

Ihr anderer Trick besteht darin, ihre Körperform und Hautmuster so zu verändern, dass sie wie Weibchen aussehen. Auf diese Weise können sie sich an den größeren und aggressiveren Männchen vorbeistehlen, die ihren Harem bewachen. Sobald den kleinen Männchen das gelungen ist, verwandeln sie sich in ihren ursprünglichen Zustand zurück und beginnen sich augenblicklich zu paaren.

Was älteren männlichen Dotilla-Krabben an körperlicher Fitness abgeht, ersetzen sie durch List. Während jugendliche Männchen die Weibchen auf dem Meeresboden umherjagen, graben die erfahrenen Dotilla-Männchen Höhlen in den Schlamm. Sie wissen, dass die Weibchen die Höhlen aufsuchen werden, um ihre Eier hineinzulegen. In diesem Augenblick machen sich die alten Hasen über die Weibchen her und paaren sich mit ihnen, wohl wissend, dass das letzte Männchen, das sich mit einem Weibchen paart, in der Regel der Vater der Nachkommenschaft ist. Die Strategie mag zwar ziemlich hinterlistig sein, wird aber mit einer noblen Geste abgeschlossen. Das ältere Männchen überlässt dem Weibchen sein Heim, sodass dieses dort für seine Brut sorgen kann.

S steht für Sex – zumindest bei den Guppys. Um ihre Paarungsbereitschaft zu signalisieren, bringen die Männchen dieser Fischart ihren Körper in die sogenannte Sigma-Stellung. Schlichter gesagt: Sie nehmen die Form eines S an.

Große Tümmler vollführen ein sehr dynamisches Balzritual. Männchen und Weibchen tauschen Rufe aus und »küssen« sich dann, indem sie sich mit den Mäulern berühren. Dann reiben sie Körper und Genitalien aneinander, streicheln sich die flossenartigen Vorderextremitäten und beginnen ein lebhaftes Fangspiel. Schließlich bringen sie ihre gegenseitige Zuneigung zum Ausdruck, indem sie sich Kopfstöße versetzen.

Männliche Bootsmannfische haben ganz unterschiedliche Einstellungen zur Balz. Zwei verschiedene Typen lassen sich ausmachen. Die einen brauchen länger, um zu reifen, entwickeln einen kräftigeren Stimmapparat und lernen, gute Nester zu bauen. Die anderen investieren all ihre Energie in die sexuelle Reifung und bilden Geschlechtsdrüsen aus, die rund zehn Prozent ihres Körpergewichts ausmachen. Sie machen sich nicht die Mühe, ein dauerhaftes Nest zu bauen. Zur Paarungszeit zeigt sich der Unterschied am deutlichsten. Die Nestbauer versuchen die Weibchen feinsinnig mit melodischem Summen zu umwerben. Die Macho-Fische halten sich nicht mit Balzgetue auf. Sie dringen einfach in das erstbeste Nest ein und paaren sich mit dem ersten Weibchen, dessen sie habhaft werden.

Männliche Schildkröten haben verschiedene Techniken, mit denen sie Weibchen umwerben. Letztere sind häufig wenig am Sex interessiert und suchen das Weite, wenn sich ein verliebtes Männchen nähert. Romantischer veranlagte Männchen überreden Weibchen zum Bleiben, indem sie sie mit den Füßen kitzeln. Um das Einverständnis der Auserwählten zu erlangen, trommelt das Männchen mit den Füßen wohl ein Dutzend Mal auf die geschlossenen Augen des Weibchens. Wenn er merkt, dass sie einwilligt, begibt er sich rasch an ihren Hinterleib, um die Gelegenheit zu nutzen.

Da das nicht immer klappt, wählen andere Schildkröten einen einfacheren Weg: Sie halten ein Bein oder den Panzer des Weibchens fest mit dem Maul umschlossen, sodass das Tier sich nicht rühren kann. Dann besteigen sie es mit Gewalt.

Bei einer nordamerikanischen Schlangenart wendet das Männchen eine ganz besonders verschlagene Technik an, um alle verfügbaren Weibchen für sich zu reservieren. Indem es einen weiblichen chemischen Stoff durch die Haut absondert, führt es andere Männchen hinters Licht und veranlasst sie, sich mit ihm zu paaren. Nach Auffassung der Forscher geschieht das, um den anderen Männchen die sexuelle Energie zu entziehen. Anschließend können sich die Schlangentransvestiten mit allen echten Weibchen nach Herzenslust paaren.

Paarungsspiele

Sex im Tierreich

Das Liebesleben der Tiere kennt viele Formen. Wenn eine Löwin paarungsbereit ist, verlangt es sie alle halbe Stunde fünf Tage und Nächte hindurch nach Sex. Man hat beobachtet, wie sich das erstaunlich promiskuitive Schimpansenweibchen in fünfzehn Minuten mit acht verschiedenen Männchen gepaart hat. Am anderen Extrem sind einige Pinguinarten angesiedelt, die sich nur zweimal im Jahr paaren. (Das hat vielleicht etwas mit der Umständlichkeit des Pinguinsex und der damit zusammenhängenden Verbreitung der Homosexualität unter Pinguinen zu tun.) Doch selbst Pinguine sind promiskuitiv im Vergleich zur monogamsten aller Lebensformen: der Schnecke. Einige Schneckenarten paaren sich nur ein einziges Mal in ihrem Leben.

Menschen, Delfine und möglicherweise Hunde sind die einzigen Arten, die sich zu ihrem Vergnügen paaren, obwohl die Sau, das Weibchen des Hausschweins, sicherlich auch einen gewissen Genuss aus ihrem Liebesleben ziehen dürfte. Ihr Orgasmus dauert 30 Minuten.

Dagegen ist Büffel-Sex schon nach fünf Sekunden vorbei.

Die Paarung der Stabschrecke wiederum kann mehrere Monate dauern. Das kleinere Männchen installiert sich auf dem Rücken der Partnerin und gestattet ihr, ihren Tagesgeschäften nachzugehen, während das Männchen sie begattet. Nach Auffassung der Biologen hat dieses besitzergreifende Verhalten den Zweck, andere Männchen fernzuhalten und dafür zu sorgen, dass die Eier nur vom eigenen Samen befruchtet werden.

Bonobos – Zwergschimpansen – sind neben den Menschen die einzige Tierart, die den Zungenkuss praktiziert.

Tiger und Löwen können sich durchaus paaren. Wenn der Vater ein Tiger ist, bezeichnet man das Junge als Tigon, ist er ein Löwe, heißt das Produkt Liger.

Hähne sind die Casanovas des Bauernhofs. Das lüsterne Männchen paart sich mit einer Henne über einen Zeitraum von zehn Minuten bis zu einer Stunde. Doch selbst dann ist der Herr des Hühnerhofs, wenn sich gleich darauf eine neue Partnerin präsentiert, durchaus in der Lage, ihr Genüge zu tun. Der Grund ist, dass Hähne die Fähigkeit haben, immer ein bisschen Sperma in Reserve zu halten.

Die wohl bizarrste Form der Paarung praktiziert ein im Meer lebender Plattwurm. Wissenschaftler bezeichnen die Methode als »Penisfechten«. Diese Plattwürmer sind Hermaphroditen und haben je zwei sehr spitze Penisse. Das Paarungsritual besteht darin, dass die beiden miteinander fechten, um die Haut des anderen mit ihren Penissen zu durchbohren. Der erste, dem der entscheidende Stich gelingt, erwirbt das Recht, als Männchen zu fungieren und seinen Samen zu deponieren. Dem Verlierer fällt die beschwerliche Aufgabe zu, die Eier auszutragen.

Von zwanzig Schaben-Paarungen ist nur eine erfolgreich. Männliche Schaben befruchten Weibchen mit Hilfe einer Spermatophore, einem eingekapselten Samenpaket. Allerdings dient die Spermatophore dem Weibchen häufig als Nahrung, da sie sehr eiweißreich ist.

Die Insektenfamilie der Springschwänze verfügt über eins der kompliziertesten – und schönsten – Paarungsrituale. Das Männchen stellt eine Anzahl Spermatophoren her und platziert sie in einem dichten Kreis um das Weibchen. Dann führt es einen sehr dynamischen Balztanz vor, der dazu bestimmt ist, das Weibchen aus dem Kreis zu locken. Wenn das Weibchen der hypnotischen Verlockung des Tanzes erliegt, geht der listige Plan des Männchens in Erfüllung. Die Samenpakete sind so platziert, dass eines von ihnen mit hoher Wahrscheinlichkeit in die Genitalöffnung des Weibchens wandert. Die Befruchtung ist gewährleistet.

Das Paarungsritual des Karibischen Riffkalmars ist nicht ganz so elegant wie das des Springschwanzes. Nicht selten legt das Männchen dem Weibchen ein Samenpaket auf den Kopf.

Das Paarungsgeschehen kann gelegentlich ziemlich hektische Züge annehmen. Die Froschkröte New Mexicos lebt an einem der heißesten Orte der Welt, wo sie mit Temperaturen von bis zu 48 Grad Celsius zu rechnen hat. Aus diesem Grund verbringt sie zehn Monate im Jahr unter der Erde. Wenn die Tiere während der Regenzeit an die Erdoberfläche kommen, hat ihr Sexualtrieb gigantische Ausmaße angenommen. Die kurze Zeit, die sie über der Erde verweilen, verbringen sie in einer wilden Orgie. Zu dem Zeitpunkt, da sie wieder in den Untergrund gehen, haben die meisten Weibchen rund eintausend Eier gelegt.

Einen bedauerlichen Mangel an Romantik weist das Leben der Sandwespe auf. Die Männchen und Weibchen der Art schlüpfen aus Löchern tief im Erdboden, und zwar zu verschiedenen Zeiten. Zuerst schlüpft das Männchen, das seine sexuelle Reife rasch erreicht und genauso rasch frustriert wird, weil es weit mehr Männchen als Weibchen gibt. Sobald nun ein zur Reife gelangtes Weibchen an der Erdoberfläche auftaucht, fallen augenblicklich bis zu einem Dutzend Männchen über das arme Geschöpf her. Es liegt begraben unter einem zappelnden Berg wütend kämpfender Männchen, bis eines von ihnen als Sieger hervorgeht und das Weibchen mit Gewalt befruchtet.

Männliche Strumpfbandnattern nehmen eine ähnlich rüde Haltung dem anderen Geschlecht gegenüber ein. Die Schlangen überwintern in unterirdischen Höhlen und kriechen im Sommer an die Erdoberfläche, wenn die Temperatur die richtige Höhe erreicht. Stets kommen die Männchen als erste nach oben. Massenhaft erreichen sie die Oberfläche und versammeln sich am Eingang der Höhle. Bald darauf erscheinen auch die Weibchen. Sobald das geschieht, stürzen sich bis zu hundert potenzielle Paarungspartner auf ein Weibchen, sodass es sich bald inmitten einer wild zappelnden Kugel befindet. Binnen 15 Minuten sind die Eileiter des Weibchens mit Samen gefüllt.

Allerdings ist auch die romantische Liebe nicht gänzlich unbekannt in der Tierwelt. Verliebte Wale benehmen sich wie liebeskranke Teenager. Wenn ein Männchen und ein Weibchen der Südkaper zusammenkommen, um sich zu paaren, liebkosen sie einander, rollen umher und umarmen sich, indem sie ihre Schwimmflossen ineinander verhaken. Dann liegen sie nebeneinander und schießen Wasser aus ihren Blaslöchern. Ihr verliebtes Ritual beenden sie, indem sie in perfektem Gleichklang aus dem Wasser springen und wieder eintauchen.

Womit Tiere es tun

Einige kuriose Fakten über Sexualorgane

Viele Tierarten haben zwei Penisse. Männliche Haie zum Beispiel besitzen zwei aufgerollte Unterleibsflossen, Eidechsen und einige Krebstiere sind von der Natur ähnlich großzügig ausgestattet. Männliche Eidechsen, die beim Sex zwischen zwei Penissen wählen können, verwenden sie in der Regel abwechselnd. Die Forscher meinen, dass jeweils derjenige an der Reihe ist, der am besten mit Sperma versorgt ist.

Auch Spinnen verfügen über zwei Penisse, die Anhangsgebilde ihrer Mundöffnung sind.

Der Ohrwurm hat ebenfalls ein zweites Sexualorgan – ein Ersatzteil, falls der erste Penis bei der Paarung beschädigt wird. Die Befürchtung ist durchaus berechtigt, denn die Penisse können länger sein als der einen Zentimeter messende Körper des Insekts und so zerbrechlich, dass sie während der Begattung leicht abknicken können.

Das Männchen des Büffelwebers hat einen falschen Penis. Das Organ ist ein sexuelles Hilfsmittel, um das äußerst promiskuitive Weibchen dieser Vogelart zu stimulieren.

Eine Entenart, die auf argentinischen Binnenseen lebt, besitzt einen der bemerkenswertesten Penisse. Die Ente ist lediglich um die 40 Zentimeter lang, doch der Penis des Männchens misst bei vollständiger Ausdehnung einen halben Meter. Die Basis ist mit Dornen besetzt, während die Spitze weich wie ein Pinsel ist. Nach Auffassung der Biologen säubert der Pinsel den Eileiter des Weibchens von altem Sperma, während die Dornen dem Männchen besseren Halt bei der Paarung geben. Wenn das korkenzieherförmige Organ nicht gebraucht wird, zieht es sich vollständig in den Unterleib seines Besitzers zurück.

Das Männchen des Südkapers hat einen Penis von zweieinhalb Metern Länge und damit relativ zur Körperlänge das größte Geschlechtsorgan aller Wale. Noch eindrucksvoller sind seine Hoden. Sie wiegen 1000 Kilogramm und gelten als die größten in der Tierwelt. Meeresbiologen vertreten die Ansicht, dass der Südkaper so viel Sperma mit sich führt, damit der Druck der freigesetzten Samenflüssigkeit alle Samenrestbestände, die sich von früheren Paarungen noch im Weibchen befinden, herauswäscht und ersetzt.

Die Männchen einiger Kugelspinnenarten wurden von der Natur zu gut bedacht. Um ihre sehr viel größeren Partnerinnen zu begatten, besitzen sie zwei riesige Geschlechtsorgane, sogenannte Pedipalpen. Diese Organe sind so groß, dass sie 20 Prozent des Körpergewichts ausmachen und die Fortbewegung der Männchen verlangsamen. Sobald die Männchen das adulte Stadium erreichen, haben sie es satt, diese Monster mit sich herumzuschleppen und amputieren eines.

Eber haben korkenzieherförmige Penisse. Bei jeder Paarung ejakulieren sie einen halben Liter Samenflüssigkeit.

Insekten besitzen die kompliziertesten Sexualorgane.

Die Geschlechtsorgane des Europäischen Kaninchenflohs ähneln mehr dem Inneren einer Uhr als einem Körperteil. Sie weisen Auswüchse auf, die aussehen wie Federn, Hebel, Kurbeln und Haken. Der Genitalapparat der Schabe ist ein seltsames Sammelsurium von Teilen, das an ein Schweizer Armeemesser erinnert. Einige Libellen haben vorne am Penis kleine mit Widerhaken versehene Peitschen.

Wer hat mit meiner Bettwanze geschlafen?

Die männliche Bettwanze kann diese Frage dank eines »intelligenten« Penis beantworten. Der ist nämlich mit Haaren besetzt, die entdecken können, ob sich ein Weibchen mit einem anderen Männchen gepaart hat. Warum die Weibchen überhaupt Lust verspüren sollten, sich promiskuitiv zu verhalten, ist eine ganz andere Frage – ist doch der Bettwanzen-Sex von ausgesprochen gewalttätiger Art. Die Männchen haben nadelspitze Penisse, die sie den Weibchen in den Leib bohren.

Alle Vögel hatten einst Penisse. Heute sind es nur noch drei Prozent. Zu dieser Minderheit gehören die Schwäne.

Die Taufliege produziert Samenzellen, die fast zwanzigmal so lang sind wie ihr Körper. Auf die Größenverhältnisse des Menschen übertragen, wären das Samenzellen von mehr als 30 Metern Länge.

Gefährliche Liebschaften

Wie Sex (oder ein Mangel an Sex) töten kann

Männliche Gottesanbeterinnen setzen ihr Leben aufs Spiel, wenn sie Sex haben.

Bei vielen Insektenarten gibt es keine Balz. Die Weibchen erwarten, dass die Männchen sie bespringen, ohne um Erlaubnis zu bitten. Allerdings ist das an eine Bedingung geknüpft. Das Männchen muss dieses Manöver in der vorgeschriebenen Weise ausführen: Es muss sich von hinten anschleichen, dann auf die Partnerin springen und ihren Leib umklammern. Wenn das Männchen diese Vorsichtsmaßregeln nicht beachtet, verlangt die Partnerin unter Umständen einen schrecklichen Preis: Sie beißt ihm den Kopf ab.

Bei einigen Arten der Gottesanbeterin hat das Männchen keine Chance, die Paarung zu überleben. Die Partnerin beißt dem Männchen zunächst den Kopf ab und frisst dann den Rest seines Körpers, während das Männchen den Paarungsvorgang fortsetzt. Studien lassen darauf schließen, dass sie gute Gründe für ihr Verhalten hat. Indem sie beim Männchen die Verbindung zwischen Gehirn und Körper unterbricht, schaltet die Partnerin Nerven in seinem Kopf aus, die es beim Sex hemmen. Sobald das Männchen kopflos ist, verliert es alle Hemmungen und kopuliert immer und immer wieder, bis das Weibchen genug hat.

Einige Männchen tun alles dafür, um als Mahlzeit ihrer Partnerin zu enden.

Während der Paarung bringt das Männchen der australischen Redback-Spinne, einer engen Verwandten der Schwarzen Witwe, sein Abdomen absichtlich über dem Kiefer der viel größeren Partnerin in Stellung, als wollte es sagen: »Friss mich!« Gewöhnlich geht sie auf sein Angebot ein, wenn sie es auch nicht sofort tötet. Vielmehr ist das Männchen in der Lage, die Paarung fortzusetzen, indem es eine neue Position einnimmt. Das Weibchen fährt damit fort, das Männchen zu fressen, bis die Paarung vorüber ist. Dann verpackt das Weibchen die Reste des Männchens in einer »Frischhaltetüte« aus Spinnenseide, um die Mahlzeit später zu beenden.

Nach Auffassung von Forschern begehen männliche Redback-Spinnen ihren sexuellen Selbstmord aus drei Gründen. Erstens dauert bei Spinnen, die von ihren Partnerinnen bei lebendigem Leib aufgefressen werden, der Paarungsprozess länger, was dazu führt, dass doppelt so viele Eier befruchtet werden. Zweitens ist die Wahrscheinlichkeit höher, dass Weibchen, die gerade ihren Partner verspeist haben, andere Männchen zurückweisen. Dies erhöht die Aussichten des selbstmörderischen Männchens, dass die Nachkommenschaft des Weibchens wirklich von ihm gezeugt wird. Und schließlich beträgt die durchschnittliche Lebensdauer eines Männchens nur wenige Monate, während das Weibchen eine Lebenserwartung von zwei Jahren hat. Das Männchen hat also ohnehin kaum eine Chance, sich noch einmal zu paaren.

Die Insektenwelt kennt viele männermordende Monstren, aber kaum so pragmatische wie die Weibchen einer bestimmten Glühwürmchenart. Mit Hilfe ihrer weiblichen Reize lockt die Partnerin das Männchen an und verspeist es dann bei lebendigem Leib. Dieses Verhalten hat aber anscheinend nichts mit Sex oder Dominanz zu tun. Das Männchen produziert einen biochemischen Abwehrstoff gegen den gefährlichsten Fressfeind der Glühwürmchen, die Spinnen. Dem Weibchen fehlt dieses Anti-Spinnen-Serum. Indem es ein Männchen mit Haut und Haar verspeist, verschafft sich das Weibchen eine ordentliche Dosis des Gegenmittels.

In der Regel fressen weibliche Trichternetzspinnen ihre Partner nach dem Sex, doch einige Männchen haben einen schlauen Ausweg gefunden. Sie verströmen eine kräftige Dosis Knockout-Gas, welches das Weibchen zwar benebelt, aber nicht soweit außer Gefecht setzt, dass es nicht mehr paarungsfähig wäre.

Poussierende Taufliegen lieben wild und sterben jung. Der Stress und die körperliche Anstrengung der Paarungsrituale verkürzen die Lebensspanne der Männchen.

Ein erfolgreicher Beschäler zu sein, kann zu einer enormen Belastung werden.

Männliche See-Elefanten erweisen sich als Machos übelster Sorte, wenn es um die Paarung geht. Die gewaltigen Vier-Tonnen-Monster liefern sich in ihren Fortpflanzungskolonien erbitterte Dominanzkämpfe. In kleineren Kolonien ist nur dem Alpha-Tier die Fortpflanzung gestattet, daher traktieren sich die Bewerber mit Kopfstößen und zerreißen sich Gesicht und Haut, bevor eines der Männchen als Sieger hervorgeht. Doch das ist eine zweifelhafte Ehre. Ein Alpha-Tier kann einen Harem von bis zu fünfzig Weibchen haben, die es bedienen muss. Die Rivalität der anderen Männchen ist so groß, dass sich das Alpha-Tier ständig der Versuche anderer Bullen erwehren muss, die eigene Position einzunehmen. Infolgedessen kommt dieser Bulle oft hundert Tage lang nicht zum Fressen und leidet unter enormem Stress, was dazu führt, dass das Alpha-Tier nur kurze Zeit über seinen Harem herrscht. Lediglich eine verschwindende Minderheit kann sich drei Paarungssaisons lang in der Spitzenposition halten, während viele in den ersten zwölf Monaten nach ihrer Inthronisierung sterben.

Die Männchen der meisten Arten sind sexbesessen, aber nur wenige in dem Maße wie die Motte. Ein paarungssüchtiges Männchen ist so darauf fixiert, ein Weibchen aufzutreiben, dass es, wenn es eine potenzielle Partnerin riecht, sein Gehör einbüßt und somit das Nahen eines Fressfeindes, etwa einer Fledermaus, nicht mehr vernehmen kann. Diese selbstmörderische Libido hat möglicherweise etwas mit der Lebensdauer von Motten zu tun, die gerade einmal vierzehn Tage umfasst.

Männliche Mehlwürmer wünschen sich einen furiosen Abgang. In einer Studie zeigte sich, dass sterbende Mehlwürmer ihr Immunsystem herunterfahren und alle verbleibende Energie in die Produktion von Sexualpheromonen investieren, um ein letztes Mal Weibchen anzulocken.

Auch das Männchen der Honigbiene erlebt einen furiosen Abgang – im doppelten Sinne des Wortes. Wenn es ejakuliert, explodiert es. Während jedoch der Rest seines Körpers vernichtet wird, bleiben seine Genitalien im Inneren des Weibchens intakt. Sie sollen die Paarung mit einem anderen Männchen verhindern – gewissermaßen als Keuschheitsgürtel.

Die weibliche Dungfliege bebt so heftig, wenn sie sich zum ersten Mal paart, dass sie nur noch als verschwommener Umriss wahrzunehmen ist. Eigentlich ist es nicht verwunderlich, dass sie eine sehr nervöse Jungfrau ist. Bei der Paarung kann der Penis des Männchens ihren Genitaltrakt so schwer verletzen, dass sie nie wieder Sex haben kann.

Tödlich endet der Sex auch für die Männchen der Tüpfelbeutelmarder, einer Familie frettchenartiger Beuteltiere. Sie sterben nach der ersten Paarungssaison.

Der Paarungsprozess ist aufreibend, besonders für den Pazifischen Lachs. Die Fische legen eine Reise von mehreren tausend Kilometern zurück, um sich fortzupflanzen. Als wäre das noch nicht anstrengend genug, zersetzen die Hormone der Weibchen während der Reise ihre Mägen, um Platz für die Entwicklung von Eiern zu schaffen. Ihre Leiden enden jedoch nicht mit dem Erreichen der Brutplätze. Die Männchen kämpfen erbittert um das Paarungsrecht und die Weibchen um die besten Plätze. Kein Wunder also, dass die Fische zu dem Zeitpunkt, da sie Millionen befruchteter Eier produziert haben, alle Kräfte verbraucht haben und sterben.

Wie beim Menschen kann die Sexualität auch für Tiere ein Gesundheitsrisiko bedeuten. Mehr als 200 sexuell übertragbare Krankheiten sind bei verschiedenen Arten, von den Primaten bis zu den Insekten, entdeckt worden.

Erreger wie Chlamydien und Candida werden bei Vögeln sexuell übertragen. Chlamydien suchen auch Koalabären heim und können andere Krankheiten wie Lungenentzündungen, Arthritis und Unfruchtbarkeit hervorrufen. Außerdem haben Tiere ihre eigenen Aids-Versionen: Viren, die tödlich verlaufende Immunschwächen auslösen können. Bei Affen ist es das SIV (Simianes Immunschwäche-Virus), bei Löwen das FIV (Felines Immunschwäche-Virus). Insekten wie Marienkäfer können an einem Aids-ähnlichen Virus sterben, das von parasitischen Milben übertragen wird.

Wenige Tiere geraten wegen Sex so außer sich wie Elefanten. Wenn sie paarungsbereit sind, verfallen sie in einen äußerst erregten Zustand, den man als Musth bezeichnet.

Es kann kein Zufall sein, dass das Wort »Musth« von dem persischen Wort für »betrunken« abgeleitet worden ist. Wenn sich das Männchen in diesem Zustand befindet, steigt der Testosteronspiegel auf das 50- bis 60-Fache der normalen Konzentration. Aus einer basketballgroßen Drüse an der Seite der Wange sondert das Männchen einen durchdringend riechenden Schleim ab, scheidet täglich bis zu 300 Liter Urin aus und legt ein unberechenbares und aggressives Verhalten an den Tag. Dieser Erregungszustand kann sich über einen Zeitraum von einer Woche bis zu vier Monaten erstrecken. (Seine Frustration wird nicht eben gemildert durch den Umstand, dass der Östrus der Weibchen nur alle vier Monate vorkommt und dann lediglich 48 Stunden anhält. Das andere Geschlecht kann außerdem die Eignung eines Männchens als Paarungspartner an seinen Sekreten erkennen und weist jeden Bullen zurück, der dieser Prüfung nicht standhält.) Die Enttäuschung darüber, nicht zur Paarung zu kommen, kann Elefantenbullen während dieser Zeit an den Rand des Todes bringen. Sie nehmen ab und bekommen schreckliche Kopfschmerzen.

Der hohe Testosteronspiegel, der sich beim männlichen Strauß während der Paarungszeit bildet, färbt den Vogel leuchtend rot. Das Gesicht, die Beine und der lange Hals nehmen eine scharlachrote Färbung an. Je größer die Frustration der Männchen, desto röter ihre Farbe.

Ein weibliches Frettchen kann bis zu 160 Tage paarungsbereit sein und unter Umständen an Blutarmut sterben, wenn es in diesem Zeitraum keinen Partner findet.

Zuchtwahl

Wie die Geschöpfe der Natur Geburtenkontrolle praktizieren

Flusskrebse können sich selbst klonen. Das Weibchen des Marmorkrebses kann Eier legen, ohne mit Männchen in Berührung gekommen zu sein. Die unbefruchteten Eier reifen dann von alleine, ein Prozess, den man als Parthenogenese oder Jungfernzeugung bezeichnet. Auch die Afrikanische Schabe kann sich mit Hilfe eines ähnlichen Prozesses selbst klonen.

Schlangen kennen ebenfalls so etwas wie die »unbefleckte Empfängnis«. Bei etlichen Arten, darunter einigen Klapperschlangen, hat man beobachtet, dass die Weibchen sich ohne Mitwirkung von Männchen fortpflanzen. Noch ist unklar, wie ihnen das gelingt.

Promiskuitive Geschöpfe wie die weibliche Grille sorgen dafür, dass sie sich nicht mehrfach mit demselben Männchen paaren. In der Regel lassen sich die Grillendamen jede Nacht mindestens von zwei verschiedenen Männchen begatten, deshalb markieren sie jeden Partner mit einem bestimmten Duftstoff, um sicher zu sein, dass sie nicht zweimal denselben wählen.

Die Weibchen der Klippenmöwe sind so anspruchsvoll in Hinblick auf die Qualität der Spermien, die sie für die Fortpflanzung akzeptieren, dass sie bei der Auswahl der Männchen große Sorgfalt walten lassen. Männliche Möwen speichern wie viele andere Vögel ihre Spermien über lange Zeiträume, bevor sie Eier befruchten. Doch im Vorfeld des Fortpflanzungsprozesses scheiden sie die vorhandenen Spermienvorräte aus, um sie durch frischere Samenzellen zu ersetzen. Forscher, welche die Vögel näher untersuchten, stellten fest, dass das wählerische Verhalten der Vögel durchaus sinnvoll ist. Klippenmöwen, die ältere, abgestandene Spermien verwendeten, legten mehr Eier, aus denen keine Jungen schlüpften, und die Jungen, die aus solchen Eiern stammten, waren weniger gesund als andere Junge.

Einige Mütter wählen verschiedene Väter für die Zeugung von Söhnen und Töchtern. Weibliche Eidechsen beispielsweise verwenden Spermien von größeren Eidechsen, um Söhne zu produzieren, und halten sich an Spermien kleinerer Eidechsen, wenn sie Töchter haben wollen.

Viele Tiere haben eigene Samenbänke, damit sie Wochen, Monate oder sogar Jahre warten können, bevor sie ihre Eier befruchten. Die Javanische Warzenschlange kann Spermien sieben Jahre speichern, andere Schlangen und Schildkröten bringen es immerhin auf fünf Jahre. Truthähne sind in der Lage, Spermien länger aufzubewahren als jeder andere Vogel. Sie schaffen 117 Tage. Schafe und Schweine dagegen können Spermien gerade einmal zwei Tage lang halten.

Auch Männchen praktizieren Geburtenkontrolle. Afrikanische Tausendfüßler haben eine raffinierte Methode, weibliche Eier zu befruchten. Sie holen den Samen ihrer Vorgänger aus den Genitalien des Weibchens heraus, bevor sie den eigenen deponieren.

Schwächere Männchen des Grünen Leguans sparen sich für ihre Partnerinnen auf. Wohl wissend, dass sie während der Paarung durch größere Leguane von ihrer Partnerin vertrieben werden könnten, ejakulieren die kleineren im Voraus und speichern ihren Samen dann für späteren Gebrauch.

Einige männliche Taufliegen sorgen mit Hilfe einer ausgeklügelten Methode für die Treue ihrer Partnerinnen. Ihr Samen enthält ein Protein, durch das der Samen im Weibchen haften bleibt und sie veranlasst, mehr Eier zu legen. Aufgrund des klebrigen Samens meidet das Weibchen zehn Tage lang andere Männchen.

Die Weltmeere sind voller transsexueller Fische, die ihr Geschlecht verändern, wenn die Situation es verlangt.

Blaukopf-Lippfische leben beispielsweise in Gruppen, in denen ein größerer männlicher Fisch über einen Harem von kleineren Weibchen herrscht. Wenn das Männchen die Gruppe verlässt, nimmt das größte Weibchen des Harems seinen Platz ein. Den Umständen entsprechend, verwandelt es sich in ein Männchen.

Umgekehrt verhält es sich beim Harlekinfisch. Diese Fische leben in monogamen Paaren, wobei das Weibchen im Allgemeinen größer ist. Wenn das Weibchen seinen Partner verlässt und durch ein Weibchen ersetzt wird, das kleiner als das Männchen ist, tauschen die beiden die Rollen, damit sie eine möglichst große Zahl von Eiern produzieren können.

Andere transsexuelle Arten – etwa eine Art der Meeresgrundeln – wechseln ihr Geschlecht bis zu zehn Mal während ihres Lebens. Diese Hermaphroditen werden mit Hoden und Eierstöcken geboren, sodass sie Ei- oder Samenzellen produzieren können. Die praktischste Lösung in Sachen Transsexualität hat aber vermutlich eine Art des Seebarsches gefunden. Sie hält sich alle Optionen offen und gehört ständig beiden Geschlechtern an. Dieser Barsch ist in der Lage, binnen 30 Sekunden von Samenproduktion auf Eiablage umzuschalten.

Einige Arten sind mit einem Leben ohne jeden Sex vollkommen zufrieden. Das ungeschlechtliche Bdelloid-Rädertierchen, ein winziger Organismus, der sich mit Vorliebe in feuchtem Moos aufhält, legt Eier, die nicht befruchtet werden müssen, um zu reifen. Diese Fortpflanzungsmethode hat sich alles in allem recht gut bewährt. Das Rädertierchen existiert auf diese Weise – und folglich ohne Sex – seit 85 Millionen Jahren.

Ein Käfig voller Narren

Homosexualität in der Tierwelt

In der umfassendsten Studie zu diesem Thema stellten die Forscher fest, dass Homosexualität bei vielen Arten ein häufiges Phänomen ist. Zu den Tieren, bei denen man gleichgeschlechtliche Beziehungen beobachtete, gehörten Löwen und Giraffen, Wale und Delfine, Igel und Vampir-Fledermäuse. Die Untersuchung führte zu einigen höchst aufschlussreichen Entdeckungen. So ziehen lesbische Möwen in einem gemeinsamen Nest Küken auf; männliche Rundschwanzseekühe veranstalten homosexuelle Orgien, und männliche Strauße werben um andere Männchen mittels eines Pirouettentanzes. Im Rahmen ihres schwulen Balzrituals reiben männliche Löwen die Köpfe aneinander und rollen gemeinsam umher. Ganz ähnlich verfahren gleichgeschlechtlich orientierte Wale und Delfine, wenn sie ihre Flossen aneinander reiben. Männliche Giraffen knutschen ausgiebig. Laut der erwähnten Studie kommt es bei homosexuellen Tieren häufig zum Oralverkehr. Igel lecken sich gegenseitig die Genitalien, während männliche Orang-Utans Fellatio praktizieren.

Homosexuelle Delfine haben ganz neue Formen des Sexualverhaltens entwickelt, unter anderem den Nasalverkehr, bei dem ein Penis in das Nasenloch eingeführt wird, und den

Schallsex, bei dem die Genitalien des Delfins durch Schallimpulse stimuliert werden.

Homosexuelles Verhalten bei Nutztieren ist allgemein bekannt. Häufig besteigen Kühe einander, was allerdings den Zweck hat, den Bullen ihre Paarungsbereitschaft zu signalisieren. Der vermeintlich sexsüchtige Schafbock kann sich auch als eine böse Enttäuschung für den Schafzüchter erweisen, der ihn gekauft hat, damit er seine Schafe befruchtet. Bis zu 16 Prozent der Böcke – das heißt, jeder sechste – paaren sich während der Fortpflanzungsperiode nicht mit Mutterschafen. Sechs Prozent haben kein Interesse am Sex, zehn Prozent sind homosexuell.

Wenn die Ergebnisse einer Studie zu diesem Thema stimmen, waren die verliebten Cowboys vermutlich nicht die einzigen Homosexuellen auf dem Brokeback Mountain. Laut einem Forscher, der das Verhalten von Dickhornschafen zwanzig Jahre lang untersuchte, leben in den Rocky Mountains die Männchen dieser Art in einer vorwiegend homosexuellen Gesellschaft.

Das Männchen der Salzkröte hat ein Kardinalproblem in seiner Beziehung zu Weibchen: Es kann den Unterschied zwischen ihnen und dem eigenen Geschlecht nicht erkennen. Doch daran stört sich das Männchen nicht sonderlich, wenn die Paarungszeit anbricht. Stößt es auf einen potenziellen Paarungspartner, bemächtigt es sich seiner, egal ob Männchen oder Weibchen, und versucht, Sex mit ihm zu haben. Kein Wunder, dass Homosexualität bei den Salzkröten alltäglich ist.

Der Oktopus experimentiert aus ganz anderen Gründen mit der Homosexualität. Da die Populationen dieses Tiefseeorganismus so spärlich sind, wird ein Oktopus wahrscheinlich nur sehr selten Gelegenheit bekommen, sich zu paaren. Daher sieht sich der Oktopus gezwungen, die sexuellen Möglichkeiten jedes Artgenossen zu erkunden, der seinen Weg kreuzt, egal, ob die Fortpflanzung möglich ist oder nicht. Homosexualität ist sowohl in der Gefangenschaft wie unter natürlichen Bedingungen beobachtet worden.

Auch Große Tümmler haben Schwierigkeiten, genügend Sexualpartner zu finden, daher konnte man sie bei einer Reihe von verzweifelten Versuchen beobachten, sich mit anderen Tieren zu paaren: Zu Objekten ihrer Begierde wurden Haie, Schildkröten, Robben, Aale und sogar Menschen. Kein Wunder, dass Homosexualität und Masturbation auch bei dieser Delfinart häufig vorkommen.

Ebenfalls dokumentiert ist die Homosexualität bei beiden Geschlechtern des Japanmakaken, besonders häufig bei Weibchen. Laut einer Studie hatten die Weibchen während einer Paarungssaison im Durchschnitt sieben verschiedene Partner, von denen nur die Hälfte Männchen waren. Das mag damit zusammenhängen, dass die Weibchen, mit denen sie sich paarten, hinterher zum Reinigen, Ruhen oder Nahrungssuchen blieben, während die Männchen fast unmittelbar nach dem Sex das Weite suchten.

Humboldt-Pinguine bilden schwule Partnerschaften, die durch besonders enge Beziehungen gekennzeichnet sind. Der Versuch eines deutschen Zoos, eine Gruppe von sechs homosexuellen Pinguinen durch Einführung einer Gruppe von Weibchen aufzulösen, scheiterte kläglich. Die Männchen schlossen sich einfach noch enger zusammen. Als sie das Interesse der Weibchen an einer Paarung spürten, taten sie so, als ob Steine, die sich in ihren Höhlen befanden, Eier wären, die sie ausbrüteten. Daraufhin verloren die Weibchen rasch jedes Interesse.

Enten praktizieren homosexuelle Nekrophilie. Eine männliche Stockente wurde beobachtet, wie sie sich mit einem anderen Männchen paarte, das umgekommen war, als es in die Glasfront des Rotterdamer Naturmuseums geflogen war. Ein Kurator, der Zeuge dieses grausigen Akts wurde – dem ersten dieser Art, der je dokumentiert wurde –, verfolgte das Geschehen eineinviertel Stunden lang. Außerstande, das Ganze noch länger mit anzusehen, verscheuchte er schließlich die lebendige Ente und sezierte die tote.

Bis der Tod uns scheidet

Treue und Untreue bei Tieren

Treue ist zwar selten in der Tierwelt, kommt aber durchaus vor. Bei Vögeln ist die Wahrscheinlichkeit, dass sie einem Partner treu bleiben, größer als bei anderen Tieren. Bei neun von zehn Vögeln vermutet man, dass sie soziale Monogamie praktizieren. Das heißt, sie bleiben mit einem Partner zusammen. (Bei den Säugetieren ist es nur eine von zwanzig Arten. Besonders treu sind Gibbons, Schakale und Tamarine.) Am liebevollsten gebärden sich die Rosenköpfchen, die im Englischen nicht von ungefähr *Lovebirds* heißen: Während ihres gesamten »Ehelebens« sieht man sie in trauter Zweisamkeit, fortwährend damit beschäftigt, sich zu putzen und zu liebkosen. (Allerdings spielen sie nicht den untröstlichen Witwer oder die trauernde Witwe, wenn der Partner stirbt, sondern machen sich umgehend auf die Suche nach einem neuen.) Andere Arten, die in der Regel ihr Leben lang bei einem Partner bleiben, sind beispielsweise der Zwergschwan und der Galapagosalbatros. Zu den untreusten Vögeln gehören Mehlschwalben und Flamingos, deren Paarungen alle auf eine »Scheidung« hinauslaufen.

Zwar stehen Singvögel in dem Ruf, monogam zu sein, trotzdem gibt es einige Arten, die dem Wunsch nach außerehelichen Beziehungen einfach nicht widerstehen können. In einigen Fällen betrügen bis zu 75 Prozent der Weibchen ihren Nestpartner. So lassen sich rund 40 Prozent der weiblichen Halsbandschnäpper auf solche Affären ein. Meist fühlen sie sich von Männchen angezogen, die einen großen weißen Fleck auf der Stirn haben. Diese Männchen sind unwiderstehlich, weil sie pummelige Küken zeugen.

Manchmal zahlt man auch in der Tierwelt einen hohen Preis für Untreue.

Das dominante Alpha-Tier in einer Makakenkolonie hat das Recht, sich mit jedem Weibchen der Gruppe zu paaren. Kein anderes Männchen darf Sex mit den Weibchen haben. Doch das Alpha-Männchen hält sich in der Regel einen Harem, zu dem nur die begehrenswertesten Weibchen gehören. Affendamen, die nicht in diese Elitegarde aufgenommen werden, flirten mit anderen Männchen, um sie zu raschen sexuellen Begegnungen aufzufordern, wenn das Alpha-Männchen abgelenkt ist. Einige sind erfolgreich, doch viele werden dabei vom Führer ertappt oder von Spionen in der Kolonie angeschwärzt. Die Rache des Alpha-Männchens kann blutig und tödlich sein.

Kondore können keine Dreiecksbeziehungen verkraften. Die Riesenvögel sind von Natur aus monogam, eine Eigenschaft, die wahrscheinlich mit ihrer intensiven Brutpflege zu tun hat. Zwei Jahre lang müssen Männchen und Weibchen das eine Junge, das die Mutter jeweils zustande bringt, ausbrüten, behüten und aufziehen.

Die seltenen Sichtungen eines Männchens mit zwei weiblichen Partnern offenbarte stets ein Trio sehr verwirrter Vögel. Jedes Weibchen hatte mit dem Männchen ein Ei, doch wenn sich die Mütter allein im Nest befanden, flatterten sie erregt umher und wussten nicht, um welches Ei sie sich kümmern sollten. Infolgedessen starb dann stets mindestens eines der Küken.

Männliche Wellensittiche, die unter dem Pantoffel des Weibchens stehen, haben Affären nur hinter dem Rücken ihrer Partnerin – und das aus gutem Grund. Wenn das Männchen Gelegenheit hat, sich mit einem anderen Weibchen als der Partnerin zu paaren, wird seine Entscheidung wesentlich davon abhängen, ob es wahrscheinlich ist, dass die eigene Partnerin seinen Fehltritt bemerkt. Die Vorsicht des Männchens ist verständlich. Weibliche Wellensittiche haben keine Schwierigkeiten, Ersatzmännchen zu finden. Außerdem reagieren die Weibchen auf die Untreue von Partnern mit zornigem Zwitschern und scharfen Schnabelhieben.

Von allen Vögeln bestehen wohl die Rabengeier am striktesten auf Monogamie. Jedes Mitglied einer Rabengeierkolonie, das sich mit einem Vogel paart, der nicht sein Partner ist, wird augenblicklich von allen in der Nähe befindlichen Geiern angegriffen.

Krallenaffen erweisen sich als besonders treue Väter. Der Geruch eines ovulierenden Weibchens treibt den Testosteronspiegel jedes Männchens augenblicklich in schwindelnde Höhen. Hat das Männchen jedoch Junge mit einem anderen Weibchen, widersteht es dem Trieb und bleibt seiner Partnerin treu.

Hähne wenden eine einfache, aber äußerst wirksame Methode an, um für die Treue ihrer Hennen zu sorgen: Sie geben vor, regelmäßig Sex mit ihnen zu haben.

Die Vögel haben einen Harem von Weibchen, die sie eifersüchtig bewachen – wozu sie angesichts der Promiskuität von Hennen auch allen Grund haben. Um sie bei Laune zu halten, besteigt der Hahn sie regelmäßig, hält aber seinen Samen zurück.

Die betrogenen Hennen wären wohl erst recht bedient, wenn sie wüssten, welch doppelte Moral ihre Männchen praktizieren. Begegnet ein Hahn nämlich einer Henne, die er nicht kennt, wird er seinem Harem fast mit Sicherheit untreu. Nicht nur, dass er sich mit der fremden Henne paart, er schenkt ihr auch allen Samen, den er hat.

TEIL VIER

Familienangelegenheiten

Freud und Leid von Tiereltern

Eine Familie zu gründen und Kinder aufzuziehen ist eine vollen Einsatz fordernde Angelegenheit. Dabei ist es bekanntlich nicht mit der emotionalen Achterbahnfahrt der Geburt getan, es folgt die nervenaufreibende Sorge um die Fütterung, Aufzucht und Pflege der hilflosen Jungen – deren Zahl sich in manchen Fällen auf mehrere Hundert beläuft. All diese Pflichten nehmen die Mütter und Väter in der Natur klaglos auf sich und schützen dabei ihre Jungen noch in einer Tour vor Feinden – darunter Geschwister und Stiefeltern –, die sie fressen wollen. Und wie danken es ihnen die Kleinen?

Wenn der Storch kommt

Einige Eigentümlichkeiten der tierischen Fortpflanzung

Weibliche Geparden ovulieren nicht in Gegenwart anderer Weibchen. Während der männliche Gepard außerordentlich gesellig sein kann, gehören die Weibchen dieser Art zu den größten Einzelgängern unter den Tieren. Nach Auffassung der Wissenschaft bedeutet die Anwesenheit eines weiteren Weibchens so viel Stress, dass der weibliche Hormonzyklus unterbrochen wird.

Sobald weibliche Kängurus geschlechtsreif werden, können sie ohne Unterbrechung bis zu ihrem Tod schwanger sein und Milch produzieren.

Giraffen gebären im Stehen. Die Tatsache, dass dies so hoch über dem Erdboden geschieht, ist kein Problem für die Kleinen. Immerhin haben Giraffen bei der Geburt bereits eine Größe von einem Meter achtzig. Giraffenjunge wachsen zweieinhalb Zentimeter pro Tag und verdoppeln ihre Körpergröße binnen eines Jahres.

Eine weibliche Taube kann keine Eier legen, wenn sie allein ist. Ihre Eierstöcke sind nur dann aktiv, wenn eine andere Taube zumindest in Sichtweite ist. Ist keine da, genügt auch das eigene Spiegelbild.

Guppys legen Wert darauf, mit ihren Nachbarn mitzuhalten, besonders wenn es um Kinder geht. Je mehr Guppys ein Weibchen in ihrer Umgebung sieht, desto mehr Nachkommen produziert es.

Die Temperatur spielt eine wesentliche Rolle bei der Festlegung des Geschlechts eines Nachkommen. Ob ein Alligator ein Männchen oder ein Weibchen wird, hängt oft von der Temperatur des Nestes ab, in dem das Ei reift. Liegt sie zwischen 32 und 34 Grad Celsius wird das Junge männlich. Bei 28 bis 30 Grad wird es ein Weibchen. Viele Tiere haben die Fähigkeit entwickelt, Temperaturen genau einzuschätzen. Der Leguan kann die Wärme des Sands, in den er seine Eier legt, auf 1,1 Grad Celsius genau bestimmen. Weibchen einiger Eidechsenarten in den Gebirgen Südostaustraliens wenden diese Methode in einzigartiger Weise an, um über das Geschlecht ihrer Nachkommen zu entscheiden. Durch Steuerung der eigenen Körpertemperatur erzeugen sie Männchen oder Weibchen, wie es die Situation erfordert.

Der Nasenfrosch, eine seltene in Chile lebende Art, hat eine ganz besondere Art der Brutpflege. Wenn das Weibchen die Eier gelegt hat, kümmert sich das Männchen um sie, indem es sie zunächst bewacht und dann alle verschluckt. Die Eier entwickeln sich in seinem Kehlsack, bis die Jungen schlüpfen und aus seinem Maul hüpfen.

Der riesige Mondfisch kann in einem einzigen Eierstock bis zu 300 Millionen Eier tragen, mehr als irgendein anderes Wirbeltier.

Das Seepferdchen ist beispiellos – es ist die einzige Tierart, bei der das Männchen schwanger wird. Bei der Paarung führt das Weibchen eine lange Röhre, den Legeapparat, in die Bruttasche des Männchens ein. Über diese Röhre wandern die Eier dann in die Tasche, wo das Männchen sie befruchtet. Die »Mutter« spielt nur eine nebensächliche Rolle während der Schwangerschaft: So ungefähr zehn Minuten pro Tag taucht sie auf, um sich vom Wohlergehen des schwangeren Männchens zu überzeugen. Wenn sich die Embryonen nach einem Zeitraum von zehn Tagen bis sechs Wochen vollständig entwickelt haben, kommt das männliche Seepferdchen mit ihnen nieder. Der liebevollste Vater in der Natur gebiert seine Jungen, indem er seinen Schwanz stoßweise auf und ab bewegt. Männliche Seepferdchen können in der Regel eine stattliche Anzahl Junge austragen – von einigen Dutzend bis zu hundert. Es ist aber auch der Fall eines karibischen Seepferdchens dokumentiert, das 1500 Seeponys zur Welt brachte.

Vögel auf der nördlichen Hemisphäre legen mehr Eier als Vögel auf der südlichen Erdhalbkugel. Forscher sind der Meinung, dass die nördlichen Vögel in der Gewissheit, dass ihre Jungen rauere Winter erwarten, von einer geringeren Überlebensrate ihrer Nachkommenschaft ausgehen. Vögel im Süden bewerten das eigene Überleben in der Regel höher als das ihrer Jungen.

Stress ist schlecht für schwangere Mutterschafe und ihre Lämmer. Wie Untersuchungen gezeigt haben, bringen werdende Mütter, die während der Trächtigkeit unter Angst und Nervosität gelitten haben, unruhige Lämmer zur Welt. Wenn die Muttertiere hohe Konzentrationen des Stresshormons Kortisol aufweisen, leiden die Lämmer unter Bluthochdruck.

Die kleinste Schildkröte legt relativ zu ihrer Körpergröße eines der größten Eier in der Natur. Die winzige Gesägte Flachschildkröte ist nur sieben Zentimeter lang, produziert aber ein Ei, das mit fast drei Zentimetern 40 Prozent ihrer Körpergröße entspricht. Auf menschliche Größenverhältnisse übertragen, hieße das, dass eine Mutter von einem Meter fünfzig ein Kind von 60 Zentimetern bekäme.

Relativ zu seiner Größe legt der Kiwi das größte Ei. Kiwi-Eier können ein Viertel vom Körpergewicht des Weibchens wiegen, was beim Menschen hieße, dass eine Mutter ein Baby von 16 Kilogramm zur Welt brächte.

Weibliche Schwertwale gebären im Durchschnitt alle zehn Jahre ein Junges. Ihr Nachwuchs erscheint, den Schwanz voraus, mit einem Gewicht von 180 Kilogramm und einer Länge von zweieinhalb Metern auf der Welt.

Hühnereier sind entweder weiß oder braun. Von den vier Hühnerarten legt nur das mediterrane Huhn die weiße Spielart. Europäische, asiatische und amerikanische Hühner produzieren braune Eier. Was für Eier eine Henne legen wird, lässt sich am leichtesten an den Ohrläppchen erkennen. Mediterrane Hühner haben weiße Ohrläppchen, die anderen haben rote.

Ratten sind ungeheuer fruchtbar. Die weibliche Hausratte wirft beispielsweise nach nur drei Wochen Trächtigkeit vier bis zehn Junge. Angesichts ihrer Promiskuität geht man davon aus, dass zwei Ratten innerhalb von achtzehn Monaten mehr als eine Million Nachkommen haben können.

Tiere können in einem Wurf Nachkommen von mehr als einem Vater haben. In einer US-amerikanischen Studie am Weißwedelhirsch zeigte sich, dass die Zwillingskitze eines Muttertiers zwei verschiedene Erzeuger hatten. Interessanterweise stellte sich heraus, dass die Väter verschiedenen Generationen angehörten. Der eine war ein junger Bock, der andere ein älterer Hirsch. Die Forscher glauben, der ältere Hirsch habe den Jüngeren bei der Paarung überrascht und vertrieben und das Weibchen ein zweites Mal befruchtet. Ähnliche Ergebnisse sind bei Eichhörnchen dokumentiert.

Dass der Große Panda zu den am meisten gefährdeten Arten der Welt gehört, liegt zum Teil an seiner unzulänglichen Brutpflege. Weibchen können nur einmal pro Jahr während eines Zeitraums von drei Tagen empfangen. Wenn eine erfolgreiche Empfängnis zu Zwillingen führt – was in 60 Prozent der Fälle geschieht –, kümmert sich die Mutter nur um eines der beiden Jungen. Das andere bleibt sich selbst überlassen und stirbt.

Neugeborene Pandas gehören zu den kleinsten Säugetierjungen, gemessen an der Größe der Mutter. Manchmal wiegen sie nicht mehr als 100 Gramm, weniger als ein Apfel. Sie wachsen sehr langsam und brauchen bis zu vier Jahre, um ihr vollständiges Gewicht zu erreichen.

Gorillas kommen in die Menopause. Weibchen können älter als fünfzig Jahre werden, aber nur bis zu ihrem siebenunddreißigsten Lebensjahr Junge bekommen. Es ist kein anderes Tier bekannt, das seine Fortpflanzungsfähigkeit auf diese Weise verliert.

Es folgen die Trage- beziehungsweise Brutzeiten für einige Tiere (in Tagen):

Affe 139–270
Bär 180–240
Eichhörnchen 44
Elefant 510–730
Ente 21–35
Esel 365
Flusspferd 220–255
Fuchs 51–73
Goldhamster 15–17
Huhn 22
Hund 53–71
Känguru 32–39
Kaninchen 30–35
Katze 52–69
Kuh 280
Löwe 105–113
Maus 19–31
Meerschweinchen 58–75
Mensch 253–303
Murmeltier 31–32
Pferd 329–345
Ratte 21
Rotwild 197–300
Schaf 144–152
Schwein 101–130
Taube 11–19
Wal 365–547
Wellensittich 17–20
Wolf 60–63
Ziege 136–160

Mutterinstinkte

Die besten (und schlechtesten) Mütter in der Natur

Die Mutter eines neugeborenen Wals produziert bis zu 427 Liter Milch pro Tag. Das muss sie auch – denn sie muss für ein Baby mit einem Riesenappetit sorgen. Ein Blauwaljunges wächst in unvorstellbarem Tempo: Pro Stunde nimmt es mehr als viereinhalb Kilogramm zu, pro Tag beläuft sich das auf rund 113 Kilo. Um das Junge zu sättigen, muss es bis zu fünfzig Mal pro Tag gestillt werden, wobei es jedes Mal elf Liter trinken kann.

Wie alle frisch gebackenen Eltern wissen, können einem Neugeborene schlaflose Nächte bereiten. Doch Schwertwale und Große Tümmler mit Jungen können, wie Forscher jetzt herausgefunden haben, einen ganzen Monat ohne Schlaf auskommen. Das tun sie nicht nur, um Fressfeinde abzuwehren, sondern auch, um das Neugeborene solange warm zu halten, bis es die ersten Schichten des isolierenden Specks angelegt hat. Überraschenderweise scheint sich diese Schlaflosigkeit weder auf die Eltern noch auf die Jungen nachteilig auszuwirken. Alle Beteiligten bleiben die ganze Zeit hindurch wachsam und in Bewegung.

Junge Delfine hängen mit gutem Grund am Rockzipfel ihrer Mütter. Während der ersten drei Lebensjahre müssen die Kälber zusehen, dass sie sich dicht hinter ihren Müttern halten. Das gelingt ihnen, indem sie sich im Sog der Mutter bewegen.

Insekteneltern können ihre hungrigen Kleinen nicht schreien hören, weil Larven keine Laute von sich geben. Daher sperren Insekten, wie etwa die Erdwanzen, ihre Geruchsorgane weit auf, um die chemischen Signale ihrer Larven aufzufangen. In einer Studie stellte man fest, dass die Wanzeneltern nur einen aromatischen Hauch von Verzweiflung benötigen, um zu wissen, was ihre Kleinen möchten.

Das Weibchen der Tilapia, einer Buntbarschart, hat eine sehr wirksame Methode entwickelt, um seine Jungen in Gefahrensituationen zu schützen. Beim ersten Anzeichen einer Bedrohung öffnet der weibliche Fisch das Maul und saugt die Jungen in die Mundhöhle, wo sie bleiben, bis die Luft wieder rein ist.

Rattenmütter ziehen lebenstüchtige Kinder groß. Ratten, die von aufmerksamen Müttern großgezogen werden, sind später mutiger und weniger stressanfällig.

Waldhühner verströmen einen starken Geruch, der von Fressfeinden entdeckt werden kann. Der Geruch verflüchtigt sich, wenn sie brüten, sodass sie und ihre Jungen vor Angriffen relativ sicher sind.

Man geht davon aus, dass Tüpfelhyänen als einzige Säugetiere Junge haben, die genetisch darauf programmiert sind, ihre Geschwister anzugreifen und, wenn möglich, zu töten.

Geburtshilfe ist relativ selten in der Tierwelt, doch bei einigen wenigen Säugetierarten helfen Weibchen ihren Geschlechtsgenossinnen bei der Geburt. Man hat beobachtet, wie sich weibliche Krallenaffen, Elefanten und Große Tümmler gegenseitig bei der Entbindung halfen. Das erstaunlichste Beispiel fand man jedoch bei einer Fruchtfledermaus. Ein Weibchen des Rodrigues-Flughundes auf Mauritius wurde dabei beobachtet, wie es einer »Erstgebärenden« die richtige Geburtsstellung zeigte und anschließend die Mutter und das Junge leckend und putzend durch den ganzen Geburtsvorgang begleitete. Nach der Geburt wies die »Hebamme« dem Jungen sogar das erste Mal den Weg zur Brustwarze der Mutter.

Trächtige Kängurus und Wallabys können ihre Embryonen in eine Art Scheintod versetzen. Wenn die Bedingungen widrig sind, bei schlechtem Wetter, Krankheit, Nahrungsknappheit oder Platzmangel im Beutel, setzt die Mutter aus der Brustdrüse einen Stoff frei, der bei den Embryonen eine sogenannte Diapause einleitet, einen Zustand, der ihre Entwicklung stoppt. Erst wenn die Verhältnisse sich gebessert haben, setzt die Mutter den Entwicklungsprozess wieder in Gang.

Einige Pinguinmütter sind äußerst streng in ihrer Liebe. Weibliche Kehlstreifpinguine ziehen ihre Küken in Kinderhorten auf. Außerdem laufen sie zu Fütterungszeiten davon, was dazu führt, dass nur die Küken, die am schnellsten hinterherkommen, Futter erhalten. Nach Auffassung der Forscher geschieht das, um festzustellen, welche Küken so lebenstüchtig sind, dass sich ihre Aufzucht lohnt.

Honigbienen sind in ihre Jungen vernarrt. Wenn es Hinweise auf Probleme im »Kinderzimmer« gibt, wachen sie die ganze Nacht bei den Larven. Sie gelten in dieser Hinsicht als die große Ausnahme unter den Insekten.

Die Iberiahirschkuh gibt ihren Söhnen Milch von besserer Qualität. Männliche Hirschkälber bekommen Milch mit einem höheren Eiweißanteil. Nach Meinung der Wissenschaftler ist der Grund dafür, dass Männchen im Laufe ihres Lebens mehr Nachkommen hervorbringen können als Weibchen und daher einen wichtigeren Beitrag zu den Überlebenschancen der Art liefern.

Kängurus wachsen auf Bäumen.

Eine seltene, auf Bäumen lebende Beuteltierart hat ihren Lebensraum in den Regenwäldern von Neuguinea und North Queensland in Australien. Die Mütter ziehen ihre Jungen hoch oben in den Wipfeln auf, wo sie vor Fressfeinden auf dem Boden sicher sind.

Europäische Stare stellen ihren Jungen ein gesundes Kinderzimmer bereit. Die Vögel schmücken ihr Heim mit einem bunten Sammelsurium von Pflanzen, unter anderem den Blättern von Wilder Möhre, Odermennig, Schafgarbe und Philadelphia-Feinstrahl. Man nimmt an, dadurch werde der Bakterien- und Pilzbefall des Nestes und die Entwicklung von Läusen, Milben und Zecken verhindert. Diesen Pflanzenvorrat legen die Vögel während der Brutzeit an. Insbesondere die Möhrenblätter scheinen sich positiv auf den Hämoglobinspiegel der Jungen auszuwirken.

Das Kind einer alleinerziehenden Mutter zu sein, muss sich nicht unbedingt als Nachteil erweisen, schon gar nicht, wenn man ein männlicher Fink ist. Männliche Junge von Zebrafinken, die nur von der Mutter betreut werden, erhalten 25 Prozent mehr Futter, als sie bekämen, wenn sich der Vater beteiligte. Wichtiger noch: Die Söhne alleinstehender Finkenmütter wachsen zu Männchen heran, die wesentlich anziehender für das andere Geschlecht sind. Die Weibchen fahren auf die kräftigere Statur ab, die diese vaterlosen Finken der besseren Ernährung in der Kindheit verdanken.

Silberreihermütter brüten drei Küken aus, obwohl sie wissen, dass sie eines verlieren werden.

Das Weibchen des Silberreihers kann nur zwei Küken aufziehen, hat aber das dritte zur Sicherheit. Wenn feststeht, dass die beiden Erstgeborenen gesund sind und überleben werden, gestattet sie ihnen, das Dritte zu töten.

Schaben erfahren nicht die geringste elterliche Fürsorge. Frisch geschlüpfte Schaben müssen selber sehen, wie sie zurechtkommen.

Fürchterlich in ihrer Wut sind die Zweitfrauen von Spatzen. Da sich ihr bigamistischer Gatte in der Regel um die Nestlinge kümmern wird, die er mit seiner ersten Gefährtin hat, und nicht um die künftiger Partnerinnen, entschließt sich die Zweitfrau zu drastischen Schritten und tötet die Kinder der Rivalin. Dies ist einer der ganz seltenen Fälle von weiblichem Kindermord in der Vogelwelt.

Reiter ohne Sattel: Faultiere tragen ihre Jungen auf dem Rücken. Sie sind die einzigen Säugetiere, die das tun – von Menschenvätern einmal abgesehen, die sich gelegentlich dazu erweichen lassen.

Vaterinstinkte

Die besten (und schlechtesten) Väter in der Natur

Einige männliche Partner im Tierreich zeigen das Couvade-Syndrom, die mitfühlende Schwangerschaft. Die Männchen zweier brasilianischer Affenarten, Tamarine und Krallenaffen, nehmen während der Schwangerschaft ihrer Partnerinnen erheblich zu. Einige Krallenaffen werden in dieser Zeit bis zu 20 Prozent schwerer. Beide Arten sind monogam und ihren Partnern gewöhnlich sehr zugetan, besonders die Tamarine. Die Männchen beteiligen sich aktiv an der Aufzucht der Jungen und tragen die Babys häufiger als die Mütter mit sich herum. Nach Auffassung der Forscher bereiten sich die Männchen mit den zusätzlichen Pfunden auf die vor ihnen liegenden Strapazen vor.

Männliche Affen anderer Arten bilden in den letzten vierzehn Tagen der Schwangerschaft ihrer Partnerin Milchhormone. Beim Weibchen bereitet das Hormon Prolactin die Milchdrüsen auf die Milchproduktion vor. Beim Männchen dient es nach Auffassung der Wissenschaft jedoch dazu, die Tiere auf die Belastungen der Elternschaft vorzubereiten. Je erfahrener der Papa ist, desto mehr Hormone bildet er.

Die Anforderungen, welche die Elternpflichten an den männlichen Kaiserpinguin stellen, gehören in der Tierwelt zu den

härtesten überhaupt. Zwei Monate lang muss er ein einziges Ei beschützen, es mit seiner Körperwärme bebrüten und vor der eisigen Kälte des arktischen Winters bewahren. Die Männchen legen in Vorbereitung dieser Aufgabe kräftig zu und wiegen rund 40 Kilogramm, wenn sie ihre lange Eiwache antreten. Am Ende ist ihr Gewicht auf die Hälfte geschrumpft.

Das Männchen des australischen Beutelfrosches hat eine ganz eigene Art, die Kleinen in seine väterliche Obhut zu nehmen. Es lässt die Kaulquappen seiner Partnerin auf seinem Rücken entlang kriechen und dann in einem Schlitz verschwinden, der in einen Beutel an seiner Hüfte führt. Dort bleiben die Kaulquappen einige Wochen und ernähren sich vom übrig gebliebenen Dotter der Eier, die sie ehemals bewohnt haben. Schließlich springen sie als fertige Frösche aus dem Beutel.

Das Männchen des südamerikanischen Krallenaffen gehört zu den fürsorglichsten Vätern. Während der Geburt übernimmt er die Rolle des Geburtshelfers, indem er die Babys ableckt und putzt, sobald sie auf der Welt sind. In den ersten Wochen füttert, putzt und trägt er die Kleinen. Diese praktische Hilfe hat mit den Strapazen zu tun, denen das Krallenaffenweibchen bei der Geburt unterworfen ist. Die Jungen können bei der Geburt ein Viertel des Körpergewichts der Mutter haben. Auf menschliche Verhältnisse übertragen, wäre das ein 16-Kilo-Baby bei einem Körpergewicht der Mutter von 64 Kilogramm. Außerdem sind die Weibchen meist schon nach vierzehn Tagen wieder schwanger.

Männliche Löwen sind grausam, wenn sie sich einem Rudel anschließen, das nicht von anderen Männchen bewacht wird. Augenblicklich töten sie alle Jungen, die zu klein oder zu langsam sind, um sich in Sicherheit zu bringen. Die Vorgehensweise sorgt dafür, dass die neue Partnerin des Männchens rund acht Monate früher paarungsbereit ist. So kann das Männchen zum frühestmöglichen Zeitpunkt mit der Zeugung des eigenen Nachwuchses beginnen.

Männchen in heißen Klimata sind besonders schlechte Väter. Die Untersuchungsergebnisse lassen darauf schließen, dass männliche Affen in den Tropen am ehesten dazu neigen, ihre Partnerinnen zu verlassen, sobald diese geboren haben. Dagegen bleiben männliche Affen in kühleren Klimata bei der Mutter und helfen bei der Aufzucht der Jungen. Nach Auffassung von Anthropologen hat das mit den schlechteren Überlebensraten in kälteren Regionen zu tun. Die Männchen bleiben bei Mutter und Kindern, um den Kleinen eine bessere Überlebenschance zu verschaffen.

Das Männchen einer bestimmten Kardinalfischart ist möglicherweise der schlechteste Papa der Tierwelt. An sich haben die Männchen dieser Art die Aufgabe, für ihre Brut zu sorgen. Das tun sie, indem sie die Jungen sicher in ihrer Mundhöhle aufbewahren, bis sie reif genug sind, um ins Meer entlassen werden zu können. Leider ist der Kardinalfisch nicht monogam genug. Wenn er ein Weibchen sieht, das attraktiver ist als seine aktuelle Partnerin, beginnt er sie zu umwerben. Da er kein Männchen mit »Ballast« sein will, frisst er seine Kinder, bevor er mit der Balz beginnt.

Kleine Ungeheuer

Schwierige Kinder und wie Tiere mit ihnen fertig werden

Männliche Wellensittiche lassen sich als Väter leicht erweichen. Während Wellensittichmütter beim Füttern der Kleinen streng nach der Reihe vorgehen und sich durch nichts dazu bewegen lassen, ein Junges einem anderen vorzuziehen, sind die Väter anders gestrickt: Wenn sie die Jungen füttern, neigen sie eher dazu, das Futter denen zu geben, die am lautesten und hartnäckigsten schreien.

Was dramatische Auftritte rund ums Füttern angeht, ist das Pelikanküken kaum zu toppen. Um den Eltern zu signalisieren, dass sie hungrig sind, werfen sich junge Pelikane zu Füßen der Eltern auf den Boden, schlagen mit den Flügeln und beißen alles, was ihnen in die Quere kommt: Mutter, Vater und Geschwister. Wenn das alles nicht hilft, können sie auch einen regelrechten Anfall bekommen und sich in Zuckungen winden – nur um ihre Eltern dazu zu bewegen, sie zu füttern.

Eulen beschäftigen Schlangen als Babysitter. Damit ihren Kleinen nichts passiert, nehmen Käuzchen die Dienste von Blindschlangen in Anspruch, die normalerweise unter der Erde leben. Für die Zufriedenheit dieser Gäste sorgen die Käuzchen, indem sie die Schlangen mit Maden füttern. Dafür verscheuchen die Schlangen in Abwesenheit der Mütter alle Feinde, die versuchen, sich der Kleinen zu bemächtigen. Offenkundig leisten die Schlangen gute Arbeit. 20 Prozent der Eulen haben Schlangen in ihrem Nest. Untersuchungen haben gezeigt, dass ihre Küken rascher wachsen und häufiger überleben als die Jungen jener 80 Prozent Eulen, die keine Reptilien in ihren Nestern halten.

Auch in der Tierwelt ist es manchmal schwierig, gutes Personal für die Versorgung der Kinder zu finden. Drosselkrähen lösen das Problem, indem sie andere Vögel entführen, die ihnen dann bei der Aufzucht der Jungen helfen.

Grauschnäpper betteln ihre Eltern noch um Futter an, wenn sie schon längst selbst für sich sorgen könnten. Die Eltern müssen drastische Maßnahmen ergreifen, um die Jungen dazu zu bewegen, auf eigenen Füßen zu stehen – sie machen sich zu den Mahlzeiten davon.

Bei reichen Eltern ist die Wahrscheinlichkeit höher, dass ihre Söhne Nesthocker werden – zumindest in der Vogelwelt. Wie entsprechende Untersuchungen gezeigt haben, verhielt sich der heranreifende männliche und weibliche Nachwuchs des Blaukehl-Hüttensängers bei reichlicher Versorgung mit Mistelbeeren höchst unterschiedlich, als es Zeit wurde, das elterliche Nest zu verlassen. Während die Mädels das Nest verließen, um ihr Glück in der Welt zu machen, hingen die Jungs weiter zu Hause herum und lebten vom Reichtum der Eltern.

Junge Grizzlybären suchen sich in der Regel eine Höhle nahe der ihrer Mutter.

Eine gestörte Kindheit verursacht bei Ratten im Erwachsenenalter psychische Probleme. Wie Untersuchungen gezeigt haben, leiden Tiere, die in ihrer Kindheit viel Stress gehabt haben, später unter Fehlentwicklungen des Gehirns und Gedächtnisstörungen.

Auch unter Affen ist die Pubertät ein schwieriges Alter. Heranwachsende Grüne Meerkatzen gehen sehr viel größere Risiken ein als Kleinkinder oder ältere Tiere. Sie versuchen sogar, in Gegenwart potenzieller Fressfeinde Futter zu stehlen.

Teenager, die auf nichts hören, was ihre Eltern ihnen zu sagen haben, gibt es nicht nur in der Menschenwelt. Kaulquappen werden vorübergehend taub, bevor sie sich in Frösche verwandeln.

Ein Todesfall in der Familie

Wie Tiere Verlust bewältigen

Eine Scheidung oder der Verlust des Partners stürzt Rennmäuse in tiefe Depression. Die Nager bilden enge, lebenslange Partnerschaften, und wenn sie von ihrem Partner getrennt werden, haben sie Mühe zu schlafen und ziehen sich ganz in sich zurück.

Seelöwenmütter, die mit ansehen müssen, wie ihre Babys von Schwertwalen angegriffen und gefressen werden, stoßen eine herzzerreißende Mischung aus Kreischen und Jammern aus.

Man hat beobachtet, dass Delfine versucht haben, ihre Jungen wiederzubeleben.

Affen können von Trauer überwältigt werden. Ein Schimpanse litt so schrecklich unter dem Verlust der Mutter, dass er sich von der Gruppe trennte, nicht mehr fraß und schließlich starb.

Ähnliches offenbarte eine Studie, als ein dominantes Pavianweibchen, das seinen liebsten Gefährten verlor, in tiefe Trauer verfiel. Der Pavianmann, der einem Löwen zum Opfer gefallen war, war der Putzpartner des Alpha-Weibchens und das einzige Mitglied der Kolonie gewesen, mit dem es engeren Umgang pflegte. Nach dem Tod des Freundes erreichte der Spiegel des Stresshormons Glukokortikoid bei dem Weibchen weit höhere Werte als bei den anderen Affen. Um seinen Stress abzubauen, erlaubte das Alpha-Weibchen daraufhin rangniedrigeren Mitgliedern der Gemeinschaft, es zu putzen.

Elefanten reagieren besonders empfindsam auf Todesfälle. Man hat Elefantenkühe beobachtet, wie sie lange Totenwachen bei totgeborenen Jungen hielten. Tagelang verweilen die grauen Riesen an ihrer Seite und lassen Kopf und Ohren hängen – eine Haltung, die Ausdruck äußerster Verzweiflung zu sein scheint. Wenn junge Elefanten die Mutter sterben sehen, kann sie dies so traumatisieren, dass sie nachts aufwachen und schreien.

Elefanten begegnen dem Tod mit Respekt und suchen mitunter die Gräber von Artgenossen auf.

Im Unterschied zu den meisten Tieren, die einen toten Artgenossen häufig nicht zur Kenntnis nehmen oder sogar fressen, reagieren Elefanten tief verstört auf den Anblick eines toten Dickhäuters. Auch den Knochen und Schädeln längst verstorbener Artgenossen schenken sie große Aufmerksamkeit.

Nach Auffassung der Forscher könnten die Geschichten über Elefanten, die lange Wanderungen zu den letzten Ruhestätten ihrer Verwandten unternehmen, durchaus wahr sein. Die Vorstellung, dass ältere Elefanten einen speziellen »Elefantenfriedhof« aufsuchen, um zu sterben, dürfte allerdings falsch sein.

Auch Vögel scheinen zu trauern. Man hat Graugänse beobachtet, die vom Verlust ihres Partners offenbar sehr mitgenommen waren. Die Augen lagen tief in den Höhlen, der Körper war erschlafft und der Kopf hing herab.

Kein Tier ist so gut gerüstet, mit einem gebrochenen Herzen fertig zu werden, wie der Zebrafisch. Er kann einen fehlenden oder beschädigten Herzmuskel regenerieren.

TEIL FÜNF

Auf Leben und Tod

Wie die Fittesten, Stärksten, Klügsten und schlichtweg Gemeinsten überleben

Wir nennen es das Gesetz des Dschungels, doch die fundamentalen Prinzipien der Natur werden auf dem Meeresboden und in der arktischen Tundra nicht minder grausam durchgesetzt. Nur der Stärkste überlebt, und überall in der Tierwelt wird Stärke höchst einfach gemessen. Wer behauptet sich im Krieg aller gegen alle am besten, egal, ob er konventionell, chemisch oder auch psychologisch geführt wird?

Alle Griffe erlaubt

Wie Tiere kämpfen

Ratten tragen Konflikte durch Boxen aus. Zwei weibliche Stachelratten wurden im Amazonasgebiet von Peru dabei gefilmt, wie sie sich zehn Minuten lang schlugen, umklammerten, stießen und schubsten.

Für männliche Kängurus ist das Boxen eine Art Spiel. Junge Männchen stehen sich auf den Hinterbeinen gegenüber und sparren miteinander wie Boxer im Training. Allerdings ähneln ihre Regeln eher dem Kickboxen als denen des Marquess of Queensberry: Am liebsten verteidigen sie sich durch Fußtritte.

Viele Kängurus boxen auch noch im Erwachsenenalter. Infolgedessen bekommen die Männchen sehr muskulöse Unterarme und breite Brustkästen. Einige sehen so einschüchternd aus, dass sie Wettbewerbe gegen kleinere Männchen einfach dadurch gewinnen, dass sie sich in die Brust werfen und ihre Muskeln spielen lassen – wie ein Berufsboxer, der gerade einen Weltmeisterschaftskampf gewonnen hat.

Taufliegen tragen ihre Streitigkeiten wie Sumoringer aus. Man hat im Labor beobachtet, dass die Insekten zwei Kampfesweisen kennen: Entweder umklammern sie sich wie erschöpfte Boxer mit ihren vorderen Gliedmaßen oder sie versuchen, sich gegenseitig vom Kampfplatz zu schieben wie jene übergewichtigen japanischen Ringer.

Schaben kämpfen bis zum Tode. Die Männchen beginnen ihre Auseinandersetzung damit, dass sie sich mit gesenktem Kopf und erhobenem Hinterleib voreinander aufbauen. Dann rennen sie gegeneinander an, sodass sie mit den Köpfen zusammenprallen. Wenn es einem Insekt gelingt, seinen vorspringenden Halsschild, der den Rückenbereich zwischen Kopf und Leib bedeckt (auch *Pronotum* genannt), unter seinen Gegner zu schieben, kann es ihn in die Luft werfen, sodass er auf dem Rücken landet. Wenn nicht, umfassen sich die beiden wütend mit den Beinen. Während dieser Phase versetzen sie sich heftige Bisse und rollen ineinander verklammert umher. Schon bald geht einer von ihnen siegreich aus dem Kampf hervor. Selbst wenn der Verlierer überlebt, wird er binnen kurzem am Stress sterben, den der Kampf verursacht hat.

Makaken sind Meister der schmutzigen Kampfesführung. Wenn Japanmakaken bei der Konfrontation mit einem an-

deren Affen unterliegen, rächen sie sich an den schwächeren Verwandten des Rivalen. Das hält diesen in der Regel davon ab, ihn noch einmal anzugreifen.

Bärenmakaken hingegen warten, bis ihre männlichen Konkurrenten am wehrlosesten sind. Sie schließen sich zu Banden von bis zu neun Affen zusammen, warten bis ihr Opfer sich paart und fallen dann exakt zu dem Zeitpunkt über den Rivalen her, wenn er einen Orgasmus hat.

Seeanemonen kämpfen in Heeresverbänden, wobei Individuen unterschiedliche Aufgaben übernehmen und zum Beispiel als einfache Soldaten oder Kundschafter fungieren. Seeanemonen bilden große Kolonien in Küstennähe. Bei Ebbe ist alles ruhig. Doch bei Flut kommen sich die Kolonien gegenseitig in die Quere und wütende Feindseligkeiten brechen aus. Daraufhin sichten Anemonenkundschafter das Gelände, um ein geeignetes Schlachtfeld ausfindig zu machen. Währenddessen bereiten die Kriegeranemonen ihre Waffen vor: Sie pumpen besonders stechende Tentakeln auf. Eine weitere Gruppe klont neue Anemonen, um das Heer aufzustocken.

Die Schlachten sind gewöhnlich kurz und grausam und bestehen darin, dass sich die beiden Heere Schläge mit ihren Tentakeln versetzen. Ein Treffer hinterlässt eine schmerzhaft stechende Zelle, die am Leib des Opfers kleben bleibt. Nach rund einer halben Stunde endet die Schlacht.

Wilde Hengste erwärmen sich für den Kampf, indem sie sich anschreien. Nach Auffassung der Forscher versuchen die Tiere auf diese Weise, ihre Lungenkapazität und somit ihre Fitness unter Beweis zu stellen. Die Hengste wissen, dass das Pferd, welches am ausdauerndsten wiehert, wahrscheinlich auch am besten kämpfen kann. Das könnte erklären, warum die Hälfte der Kämpfe sehr rasch damit endet, dass eines der Pferde das Weite sucht, noch bevor ernstzunehmende Schläge ausgeteilt worden sind.

Das Rotkehlchen gilt zu Unrecht als heiterer und friedlicher Singvogel. Trotz geringer Körpergröße ist der kleine Sänger äußerst aggressiv und häufig in Revierstreitigkeiten verwickelt. Man hat auch beobachtet, wie Rotkehlchen ohne erkennbaren Grund Heckenbraunellen schikanierten. Rotkehlchen sind bekannt für bösartige Angriffe, bei denen sie unter anderem wütend auf den Kopf ihres Widersachers einhacken. Aber so etwas kann auch nach hinten losgehen. Nach Auffassung der Ornithologen stirbt jedes zehnte Rotkehlchen an Schädelbruch infolge eines verlorenen Kampfes.

Ähnlich wie Fußballfans werden Fische einfach dadurch aggressiv, dass sie die Auseinandersetzungen anderer Fische beobachten. Forscher meinen, die Erhöhung des Testosteronspiegels bereite sie auf den Fall vor, dass sie selbst herausgefordert würden und sich verteidigen müssten. Im Gegensatz zu den Fußballfans sinkt der Testosteronspiegel der Fische nicht mit dem Schlusspfiff. Noch sechs Stunden nach der Beobachtung eines Kampfes anderer Fische befinden sich Tilapias in einem erregten, aggressiven Zustand.

Amerikanische Hummer können riechen, wann ihnen eine Niederlage im Kampf droht. Hummer erkennen Artgenossen am Geruch, und vor allem die sehr aggressiven Männchen orientieren sich an den Duftstoffen, um andere männliche Hummer zu identifizieren, mit denen sie schon einmal gekämpft haben. Erkennt ein Männchen den Geruch nicht, geht es sofort zum Angriff über.

Viele Tiere müssen ihre Aggressionen abreagieren – selbst wenn sich kein vernünftiges Ziel bietet. Einige kämpfen mit sich selbst. So greifen Mungos und Hühner den eigenen Schwanz an, während männliche Bachstelzen sich mit ihrem Abbild im Spiegel anlegen. Man hat beobachtet, wie die Vögel angriffslustige Gesten an ihr Spiegelbild in Stoßstangen richteten.
Doch den wohl verzweifeltsten Versuch, einen Kampf zu beginnen, unternimmt der Gelbschwanz-Riffbarsch. Er fängt Streit mit seinem Futter an.

Natural Born Killers

Die kaltblütigsten Mörder der Natur

Haie sind schon vor ihrer Geburt Massenmörder.
Das Weibchen des Sandtigers oder Sandhais produziert gleichzeitig Hunderte von Embryonen. Schon im Mutterleib wachsen den Winzlingen kleine messerscharfe Zähne. Während der Schwangerschaft attackieren und töten sich die Haiembryonen gegenseitig. Nach drei oder vier Monaten ununterbrochenen Kriegszustands sind nur noch eine Handvoll dominanter Haie am Leben. Diese verbleibenden Haie tragen ein letztes Gefecht aus, das ein einziger überlebt. Dieses Produkt eines denkbar unbarmherzigen Ausleseprozesses entlässt die Mutter als perfekte Mordmaschine ins Meer.

Meeresbiologen, die über solche Haiembryonen forschten, haben schon böse Überraschungen erlebt. Mindestens einer von ihnen erlitt einen schmerzhaften Biss von einem der Embryonen, als er die schwangere Mutter untersuchte.

Zigarrenhaie wenden eine raffinierte Methode an, um ihre Beute zu fangen. Unter dem Kiefer trägt der Zigarrenhai einen dunklen Streifen, dessen Umriss dem eines sehr viel kleineren Fisches gleicht. Außerdem verfügt der Hai über lichtemittierende Zellen, die den ganzen Körper leuchten lassen. Wenn er nahe der Wasseroberfläche schwimmt, bewirken diese Zellen, dass sich seine Körperfarbe dem Licht des Himmels angleicht. Infolgedessen erkennt ein Raubfisch wie der Thunfisch nicht den ganzen Hai, wenn er von unten aufblickt. Er nimmt nur einen Umriss wahr, der wie leichte Beute aussieht. Wenn der Thunfisch nach oben schießt, um sich den Bissen zu holen, erwartet ihn eine böse Überraschung. Das ist der Augenblick, wenn der Zigarrenhai seinem englischen Namen alle Ehre macht: *Cookie-Cutter* (Ausstechform). Er sticht runde, keksförmige Fleischstücke aus seinen Opfern heraus.

Japanische Honigbienen kennen kein Erbarmen, wenn sie eine riesige Hornisse in ihrem Nest erwischen. Hunderte von Bienen drängen sich dicht an den ungebetenen Besucher und rösten ihn mit ihrer Körperwärme bei lebendigem Leibe.

Spinnen sind geschickte Jäger und können ihre Netze der Beute, auf die sie es abgesehen haben, auf den Leib schneidern. Man hat beobachtet, wie amerikanische Spinnen erst kleine, feinmaschigere Netze für Fliegen webten und dann sehr viel größere, weitmaschigere Netze für Termiten.

Klapperschlangen klappern, um sich mit statischer Elektrizität aufzuladen. Mit Hilfe dieser Ladung machen sie Beute in möglichen Verstecken ausfindig. Die Elektrizität entlädt sich in Nestern feuchter Luft.

Schlangen quetschen das Leben aus ihrer Beute, indem sie sie einschnüren. Messungen haben ergeben, dass ein Python eine Kraft von einem Kilogramm pro Quadratzentimeter erzeugt, sechs Mal mehr als ein Mensch mit seinem festesten Händedruck.

Papageientaucher oder Lunde sind wohl die geschicktesten Jäger in der Vogelwelt. So hat man beobachtet, dass der Gelbschopflund nach einem Tauchgang im Durchschnitt mit fünf bis zwanzig Fischen im Schnabel an der Wasseroberfläche erscheint. Ein Fall ist dokumentiert, wo ein solcher Vogel 65 Fische im Schnabel trug.

Der Schwertwal oder Orca ist ein sehr einfallsreicher Räuber, der eine Vielzahl von Tricks auf Lager hat, um Beute zu machen. So hat man beobachtet, dass Schwertwale sich von den Wellen aufs Trockene tragen ließen, um Seelöwen zu fangen, dass sie Eisschollen umkippten, um Robben und Pinguine ins Wasser zu befördern, und dass sie mit dem Schwanz über die Wasseroberfläche peitschten, um Vögel von Klippen und Felsen ins Meer zu spülen. Ihren genialsten Trick wenden sie jedoch bei Haien an. Der Schwertwal tötet seinen Tiefseerivalen, indem er dem Hai seine Schnauze von unten wie ein Torpedo in den Magen rammt, sodass dieser platzt.

Krokodile lassen bei ihren Mahlzeiten keine Reste übrig. Ihre Verdauungssäfte sind so säurehaltig, dass sie sogar Fell, Knochen und Geweihe zersetzen.

Einige Tiere sind gefährlich, selbst wenn sie klinisch tot sind. Klapperschlangen können auch dann noch unangenehme Bisse austeilen, wenn sie erschossen oder erschlagen worden sind. In einer Studie über diese Fähigkeit wird von einer Schlange berichtet, die erschossen, enthauptet und dann fünf Minuten liegen gelassen worden war. Als der Jäger dann den abgetrennten Kopf ergriff, wurde er von diesem gebissen – und das nicht ein-, sondern zweimal.

Die südamerikanische Riesenvogelspinne sieht nicht nur schrecklich aus, sie stößt auch ein scheußliches Zischen aus, das sich anhört, als würde ein Klettverschluss aufgerissen.

Der Zipfelfrosch stellt seiner Beute mit einem cleveren Trick nach. Er tarnt sich, bis nur noch einer seiner Füße sichtbar ist. Dann wackelt er dergestalt mit zwei Zehen, dass sie wie Würmer oder Insektenlarven aussehen. Eidechsen, Mäuse oder Vögel, die sich davon anlocken lassen, werden augenblicklich von dem beeindruckenden Maul des Frosches verschluckt, das fast so breit ist wie sein Körper lang.

Wir mögen die Hauskatzen dem Leben in freier Natur entfremdet haben, doch entwickeln sie deshalb bei der Jagd nicht weniger Geschick als ihre wild lebenden Verwandten, die Großkatzen. In einer Untersuchung an mehr als 200 Hauskatzen hat man festgestellt, dass sie 10 bis 50 Tiere pro Jahr fangen und töten. Zu ihren Opfern zählen Mäuse, Ratten, Frösche, andere Reptilien, Goldfische und 47 Vogelarten. Bei dieser Studie zeigte sich auch, wie behutsam Katzen jagen. Katzen, die eine Glocke um den Hals trugen, fingen genauso viele Tiere wie Katzen ohne Glocke.

Ich geh dir unter die Haut

Wie Parasiten ihre Beute töten

In der gesamten Natur wimmelt es von Parasiten: kleinen räuberischen Geschöpfen, die buchstäblich von größeren Tieren leben. Diese winzigen Gesellen sind äußerst findig darin, sich ins Innere ihrer Wirtsorganismen zu schmuggeln. So richtet sich beispielsweise ein parasitäres Krebstierchen im Maul eines Fisches ein, wo es nach und nach die Zunge seines Opfers verspeist. Daraufhin übernimmt es die Aufgaben der Zunge, das heißt, es nimmt die Nahrung in Empfang, kostet sie und gibt sie weiter, allerdings erst, nachdem es die nahrhaftesten Bestandteile für sich selbst abgezweigt hat.

Parasiten, die sich auf Gehirnwäsche spezialisiert haben, können ihre Wirtsorganismen nach Belieben manipulieren. Ein Parasit, der die amerikanische Eintagsfliege infiltriert, kann sie dazu bewegen, ihr Geschlecht zu verändern.

Ein kleiner Leberegel veranlasst Ameisen durch Gehirnwäsche dazu, auf die Spitze von Grashalmen zu klettern. Das macht er, weil er dann eher von einem Schaf gefressen wird – dem Wirt, auf den er es eigentlich abgesehen hat.

Einige Parasiten kastrieren ihre Opfer. Wenn ein Eindringling in den Körper eines Wirtes gelangt, beginnt er einen fortwährenden Kampf um dessen Blut und Gewebe. Die lebenswichtigen Organe oder das Gehirn seines Opfers will er nicht beschädigen, daher hält er sich lieber an entbehrliche Teile, zum Beispiel die Geschlechtsorgane. Zu den wirkungsvollsten Kastratoren in der Natur gehören parasitäre Wespen, die Raupen und in Krebsschalen lebende Rankenfüßler befallen.

Bewusstseinsverändernde Palisadenwürmer, die in Grashüpfern leben, geben an ihre Wirte Chemikalien ab, die diese dazu veranlassen, durch einen Sprung ins Wasser Selbstmord zu begehen. Daraufhin schwimmen die Parasiten in die Freiheit, bereit, sich einen neuen Wirt zu suchen.

Ein Parasit, der Ratten befällt, zwingt die Nager, Selbstmord zu begehen, indem sie sich ihrem Erzfeind, der Katze, ausliefern. Sobald die Katze die Ratte gefressen hat, kann der Parasit seinen Lebenszyklus in dem neuen Wirt fortsetzen.

Einige Tiere verwenden chemische Substanzen, um andere Tiere so zu manipulieren, dass sie ihnen zu Diensten sind. Im Raupenstadium produziert der Schmetterling Enzianbläuling chemische Stoffe, die denen der Ameisenlarven ähneln. Auf diese Weise werden die Roten Ameisen veranlasst, die Raupe zu füttern, zu pflegen und zu beschützen.

Ein Bandwurm kann achtzehn Jahre im Inneren eines Menschen leben. In dieser Zeit legt er bis zu zehn Milliarden Eier.

Allerdings zeichnen sich nicht alle Parasiten durch besondere Schlauheit aus. Eine Fliege, die sich in der Raupe des Bärenspinners einnistet, veranlasst dieses Insekt durch Gehirnwäsche, seine geschmacklichen Vorlieben zu verändern und eine andere Pflanze zu fressen. Leider erzeugt diese Pflanze chemische Stoffe, die giftig sind und den Parasiten töten.

Flüssige Massenvernichtungsmittel

Tödliche Waffen aus dem tierischen Arsenal

Eine tropische Ameisenart fängt ihre Beute mit einer Vorrichtung, die einer mittelalterlichen Folterbank nicht unähnlich ist. Wie französische Wissenschaftler beobachteten, lockt die südamerikanische Ameise ihre Opfer in die Falle und spannt sie dann auf die Vorrichtung. Diese besteht aus Pflanzenfasern und Pilzen und ist mit Löchern bestückt, in denen andere Ameisen lauern, um über das Opfer herfallen zu können. Sie ergreifen die Beine und Fühler des Gefangenen und rufen die restlichen Mitglieder der Ameisenkolonie herbei. Dank dieser Vorrichtung können die Ameisen Beutetiere fangen, die viel größer sind als sie selbst.

Bombardierkäfer besprühen Angreifer mit einem kochenden Gemisch aus chemischen Stoffen. Untersuchungen haben gezeigt, dass der Mechanismus, der den tödlichen Strahl abschießt, nach dem gleichen Prinzip arbeitet wie die Flugbombe V1, die Deutschland im Zweiten Weltkrieg verwendete.

Nur wenige Geschöpfe können mit der Feuerkraft des Bombardierkäfers mithalten. Zu ihnen gehören die Stummelfüßler, eine im Regenwald ansässige Tiergruppe – halb Würmer, halb Krebse –, die unangenehm klebrigen Schleim mit hoher Geschwindigkeit aus Drüsen an ihrem Kopf abschießen können. Der Schleim wirkt wie ein rasch trocknender Klebstoff, der die Beute netzartig umgibt.

Unter den Quallen ist die Würfelqualle die unangenehmste Spielart. Sie ist in Australien beheimatet und die einzige Art, die das scheußliche Irukandji-Syndrom verursacht. Beim Menschen manifestiert es sich als eine Mischung aus heftigen Schmerzen, Schwindelgefühl, Erbrechen, katastrophalem Bluthochdruck und dem Gefühl bevorstehenden Unheils – Symptome, die tagelang anhalten können.

Termitenarbeiterinnen bewachen die Eingänge zu ihren Nestern mit Sprühwaffen, die an ihren Nasen befestigt sind. Mit ihnen feuern sie auf Ameisenbären, die ihre Nester bedrohen.

Skorpione können aus einem ganzen Arsenal von Giften wählen. Auf der Jagd nach Nahrung verwenden sie ein schwaches Gift, das Beutetiere wie Fliegen oder Falter lähmt. Doch wenn sie von Fressfeinden bedroht werden, können sie ein wesentlich stärkeres Gift einsetzen, das auch große Tiere tötet.

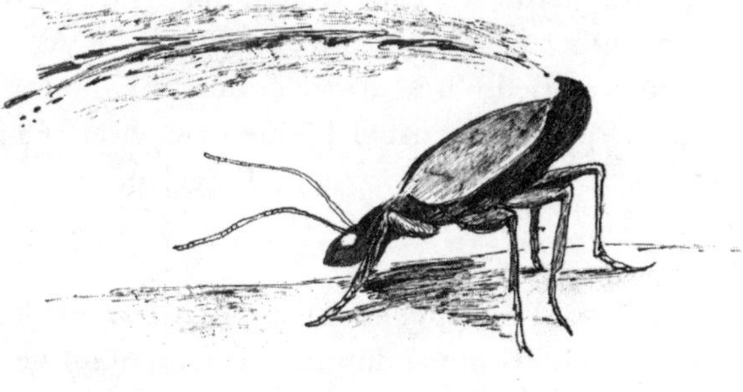

Der europäische Feuersalamander trägt auf dem Rücken eine leistungsfähige Spritzkanone. Er richtet den Körper auf und sprüht bei Gefahr mittels großer Hautdrüsen ein starkes Gift aus. Das Gift greift das Nervensystem des Gegners an und lähmt sein Atemsystem. Obwohl nur 25 Zentimeter lang, kann der Salamander seine giftige Ladung bis zu 180 Zentimeter weit feuern.

Die Flüssigkeit, die ein Stinktier (Skunk) vom Hinterleib aus auf Angreifer abfeuert, gehört zu den wirksamsten Abschreckungsmitteln in der Tierwelt. Der grauenhaft stinkende Cocktail aus verschiedenen chemischen Stoffen bleibt an den Opfern kleben und setzt in den folgenden Tagen, wenn die Skunkabsonderung mit Wasser reagiert, noch üblere Düfte frei.

Fleckenskunks machen Handstand, bevor sie ihre widerliche Ladung abfeuern. Indem sie den Körper, auf die Vorderpfoten gestützt, anheben, können sie ihr Analsekret noch weiter befördern: bis zu vier Meter weit.

Der Mungo kann Giftschlangen töten, weil er – als einziges Säugetier, wie die Biologen meinen – immun gegen das Gift seiner Opfer ist.

Kolibris sind meisterhafte Schwertkämpfer. Die winzigen Vögel sind äußerst aggressiv und greifen andere Vögel, die eine territoriale Bedrohung darstellen, im Sturzflug an. Mit ihrem nadelspitzen Schnabel können sie ihren Feinden schwere Verletzungen beibringen, die gelegentlich sogar tödlich sind.

Libellen sind die Tarnkappenbomber der Insektenwelt. Die Tiere beherrschen eine außergewöhnliche optische Täuschung, die sie unbewegt wirken lässt, obwohl sie sich in vollem Flug befinden. Dadurch sind sie sehr schwer auszumachen und können sich unbemerkt ihrer Beute annähern.

Der Schützenfisch schießt mit Wassertropfen Insekten von scheinbar sicheren Plätzen.

Männliche Zikaden, die sich um die Gunst von Weibchen bemühen, kennen einen cleveren Trick, um Rivalen auszuschalten. Sie feuern heftige Urinsalven ab und schießen damit die Konkurrenten von den Bäumen, auf denen die Paarung stattfindet.

Flusspferde tragen erbitterte Revierstreitigkeiten aus, besonders im Vorfeld der Paarungsrituale. Ihre Revieransprüche machen die männlichen Dickhäuter geltend, indem sie ihren Kot auf die Rivalen herabregnen lassen.

Ein seltener Roter Krake verfügt über einen einzigartigen Trick, um Beute anzulocken. Der im Atlantik beheimatete Kopffüßler hat auf jedem Fangarm eine Reihe erhabener, knopfartiger Saugnäpfe, die er rhythmisch aufblitzen lassen kann, was ahnungslose Opfer neugierig macht.

Die Elenantilope, die größte Antilopenart, ist mit einer gefährlichen Waffe ausgerüstet, zwei spiralförmigen Hörnern, die bis zu einem Meter zwanzig lang werden und einen Löwen aufspießen können. Leider hat die Evolution das Tier mit einem herben Mangel ausgestattet, der es zu einer leichten Beute für einen anderen seiner schlimmsten Feinde macht – den menschlichen Jäger. Die Knie der Elenantilope machen beim Gehen ein lautes, knackendes Geräusch. Jäger können es hundert Meter weit hören.

Eine mexikanische Eidechse verfügt über eine einzigartige Waffe, um weit größere Fressfeinde abzuwehren. Wenn die in der Sonoran-Wüste beheimatete Vierhorn-Krötenechse angegriffen wird, bespritzt sie ihre Feinde mit Blut. Sogar Kojoten bekommen es dann mit der Angst zu tun und suchen das Weite.

Einige andere tödliche Tierarten: Zitteraale können eine elektrische Spannung von 600 Volt erzeugen, genug, um einen Menschen zu töten. Der Inlandtaipan, eine der tödlichsten Schlangen Australiens und der ganzen Welt, setzt bei einem Biss genügend Gift frei, um 40 000 Ratten mittlerer Größe zu töten. Kein Wunder, dass man ihn im englischen Sprachraum als *Fierce Snake,* »Wilde Schlange«, bezeichnet. Der winzige Blaue Pfeilgiftfrosch Südamerikas hat genügend Gift, um hundert Menschen zu töten. Im Durchschnitt trägt das kleine Tier 200 Mikrogramm Gift mit sich herum, 2 Mikrogramm reichen aus für einen Menschen. Das Gift der Asiatischen Riesenhornisse ist so stark, dass es menschliches Gewebe zersetzt.

David gegen Goliath, eins zu null

Einige Missverhältnisse der Natur

Elefanten haben Angst vor Honigbienen. Afrikanische Elefanten pellen gerne die Rinde von Akazien, um an den Saft zu gelangen. Doch aus Angst, angegriffen zu werden, scheuen sie vor der Rinde von Bäumen zurück, die Bienennester beherbergen. Man hat beobachtet, wie aggressive Bienenschwärme Elefanten in wilde Flucht geschlagen haben.

Nicht jedes Tier lässt sich von Klapperschlangen Angst einjagen. Besonders unbeeindruckt von den geräuschvollen Räubern zeigen sich kalifornische Erdhörnchen. Sie verspotten die Schlangen mit Scheinangriffen und streuen ihnen Sand ins Gesicht.

Schlangen haben Angst vor bewegten Objekten. Das ist der Grund, warum sie sich aus Körben erheben, wenn sie sehen, wie sich die Flöte eines Schlangenbeschwörers rhythmisch über ihnen bewegt. Die Musik spielt dabei kaum eine Rolle, da sie nur sehr schlecht hören.

Der Feldhase ist listiger als jeder Fuchs. Wenn der Hase sieht, wie sich ein Fuchs nähert, hält er inne und gibt seine Gegenwart zu erkennen. Obwohl er viel schneller laufen könnte, bleibt er in Sichtweite des Fuchses, statt zu fliehen. Der Trick klappt fast immer, der Fuchs lässt den Hasen in Ruhe. Die Forscher glauben, der Fuchs gebe den Gedanken an eine Verfolgung des Hasen auf, sobald ihm klar wird, dass er bemerkt worden ist. Der Hase weiß das und verwendet die beschriebene Taktik, um sich die Mühe der Flucht zu ersparen.

Man hat beobachtet, wie Hasen im Alleingang ganze Gruppen von Huskys angegriffen haben. Aus Norwegen wurde berichtet, dass ein »großer und aggressiver« Hase mitten unter ein Rudel Hunde sprang und ihnen auf die Nase schlug. Verdutzt und erstarrt musterten die Hunde den frechen Eindringling. Der starrte unbeeindruckt zurück.

Der Bombardierkäfer gehört zu den furchterregendsten Erscheinungen im Tierreich, vermag aber dennoch nicht, jedem Geschöpf Angst einzujagen.

Einige Kröten können ihre klebrige Zunge so rasch hinausschießen, den Käfer einfangen und im Maul verschwinden lassen, dass dieser keine Zeit findet, seine Ladung kochend heißer Chemikalien abzuschießen. Einige Spinnen haben die Fähigkeit, die Käfer in ein wasserdichtes Seidengewebe einzuspinnen, welches sie vor der Giftladung schützt.

Am wirksamsten aber begegnet die Nördliche Grashüpfermaus der gefährlichen Waffe des Bombardierkäfers. Blitzschnell ergreift sie den Käfer und vollführt eine Art Rugbymanöver, das den Käfer senkrecht aufrichtet, wobei sein tödlicher Hinterleib im Boden vergraben wird. Während der Käfer sein Gift verzweifelt in die Erde verspritzt, führt sich die Maus die oberirdischen Käferteile zu Gemüte.

In letzter Sekunde

Überlebenskünstler in der Natur

Eidechsen können ihre Schwänze nach Belieben abwerfen. Wenn ein Fressfeind seine Zähne in den Schwanz schlägt, lässt ihn die Echse einfach sausen und macht sich davon.

Auch einige Meerestiere sind in der Lage, in Krisensituationen Gliedmaßen abzuwerfen. Dieses Kunststück vollbringen Krebse, Hummer und Seesterne. Letztere können überleben, solange ihnen einer ihrer fünf Arme erhalten bleibt. Wenn ein Hummer eine seiner Scheren abwirft, bemüht sich die abgetrennte Gliedmaße nach Kräften, ihrem ehemaligen Besitzer die Flucht zu ermöglichen, indem sie den Angreifer fest umklammert hält. Alle drei Tiere sind in der Lage, die fehlenden Glieder im Laufe der Zeit zu erneuern.

Nur wenige Tiere ergreifen so drastische Selbstschutzmaßnahmen wie die Seegurke. Diese Verwandte des Seesterns und des Seeigels hat, wie ihr Name vermuten lässt, die gleiche Form wie das Gemüse und ist nicht viel beweglicher. Sie haftet an Felsen des Meeresbodens, wo sie ständig von Raubfischen bedroht ist.

Um bei einem Angriff ihr Leben zu retten, begeht die Seegurke einen Akt, der in der Wissenschaft als Autonomie bezeichnet wird. Dazu stößt sie einen Großteil ihrer Anatomie aus, gewöhnlich durch die vordere Körperöffnung. Meist befreit sie sich vom Verdauungssystem und den Geschlechtsdrüsen. Eine Seegurkenart ringt sich sogar einen willkürlichen Bruch ab und schleudert ihr Verdauungssystem nebst klebrigen Röhren hinaus, die sich um den Angreifer schlingen. Egal, was ausgestoßen wird, die spektakuläre Selbstverstümmelung der Seegurke ist ein Täuschungsmanöver an die Adresse der Fressfeinde, die annehmen müssen, ihr Opfer wäre geplatzt. Solange die Seegurke fünf Prozent ihres ursprünglichen Körpers behält, ist sie in der Lage, sich zu regenerieren.

Der ungekrönte König des Reißausnehmens aber dürfte wohl die Raupe des Nesselzünslers sein. Wenn sie von einem Fressfeind bedrängt wird, kugelt sie sich mit dem 30-Fachen ihrer normalen Fortbewegungsgeschwindigkeit nach hinten und bringt es dabei locker auf ein halbes Dutzend Purzelbäume.

Eine winzige Meeresschnecke ist, soweit bekannt, das einzige Tier mit einer Metallrüstung. Die fünf Zentimeter große Schnecke wurde erst 2001 entdeckt und hat noch keinen Namen. Sie hat einen Schuppenpanzer aus Metallsulfiden, unter anderem auch Eisenkies, der unter dem landläufigen Namen Katzengold bekannt ist. Die Rüstung soll das Tierchen vor den Giftpfeilen einer konkurrierenden Schneckenart beschützen.

Das Kugelgürteltier kann sich, wenn es angegriffen wird, zu einer fast vollkommenen Kugel zusammenrollen. Dazu zieht es Ohren, Schwanz und Kopf ein, sodass nur noch sein äußerer Schuppenpanzer sichtbar ist. Seine verwundbare Unterseite ist gut geschützt.

Die Streifen des Zebras dürften zu den ausgeklügeltsten Tarnmethoden der Natur gehören. Nach Auffassung der Forscher ahmen die Streifen den »Wellencharakter« der Luft bei hohen Temperaturen über der afrikanischen Savanne nach. Aus einer Entfernung von einigen Hundert Metern betrachtet, scheinen die Zebras mit dem flimmernden Horizont zu verschmelzen. Die Streifen wirken auch als Schutz gegen blutsaugende Insekten.

Der Strauß vergräbt den Kopf nicht im Sand. Stattdessen legt er sich mit ausgestrecktem Hals auf den Boden. Damit möchte er dem forschenden Blick seiner Fressfeinde entgehen.

Die Unterseiten einiger Heike-Krabben haben eine verblüffende Ähnlichkeit mit den Gesichtern einstiger japanischer Krieger. Daher der Spitzname der Art: Samurai-Krabben. Nach japanischer Tradition sind diese Tiere vom Geist längst begrabener Schwertkämpfer beseelt, folglich werden Krabben mit Samurai-Gesichtern an der Unterseite wieder ins Meer geworfen.

Amazonenameisen verstehen es, ihren Fall so zu steuern, dass sie wieder auf sicherem Untergrund landen. Die Ameisen leben hoch oben in Baumwipfeln, dreißig Meter über dem Erdboden, und sind Windstößen relativ hilflos ausgeliefert. Doch wenn sie vom Baum geweht werden, drehen sie sich so in der Luft, dass die Beine nach unten zeigen, und dirigieren sich im Fallen wieder zum Baum zurück. Die meisten kehren binnen zehn Minuten an die Stelle zurück, wo sie vom Wind erfasst wurden.

Wenn sich der Kugelfisch bedroht fühlt, schluckt er so viel Wasser wie möglich und bläht sich zu einem Ballon auf.

Dank seiner Größe und Stacheln ist er für seine Fressfeinde dann ein viel zu großer und unappetitlicher Happen.

Wenn ein Delfin krank oder verletzt ist, ruft sein verzweifelter Aufschrei sofort andere Delfine herbei, die versuchen, ihn an die Oberfläche zu tragen, damit er atmen kann.

Oskargewinner

Wie manchen Tieren die Schauspielkunst aus der Bedrängnis hilft

Mimikry ist bei Tieren eine verbreitete Form der Selbstverteidigung. Viele Arten sind in der Lage, andere davon zu überzeugen, dass sie etwas sind, was sie nicht sind.

Auf einer indonesischen Insel leben die Einwohner beispielsweise in steter Furcht vor einer kleinen Schlange, der Roten Walzenschlange, obwohl sie nur zwanzig Zentimeter misst und ungiftig ist. Die Schlange hat einen Schwanz mit Markierungen, die denen der Kobra ähneln. Wenn die Rote Walzenschlange bedroht wird, vergräbt sie den Kopf im Sand, flacht ihren Schwanz ab, hebt ihn und beginnt damit auszuschlagen wie ihre giftige Verwandte. Wie die Walzenschlange dazu kam, die Giftschlange nachzuahmen, ist ein Rätsel, denn die Kobra ist nicht auf der Insel heimisch.

In ganz ähnlicher Weise geben kalifornische Gonora-Kiefernattern vor, Klapperschlangen zu sein. Wenn Gefahr im Verzug ist, vergrößern sie ihren Hinterkopf, zischen laut und versetzen ihren Schwanz in Schwingungen. Das reicht, um die meisten potenziellen Fressfeinde abzuschrecken.

Eine brasilianische Schwärmerraupe hat eine ähnliche Methode der Selbstverteidigung. Bei Gefahr bläht die Raupe ihren Thorax auf, sodass er wie der Kopf einer gefährlichen Schlange aussieht.

Sogar Kobras übertreiben die Bedrohung, die von ihnen ausgeht. Sie haben Kapuzen, die sie wie Regenschirme aufspannen können und die sie viel größer und aggressiver aussehen lassen, als sie wirklich sind.

Frösche bluffen. Sie erzeugen ein tiefes Quaken, das sie größer erscheinen lässt, als sie sind – wie man meint, um Fressfeinde abzuschrecken.

Meisterhafte Illusionskünstler sind auch die Stabschrecken, die sich ihrer Umwelt nicht nur so anpassen können, dass sie wie Zweige anmuten, sondern auch Eier legen, die aussehen und sogar riechen wie Pflanzensamen, womit sie ihren Feinden die Lust nehmen, sie zu fressen.

Die Raupenart *Nemoria* vermeidet Fressfeinde, indem sie sich als das eigene Lieblingsfutter ausgibt. Im Frühjahr nimmt sie das Aussehen von Eichenblüten, im Winter das von Zweigen an.

Der Oktopus ist ein Meister der Verstellung. Eine australische Art ist in der Lage, sich als Tang zu tarnen, während sich ein indonesischer Oktopus zu einer Kugel zusammenkrümmt und auf dem Meeresboden entlangrollt. Forscher meinen, damit wolle er den Eindruck erwecken, eine Kokosnuss zu sein, die von der Strömung fortgetragen wird.

Des Weiteren gibt es einen gestreiften Oktopus, der ein Meister der Improvisation ist und das Aussehen vieler anderer Geschöpfe annehmen kann, vor allem giftiger. Der Kopffüßler kann seine Gliedmaßen so ausbreiten, dass er wie ein giftiger Rotfeuerfisch aussieht, oder seinen Körper abflachen und sich wellenförmig über den Meeresboden bewegen, sodass eine täuschende Ähnlichkeit mit einem giftigen Plattfisch entsteht. Seinen besten Trick hebt er sich jedoch für den Fall auf, dass er von seinem größten Rivalen, dem Riffbarsch, angegriffen wird. Dann steckt der Oktopus sechs seiner Greifarme in ein Loch, sodass nur zwei draußen bleiben und ihm das Aussehen einer tödlichen Seeschlange verleihen. Nach Auffassung der Wissenschaftler ist dieser begabte Schauspieler möglicherweise auch in der Lage, eine glaubhafte Darstellung einer Sandanemone und eines Stachelrochens zu liefern.

Schmetterlinge befreien sich durch einen Bluff aus Todesgefahr. Wenn das Pfauenauge von seinem schlimmsten Feind, der Blaumeise, bedroht wird, lässt es die Augenflecke auf seinen Flügeln aufleuchten. Die Meise ist einen Augenblick lang verwirrt, unschlüssig, ob sie sich einer blinzelnden Eule oder einem anderen großen Vogel gegenübersieht, der sie angreifen könnte. Während der Vogel zögert, entwischt der Schmetterling.

TEIL SECHS

Arbeit, Muße und Spiel

Tierische Lebensstile

Egal, wie seltsam uns die Lebensweisen mancher Tiere auch erscheinen mögen, sie haben sich im Zuge der Evolution bewährt – und das schon seit vielen tausend Jahren (wenn nicht, sterben die Tiere aus). Wie beim Menschen herrscht bei den erfolgreichsten ein Gleichgewicht zwischen Arbeit, Muße und Spiel.

Gestorben wird immer

Einige Tierberufe

Lippfische sind geschickte Masseure. Sie leben von abgestorbenen Hautresten und Parasiten, die sie vom Körper anderer Fische abfressen. Wenn ein Lippfisch einen Kunden versehentlich zwickt, verlässt ihn dieser und sucht sich einen anderen, behutsameren Hautputzer. Folglich lernen Lippfische, ihre Kundschaft pfleglich zu behandeln, damit sie ihnen treu bleibt.

Einige Bienenarten sind Leichenbestatter: Sie entfernen tote Arbeitsbienen aus dem Nest. Man nimmt an, dass sie höher entwickelt sind und einen höheren Rang bekleiden als einfache Arbeiterinnen.

Manchmal arbeiten Jungvögel als Au-pair-Mädchen. Statt das Nest zu verlassen, um selbst zu brüten, bleiben in Florida einjährige Buschhäher bei ihrer Familie. Sie verteidigen und säubern das Nest und helfen bei der Aufzucht jüngerer Geschwister. Dieses Verhalten ist äußerst ungewöhnlich für Vögel, aber nicht ganz so selbstlos, wie es scheinen mag. Statt alles für eine ungewisse Zukunft in der großen, weiten Welt aufs Spiel zu setzen, warten sie zu Hause, bis ein geeigneter Partner vorbeikommt. Dann schmeißen sie den Au-pair-Job hin und suchen das Weite.

Schimpansen betätigen sich als Zahnärzte. Man hat beobachtet, wie Gruppen von Schimpansen kleine Holzstücke als Zahnstocher benutzt haben, um sich gegenseitig die Zähne zu reinigen. Während der Patienten-Affe stillsitzt, entfernt der Zahnarzt-Affe mit dem Zahnstocher behutsam Essensreste aus den Zähnen.

Nicht nur Vögel und Bienen bestäuben Blüten. Rennmäuse übernehmen diese Aufgabe für eine seltene Art afrikanischer Lilien.

Kängurus sind geschickte Brunnenbohrer. Sie können Löcher von mehr als einem Meter Tiefe graben, um an Wasser zu gelangen.

Schmetterlinge sind Chemiker. Der afrikanische Monarch ist in der Lage, mehr als hundert verschiedene Chemikalien zu mischen, von denen viele in der Natur ansonsten unbekannt sind.

Südamerikas einziger Bär, der sogenannte Brillenbär, übernimmt wichtige Aufgaben als Forstarbeiter. Der Bär verbreitet die Samen von Lorbeerbäumen mit seinem Kot und sorgt auf diese Weise für den Bestand des hochgeschätzten Hartholzes.

Die Ansicht, dass Arbeit noch niemandem geschadet habe, trifft auf Hummeln nicht zu. In einer Studie an kanadischen Hummeln verglich man die Lebensspanne von Arbeitsbienen, die viel auf Nahrungssuche unterwegs waren, mit der von fauleren Bienen, die sich vorwiegend im Stock aufhielten. Die fleißigen Bienen starben erheblich jünger – in erster Linie an einem Verschleiß ihrer Flügel.

Um ein halbes Kilogramm Honig zu produzieren, müsste eine Biene rund zehn Millionen Nahrungsflüge unternehmen.

In allen Sätteln gerecht

Vielseitig einsetzbare Tiere

Kein Tier ist so vielseitig wie die sprichwörtlich fleißige Ameise, das Mädchen für alles in der Insektenwelt. Es folgt eine kleine Auswahl der von ihr ausgeübten Berufe:

Personenschützer: Kleine Blattschneideameisen bilden den Begleitschutz von großen Artgenossen. Die kleinen halten Ausschau nach Fressfeinden, während die großen Blätter in die Kolonie schleppen.

Gärtner: Unter den Tieren haben die Ameisen zweifellos den grünsten Daumen. Wenn man den Experten Glauben schenken darf, bauen sie seit 50 Millionen Jahren in ihren Gärten schmackhafte Pilze an. Im Laufe dieses Zeitraums haben sie gelernt, eine Anzahl von Aufgaben zu delegieren.

So übernimmt ein Spezialteam von Blattschneideameisen das Unkrautjäten. Da die Ameisen für ihre Ernährung auf den Pilzgarten angewiesen sind, müssen sie darauf achten, dass in ihrem Garten die richtigen Pilze wachsen. Ameisen, die mit dem Unkrautjäten betraut sind, entfernen befallene Teile des Gartens und schaffen sie in einen Bereich, den man als Komposthaufen bezeichnen könnte. Die Ameisen halten auch Ordnung in ihrem Garten.

Ferner haben Ameisen eine Reihe von Pestiziden entwickelt, um ihre Gärten zu schützen. Einige Ameisen tragen eine wirksame antibiotische Bakterie in Spezialtaschen an ihrem Körper, mit deren Hilfe sie einen Parasiten bekämpfen, der ihre Pilzernte vernichten könnte. Andere Pestizide, über die sie verfügen, beseitigen unerwünschte Pflanzen in ihren Gärten.

Amazonenameisen säubern kleine Stücke Land, die von Einheimischen »Teufelsgärten« genannt werden, von allen Pflanzen außer einer einzigen Baumart. Sie ersticken alle anderen Pflanzen schon im Keim, indem sie sie mit einem selbst gefertigten Pflanzenschutzmittel besprühen: Ameisengift.

Melkerin: Weibchen einer bestimmten Ameisenart melken Blattläuse, indem sie sie mit ihren Fühlern oder Vorderbeinen streicheln. Wie die Kuh veranlasst wird, Milch zu produzieren, so erzeugen die Blattläuse Blatthonigtropfen, welche die Melkerinnen in ihrem Abdomen speichern. Wenn es voll ist, kehren die Ameisen ins Nest zurück, um den Blatthonig herauszuwürgen und mit dem Rest der Kolonie zu teilen.

Müller: Die größten Arbeiterinnen im Heer der Ernte-Ameisen mahlen die Saatkörner, die von kleineren Arbeiterinnen ins Nest geschleppt werden. Mit ihren kräftigen Mandibeln zermahlen sie die äußere Hülle der Samenkörner, sodass das nährstoffreiche Innere zugänglich wird.

Lehrerin: Bei der Nahrungssuche nimmt eine adulte Schmalbrustameise gelegentlich einen Lehrling mit. Dabei gehen die beiden nach einer Methode vor, die in der Forschung als »Tandemlaufen« bezeichnet wird: Die erfahrene Ameise zeigt der unerfahrenen, wie sie sich künftig bei der Nahrungssuche zu verhalten hat.

Dabei beweist die Lehrerin große Geduld. Wenn die Schülerin immer wieder innehält, um sich mit der Umgebung vertraut zu machen, wartet die Lehrerin. Wenn die Schülerin bereit ist, weiterzulaufen, tippt sie der Lehrerin auf Hinterbeine und Abdomen. Bleibt die Schülerin zu weit zurück, verlangsamt die Lehrerin das Tempo und wartet auf sie. Die Lehrerin braucht viermal so lange wie sonst, um zur Nahrungsquelle zu gelangen, doch die Wissenschaftler meinen, der Zeitverlust, den die Kolonie bei diesem einen Weg erleide, werde mehr als wettgemacht durch den Vorteil, den sie von einer weiteren Nahrungssucherin habe.

Leichenbestatter: Bei den Blattschneideameisen gibt es auch den Beruf des Leichenbestatters. Einer Gruppe von Arbeiterinnen obliegt die Pflicht, tote Mitglieder der Kolonie auf den Komposthaufen zu schleppen, der sich in der Nähe des Pilzgartens befindet.

Facharbeiter

Tiere, die Werkzeuge verwenden

Schimpansen verwenden Werkzeugkisten. Man hat beobachtet, dass sie eine Anzahl verschiedener Werkzeuge benutzen, unter anderem »Meißel«, »Locher« und ein Gerät zum Eintauchen, mit dem sie sich den Honig aus einem Bienenstock holen.

Wenn Gorillas in Seen oder Teiche waten, prüfen sie die Wassertiefe mit Stöcken. Es gibt Fotos, die zeigen, wie sich Affen mit rund einem Meter langen Stöcken ihren Weg durchs Wasser suchen.

Ameisen verwenden etwas Ähnliches wie elektrische Messer. Betrieben werden die Messer durch Zirpen, die gleiche Methode, mit der sich Ameisen Botschaften übermitteln: Sie reiben verschiedene Teile ihres letzten Körpersegments aneinander. In diesem Fall versetzt die Reibung ihre Kiefer in Schwingungen, was den Tieren das Zerteilen von Blättern, Blüten, Stängeln und anderen Pflanzen erleichtert, die sie ins Nest schleppen.

Hornissen verwenden eine Art Wasserwaage, um ihr perfekt ausgerichtetes Wabennest zu bauen. Dazu dienen ihnen winzige Kristalle, die ihnen anzeigen, in welchem Winkel sie die

Wände und Dächer ihrer Zellen zu bauen haben. Besonders eindrucksvoll ist das Werkzeug, weil es in kompletter Finsternis funktioniert, wie sie bei dieser Arbeit herrscht. Im Dunkeln tappen auch die Wissenschaftler, was die genaue Funktionsweise dieses Hilfsmittels angeht.

Die auf der Pazifikinsel Neukaledonien beheimatete Geradschnabelkrähe gilt als das einzige Tier, das sich sein eigenes Werkzeug herstellt. Es ist wissenschaftlich dokumentiert, dass sich die Krähe eine Reihe von Vorrichtungen anfertigt, die ihr helfen, sich Futter zu verschaffen. Dazu gehören hakenförmige Werkzeuge aus Pflanzenmaterial, mit denen der Vogel sich Maden aus Baumstämmen und Zweigen holt. In einer Studie wird berichtet, eine Geradschnabelkrähe habe spontan ein Stück Draht zu einem Haken gebogen, um Nahrung aus einer Röhre zu holen, in der man sie versteckt hatte.

Die extrem schlauen Tiere unterhalten sogar Forschungs- und Entwicklungszentren, um ihre Werkzeugfertigung zu verbessern. In einer Studie stellte man fest, dass Krähenkolonien das Wissen über ihre Arbeit auszutauschen scheinen. Die Krähen erfahren voneinander, welche Konstruktionen Erfolg versprechen und welche nicht und verändern ihre Werkzeuge dementsprechend.

Delfine verwenden Schwämme. Große Tümmler tragen die Schwämme im Maul, während sie nach Futter suchen. Wissenschaftler meinen, die Tiere würden mit den Schwämmen Beute aus Verstecken herauswischen, an die sie sonst nur schlecht herankämen.

Greifvögel verwenden Steine, um besonders große Eier zu zerbrechen. Schmutzgeier hat man beobachtet, wie sie ver-

schiedene Tricks anwandten, um hartschalige Eier aufzubrechen. Wenn das Ei relativ klein ist, ergreift der Geier es mit seinem Schnabel, schwingt sich in die Luft und lässt es aus einer gewissen Höhe fallen. Doch wenn der Geier auf ein riesiges Ei stößt, das zu groß ist, um es zu bewegen – etwa ein Straußenei –, greift er zu anderen Methoden. Der Geier lässt aus großer Höhe Steine darauf fallen, bis das Ei zerbricht. Den australischen Schwarzbrustmilan hat man die gleiche Methode anwenden sehen, um Emueier aufzubrechen.

Home sweet home

Wie Tiere ihr häusliches Glück finden

Europäische Stare halten ihr Heim penibel in Ordnung. Sie schmücken das Nest mit einer Reihe von Blättern, die sie regelmäßig umordnen. Außerdem führen sie jedes Jahr einen großen Frühjahrsputz durch.

Fledermäuse bauen Wigwams. Panamaische Fledermäuse konstruieren Tipis aus Blättern, die sie feinsäuberlich zu einem kegelförmigen Gebilde zusammenlegen.

Sittiche leben in Wohnblocks. Der südamerikanische Mönchsittich baut eine Anzahl überdachter Nester, die übereinander gestapelt werden. Diese Hochhäuser können bis zu fünfzehn Stockwerke haben.

Die eindrucksvollsten Heimstätten der Insektenwelt konstruieren Termiten. Die größte wurde in Australien entdeckt: 30,5 Meter Durchmesser an der Basis und 6 Meter hoch. Ein afrikanischer Hügel mit einer kleineren Basis von 3 Metern erreichte dafür eine Höhe von 12,8 Metern.

Einige Käfer leben in zentralgeheizten Pflanzen. In Französisch-Guayana wohnen die Pillendreher beispielsweise in Blüten, in deren Innerem es nachts vier Grad wärmer ist als draußen. Die Blüten stellen den Wohnraum natürlich nicht ohne Grund so großzügig zur Verfügung. Die Käfer ernähren sich vom Pollen und bestäuben die Blüten dabei.

Wie von einem Vogel, der das Wappentier der Vereinigten Staaten ist, nicht anders zu erwarten, lebt der Weißkopfadler auf großem Fuß, zumindest, was sein Heim angeht. Die Adlerpaare kehren Jahr für Jahr ins selbe Nest zurück und ergänzen es ständig. Das größte dokumentierte Nest war 2,9 Meter breit und 6 Meter hoch. Es wog mehr als 2000 Kilogramm.

Lippfische sind die Nomaden der Tiefe und bauen sich jede Nacht ein neues Heim. Der Lippfisch sucht sich aus dem Geröll am Meeresboden zusammen, was er brauchen kann, um seine flüchtige Bleibe zu einem gemütlichen Heim zu

machen. Am nächsten Morgen bricht er die Zelte ab und zieht weiter.

Vögel schmücken ihre Nester mit einem gesunden Sammelsurium aus Pflanzen.

Viele Arten, darunter die Kolibris, kleiden ihre Nester mit aromatischen Blättern aus. Diese erfüllen, wie Forscher herausgefunden haben, verschiedene Funktionen. Die Schafgarbe beispielsweise hält Moskitos fern. Andere Pflanzen töten Bakterien ab oder dienen einfach als Sonnenschutz.

Ratten dekorieren ihre Nester mit Lorbeerblättern. Man nimmt an, dass sie die aromatischen Blätter in die Nähe ihres Schlafplatzes legen, um Parasiten zu vertreiben.

Die peniblen Termiten halten ihre Heimstatt mittels Mottenkugeln sauber. Kleine Ablagerungen von Naphthalin, dem gleichen Stoff, der Motten aus menschlichen Kleiderschränken verjagt, halten Schädlinge wie Feuerameisen aus Termitenhügeln fern.

Einige Tiere nutzen zu diesem Zweck lieber den Geruch von frischem Kot. Prachtfinken schützen ihre Nester vor Fressfeinden, indem sie sie mit dem Kot viel größerer, furchterregenderer Tiere sprenkeln. Afrikanische Vögel sammeln in der Savanne den Mist großer Fleischfresser und verteilen ihn um ihre Nester. Andere Prachtfinken sammeln kotbeschmutzte Federn größerer Vögel. In beiden Fällen überzeugt der Geruch Fressfeinde davon, dass es wohl besser ist, die Nester der Prachtfinken in Ruhe zu lassen.

Kaninchenkäuze sammeln Kot außerhalb ihrer Nester, allerdings nicht um Fressfeinde abzuschrecken, sondern um ihre Lieblingsspeise anzulocken: Mistkäfer. Der Kot dient als Köder. Geduldig warten die Käuze, bewegungslos wie Angler, bis ihre Beute eintrifft.

Einsiedlerkrebse praktizieren Häusertausch. Die Krabben leben am Meeresboden in Trailern – den Panzern toter Weichtiere. Allerdings sind Einsiedlerkrebse extrem wählerisch. Krebse, die mit ihrem Heim nicht zufrieden sind, kommen zusammen und tauschen ihre Wohnpanzer gegen die anderer Krebse ein.

Biber legen ihre eigenen Wasserparks an. Sie graben Kanäle und deichen Ströme mit Steinen, Zweigen und Schlamm ein, um Teichsysteme anzulegen. Dann bauen sie Behausungen aus Zweigen und Stöcken mit Eingängen, die zum Schutz vor Feinden unter Wasser liegen. Die Meinungen sind geteilt, ob das gut oder schlecht für die Umwelt ist.

Die einen meinen, Biber seien wichtig für ihre Ökosysteme, weil sie Teiche schaffen, die Lebensraum für viele Pflanzen- und Tierarten bieten. Andere werfen ihnen jedoch vor, sie trügen zur globalen Erwärmung bei. Biberkolonien verursachen Überschwemmungen, durch die sich Sedimente und verfaulende Pflanzen ansammeln. Dadurch bilden sich den Klimatologen zufolge, »gewaltige« Mengen von Treibhausgasen wie Methan und Kohlendioxid.

Einige weibliche Wespen scheuen die Mühen des Hausbaus. Die Feldwespe spart sich ihre gesamte Energie für die Brutpflege auf. Sie überlässt es anderen weiblichen Wespen, Nester anzulegen. Wenn sie fertig sind, nimmt sie sie einfach in Beschlag.

Die Schönen und die Biester

Gesundheit, Hygiene und Wellness im Tierreich

Einige Vögel legen Make-up auf. Während der Balz produzieren Flussuferläufer ein Wachs, mit dem sie ihre Flügel überziehen. Man nimmt an, dass das Wachs Paarungspartner anlockt und den Vögeln überdies beim Brüten hilft.

Schmutzgeier machen sich hübsch, indem sie ein einzigartiges Schönheitsmittel verwenden: den Kot anderer Tiere. Da diese Geier ein leuchtendes Gesicht als attraktiv empfinden, fressen sie den Mist von Kühen, Schafen und Ziegen, deren Kot reich an dem Farbstoff Lutein ist. In ausreichender Menge verzehrt, verwandelt das Lutein das bleiche Weiß der Geiergesichter in ein strahlendes Gelb, was sie nicht nur anziehend macht, sondern auch signalisiert, dass sie viril genug sind, um mit all den Parasiten fertig zu werden, die sie mit dem Kot zu sich genommen haben.

Viele Vögel pflegen sich mit einer antibiotischen Salbe. Sie fangen und zermalmen Ameisen und reiben die zerkauten Insekten dann in ihre Federn, um sich deren antibiotische Sekrete zunutze zu machen. Vögel, denen keine Ameisen zur Verfügung stehen, behelfen sich mit anderen Körperlotionen. Einige verwenden zerquetschte Tausendfüßler, andere Ringelblumen. Man hat sogar beobachtet, wie Vögel sich mit dem Tabak weggeworfener Zigarettenkippen einrieben. Allen diesen Mitteln sind offenbar die antibakteriellen Eigenschaften gemeinsam.

Es gibt Tiere, die ihre eigene Pflegespülung herstellen.

Nordamerikanische Braunbären legen sich Vorräte von Oshawurzeln an, die sie zu einem Brei zerkauen. Dann reiben sie sich die schaumige Mixtur ins Fell. Nach Auffassung der Forscher bleibt der Pelz dadurch gesund und frei von Parasiten.

Auf ganz ähnliche Weise pflegt der panamaische Nasenbär, ein Verwandter des Waschbären, sein Fell mit dem Saft der einheimischen Baumart Trattinickia.

Affen haben ihr eigenes Insektenschutzmittel. Kapuzineraffen reiben sich mit einer Creme ein, die chemische Giftstoffe zur Abwehr lästiger Insekten enthält. Die Affen gewinnen das Mittel aus Tausendfüßlern, die sie fangen, zerquetschen und zu einer Paste verkauen.

Affen bekommen einen chemischen »Flash«, wenn sie geputzt werden, ähnlich dem High, das sich Menschen mit Heroin verschaffen.

Kattalemuren haben kammartige Zähne. Damit putzen sie sich gegenseitig.

Bei männlichen Löwen sind lange Haare nie aus der Mode gekommen. Je länger, glänzender und dunkler die Mähne eines Löwen, desto attraktiver ist er für Weibchen – und desto mehr fürchten ihn andere Männchen. Das hat gute Gründe. Löwen mit langen, dunklen Mähnen haben in der Regel höhere Testosteronspiegel, erleiden weniger Verletzungen und sind meist fitter und besser genährt. Doch auch der König des Dschungels hat eine Achillesferse. Infrarotstudien haben gezeigt, dass Mähnen eine enorme Hitze erzeugen. In der offenen Savanne kann das für einen Löwen einen großen Energieverlust bedeuten.

Kahl zu sein, muss in der Löwenwelt jedoch nicht unbedingt ein Nachteil sein. Die männlichen Löwen, die im Tsavo-Nationalpark in Kenia leben, bieten einen ungewöhnlichen Anblick: Sie haben spärliches blondes Haupthaar, einen Bart, eine haarige Brust und Koteletten – aber keine Mähne. Trotzdem haben sie, wie Studien gezeigt haben, ein aktives Sexualleben und nennen häufig ein ganzes Rudel Weibchen ihr eigen. Löwen mit Mähnen müssen ihre Paarungspartnerinnen nicht selten mit bis zu drei Männchen des Rudels teilen. Das hat die Frage aufgeworfen, ob die Ausdünnung des Haupthaars, wie in der Menschenwelt, ein Anzeichen für besondere Virilität sein könnte.

Die meisten Vögel haben einen Sauberkeitsfimmel, doch das Männchen des Alpenschneehuhns, das in der gefrorenen Tundra der Antarktis heimisch ist, reibt sich absichtlich mit Schlamm ein. Wie nicht anders zu erwarten, hat dieses seltsame Verhalten mit Sexualität zu tun. Um Fressfeinde wie Falken zu vermeiden und um mit den jahreszeitlich bedingten Veränderungen der Landschaft zu verschmelzen, ist das Alpenschneehuhn im schneereichen Winter von Natur aus weiß. Dieses Federkleid mausert sich im Sommer, wenn der Schnee schmilzt und die Landschaft brauner wird, zu einer gefleckteren Färbung. Die Männchen aber schmieren sich im Winter absichtlich mit Schmutz ein, sodass sie sich deutlich gegen den Schnee abheben. Indem die Tiere ihre Tarnung aufheben, signalisieren sie, wie die Forscher annehmen, den Weibchen ihre Männlichkeit. Sobald die Männchen eine Partnerin gefunden haben, waschen sie sich, sodass sie wieder mit der Schneewüste verschmelzen.

Krebse säubern ihre Panzer, indem sie sich im Sand vergraben. Mit Hilfe des Sandes befreien sie sich von den Bakterien und winzigen Muscheln, die sich auf ihrem Rücken ansiedeln.

Stachelschweine schärfen ihre Zähne an Steinen.

Tiere achten auf ihre Ernährung. Sie stellen ihre Essgewohnheiten auf die Erfordernisse einer ausgewogenen Nährstoffzufuhr um. Ausgesprochen wählerische Esser sind Laufkäfer und Spinnen. Beide Arten erhielten in einer Studie eine Diät, die entweder zu fett- oder zu eiweißreich war. Als die Tiere dann die freie Wahl zwischen Fett und Eiweiß hatten, entschieden sie sich für die Nahrung, die das vorherige Ungleichgewicht ausglich.

Als Forellen von Biologen ein breites Spektrum von Nahrungsmitteln angeboten wurde, wählten die Fische Futter, das reich an Eiweiß war, und vermieden Fette und Kohlehydrate. Man nimmt an, dass sich auch fleischfressende Tiere ausgewogen ernähren. Wölfe und Katzen, die auch Skelette fressen, holen sich möglicherweise verschiedene Nährstoffe aus verschiedenen Körperteilen. Knochen zerkauen sie beispielsweise, um sich mit Kalzium zu versorgen.

Langusten sind außerordentlich gesundheits- und hygienebewusst. Sie haben auch einen ausgeprägten Geschmackssinn. Am Ende einer Mahlzeit säubern sie ihre Fühler, indem sie sie durch die Mundöffnung ziehen, die winzige Bürsten enthält. Besonders empfindlich reagieren sie auf Mononatriumglutamat, den ungesunden Geschmackszusatz, der sich zum Beispiel in chinesischem Fastfood findet und der auf dem Meeresboden auf natürliche Weise vorkommt. Schon bei winzigen Mengen beginnen sie sich zu reinigen.

Der Schweiß von Flusspferden ist rot-orange gefärbt. Forscher meinen, er wirke wie eine antibiotische Sonnencreme.

Wer schläft, sündigt nicht

Wie Tiere die Zeit verschlafen

Bei verschiedenen Tieren, unter anderem der Ratte und dem Schnabeltier, hat man REM-Phasen – Phasen schneller Augenbewegungen – beobachtet, was darauf schließen lässt, dass sie Träume haben.

Auch bei einem Pazifischen Grindwal ist ein REM-Traum dokumentiert. Er dauerte sechs Minuten.

Der Ausdruck »Halbschlaf« trifft auf viele Arten zu.

Um sich vor Fressfeinden zu schützen, schläft der Große Tümmler, indem er jeweils nur eine Hirnhälfte nutzt. Eine Hemisphäre schaltet er ab und schließt ein Auge, während die andere Hälfte wach und das verbleibende Auge offen bleibt. Ungefähr alle zwei Stunden wechselt er die Seiten und verbringt im Allgemeinen ein Drittel des Tages in diesem Zustand. Meeresbiologen glauben, diese Schlaftechnik ermögliche dem Delfin, die Kontrolle über sein Blasloch zu behalten und zu erkennen, wann es an der Zeit sei, zum Atmen an die Oberfläche zurückzukehren. Nach Auffassung der Wissenschaftler würde der Delfin ertrinken, wenn er beim Schwimmen beide Gehirnhälften abschalten würde.

Enten haben eine raffinierte Methode, einander beim Schlafen zu beschützen. Enten an den äußeren Enden einer

Gruppe schlafen nur mit einer Gehirnhälfte und schließen nur ein Auge. Das gestattet den Tieren in der Mitte der Gruppe, beide Hemisphären abzuschalten und einen erholsamen Nachtschlaf zu halten.

Bei Nymphensittichen und Pinguinen hat man ebenfalls beobachtet, dass sie beim Schlafen ein Auge offen halten, was gleichfalls darauf schließen lässt, dass sie sich nur einen Halbschlaf gestatten. Vom Albatros nimmt man an, dass er diese Technik am effektivsten anwendet. Indem er die eine Hälfte seines Gehirns abschaltet und die andere als Autopilot arbeiten lässt, kann der Seevogel enorme Entfernungen zurücklegen: mehr als 15 000 Kilometer im Nonstop-Flug.

Giraffen schlafen im Stehen. Die Zeit, die sie brauchten, um aufzustehen, nachdem sie ihre Beine zusammengefaltet haben, ist so lang, dass sie eine leichte Beute für Fressfeinde wären.

Wer schläft, sündigt nicht … Gastropoden – Schnecken der verschiedensten Art – schlafen vermutlich länger als jede andere Art. Einige Schnecken verpennen locker drei Jahre.

Im New Yorker Bronx Zoo hat man schon Bären, Gorillas und Hunde schnarchen hören. Auch Schlangen sind geräuschvolle Schläfer. So will man eine Hakennasennatter beim Schnarchen belauscht haben.

Wombats jagen bei Nacht und schlafen am Tag. Dazu legen sie sich auf den Rücken und strecken die Füße in die Luft. Auch sie schnarchen.

Gähnen ist ansteckend unter Schimpansen. Wenn ein Tier beginnt, folgen alle anderen seinem Beispiel.

Insekten schlafen nicht in der Weise, wie wir sie vom Menschen und anderen Säugetieren gewohnt sind. Allerdings verfallen Skorpione, Schaben, Honigbienen, Taufliegen und Wespen jede Nacht in einen Ruhezustand. Sie atmen weniger häufig und lassen meist die Fühler hängen.

Fleischfressende Tiere schlafen am meisten, Grasfresser am wenigsten. Während eine fleischfressende Mausohrfledermaus zwanzig Stunden pro Tag schläft, bringt es ein grasendes Pferd nur auf zwei Stunden. Der Grund liegt auf der Hand. Zebras haben beispielsweise kaum Zeit zum Schlafen. Um sich die Energie zuzuführen, die sie zum Überleben in der offenen Savanne brauchen, müssen sie zwischen vierzehn und zwanzig Stunden pro Tag grasen.

Die Regel gilt jedoch nicht für alle Tiere. Beispielsweise schlafen Koalas den größten Teil des Tages, obwohl sie sich überwiegend von Eukalyptusblättern ernähren. Es könnte daran liegen, dass die Blätter, im Übermaß genossen, giftig sind. Um die Nahrungsmenge gebracht, die sie für ein aktives Leben brauchten, sparen die Koalas daher Energie, indem sie schlafen. Das Leben während ihrer wachen Stunden ist allerdings auch nicht allzu aufregend. Sie verbringen diese Zeit mit Fressen oder Ruhen.

Wie lange können Bären ihren Harndrang beherrschen? Während ihres langen Winterschlafs fünf bis sieben Monate.

Garnelen können sich tot stellen. Bei geringer Sauerstoffkonzentration im Wasser können Garnelen ihre Systeme herunterfahren und in einen einzigartigen, scheintoten Zustand verfallen, in dem ihr Körper keine Energie braucht. Wenn sich die Bedingungen wieder gebessert haben, können sie Wochen, Monate oder sogar Jahre später »wiedergeboren« werden.

Junge Zierschildkröten in Kanada überleben ihren ersten Winter, indem sie sich in Eiswürfel verwandeln. Die Hälfte ihrer Körperflüssigkeit gefriert zu Eis, mit dem Ergebnis, dass ihr Körper völlig steif wird. Im Frühling tauen die Kleinen dann wieder auf, bereit, mit der eigentlichen Entwicklung zu beginnen.

Das einzige Säugetier, von dem man annimmt, dass es während seines Winterschlafs in der gefrorenen Tundra Körpertemperaturen unter Null Grad erträgt, ist der Arktische Ziesel.

Sogar tropische Affen halten Winterschlaf. Ein Katzenmaki auf Madagaskar verbringt den Winter zusammengerollt in einem Baumloch.

Elche surfen, Echsen spielen Frisbee

Was Tiere stresst und wie sie entspannen

Hamster leiden unter Winterdepressionen. Hamster, die ihre ersten Lebenstage in einer Umgebung verbrachten, in der Mangel an Tageslicht herrschte, neigen, wie eine Studie zeigte, eher zu Angst und Niedergeschlagenheit als Tiere, denen mehr Sonnenlicht zuteil wurde.

Für Fische bedeutet das Geräusch von Booten Stress. Wenn sie beunruhigt sind, setzen sie das Hormon Kortisol frei. In entsprechenden Untersuchungen hat man festgestellt, dass das Geräusch knatternder Motoren hohe Kortisolspiegel hervorruft, besonders bei Karpfen, Barschen und Gründlingen – Fischarten, die kommerziell gefischt werden.

Fernsehen beruhigt Hühner. Man hat entdeckt, dass Batteriehühner an Angst und Aggressivität verlieren, wenn man sie zehn Minuten pro Tag mit zufällig ausgewählten Fernsehbildern versorgt. Am entspannendsten waren Bilder von Fischen und den fliegenden Toastern des gleichnamigen Computerspiels.

Man hat auch untersucht, wie Hühner auf menschliche Gesichter reagieren. Die Gesichter, die ihnen am besten gefielen, »befanden sich in Übereinstimmung mit den sexuellen

Präferenzen des Menschen«. Mit anderen Worten, Hühner stehen auf schöne Menschen.

Affen macht Töpfern Spaß. Als man Kapuzineraffen Tonklumpen und Farben gab, konnte man beobachten, wie die Tiere den Ton in einer Weise formten und dekorierten, die in etwa der von 18 bis 24 Monate alten Kindern entsprach. Wie bei Menschen bewiesen einige Affen mehr »künstlerisches Talent« als andere.

Fische nehmen Sonnenbäder. Der in australischen Gewässern beheimatete Rote Thun verbringt Stunden damit, sich mal auf diese, mal auf jene Seite zu wälzen, um beim Schwimmen möglichst viele Sonnenstrahlen zu erhaschen. Meeresbiologen sind der Ansicht, er brauche die Wärme der Sonne, um größer und stärker zu werden.

Auch Kattas aalen sich in der Sonne. Diese äußerst sozialen Lemuren sitzen in Gruppen zusammen und strecken die Arme aus, um möglichst viele Sonnenstrahlen einzufangen.

Echsen legen gerne die Beine hoch und lassen den lieben Gott einen guten Mann sein. Wenn Leguane die Wahl hatten, blieben sie, wie einschlägige Studien zeigten, lieber in ihrem warmen Heim, als draußen in der Kälte nach Futter zu suchen. Es war auch zu beobachten, dass sie positive Stimulation aus dem Aufenthalt in einer warmen Umgebung gewannen – sie gehören zu den ersten Tieren, die Anzeichen sinnlichen Vergnügens erkennen ließen.

Am Ende eines harten Tagwerks braucht der männliche Monarchfalter einen Drink. Sein Lieblingsgetränk ist Wasser, das er in Form von Tautropfen zu sich nimmt.

Heuschrecken werfen alle Hemmungen über Bord, wenn sie wiederholt an der Hinterseite ihrer Beine berührt werden. Dann geraten die scheuen Insekten außer Rand und Band.

Ein gestresstes Schaf beruhigt man am besten, indem man es mit einem anderen Schaf zusammenbringt. Handelt es sich jedoch um ein anderes Tier, etwa eine Ziege, bringt es dem Schaf wenig Erleichterung.

Kühe mögen klassische Musik. Bei Milchkühen kann Musik die Milchleistung steigern, allerdings zeitigen unterschiedliche Musikarten unterschiedliche Erfolge. Kühe, denen man Beethovens Pastorale vorspielte, gaben drei Prozent mehr Milch als Kühe, die keine Musik hörten. Doch die Klänge unruhigerer Musik – etwa des Bananarama-Hits *Venus* aus dem Jahr 1986 – bremste die Milchproduktion der Kühe.

Schnecken sind gemeinhin eine Plage menschlicher Gärtner, doch eine amerikanische Strandschnecke legt sich ihren eigenen Garten an, der aus Pilzen besteht. Die Schnecke züchtet sie, indem sie Gräser anknabbert, die Wunden mit ihrem Kot bedeckt und den Pilzen damit einen idealen Nährboden bietet.

Warane spielen gern Frisbee. Der junge Komodo-Waran mit dem Namen Kraken, der im National Zoo in Washington aufwuchs, vergnügte sich regelmäßig mit einer ganzen Anzahl von Spielzeugen – Plastikringen, einem Schuh, einem Eimer, einer Blechdose und einer Frisbeescheibe, seinem Lieblingsspielzeug. Kraken nahm die Gegenstände ins Maul oder schlug mit den Krallen nach ihnen, wie ein verspielter Welpe oder ein Kätzchen. Einmal amüsierte sich der Waran sogar mit Tauziehen. Er schnappte sich das Ende eines Taschentuchs, das einem Pfleger aus der Gesäßtasche hing, und zerrte daran, während der Pfleger am anderen Ende zog. Diese Spiele überraschten Verhaltensforscher, weil sie nicht damit gerechnet hatten, dass Reptilien solch spielerische Seiten offenbaren können.

Elche surfen. Nach schweren Regenfällen wurde in Norwegen ein großer Elch beobachtet, der die tosenden Wasser des Namsen-Flusses auf einer großen Eisscholle hinabsurfte.

Otter rodeln gern. In einigen Studien hat man beobachtet, wie sie wiederholt schneebedeckte Abhänge hinabschlitterten.

TEIL SIEBEN

Soziale Tiere

Vom Zusammenleben der Geschöpfe

Alle Tiere sind gleich, aber einige Tiere sind gleicher als andere.

George Orwell,
Farm der Tiere

Ein paar tausend Jahre Geschichte haben uns gelehrt, was dabei herauskommt, wenn man eine Anzahl Menschen zusammenbringt: Einige werden sich bestens vertragen, andere aber werden konkurrieren, streiten, unterdrücken wollen und sogar vor Mord nicht zurückschrecken, wenn kein anderes Mittel gegen diejenigen verfängt, die sich nicht fügen mögen. In der Tierwelt ist es nicht anders. Verschiedene Arten haben ihre je eigenen Staatsformen entwickelt, von der Herrschaft des Pöbels über Monarchien und Polizeistaaten bis hin zu faschistischen Diktaturen. Nicht selten ist Tieren jedes Mittel recht, um gleicher zu sein als andere.

Alle für einen, einer für alle

Wie Tiere aufeinander achtgeben

Präriehunde leben in so freundlicher Gemeinschaft, dass sie sich mit Küssen begrüßen.

Der Präriehund, ein Verwandter des Eichhörnchens, ist eines der geselligsten Nagetiere. Wenn sich zwei Präriehunde begegnen, grüßen sie einander, indem sie sich mit den Lippen berühren. Dabei haben sie die Mäuler geöffnet und die Zähne entblößt. Oft berühren sich sogar die Schneidezähne und verhaken sich rund zehn Sekunden ineinander.

Einige Ameisen haben sich das Motto der Drei Musketiere zu eigen gemacht: Alle für einen und einer für alle. Besonders die Roten Feuerameisen bilden eine der verschworensten Gemeinschaften in der Natur. Wenn ein Mitglied der Kolonie bedroht wird, kommen ihm alle anderen zu Hilfe. Eine Ameise in Gefahr löst eine Art Geruchsalarm aus, indem sie ein kräftiges Pheromon freisetzt. Das ruft die anderen Ameisen zu einem gemeinsamen Angriff herbei, bei dem jede einzelne einen giftigen Stich abgibt.

Tieren, die von einem solchen Ameisenheer angegriffen werden, kann es dabei übel ergehen. Die geballten Stiche können Tiere von der Größe eines Rehkitzes töten. Auch Menschen sind solch konzentrierten Angriffen schon zum Opfer gefallen.

Dieser Gemeinschaftssinn kann sich für die Ameisen aber auch nachteilig auswirken, etwa wenn sie in elektrische Geräte kriechen. Wenn eine Ameise einen tödlichen Stromschlag erleidet, wird ihr Pheromonalarm ausgelöst, was dazu führt, dass sich Tausende von Ameisen einfinden, um Hilfe zu leisten. Wenig später werden diese dann selbst gegrillt. Dieser Dominoeffekt kann spektakuläre Folgen haben. Es ist dokumentiert, dass die Angriffe von Feuerameisen die Stromversorgung ganzer Städte zum Erliegen brachten.

Pinguine tauchen in Gruppen, die aus bis zu elf Tieren bestehen können. Wie menschliche Tauchpartner auch passen sie aufeinander auf.

Die meisten Katzen sind von Natur aus Einzelgänger. Am geselligsten von den 39 bekannten Katzenarten sind männliche Geparden, die enge Bindungen zu ihren Brüdern entwickeln, und Löwinnen, die in matriarchalischen Rudeln leben.

Das liebenswürdigste Tier der Welt ist möglicherweise ein Vogel, der Graudrossling.

Diese Drosseln leben gewöhnlich in eingeschworenen Gemeinschaften. Sie passen aufeinander auf, füttern und putzen sich gegenseitig. Sie kuscheln sich nachts sogar eng zusammen, um sich zu wärmen. Da für die Vögel das Gemeinwohl an oberster Stelle steht, überlassen sie die Fortpflanzung einigen dominanten Mitgliedern der Kolonie und kümmern sich dann alle zusammen liebevoll um die Brutpflege.

Ihr Verhalten ist so ungewöhnlich freundlich und großzügig, dass die Forscher nicht recht an so viel Selbstlosigkeit glauben mögen. Die Graudrosslinggesellschaft ist strikt hierarchisch gegliedert, wobei Männchen und ältere Vögel ganz oben rangieren. Einige Wissenschaftler vermuten, dass die Graudrosslinge – ein bisschen wie Menschen, die auf einer Wohltätigkeitsveranstaltung mit Geld um sich werfen, um ihren gesellschaftlichen Rang unter Beweis zu stellen – ihre Nettigkeit gezielt einsetzen, um ihren Status zu dokumentieren.

Möglicherweise haben Pottwale die egalitärste Gesellschaft überhaupt. Studien haben keinen Hinweis auf Dominanz oder Hierarchien erbracht, Merkmale, die bei fast allen auf dem Land lebenden Säugetieren zu beobachten sind. Alle Mitglieder einer Pottwalherde genießen das Zusammensein mit den anderen und setzen sich für das Gemeinwohl ein. Dieser enge Zusammenhalt könnte erklären, warum man gelegentlich eine ganze Anzahl Wale findet, die gemeinsam gestrandet sind.

Südamerikanische Spinnen sind geselliger als Arten aus anderen Teilen der Welt. Spinnen sind im Allgemeinen solitär lebende Insekten, doch eine Art in Ecuador findet Freude am geselligen Miteinander. Sie versammeln sich zu zehnt oder zwölft um gemeinsame Netze.

Der Welt größte Insektenkolonie befindet sind in Südeuropa und erstreckt sich von der Atlantikküste Spaniens bis nach Italien. Die Kolonie umfasst Milliarden Ameisen. Ironischerweise handelt es sich noch nicht einmal um europäische Insekten. Sie stammen aus Argentinien.

Anders als die englische Redensart behauptet, regnet es keine Katzen und Hunde, wohl aber Ameisen. Mitglieder einer bestimmten Art, der Gebirgs-Waldameise, springen zu

Hunderten in die Luft, wenn sie sich von Vögeln bedroht fühlen und regnen als dunkle Wolke wieder herab.

Die Familie und ihre Werte gelten noch etwas in der Welt der Erdmännchen.

Aggressionen sind selten in ihren Kolonien, und auch sexuelle Spannungen gibt es kaum, da sich nur die dominanten Männchen und Weibchen paaren. Zum Wohle der Kolonie als Ganzes verzichtet der Rest der Gruppe gerne auf die eigene Fortpflanzung. (Die Mitglieder wissen außerdem, dass ihre Gene ohnehin weitergegeben werden, da in der Gruppe alle miteinander verwandt sind und die Tiere dank ihres ausgeprägten Geruchssinns Erdmännchen erkennen, die nicht dazu gehören.) So helfen die nicht an der Fortpflanzung beteiligten Mitglieder den Eltern beim Füttern und Babysitten der Kleinen, suchen Nahrung und halten Ausschau nach Fressfeinden wie Habichten. Je größer der Zusammenhalt der Erdmännchenfamilie, desto angenehmer das Leben, besonders für die Jungen. Untersuchungen zeigen, dass Erdmännchen in großen kooperativen Gruppen mehr Fett ansetzen, weil die vielen zusätzlichen adulten Tiere größere Mengen Futter für die ganze Gruppe herbeischaffen.

Ähnlich groß ist der Zusammenhalt bei Afrikanischen Wildhunden, Schimpansen, Nacktmullen, Löwen und Vögeln wie den Jägerliesten, Graufischern und Seychellenrohrsängern.

Eine australische Echse, der Schwarze Felsenskink, gilt als das einzige Reptil, das in einer traditionellen Kleinfamilie lebt. Der Glaube dieser Tiere an die Vorzüge des Familienlebens ist so groß, dass sie sogar Waisen und Halbgeschwister adoptieren.

Zum Schutz vor Feinden drängen sich Enten dicht zusammen, wobei die Enten an den Rändern als Wachposten fungieren. Die Schwärme können bis zu zweitausend Tiere umfassen.

Präriehunde haben ein eigenes Heimatschutzministerium. Die Nager leben in Kolonien von mehr als zweitausend Tieren zusammen, drängen sich dabei aber auf einem Gebiet von weniger als 4000 Quadratmetern. Sie graben bis zu hundert Baue, die viereinhalb Meter tief sind und zwei Eingänge haben, falls sie vor einem Fressfeind fliehen müssen. Vor den meisten dieser Eingänge sind Wachen postiert, die Alarm schlagen, wenn Gefahr im Verzug ist.

Vögel glucken gerne zusammen, vor allem, wenn es sich um Gluckenten handelt. Die gesamte Population dieses Wildvogels, der in Sibirien brütet, wandert jeden Winter geschlossen nach Südkorea. Eine Viertelmillion Gluckenten kommen zusammen und ziehen nach Süden.

Von Tieren sind die seltsamsten Paarungen bekannt. So haben beispielsweise Katzen wie Hunde schon einmal verletzte Vögel adoptiert. Im brasilianischen Porto Alegre soll eine Katze einen Vogel, der aus dem Nest gefallen war und nicht mehr fliegen konnte, so aufgezogen haben, als wäre er ihr Junges gewesen. Die beiden bildeten ein höchst ungewöhnliches Paar und teilten sich einen Fressnapf, was den Vogel veranlasste, sich auf fleischliche Nahrung umzustellen. Der Vogel ließ sich sogar als Köder verwenden und lockte für die Katze andere, gesunde Vögel an. In China adoptierte ein Chihuahua ein verwaistes Küken. Der Hund übernahm die Rolle der Ersatzmutter, gab acht auf das Küken und trug es im Maul nach Hause, wenn es in Schwierigkeiten zu geraten drohte.

Hündinnen gestatten Jungen anderer Tierarten das Säugen. In China hat man beobachtet, wie Hündinnen ein Kätzchen und zwei Tigerjunge säugten.

Als ein Wildschwein in einem Zoo in Los Angeles seinen langjährigen Gefährten verlor, fand es überraschenderweise Trost in Gestalt einer Antilope. Das Wildschwein zog bei dem Bongo, der größten Waldantilope, ein, und die beiden wurden unzertrennlich, schliefen zusammen und rieben zärtlich die Nasen aneinander.

Herrschaft von Tieren für Tiere

Politik, Macht und Polizeistaaten

In Bezug auf Utopien, die Millionen ein Leben in Harmonie und Gleichheit ermöglichen, haben es die Tiere wesentlich weiter gebracht als die Menschen. Dabei haben sie allerdings gelernt, dass es wichtig ist, jene Mitglieder in ihre Schranken zu weisen, die sich nicht an die Regeln halten.

Insekten beispielsweise leben in strikt kontrollierten Gesellschaften, die Polizeistaaten ähneln. Wer zum Staatsfeind wird, weil er gegen geltendes Recht verstößt, hat strenge Strafen zu gewärtigen. In den Kolonien von Wespen, Bienen und Ameisen genießt die Königin absolute Autorität. Sie – und nicht die Arbeiterinnen – legt alle Eier des Nestes. Die Übertretung dieses Gesetzes wird empfindlich bestraft.

Wenn zum Beispiel eine Arbeitsbiene auf ein verlassenes Ei stößt, wird sie eine eingehende Untersuchung vornehmen. Gelangt die Detektivbiene zu dem Schluss, dass es nicht von der Königin gelegt wurde, frisst sie es auf.

Noch strenger geht es bei den Wespen zu. Wenn sie entdecken, dass ein weibliches Mitglied ihres Nestes eigene Eier legt, bilden sie sofort eine Bürgerwehr, ergreifen die Delinquentin und verabreichen ihr eine Reihe schmerzhafter Stiche.

Arbeiterinnen dienen in vielen Gesellschaften als Polizistinnen, doch in kleineren Gemeinschaften ist es häufig die

Königin selbst, welche im Nest die Runde macht und dafür sorgt, dass niemand ihre Autorität in Frage stellt.

Bei einer brasilianischen Ameisenart setzt die Königin ihren Status als Alpha-Tier eisern durch, indem sie ihre Rivalinnen mit einem chemischen Stoff markiert. Auf dieses Signal hin verpasst eine Gruppe untergeordneter Ameisen ihnen die fällige Abreibung.

Honigbienen unterhalten Gefängnisse. Südafrikanische Bienen bauen Gefängnisse, um ihren gefährlichsten Fressfeind, den panzerartigen Kleinen Beutenkäfer, wegzusperren. In Teamarbeit drängen sie eindringende Käfer in kleine, enge Zellen. Fortan werden die gefangenen Käfer von spezialisierten Wachbienen beaufsichtigt.

Affen, die sich daneben benehmen, bekommen den langen Arm des Gesetzes zu spüren. Eine Studie über eine Gemeinschaft von Schweinsaffen zeigte, dass es unter den Tieren eine Gruppe von älteren Aufsehern gab. Als diese Polizisten kurzzeitig die Gemeinschaft verließen, kam es zu einer regelrechten Verbrechenswelle. Gewalt flammte auf, Cliquen bildeten und bekriegten sich, und normales soziales Verhalten wie Putzen und Spielen verschwand. Die Ordnung wurde erst wiederhergestellt, als die Polizeiaffen zurückkehrten und die ungebärdigen Affen disziplinierten.

Einige Insekten sind allerdings nicht bereit, sich freiwillig zu unterwerfen, weshalb die Sklaverei in der Insektenwelt gang und gäbe ist. Rund zwanzig Ameisenarten kidnappen andere Arten und pressen sie zur Zwangsarbeit. Die Sklaven werden sogar dazu gezwungen, an Raubzügen gegen ihre eigene Art teilzunehmen.

Einige Ameisenarten gehen bei der Sklavenjagd besonders

brutal zu Werke. Die rücksichtslosesten Ameisen kommen aus New York. Forscher haben das Verhalten der New Yorker Ameisen mit dem ihrer Vettern aus dem ländlichen West Virginia verglichen. Die New Yorker machten bei ihren Raubzügen mehr Gefangene und töteten mehr Königinnen. Teilweise verdanken sie ihren Erfolg spezialisierten »Türstehern« – Ameisen, die den Eingang des überfallenen Nestes bewachen. Ohne Erlaubnis der Türsteher darf keine Ameise hinein oder heraus. Die Türsteher lassen adulte Tiere nur ziehen, wenn sie alle jungen Ameisen herausgeben, die sie bei sich haben.

Wie zu erwarten, ist bei New Yorker Ameisen auch die Bereitschaft am geringsten, sich ohne Kampf in die Sklaverei zu fügen. Sie wehren sich entschlossener und stechen die Eindringlinge häufiger als Ameisen vom Lande.

Bei einer europäischen Ameisenart ist ein einzelnes Individuum in der Lage, ganze Nester zu versklaven. Obwohl nur winzig, erobert die Königin die Nester viel größerer Ameisen, indem sie sich unterhalb der regierenden Königin einnistet und diese langsam erdrosselt. Die Arbeiterinnen der bisherigen Königin rühren keinen Finger, um ihr zu helfen, und binnen drei Wochen hat die neue Königin die Herrschaft übernommen.

Die Qualle Portugiesische Galeere mag aussehen wie ein einziger Organismus, doch tatsächlich handelt es sich bei ihr um eine Kolonie von Einzellern, die zusammenarbeiten. Die einzelnen Abschnitte der Portugiesischen Galeere teilen die Arbeit unter sich auf: Die einen sind für die Fortbewegung zuständig, andere für die Nahrungsaufnahme und wieder andere für die Verteilung der Nahrung im Netzwerk. Einige Elemente können sich ablösen, während der Hauptkörper auf dem Meeresgrund haften bleibt. Das Kollektiv kommt wieder zusammen, wenn es von Fressfeinden bedroht wird oder wenn es ein neues Gebiet kolonisieren möchte.

Einige Delfine sind geschickte Politiker.

Untersuchungen an Delfingemeinschaften haben gezeigt, dass eine große Herde aus einer Ansammlung kleinerer Gruppierungen besteht. Diese Gruppierungen werden durch eine kleine Anzahl sehr geselliger, einflussreicher Individuen zusammengehalten. Diese Delfine verbringen viel Zeit mit den verschiedenen Fraktionen und fördern die Interaktionen zwischen ihnen. Wenn diese Delfine die Herde verlassen, zerfällt sie. Kehren sie zurück, findet die Herde wieder zusammen.

Unter Erdhörnchen grassiert die Vetternwirtschaft. Wenn Belding-Ziesel Kojoten oder andere Fressfeinde erblicken, die ihre Kolonie bedrohen, stoßen sie nicht immer einen Warnpfiff aus. Wenn sie pfeifen, laufen sie Gefahr, die Aufmerksamkeit der Feinde auf sich zu lenken, daher schlagen sie nur Alarm, wenn die gefährdeten Ziesel zur eigenen Familie gehören. Andernfalls sehen sie tatenlos zu, wie das Schicksal seinen Lauf nimmt.

Bei Fischen bringen Macht und Einfluss einen ähnlichen Energieschub mit sich wie bei Menschen. Wie aus entsprechenden Studien hervorgeht, sind männliche Fische, die einen dominanten Rang in Fischkolonien einnehmen, weniger gestresst. Außerdem bilden sie schwerere Geschlechtsorgane aus und zeigen intensivere sexuell orientierte Hirnaktivitäten.

Unter Umständen vergrößert das Erklettern der sozialen Leiter nicht nur das Selbstbewusstsein, sondern steigt buchstäblich zu Kopf, wie das Beispiel einer afrikanischen Fischart zeigt. Die Buntbarsche leben in einer streng hierarchisch gegliederten Gesellschaft, in welcher der Status eines Männchens davon abhängt, ob es am Reproduktionsprozess teilhat oder nicht. Wenn dem männlichen Buntbarsch der Schritt vom untergeordneten zum dominanten Tier gelingt, ändert es augenblicklich die Farbe: vom schlichten Grau zum strahlenden Blau oder Gelb des ranghöheren Fisches. Auch seine Hoden wachsen. Am bemerkenswertesten wirkt sich der Aufstieg jedoch auf das Gehirn aus. Die Zellen dort schwellen auf ihre achtfache Größe an.

Paten

Mafioses Verhalten bei Tieren

Delfine betätigen sich als Entführer und schließen sich zu einander bekriegenden Banden zusammen.

Männchen des Großen Tümmlers bilden kleine Banden, in der Regel Dreiergruppen, deren Zusammenhalt so eng ist wie zwischen Mutter und Kindern. Sie bleiben bis zu zwölf Jahre zusammen. Der Hauptzweck dieser Gangs besteht darin, Weibchen zu entführen, mit denen dann alle Bandenmitglieder Sex haben. Dabei müssen sie sich aber gegen andere Gangs zur Wehr setzen. In so einem Fall kann es wie bei Mafiafamilien zu Allianzen zwischen verschiedenen Banden kommen. Man hat »Supergangs« von bis zu vierzehn Delfinen beobachtet.

Hummer sind üble Schläger. Jedes Männchen einer Gemeinschaft ist von dem Wunsch besessen, zum Alpha-Tier aufzusteigen, was dazu führt, dass die Krebstiere ständig miteinander um die Vorherrschaft kämpfen. Sobald ein Hummer diesen Status erobert hat, muss er ihn permanent verteidigen. Nacht für Nacht zeigt er allen anderen Hummern in seinem Revier, wer der Chef ist, indem er sie aus ihren Höhlen holt und sie vermöbelt. Die Weibchen fühlen sich seltsam angezogen von dieser Brutalität. Nachdem das Alpha-Männchen sie durchgeprügelt hat, suchen sie es in seiner Höhle auf.

Auch Kaiserpinguine schätzen Entführungen. Eine Studie kam zu dem Ergebnis, dass die Hälfte der Jungen, die man für adoptiert hielt, in Wirklichkeit gekidnappt worden war.

Für einige Tiere zahlt sich Verbrechen aus. Rosenseeschwalben stehlen anderen Vögeln Fische aus dem Schnabel, manchmal mitten im Flug. Untersuchungen haben gezeigt, dass die Nachkommen von Müttern, die solche Luftüberfälle durchführten, gesünder und kräftiger waren als die Nestlinge von Vögeln, die ein anständiges Leben führten.

Das Dasein als großer Fisch in einem kleinen Teich kann eine Forelle in einen Raufbold verwandeln. Fische mittlerer Größe, die eine Zeitlang gewalttätige größere Fische ertragen mussten, ließen ihre Wut hinterher an kleineren Fischen aus und stellten damit unter Beweis, was Psychologen »verschobene Aggression« nennen.

Einige weibliche Fische können so boshaft und gehässig sein, dass sie andere in einen frühen Tod treiben. Weibchen des Dreistachligen Stichlings stehlen und fressen Eier aus Nestern, die von Männchen behütet werden. Das tun sie, obwohl sie damit ihrer eigenen Art schaden und ebenso gut die

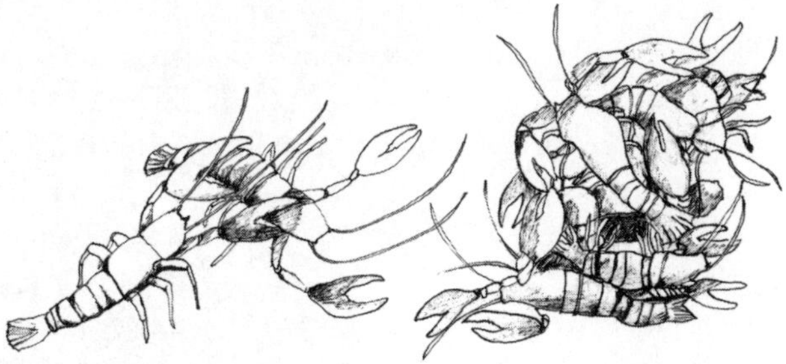

Eier einer verwandten Art, des Schwarzgefleckten Stichlings, entwenden könnten.

Das gemeine Verhalten der Weibchen bringt die Männchen des Dreistachligen Stichlings unter enormen Stress. Durch die ständige Furcht vor den Weibchen verlieren die Männchen an Gewicht und sterben früher, selbst wenn sie nicht direkt angegriffen werden. Häufig genügen der Anblick, die Geräusche und der Geruch eines Weibchens, um ein Männchen in den Tod zu treiben.

Spechte können sich wie Gangster aufführen, und keiner benimmt sich schlechter als der Helmspecht, der regelmäßig eine andere, kleinere Art, den Kokardenspecht, schikaniert. Der Kokardenspecht verbringt bis zu sechs Jahre damit, die Erdhöhle auszuheben und zu vervollkommnen, die ihm als Nest dient. Doch wenn der Helmspecht das Nest entdeckt, zerstört er es an einem einzigen Nachmittag.

Pinguine sind Rassisten. Albinopinguine werden regelmäßig gepiesackt und ausgegrenzt.

It's a Woman's World

Wie das »schwache« Geschlecht den Traum vom Matriarchat verwirklicht

Geschlechtergleichheit ist, zumindest was die Größe angeht, der Normalfall bei Säugetieren. Das gilt jedoch nicht für den Rest der Tierwelt, wo die Weibchen im Allgemeinen größer sind. Die meisten Tiere leben in matriarchalischen Gesellschaften.

Der weibliche Löcherkrake zum Beispiel ist 40 000 Mal so schwer wie das Männchen. Das Männchen von der Größe eines Gummibärchens ist gerade einmal so groß wie die Pupille im Auge des Weibchens. Einer der Forscher verglich den Paarungsakt der Löcherkraken mit dem Versuch eines Spatzen, sich mit einem Düsenjäger zu paaren.

Das wohl größte Missverhältnis aller Paare finden wir jedoch beim Grünen Igelwurm. Das Weibchen ist 200 000 Mal so groß wie das Männchen. Das muss zwangsläufig dazu führen, dass das Männchen ganz im Schatten des Weibchens steht. Sein Leben lang hockt es in einer speziellen Kammer ihres Leibes und ist ausschließlich damit beschäftigt, die Eier seiner Partnerin zu befruchten.

It's a woman's world gilt auch für Wespen. In den weiblich dominierten Kolonien der Feldwespe ist die einzige Aufgabe des Männchens, sich mit der Königin zu paaren. Sobald es diese Pflicht erledigt hat, gilt es nur noch als nutzloser Fres-

ser, den man in einer Zelle gefangen hält, des Öfteren sticht und dem man den Zugang zu den Nahrungsvorräten der Kolonie verwehrt.

In der Welt der Tüpfelhyäne üben die Weibchen die absolute Herrschaft aus. Größer als die Männchen, entscheiden sie ganz allein, wann und mit wem sie sich paaren, da es für ein Männchen völlig unmöglich ist, eine Partnerin ohne ihre Einwilligung zu besteigen. (Ihre sexuelle Vorherrschaft hat auch mit dem Umstand zu tun, dass Hyänenweibchen eines der merkwürdigsten Geschlechtsorgane überhaupt besitzen: eine vergrößerte, erigierte Klitoris, die wie ein Penis aussieht.) Weibliche Hyänen wählen freundliche Männchen, die sie schon lange kennen, und keine aggressiven, dominanten Partner.

Außerdem ist eine Hyänengemeinschaft streng hierarchisch organisiert, wobei die Männchen abermals ganz unten rangieren. Die Tiere an der Spitze der Hierarchie dürfen beispielsweise als Erste fressen. Die Weibchen sorgen für die Beibehaltung ihres Status, indem sie ihren Rangplatz von der Mutter auf die Tochter vererben.

Das Urbild einer feministischen Gesellschaft haben die Forscher jedoch bei den Spinnmilben entdeckt: eine Gesellschaft, die nur aus Weibchen besteht. Es gibt noch weitere Arten, die keine Verwendung für Männchen haben – verschiedene Insekten, Echsen, Schlangen und Fische. Sie alle können unbefruchtete Eier legen, die Kopien ihrer eigenen Gene enthalten. (Unter den Säugetieren gibt es keine Art, die ohne Männchen auskommt – bislang noch nicht.) Doch die Spinnmilben nehmen selbst unter den autarken feministischen Gesellschaften eine Sonderstellung ein, da sie überhaupt keine Männchen reproduzieren.

TEIL ACHT

Gar nicht so dumm

Warum Tiere intelligenter sind als man denkt

Warum Tiere jemals als dumm bezeichnet wurden, ist ein Rätsel. Tiere können es in puncto List, Kreativität und Logik durchaus mit Menschen aufnehmen. Es gibt Tiere, die zählen, Winkel berechnen, komplizierte Wege erinnern und Lieder erkennen können. Es folgen einige der erstaunlichen Intelligenzleistungen, zu denen Tiere imstande sind, wenn sie ihr Gehirn benutzen.

Die Häschenschule

Tiere, die eins und eins zusammenzählen können

Viele Tiere kennen den Unterschied zwischen mehr und weniger, was darauf schließen lässt, dass sie zählen können. In einem Standardtest entscheiden sich Kinder, welche die Wahl zwischen einem Glas mit zwei und einem mit drei Keksen haben, für das Glas mit mehr Keksen. Ganz ähnlich wählen Affen Behälter mit drei Äpfeln anstelle von solchen mit zweien, und Salamander entscheiden sich für Reagenzgläser mit drei Insekten.

Affen haben unter Beweis gestellt, dass sie Mengen von 1 bis 9 in aufsteigender Größe ordnen können, woraus sich schließen lässt, dass sie über grundlegende Vorstellungen von Zahlen verfügen.

In Tests haben auch Honigbienen bewiesen, dass sie zählen können.

Bei Papageien hat sich gezeigt, dass sie einen Begriff von der Zahl Null haben – ein Konzept, über das Kinder gewöhnlich erst mit vier Jahren verfügen.

Hummeln können komplexe Farbrätsel lösen. In einem Laborexperiment unterzogen die Versuchsleiter die Tiere einem Multiple-Choice-Test, bei dem diese zwischen verschiedenfarbigen Blüten wählen mussten, deren Farbtöne sich bei buntem Licht veränderten. Die Tiere erwiesen sich als absolut »farbecht« und ließen sich nicht durch das bunte Licht in die Irre führen.

Tiere lassen erkennen, dass ihnen der Spatz auf der Hand wichtiger ist als die Taube auf dem Dach. In einer Untersuchung zeigte sich, dass bei Gehaubten Kapuzineraffen die Sorge, Besitz zu verlieren, weit größer war als der Wunsch, welchen zu gewinnen – ein Charakterzug, den Psychologen beim Menschen »Verlustaversion« nennen.

Winkerkrabben verstehen sich ausgezeichnet auf Trigonometrie. Die Schlickbewohner halten fortwährend Ausschau nach Rivalen, die es auf ihre Bruthöhlen abgesehen haben. Wenn sie einen potenziellen Besatzer entdecken, verbinden sie die visuellen Informationen über den Standort der Krabbe mit zusätzlichen Daten von einem angeborenen »Geruchsmesser«, der ihnen mitteilt, wie weit sie sich von der eigenen Bruthöhle entfernt haben. Anhand dieser beiden Datenmengen triangulieren sie die Position des Eindringlings in Beziehung zur eigenen Position und der der Bruthöhle. Daraus schließen sie, wie groß die Gefahr ist und verhalten sich entsprechend.

Ameisen kennen keine Verkehrsstaus. Sie haben die Fähigkeit, Nahrung mit gleich bleibender Geschwindigkeit zum Nest zu schaffen, egal ob der Weg, den sie wählen, breit oder schmal ist. Selbst Engpässe, die durch entgegenkommende Ameisen verursacht werden, können sie nicht aufhalten. Sie verfügen über ein System, das ihnen ermöglicht, einander zu passieren, ohne die Geschwindigkeit drosseln zu müssen.

Seehunde können Walunterhaltungen verstehen. Der Gemeine Seehund kann die Unterwassergespräche der Wasserriesen belauschen und ihnen entnehmen, ob nahende Wale Fischfresser sind oder sich von Robben und Delfinen ernähren.

Ratten können lernen, Sprachen zu unterscheiden. In einem Experiment entdeckten spanische Wissenschaftler, dass die Nager Holländisch und Japanisch auseinanderhielten.

Wer glaubt, Tiere ließen sich einfach mit ein paar Leckerbissen abspeisen, irrt. Kapuzineraffen zum Beispiel protestieren, wenn sie keinen gerechten Lohn erhalten. In Experimenten verweigerten diese Affen Belohnungen für geleistete Aufgaben, wenn sie wussten, dass andere Affen besser bezahlt worden waren. Der Test lässt darauf schließen, dass sie einen Sinn für Gerechtigkeit haben.

Gedächtniskünstler

Warum Elefanten nicht die einzigen Tiere sind, die ein Elefantengedächtnis besitzen

Schafe haben die Fähigkeit, sich an Gesichter zu erinnern. In einem Experiment waren einige Schafe in der Lage, die Gesichter von fünfzig Schafen und zehn Menschen wiederzuerkennen. Sie konnten sie sogar zwei Jahre lang im Gedächtnis behalten.

Schafe waren auch fähig, zwischen verschiedenen menschlichen Gesichtsausdrücken zu unterscheiden. Ihnen sind lächelnde Gesichter lieber als zornige. Weibliche Schafe finden die Gesichter älterer Männer anziehender.

Gorillas, Schimpansen und andere Menschenaffen erkennen sich im Spiegel. Andere Affen sind dazu nicht fähig, obwohl sie sich darüber klar sind, dass ihr Spiegelbild kein Lebewesen ist.

Fische haben ein weit besseres Gedächtnis als gemeinhin angenommen. Diamant-Regenbogenfische waren in der Lage, sich noch nach elf Monaten an einen einmal entdeckten Fluchtweg zu erinnern. Bedenkt man, dass der Fisch nur zwei bis drei Jahre lebt, wäre das Äquivalent beim Menschen eine Gedächtnisspanne von zwanzig bis dreißig Jahren.

Der Oktopus lernt rasch. In einer Studie an Oktopoden ließ man eine Gruppe der Tiere zusehen, wie eine andere

Gruppe eine einfache Aufgabe ausführte: Dort musste eine von zwei Kugeln ausgewählt werden. Wählten sie die richtige aus, erhielten sie eine Belohnung, nahmen sie die falsche, war eine leichte Bestrafung fällig. Als die Beobachter aufgefordert wurden, die Übung zu wiederholen, bewältigten sie die Aufgabe nahezu fehlerfrei.

Katzen haben ein besseres Gedächtnis als Hunde. Tests, die an der University of Michigan durchgeführt wurden, zeigten, dass ein Hund Gedächtnisinhalte nicht länger als fünf Minuten behalten kann, eine Katze dagegen bis zu sechzehn Stunden – womit sie sogar die Merkfähigkeit von Affen und Orang-Utans übertrifft.

Border-Collies verstehen die menschliche Sprache so gut, dass ihre Leistung bei der Bewältigung von Aufgaben der dreijähriger Kinder entspricht. Der Hund Rico wurde 20 Mal aufgefordert, zwei Spielzeuge aus insgesamt zehn auszuwählen. Jedes Spielzeug wurde mit einem bestimmten Wort bezeichnet. Rico holte 37 der 40 Spielzeuge, die man ihm nannte. Bei einer Wiederholung der Aufgabe einen Monat später, hatte Rico immerhin noch eine Erfolgsquote von 50 Prozent.

Es folgen die zehn intelligentesten Hunderassen (geordnet nach ihrer Fähigkeit, neue Befehle nach weniger als fünf Wiederholungen zu verstehen und dem ersten Befehl in 95 Prozent der Fälle oder häufiger zu gehorchen):

1. Border Collie
2. Pudel
3. Deutscher Schäferhund
4. Golden Retriever

5. Dobermann
6. Shetland-Schäferhund
7. Labrador Retriever
8. Papillon
9. Rottweiler
10. Australischer Treibhund

Die elf dümmsten Hunderassen sind (beginnend mit der intelligentesten Rasse und geordnet nach der Fähigkeit, neue Befehle zu verstehen, und sei es nach Hunderten von Wiederholungen):

1. Shitsu
2. Basset Hound
3. Mastiff
4. Beagle
5. Pekinese
6. Bluthund
7. Borzoi
8. Chow-chow
9. Bulldogge
10. Basenji (Kongo-Terrier)
11. Afghanischer Windhund

Kleinen parasitären Wespen kann man beibringen, Drogen und Sprengstoff am Geruch zu entdecken. Im Unterschied zu Hunden, die dazu ein jahrelanges Training brauchen, lernen Wespen die Aufgabe in einer halben Stunde.

Affen können sich Kinderlieder merken. »Happy Birthday«, »Old MacDonald Had a Farm« und »Row, Row, Row Your Boat« gehörten zu den Liedern, die sie wiedererkannten, als man sie ihnen vorspielte.

Ein besonders gutes Gedächtnis haben Buschhäher. Wie sich in Studien zeigte, können sie sich nicht nur daran erinnern, wo sie Futter versteckt haben, sondern auch, um welches Futter es sich handelt.

Elefanten vergessen wirklich nichts – zumindest gilt das für Elefantenomas –, und ihre Nachkommen sind ihnen dankbar dafür. Aus Untersuchungen geht hervor, dass Elefantenherden von der Klugheit und Erfahrung älterer Elefantenkühe profitieren. Die älteren Elefanten stützen sich auf ihre persönlichen Erinnerungen, um jüngeren Herdenmitgliedern zu zeigen, wie sie am besten auf Gefahren und Fremde reagieren.

Diese älteren Weibchen entscheiden, wo die Herde frisst und trinkt und welche jüngeren Mitglieder in der Gruppe bleiben oder verstoßen werden. Familien mit Elefantengroßmüttern haben weniger Stress und mehr Nachwuchs.

Robben vergessen ihre Mutter nie.

In Studien am Nördlichen Seebär hat man festgestellt, dass Mütter und Kinder ihre gegenseitigen Rufe noch lange nach ihrer Trennung wiedererkennen. Noch vier Jahre, nachdem sie getrennte Wege gingen, erkannten sie einander an ihren Stimmen, was für Säugetiere ungewöhnlich ist.

Honigbienen können menschliche Gesichter erkennen. In einem Experiment gelang es Bienen, verschiedene Gesichter in mehr als 80 Prozent der Fälle korrekt zu identifizieren.

Und schließlich noch eine Warnung an alle, die glauben, körperliche Ertüchtigung sei gut für den Kopf ... Mäuse, die zu viel im Tretrad laufen, werden dumm. Tests haben gezeigt, dass hyperaktive Mäuse, die zwanghaft in Treträdern oder im Kreis laufen, Schwierigkeiten beim Lernen haben.

Horch, was kommt von draußen rein

Die klugen (und kriminellen) Wege des tierischen Denkens

Bären können Menschen dazu bringen, sie in ihre Häuser zu lassen, indem sie an die Haustür klopfen. Einem Bär in Kroatien gelang der Trick dreimal beim selben Haus. Jedes Mal trottete das Tier seelenruhig ins Haus hinein und tat sich an den Küchenvorräten gütlich.

Wallabys wissen, dass eine Hand die andere wäscht.

1996 wurde ein australischer Landwirt mitten in der Nacht durch lautes Klopfen an seiner Schlafzimmertür ge-

weckt. Es war das Wallaby, das er mit nach Hause genommen und gepflegt hatte, nachdem er es verletzt aufgefunden hatte. Nun machte das Wallaby den Farmer darauf aufmerksam, dass sein Haus brannte.

Die Käferart Spanische Fliege hat eine listige Methode, sich die Zuneigung weit größerer männlicher Bienen zu erschleichen. Hunderte der winzigen Ölkäfer ballen sich so zusammen, dass sie wie weibliche Bienen aussehen. Die unglücklichen Bienenmännchen fallen auf den Trick herein und bieten ihren neuen »Freundinnen« an, sie in ihr Nest mitzunehmen.

Eine malaiische Ameise, die ihr Nest in einem Riesenbambus baut, hat eine schlaue Methode entwickelt, um mit dem Gezeitenwechsel fertig zu werden. Wenn das Wasser im Bambus steigt, trinkt die Ameise so viel Wasser, wie sie kann, rennt nach draußen, pinkelt und kehrt zurück, um den Vorgang so oft wie nötig zu wiederholen.

Katzen können offenbar die 110 wählen. Als die Polizei auf einen Notruf hin im Haus von Gary Rosheisen erschien, lag er hilflos vor seinem Rollstuhl. Mr Rosheisen konnte keine der speziellen Notrufvorrichtungen betätigt haben, die er im Haus hatte, weil die eine über seinem Bett angebracht war und die andere sich an einem Band befand, das er sich an diesem Tag nicht um den Hals gehängt hatte. Allerdings entdeckte die Polizei seine rötliche Katze Tommy vor dem Telefon liegend.

Man hüte sich, abwertend von »Spatzenhirnen« zu sprechen. Eichelhäher setzen sich vorsätzlich auf Ameisenhügel, um die Bewohner zu ärgern. Die Ameisen kommen heraus, um den Vogel mit Ameisensäure vollzuspritzen. Genau darauf hat es der Eichelhäher abgesehen. Ameisensäure ist ein natürliches Pestizid und befreit den Eindringling von seinen häufigsten Parasiten.

Aaskrähen, die in Städten leben, tragen Nahrungsmittel, welche sie nicht öffnen können, an den Rand viel befahrener Straßen. Nüsse und Muscheln mit harten Schalen lassen sie von Bussen oder Lastwagen knacken, um an das Innere heranzukommen. Um nicht von rasenden Autos überfahren zu werden, platzieren sie die Schalen der begehrten Nahrungsmittel häufig an Fußgängerampeln. Sie warten, bis es Grün ist, bevor sie die Nüsse und Muscheln auslegen oder wieder einsammeln.

Einige Vögel im Regenwald haben herausgefunden, wie sie ihre Zuhörer besonders nachhaltig beeindrucken können. Das Blätterdach des Regenwaldes hat eine Akustik wie ein Konzertsaal: Längere Töne klingen dort lauter. Um sicher zu gehen, dass ihr Gesang auch gehört wird, verlängern Vögel wie die Trauerdrossel ihre Töne, wodurch sie weit höhere Dezibelwerte erzielen als andere Arten.

Reiher sind geschickte Fliegenangler. Mangrovenreiher hat man beobachtet, wie sie eine Vielzahl Köder – von Samen und Blumen bis hin zu Federn und toten Fliegen – über der Oberfläche von Flüssen und Seen abwarfen. Dann standen die Vögel bewegungslos da, bis sich ein Fisch und damit der nächste Leckerbissen zeigte.

Schwertwale brauchen nicht viel Zeit, um die Tricks ihrer Zunft zu erlernen. In einer Studie an diesen gerissenen Räubern in einem Meerespark hat man beobachtet, wie ein vierjähriges Männchen Möwen in ihr Verderben lockte, indem es Fische auswürgte und an der Wasseroberfläche ausspuckte. Als die Möwen sich auf die Fische stürzten, schnappte der Schwertwal zu.

Binnen Wochen ahmte der jüngere Halbbruder des Wals den Trick nach, den man in dem Park vorher noch nie beobachtet hatte. Die Forscher gelangten zu dem Schluss, dass der jüngere Wal ihn nur von seinem älteren Geschwister gelernt haben konnte.

Der Kuckuck ist einer der größten Verstellungskünstler in der Tierwelt. Indem er seine Eier in fremde Nester legt, bringt er andere Vögel dazu, seine Jungen aufzuziehen. Wenn das Kuckucksjunge schlüpft, setzt es die Strategie seiner Eltern fort, indem es alle anderen Jungvögel im Nest umbringt, bevor es seine Identität offenbart. Wie Forscher herausgefunden haben, macht der hochstaplerische Kuckuck seinen Pflegeeltern sogar weis, dass ihre Jungen noch am Leben sind, indem er gelbe Flecke auf seinen Flügeln präsentiert. Dadurch erzeugt er die Illusion, dass viele hungrige Mäuler zu stopfen sind, und veranlasst die Pflegeeltern, noch mehr Nahrung herbeizuschaffen.

Man nimmt an, dass Kuckucke in der Lage sind, andere Vögel zu narren, weil sie Eier legen, die zwar nach menschlichem Ermessen in der Größe überhaupt nicht passen, dem Wirtspärchen aber nicht auffallen, da es sie im ultravioletten Spektrum sieht.

Allerdings ist das Amerikanische Blässhuhn weitgehend immun gegenüber den Tricks des Kuckucks. Auch das Blässhuhn legt seine Eier in die Nester von Nachbarn, und da es befürchtet, dass ihm das Gleiche widerfahren könnte, hat es entsprechende Gegenmaßnahmen entwickelt. Um entscheiden zu können, welche Küken die ihren sind – und welche nicht –, haben die Blässhühner zählen gelernt.

Fische können Vögel durch Täuschungsmanöver dazu bringen, sie zu füttern. In einer Studie lernte ein Goldfisch, dass er nur aus dem Wasser auftauchen und den Schnabel aufsperren musste, um einen Rotkardinal dazu zu bringen, ihn mit Insekten zu füttern. Nach Auffassung der Forscher hielt der Vogel das Maul des Goldfisches irrtümlich für den Schnabel eines hungrigen Nestlings. Auf diese Weise verschaffte sich der Fisch mehrere Wochen lang Nahrung.

Männliche Insekten kommen bei ihren Partnerinnen auch mit falschen Liebesgaben durch. Üblicherweise machen die Männchen ihren Paarungspartnerinnen kleine Geschenke – einen Leckerbissen, einen Tropfen Speichel oder Teile eines vertrockneten Insekts. Die werden dann während der Paarung vom Weibchen verspeist. Nun haben Wissenschaftler aber entdeckt, dass einige Insekten in diesen Fällen etwas schenken, das zwar schön aussieht, wie etwa Samenkörner, aber völlig nutzlos ist. Trotzdem nehmen es die Weibchen entgegen und willigen in die Paarung ein.

Orang-Utans können aus Gefängnissen ausbrechen. Gemeinsam inszenierten zwei Menschenaffen einen spektakulären Ausbruch aus dem Londoner Zoo. Sie stellten ein improvisiertes Werkzeug her, mit dem sie das Drahtgitter des Affenhauses aufstemmten. Nachdem sie bald darauf wieder eingefangen worden waren, fand einer von ihnen gleich anschließend wieder einen Weg hinaus: Er warf einen Blumentopf durch das Fenster seines Käfigs.

Schildkröten führen einen Stepptanz auf, um Regenwürmer aus der Erde zu locken. Waldbachschildkröten in Pennsylvania wurden beobachtet, wie sie rhythmisch auf die Erde stampften. Dieser Tanz im Rhythmus eines Schlages pro Sekunde lockte regelmäßig Regenwürmer aus dem Erdreich. Kaum waren sie erschienen, schnappte die Schildkröte sie sich. In Untersuchungen gelang es Schildkröten, mit dieser Methode im Durchschnitt 2,4 Würmer pro Stunde zu fangen. Die geschickteste Stepptänzerin fing jedoch sieben Würmer in nur acht Minuten.

Leoparden verstauen ihre Beute hoch auf Bäumen, außerhalb der Reichweite von Löwen und Hyänen.

Der Stich der Feuerameise endet für die meisten Geschöpfe tödlich. Die brasilianische Orasema-Wespe imitiert den Geruch der Feuerameise, dringt in deren Nest ein und frisst die Larven.

Das Fingertier, eine Lemurenart auf Madagaskar, hat eine ganz besondere Methode der Nahrungssuche. Es ernährt sich von Maden, die in Erdhöhlen leben, vor allem in Baumwurzeln. Seine Sinne sind so geschärft, dass es nicht nur in der Lage ist, diese Höhlen zu lokalisieren, indem es auf den

Baumstamm schlägt, sondern auch entscheiden kann, ob die Höhlen leer sind oder nicht.

Eine australische Spinne lockt ihre Beute mit duftenden Ködern an. Der köstliche Geruch faulender Pflanzen verführt nichts ahnende Insekten.

Gleich und Gleich entlarvt sich gern. Buschhäher mit diebischer Vergangenheit gehen sehr sorgfältig zu Werke, um die eigenen Vorräte vor Vögeln zu verstecken, die sich ebenfalls gern bei anderen bedienen.

Einige Wespen verfügen über eine raffinierte Methode, um sich Zugang zu Ameisennestern zu verschaffen. Sie sondern chemische Stoffe ab, die die Ameisen veranlassen, miteinander zu kämpfen. Während der Massenschlägerei schleichen die Wespen in das Nest und fressen sich satt.

Raben können Ablenkungsmanöver inszenieren. Die Vögel stehen mit anderen in scharfem Wettbewerb um Nahrungsressourcen. Man hat beobachtet, wie Raben andere Vögel überzeugten, dass sich an einem bestimmten Ort Nahrung befinde, um sich anschließend klammheimlich an die Stelle zu begeben, wo tatsächlich etwas zum Fressen war.

Am durchtriebensten sind die Affen mit dem meisten Grips. Am häufigsten führen Gorillas, Schimpansen, Orang-Utans und Makaken ihre Artgenossen hinters Licht – also die Tiere, welche den umfangreichsten Neokortex im Verhältnis zu ihrer Körpergröße besitzen. Am vertrauenswürdigsten sind Galagos und Lemuren.

TEIL NEUN

Basic Instincts

Außergewöhnliche Fähigkeiten von Tieren

Tiere verfügen über ein ganzes Sortiment an Hightech-Equipment, das sogar die CIA beschämen würde. Sehend, hörend, riechend, schmeckend und tastend suchen sie sich ihren Weg durch die Welt und greifen dabei auf eine Reihe von Hilfsmitteln zurück – von hochempfindlichen Fühlern über Sonarsysteme und Stereo-Geruchsdetektoren bis hin zu rotierenden Ohren. Einige Arten sind mit Fähigkeiten begabt, die uns Menschen wie ein sechster Sinn vorkommen müssen. Es gibt wahrhaft außergewöhnliche Tiere, die Erdbeben entdecken und Krebserkrankungen riechen können, die fähig sind, im Dunkeln zu sehen und sich selbst von Krankheiten zu heilen.

Im Reich der Sinne

Wie Tiere sehen, riechen, hören und echoloten

Chamäleons haben Augen, die sich unabhängig voneinander bewegen können und damit dem Tier ermöglichen, gleichzeitig in zwei verschiedene Richtungen zu blicken. Das Seepferdchen besitzt eine ähnliche Fähigkeit. Ein Gesichtsfeld von 340 Grad hat die Taube, weil ihre Augen seitlich am Kopf sitzen – sie kann also alles übersehen, ausgenommen ein schmales Stück ihres Hinterkopfes.

Die eindrucksvollste Sehfähigkeit weisen jedoch Greifvögel auf. Bussarde können aus einer Höhe von 4500 Metern kleine Nagetiere erspähen. Während Menschen eine Sehschärfe von 20/20 haben, liegt die des Falken bei 20/5. Das heißt, die Einzelheiten, die wir aus einer Entfernung von 5 Fuß erkennen können, sieht der Falke noch aus einer Distanz von 20 Fuß.

Hunde können ein bewegtes Objekt auf 900 Meter wahrnehmen, ein unbewegtes Objekt auf 585 Meter.

Die Sehkraft der Spinne unterscheidet sich von Art zu Art. Die meisten Spinnen haben acht Augen. Einige besitzen bis zu einem Dutzend. Es gibt aber auch welche, die gar keine Augen haben. Aber selbst wenn die Tiere sehen können, vermögen die meisten nur den Unterschied von hell und dunkel zu erkennen.

Die Quallenart Seewespe hat vierundzwanzig Augen und vier Gehirne. Die Zahl ihrer Ani beläuft sich sogar auf sechzig.

Beim Strauß ist das Auge größer als das Gehirn.

Oktopoden haben Gehirne in den Armen: Studien haben gezeigt, dass der Oktopus einige neuronale Prozesse aus dem zentral gelegenen Gehirn an intelligente Nerven in seinen Tentakeln delegieren kann.

Die Stubenfliege schmeckt mit den Füßen, die zehn Millionen Mal empfindlicher sind als die menschliche Zunge.

Giraffen haben eine außerordentlich flexible und gelenkige Zunge. Unter anderem benutzen sie sie, um sich die Ohren zu säubern.

Taufliegen atmen mit der Zunge, mit deren Hilfe sie Sauerstoff in den Körper pumpen.

Ameisen können mit den Knien hören. Sie registrieren Schwingungen, wenn sie sich in ihren Nestern aufhalten oder auf Pflanzen am Boden.

Der Panama-Stummelfußfrosch, eine seltene Amphibie aus Costa Rica und Panama, hat keine funktionsfähigen Ohren, stattdessen hört er durch die Haut, die so beschaffen ist, dass sie in gleicher Frequenz schwingt wie Froschstimmen.

Katzen haben Ohren, die rasch rotieren können, um Geräusche zu identifizieren. Ihr Gehör ist so fein, dass sie Frequenzen bis zu 64 000 Hz wahrnehmen können. (Das menschliche Gehör kann Frequenzen von höchstens 23 000 Hz auffangen.) Daraus folgt, dass Katzen sogar die Ultraschalllaute hören, die Nagetiere erzeugen. Aus diesem Grund können sie manchmal Mäuse orten und fangen, ohne sie vorher gesehen zu haben.

Katzen können zehn Oktaven hören, Menschen nur achteinhalb.

Hunde benutzen ihre beweglichen Ohren wie Radarschüsseln und lokalisieren auf diese Weise eine Schallquelle in sechs Hundertstelsekunden. Sie können Geräusche in einer Entfernung von 230 Metern hören, die Menschen nicht einmal 23 Meter entfernt vernehmen würden. Außerdem sind ihnen Frequenzen bis zu 45 000 Hz zugänglich.

Taufliegen besitzen ein rotierendes Ohr, das sie auch als Nase verwenden. Zebras können ihre Ohren drehen und so Geräusche entdecken, ohne den Körper zu bewegen.

Geckos und Falter können im Dunkeln Farben erkennen.

Die Fledermaus, das häufigste fliegende Säugetier unseres Planeten, ist durchaus nicht »blind wie eine Fledermaus«, sondern mit Sinneswerkzeugen von unübertrefflicher Empfindlichkeit ausgerüstet.
Zur räumlichen Orientierung verwenden Fledermäuse ein System, das man als Echolokation bezeichnet. Dabei senden sie Wellen aus, die sie wieder auffangen, nachdem sie von Objekten und anderen Tieren zurückgeworfen worden sind. Eine Fledermaus kann potenzielle Beutetiere wie Insekten

nicht nur auf eine Distanz von 5,5 Metern entdecken, sondern auch feststellen, um was für ein Tier es sich handelt. Mit ihrem Nasenblatt ist sie sogar fähig, aus einem Abstand von 16 Zentimetern die Körperwärme eines Tieres wahrzunehmen.

Auch Delfine orientieren sich mit Hilfe von Echolokation.

Katzenwelse verfügen über ihre eigene Nachtsichtmethode. Sie können Beutetiere wie Guppys bei völliger Finsternis verfolgen, indem sie die chemische Spur aufnehmen, die diese Fische im Wasser hinterlassen.

Vögel betrachten Objekte nur mit einem Auge, wahrscheinlich, weil das linke und das rechte Auge verschiedene Funktionen erfüllen. Das linke Auge ist besser geeignet, Farben zu sehen, während das rechte Auge für die Wahrnehmung von Bewegungen zuständig ist.

Echsen orientieren sich unter Mithilfe eines dritten Auges oben auf dem Kopf.

Haie können unter Wasser selbst schwächste Lichtquellen entdecken. Sie können Schimmer wahrnehmen, die zehnmal dunkler sind als alles, was das menschliche Auge zu erkennen vermag.

Haie haben auch einen phänomenalen Geruchssinn. Als man einen Weißspitzen-Hochseehai in einen Behälter setzte, in dem sich kurz zuvor noch ein verletzter Fisch befunden hatte, wiederholte der Raubfisch jede Bewegung, die sein Vorgänger im Becken gemacht hatte, sodass er haargenau dasselbe Zickzackmuster beschrieb.

Der kleinste Hinweis auf einen verletzten oder toten Fisch versetzt einen Hai in rasende Fress- und Mordlust. Wenn seine Beute lebt, wird der Hai umso erregter, je größer die Not ist, in der sich jene befindet.

Ratten riechen in Stereo. Ihre beiden Nasenlöcher fangen unabhängig voneinander verschiedene Gerüche auf. Dann vermelden sie ihre Eindrücke dem Gehirn, das sich einen Reim auf die empfangenen Sinnesdaten macht. Das verschafft ihnen einen großen Vorteil gegenüber Beutetieren und potenziellen Fressfeinden.

Viele Säugetiere, darunter Menschen und Mäuse, verlieren die Härchen im Inneren ihrer Ohren, wenn sie älter werden, was zu Taubheit führt. Fledermäuse sind die einzig bekannte Ausnahme davon. Sie können die Zellen in ihren Ohren regenerieren, woraufhin die Härchen nachwachsen.

Der Geruchssinn eines Hundes ist hunderttausend Mal feiner als der eines Menschen. In Tests waren Hunde in der Lage, chemische Lösungen zu erkennen, die eine Konzentration von ein oder zwei Teilen pro Billion hatten. Das ist so, als könnte man einen faulen Apfel in zwei Milliarden Barrel riechen.

Der männliche Baumwollwurm besitzt womöglich den feinsten Geruchssinn in der Tierwelt. Er vermag die Sexualpheromone eines Weibchens zu riechen, wenn sich nur fünf Moleküle in zehn Millilitern Luft befinden. Der schwedische Forscher, der das maß, verglich das mit einem Menschen, der herausschmeckt, dass ein Zuckerwürfel in einen See gefallen ist, indem er einen Schluck Wasser probiert.

Alligatoren und Krokodile bedienen sich nicht der gängigen Sinne, um potenzielle Beutetiere im Wasser zu entdecken. Die Reptilien sind mit einem raffinierten Wahrnehmungssystem ausgestattet, das sie von ihren Dinosauriervorfahren geerbt haben. Hochempfindliche Sensoren oder Rezeptoren sitzen bei Alligatoren an den Kiefern und bei Krokodilen im Gesicht und am Körper. Sie sind so empfindlich, dass sie vermelden, wenn ein Hirsch viele Meter entfernt einen Schluck Wasser trinkt.

Grillen haben extrem empfindliche Haare, die sie vor heranschleichenden Fressfeinden warnen. Die Haare (Cerci) reagieren so empfindlich, dass sie winzigste Veränderungen im Luftstrom anzeigen, wie sie etwa durch die Flügel einer Wespe oder die Zunge einer Kröte verursacht werden.

Die Tasthaare einer Katze gehören zu der ausgereiftesten Art von »Radar« in der Tierwelt. Diese hochempfindlichen Instrumente ermöglichen es der Katze beispielsweise, abzuschätzen, ob eine enge Passage Platz genug bietet, um sich hindurchzuquetschen. Auch die Bewegung eines Beutetiers können die Haare erfassen. Katzen haben diese Tasthaare sowohl an der Rückseite ihrer Vorderbeine als auch im Gesicht.

Wenn man die Flügel einer Fledermaus rasiert, verliert sie die Fähigkeit, sicher im Dunkeln zu navigieren. Die Unterseite des Flügels ist mit winzigen haarartigen Tastrezeptoren

besetzt, die dem Tier bei der Entdeckung von Turbulenzen helfen. Ein Forscher bestrich diese Rezeptoren mit einer Enthaarungscreme und beobachtete, was geschah. Als die Versuchs-Fledermäuse Wendungen um 90 Grad vollführen mussten, um Hindernisse zu umfliegen, konnten sie ihre senkrechte Bewegung nicht mehr steuern. Einige Fledermäuse kollidierten mit der Decke. Erst als die Haare nachgewachsen waren, konnten die Tiere wieder sicher fliegen.

Für einige Insekten kann Atmen gefährlich sein. Schmetterlinge und Ameisen sind so zerbrechlich, dass sie bei ständigem Atmen von der Sauerstoffansammlung in ihrem Körper getötet würden. Infolgedessen passen sie ihre Atmung an und kontrollieren die Sauerstoffaufnahme, wenn sie ruhen.

Rechtsausleger

Wie einige Tiere die Linke als Schlaghand benutzen

Stuten beginnen mit dem rechten Bein, männliche Tiere mit dem linken.

In einer Untersuchung an nicht dressierten Pferden in Irland beobachteten die Forscher, mit welchem Bein die Tiere den ersten Schritt taten, in welche Richtung sie sich bewegten, um einem Hindernis auszuweichen und auf welche Seite sie sich rollten, wenn sie sich ins Heu legten. Überraschenderweise bevorzugten die meisten Stuten ihre rechte Seite, während sich die meisten männlichen Tiere lieber auf die linke Seite legten. Nur eines von zehn Pferden wechselte zwischen links und rechts.

Krallenaffen sind überwiegend linkshändig. Die meisten Krähen sind Rechtshänder, wie auch die Mehrheit der Buckelwale. (Die meisten Wale haben fünf Finger in ihren Flossen.)

Walrosse sind »rechts-flossig«. In einer Untersuchung an Walrossen, die in den Gewässern vor Grönland nach Muscheln gruben, stellten die Forscher fest, dass die Tiere in 80 Prozent der Fälle die rechte Flosse nahmen.

Ratten, die bei der Nahrungssuche die Tasthaare auf der rechten Seite verwenden, sind erfolgreicher als Artgenossen, die sich auf die Tasthaare der linken Seite verlassen.

Acht von zehn Schimpansen und Gorillas tragen ihr Baby an der linken Körperseite. (Bei Menschenmüttern ist das Verhältnis ähnlich.)

Die tödlichen Aga-Kröten greifen eher Tiere an, die sich links von ihnen befinden, als solche zu ihrer Rechten.

West is best, zumindest soweit es Erdferkel angeht. Der Ameisen- und Termitenfresser geht abends auf Nahrungssuche, wenn die Termiten sich in ihren Hügeln versammelt haben. Da Termiten selbst keine Wärme erzeugen, wandern sie auf die Westseite ihres Nestes, die Seite, die von den Strahlen der untergehenden Sonne erwärmt wird. Jedes zweite Erdferkel nimmt den Termitenhügel nicht blindlings in Angriff, sondern wendet sich zuerst der Westseite zu.

Tierische Ärzte

Wie Tiere sich selbst (und andere) heilen

Wie Forscher herausgefunden haben, können Tiere sich selbst medizinisch behandeln. Wenn beispielsweise trächtige Elefantenkühe in Afrika kurz vor der Geburt stehen, dann begeben sie sich auf eine Wanderung, die ausschließlich dem Ziel dient, von einem bestimmten Raubblattgewächs zu fressen. In einer Studie beobachtete man, dass eine hochträchtige Elefantenkuh eine Wegstrecke von 28 Kilometern zurücklegte, um von dieser Pflanze zu fressen, die nicht in ihrem normalen Habitat wuchs. Danach kehrte sie nach Hause zurück und kam binnen Tagen nieder. Einheimische Frauen verabreichen die gleiche Pflanze, wenn sie die Wehen einleiten wollen.

Schimpansen kurieren sich selbst von schlimmen Magenerkrankungen. Eine Schimpansin, die an Durchfall und allgemeinem Unwohlsein litt, wurde beobachtet, wie sie einen kleinen Baum aufsuchte, sich dort ein Stück Rinde herausbrach und es eine halbe Stunde lang kaute, wobei sie die ausgekauten Fasern nach und nach ausspuckte. Nach 24 Stunden war sie vollkommen genesen.

Brasilianische Affen haben ihre eigene Methode der Empfängnisverhütung. Die Weibchen der Spinnenaffen fressen die Blätter einer Pflanze, die sogenannte Isoflavanoide enthält, Stoffe, die dem Östrogen ähneln. Nach Meinung der Wissenschaftler nehmen die Weibchen diese Blätter zu sich, um ihre Fruchtbarkeit zu reduzieren. Wenn sie Nachwuchs wollen, kauen sie ein anderes Blatt. Das enthält Stigmasterol, ein Schwangerschaftshormon.

Viele Tiere verwenden Kräuterheilmittel.

Wildschweine und Indische Elefanten fressen Pflanzenwurzeln, um sich vor Wurmparasiten zu schützen. Bären halten sich an Mutterwurz. Sie zerkauen die Pflanze und spucken sie aus. Den mit Speichel vermischten Pflanzenbrei schmieren sie sich auf die Tatzen und ins Fell. Man nimmt an, dass der Brei ihnen als Insektizid dient und sie vor Parasiten schützt.

Ameisen produzieren Antibiotika, um Krankheiten in ihren Kolonien zu bekämpfen.

Schimpansen beugen Krankheiten vor, indem sie die Blätter bestimmter Pflanzen kauen. Menschen, welche die Blätter dieser Pflanzen probierten, stellten fest, dass sie die gleichen pharmakologischen Eigenschaften aufwiesen wie Arzneimittel. Die Forscher glauben, dass das Pflanzenkauen noch weitere Funktionen in der Affenwelt erfüllt. Weibliche Brüllaffen beeinflussen damit das Geschlecht ihrer Jungen, während einige andere Affenarten sie möglicherweise als Rauschdrogen konsumieren.

Auch Spatzen wissen, wie sie sich erfolgreich vor Krankheit schützen. Als in Kalkutta die Malaria grassierte, begannen die Spatzen, ihre Nester mit den Blättern des Pfauenstrauchs auszukleiden und sie zu fressen. Die Blätter enthalten den Wirkstoff Chinin, der den Malariaparasiten abtötet.

Offenbar können Hunde Krebserkrankungen riechen. Klinische Tests an der University of California in Berkeley haben gezeigt, dass Hunde, einfach indem sie an menschlichem Atem schnüffeln, Krebserkrankungen der Lunge, der Brust und anderer Organe mit einer Genauigkeit von 88 bis 97 Prozent riechen können. Die viele Millionen Euro teuren Diagnosegeräte in modernen Krankenhäusern bringen es lediglich auf eine Genauigkeit von 85 bis 90 Prozent. Hunde können auch darauf dressiert werden, Herzkranke vor bevorstehenden Infarkten zu warnen.

Einige Hunde können vorhersagen, wenn einem Kind ein epileptischer Anfall droht. In einer kanadischen Studie stellte man fest, dass Hunde, die in Familien mit epilepsiekranken Kindern leben, sich im Vorfeld von Anfällen auffällig verhielten.

Einige Hunde leckten den Kindern das Gesicht oder verhielten sich sehr fürsorglich. Ein Hund zog ein kleines Mädchen sogar von einer Treppe fort, kurz bevor es einen Anfall hatte. Die Warnungen der Hunde gingen den ersten Symptomen des epileptischen Anfalls bis zu fünf Stunden voraus.

Zahlreiche wissenschaftliche Studien haben bewiesen, dass der Umgang mit Hunden oder Katzen stressreduzierend und blutdrucksenkend wirkt.

Esel haben einen beschwichtigenden Einfluss auf andere Tiere. Da sie von Natur aus zur Passivität neigen, beruhigen sie die Angehörigen anderer Tierarten, die nervös sind oder sich von einer Verletzung erholen. Häufig setzt man sie auch therapeutisch bei Menschen ein, die unter geistigen oder körperlichen Behinderungen leiden. Bislang hat noch niemand befriedigend zu erklären vermocht, warum sie diesen Einfluss auf andere Arten haben.

Moderne Ärzte sind zu einer alten Heilmethode zurückgekehrt, bei der sie Maden als »Mikrochirurgen« verwenden. Maden, insbesondere die Larven bestimmter Fliegenarten wie der Schmeißfliege, besitzen die Fähigkeit, erkranktes menschliches Gewebe zu heilen – etwa Fuß- und Beingeschwüre, Verbrennungen und postoperative Wunden. Pro Quadratzentimeter setzt man fünf bis zehn dieser Maden, umgibt sie mit einem Verband und belässt sie zwischen 48 und 72 Stunden auf der Wunde. Während dieser Zeit lösen die Maden das tote Gewebe auf, indem sie Verdauungssäfte absondern und dann das verflüssigte Gewebe nebst allen Bakterien aufnehmen. Während dieser Zeit wachsen die Maden auf das Fünffache ihrer ursprünglichen Größe an.

Einige der gefährlichsten Tiere überhaupt besitzen möglicherweise auch die Fähigkeit, Menschen zu heilen. Man nimmt an, dass das hochwirksame Gift der tropischen Kegelschnecken das Potenzial hat, zahlreiche Krankheiten, darunter auch Krebs und Epilepsie, zu heilen. Vermutlich lassen sich aus einigen Schlangengiften noch weitere Heilmittel gewinnen. ACE-Hemmer, mit denen man Bluthochdruck und andere Herzkreislauferkrankungen behandelt, werden aus dem Gift einer brasilianischen Schlange gewonnen. Von anderen Schlangengiften erwartet man, dass sie das Wachstum von Krebstumoren verhindern können.

Aus einem chemischen Stoff aus der Haut eines in Ecuador beheimateten Frosches lässt sich ein Schmerzmittel gewinnen, das zweihundert Mal so wirksam ist wie Morphium.

Übernatürliche Fähigkeiten

Wie Tiere ihren sechsten Sinn einsetzen

Die These, dass Tiere Erdbeben vorhersagen können, erfreut sich zunehmender Akzeptanz bei Wissenschaftlern. In einer amerikanischen Studie berichteten 17 von 50 Familien, die im Einflussgebiet eines Erdbebens lebten, das 1977 Kalifornien heimsuchte, von ungewöhnlichen Verhaltensweisen ihrer Tiere. Das reichte von einem Pferd, das gegen die Wände seiner Box trat, bis zu einer Katze, die während ihrer üblichen Schlafenszeit unruhig hin und her lief, und einem normalerweise friedlichen Hund, der aufgeregt heulte. Untersuchungen in der Mojave-Wüste in den Vereinigten Staaten zeigten weiter, dass Hunde bei einem geringfügigen Nachbeben bellten, welches von Menschen unbemerkt blieb, aber von Seismographen aufgezeichnet wurde.

Einige Tiere verfallen vor Erdbeben in einen merkwürdigen Bewusstseinszustand, welcher der Trunkenheit ähnelt. In den Wochen vor dem katastrophalen Erdbeben, das 1975 die chinesische Stadt Haicheng ereilte, berichteten Einwohner wiederholt, sie hätten benommen aussehende Ratten und Schlangen erblickt, die wie am Boden festgewachsen schienen. In den Tagen unmittelbar vor der Katastrophe wurden die Tiere immer unruhiger: Kühe und Pferde gerieten in Erregungszustände, Hühner wollten nicht in ihrem Stall bleiben, und die Enten flogen viel häufiger auf als normalerweise.

Weitere Belege dafür, dass Tiere ein feineres Gespür für Erdschwingungen haben als Menschen, brachte der asiatische Tsunami vom 26. Dezember 2004. Augenzeugen berichteten, dass sich das Verhalten vieler Tiere schon vor Eintreffen der Flutwelle auffällig verändert habe: Elefanten hätten geschrien und höher gelegene Gebiete aufgesucht, Flamingos ihre tief gelegenen Brutgebiete verlassen, Zootiere in ihren Käfigen gekauert und keinen Schritt hinaus getan und Hunde ihren täglichen Spaziergang am Meer verweigert. Während furchtbar viele Menschen ihr Leben verloren, starben nur sehr wenige Tiere in den Fluten.

Haie erkennen, wenn sich ein Hurrikan zusammenbraut. Kurz bevor beispielsweise der Tropensturm Gabrielle im Jahr 2001 den Südwesten Floridas verwüstete, verließen alle Mitglieder einer Gruppe Schwarzspitzen-Haie, die von Biologen mit Peilsendern ausgerüstet worden waren, ihr normales Habitat und suchten tiefere Gewässer auf. Ganz ähnlich begab sich im selben Jahr eine andere Gruppe von sendermarkierten Haien kurz vor Eintreffen des Hurrikans Charley in tiefere Wasser. Meeresbiologen glauben, dass Haie den Luftdruckabfall spüren, der vor der Ankunft eines Hurrikans

stattfindet. Der Luftdruckabfall bewirkt einen ähnlichen Rückgang des Wasserdrucks.

Hunde können Granatwerfer- und Artilleriefeuer spüren. In einer Studie zum Verhalten von Hunden während der Belagerung von Sarajevo stellte sich heraus, dass sich viele Hunde schon vor Beginn des Beschusses seltsam aufführten. Rund 57 Prozent der Hunde versteckten den Kopf unter Tischen oder anderen Möbelstücken, 35 Prozent der Hunde verkrochen sich ganz unter einem Bett oder einem Tisch, rund 14 Prozent der Hunde sprangen in die Arme ihrer Besitzer und 21 Prozent jaulten, als wollten sie vor einem beginnenden Brand warnen. Der interessanteste Befund betraf jedoch Hunde, die kurz vor dem Artilleriebeschuss mit ihren Besitzern Gassi gingen. Fast 72 Prozent der Tiere zogen ihre Besitzer mit körperlicher Kraftanstrengung in eine andere Richtung. In vielen Fällen, so die Studie, gelang es den Hunden, ihre Besitzer aus der Schusslinie zu zerren.

Tiere können levitieren. In einem starken elektromagnetischen Feld platziert, schwebten verschiedene Tiere – von Fröschen bis zu Grizzlyjungen – in der Luft.

TEIL ZEHN

Alles bewegt sich

Wie Tiere von A nach B gelangen

Einige gleiten, einige fliegen, einige hüpfen, einige suchen sich einfach eine Mitfahrgelegenheit: Alle Tiere sind darauf angewiesen, sich fortzubewegen, doch einige sind geschicktere und mutigere Reisende als andere.

Die wagemutigsten Entdeckungsreisenden der Natur sind mit einer Art GPS-Navigator ausgerüstet und können den Globus scheinbar mühelos umrunden. Dagegen sind die weniger athletischen Geschöpfe des Tierreichs kaum in der Lage, einen Fuß vor den anderen zu setzen.

Von der Poesie der Bewegung

Die elegantesten Fortbewegungsarten der Natur

Das Känguru ist eine der effizientesten Laufmaschinen auf unserem Planeten. Die Schrittweite eines Kängurus in vollem Lauf, bei dem es eine Geschwindigkeit von mehr als 32 Stundenkilometern entwickelt, kann mehr als sechs Meter betragen. Doch je schneller es hüpft, desto weniger Energie verbraucht es. Wissenschaftler glauben, dass die Beine und der Schwanz des Kängurus in ihrem Zusammenwirken ebenso energiesparend arbeiten wie ein Pogo-Stock.

Das Känguru ist auch das einzige Säugetier, das in dem Augenblick aufhört zu schwitzen, da es die körperliche Anstrengung einstellt. Stattdessen beginnt es heftig zu hecheln – 300 Atemzüge pro Minute –, was ihm ermöglicht, den überhitzten Körper abzukühlen, ohne zu viel Wasser zu verlieren.

Delfine sind die effizientesten und geschicktesten Schwimmer in der Natur. Sie können Geschwindigkeiten von mehr als 32 Stundenkilometern beibehalten, indem sie in einer Wassertiefe von anderthalb bis drei Metern schwimmen und aus dem Wasser springen, sobald sie näher an die Oberfläche geraten – nicht aus Spaß, sondern um Energie zu sparen. Die Bewegung durch die Luft ist leichter als durchs Wasser, wo der Körper Wellen erzeugt. Der Ostpazifische Delfin geht noch einen Schritt weiter. Wie eine aufgezogene Sprungfeder schießt er aus dem Wasser und vollführt bis zu sieben Schraubensaltos in der Luft. Delfine können auch surfen: Bis zu einer Stunde reiten sie auf der Bugwelle eines Schiffes, ohne Energie zu verbrauchen oder den Körper zu bewegen.

Der tiefste dokumentierte Tauchgang beträgt 640 Meter, ausgeführt von einer Lederschildkröte, die nach Meinung der Forscher sogar noch tiefer tauchen kann – bis zu einem Kilometer.

Kaiserpinguine können 457 Meter tief tauchen und die Luft 22 Minuten lang halten.

Auch das größte Nagetier der Welt, das Wasserschwein, ist ein begabter Taucher. Bis zu fünf Minuten kann es unter Wasser bleiben.

Tintenfische und Oktopoden sind mit Düsentriebwerken ausgestattet. Durch eine große Körperöffnung saugen sie Wasser ein und katapultieren sich dann vorwärts, indem sie das Wasser durch eine trichterförmige Öffnung wieder ausstoßen. Der Trichter ist beweglich, sodass sich das Tier in verschiedene Richtungen bewegen kann.

Der Stirnlappenbasilisk, eine mittelamerikanische Eidechse, besitzt eine einzigartige Fähigkeit. Bei drohender Gefahr kann er mit Geschwindigkeiten von bis zu zwei Metern pro Sekunde über eine unbewegte Wasseroberfläche laufen. Das bewerkstelligt die Eidechse, indem sie Luftpolster unter ihren Füßen erzeugt. Dem Kunststück verdankt sie einen nahe liegenden Spitznamen: Jesus-Echse.

Schnecken sondern einen farblosen, klebrigen Schleim ab, der dafür sorgt, dass sie sich auf einer Art Schutzteppich fortbewegen. Die Absonderung ist so wirksam, dass die Schnecken über raue und sogar messerscharfe Oberflächen kriechen können. Sie benutzen den Schleim auch zur Navigation. Die Spur einer Gehäuseschnecke ist unterbrochen, die einer Nacktschnecke kontinuierlich.

Geckos sind die weltweit klebrigsten Tiere. Ein Gecko kann eine glatte Glaswand mit einer Geschwindigkeit von einem Meter pro Sekunde hinauflaufen und sein gesamtes Körpergewicht, an der Wand hängend, mit einem einzigen Zeh halten. Dazu ist er dank der *Spatulae* fähig – winzigen Härchen, die sich unter seinen Füßen zu größeren Haftlamellen zusammenschließen. Viele Tiere haben *Spatulae,* aber nicht so viele wie der Gecko. Fliegen haben Tausende von ihnen, Geckos Millionen.

Der Riesengleitbeutler, ein auf dem Malaiischen Archipel beheimatetes Beuteltier, das auf Bäumen lebt, verfügt möglicherweise über die empfindlichsten Sinne aller Tiere. Sein stereoskopisches Seh- und stereophones Hörvermögen gestatten ihm, Entfernungen von mehr als 100 Metern wie ein Gleitflieger zu überwinden und dann auf einem winzigen Ast zu landen. Und das Ganze noch dazu bei Nacht.

Die ungewöhnlichsten Flieger der Tierwelt sind vermutlich die Schmuckbaumnattern. Während fast jedes andere fliegende Tier, selbst das Gleithörnchen, irgendein symmetrisches Flügelpaar verwendet, hat die Paradies-Schmuckbaumnatter, eine von drei fliegenden Schlangenarten in Südostasien, ihre ganz eigene aerodynamische Technik. Wenn diese Schlange durch die Baumwipfel fliegt, flacht sie ihren Körper ab und gleitet durch die Luft.

Die größte dokumentierte Flughöhe eines Vogels beträgt mehr als 11 000 Kilometer. Das sind mehr als 600 Meter über der normalen Reisehöhe eines Verkehrsflugzeugs.

Der Peitschennasen-Anglerfisch gilt als einmalig. Als bislang einziger Fisch ist er auf dem Rücken schwimmend gefilmt worden. Diese Position nimmt er ein, wenn er die Weiten des Ozeans nach Beute absucht.

Elektrische Fische können ebenso gut rückwärts schwimmen wie vorwärts.

Kolibris sind die einzigen Vögel, die fähig sind, rückwärts zu fliegen.

Libellen sind die schnellsten Insekten. Sie bringen es nachweislich auf 56 Stundenkilometer. Die Schwärmer, bei denen man Geschwindigkeiten von bis zu 54,2 Stundenkilometern gemessen hat, gelten als die zweitschnellsten Insekten.

Die schnellsten Tiere der Erde sind laut dem Smithsonian National Zoological Park in den Vereinigten Staaten:

Schnellstes Landsäugetier:	Gepard, Höchstgeschwindigkeit 113 Stundenkilometer
Schnellstes Wassersäugetier:	Weißflanken-Schweinswal, Höchstgeschwindigkeit 56 Stundenkilometer
Schnellster Vogel in der Luft:	Wanderfalke, Höchstgeschwindigkeit im Sturzflug 320 Stundenkilometer
Schnellster Vogel auf dem Land:	Nordafrikanischer Strauß, Höchstgeschwindigkeit 72 Stundenkilometer
Schnellster Fisch:	Segelfisch, Höchstgeschwindigkeit 109 Stundenkilometer

Der Gepard kann in 2,5 Sekunden von 0 auf 72 Stundenkilometer beschleunigen.

Globetrotter

Tiere auf Fernreisen

Der Nördliche See-Elefant reist weiter als irgendein bekanntes Säugetier. Jedes Jahr wandert er während der Paarungszeit zweimal von den Nahrungsgründen an der kalifornischen Küste nach Alaska und in den Nordpazifik. Insgesamt legt der See-Elefant rund 20 000 Kilometer zurück.

Der männliche Albatros kann 33 Tage »auf See« verbringen, während er auf den südlichen Meeren nach Nahrung sucht.

Von allem Ballast befreit ... Manche Zugvögel sind in der Lage, enorme Strecken zurückzulegen, weil sie einige ihrer inneren Organe zerstören. Die Pfuhlschnepfe legt 11 000 Kilometer zurück, um von ihren Brutgebieten in Alaska nach Neuseeland zu gelangen; dabei entledigt sie sich ihres Darms, ihrer Nieren und ihrer Leber, um Platz für die zusätzlichen Nahrungsreserven zu schaffen, die sie für den langen Flug braucht. Am Ziel angelangt, regeneriert die Schnepfe ihre Organe.

Die Schraubenwurmfliege ist eine besonders unternehmungslustige – und gefährliche – Reisende im Tierreich. Die Larven der Fliege richten große Schäden beim Nutzvieh an.

Als sie in Amerika kurz vor der Ausrottung stand, wanderte sie in die anderen Erdteile ab – indem sie sich in Verkehrsflugzeuge und auf Schiffe schmuggelte.

Schnecken gehören zu den erfolgreichsten Trampern. Man hat europäische Schnecken an so entlegenen Orten wie der Atlantikinsel Tristan da Cunha entdeckt, 9000 Kilometer von ihren Herkunftsgebieten entfernt. Nach der Auffassung von Wissenschaftlern der Universität Cambridge sind sie dorthin gelangt, indem sie sich eine Mitfluggelegenheit auf Zugvögeln verschafft haben.

Leguane sind auf Flößen in der Karibik umhergereist. Man schätzt, dass sie auf Trümmerteilen, die bei Stürmen ins Meer gerissen wurden, Strecken von mehr als 320 Kilometern zwischen den Inseln zurückgelegt haben.

Möglicherweise kennen Kaltwasserfische einen geheimen Pfad, der ihnen auf rätselhafte Weise ermöglicht, von Pol zu Pol zu wandern. Man hat Fische aus den eiskalten südlichen Meeren in den ebenso kalten Gewässern des hohen Nordens entdeckt, obwohl sie die Tropen durchqueren mussten, um dorthin zu gelangen. Den Schwarzen Seehecht, eigentlich in der Antarktis beheimatet, hat man an der Westküste Grön-

lands entdeckt. Wissenschaftler vermuten, dass es einen kalten Tiefseekorridor gibt, in dem diese Fische von einem Ende des Planeten zum anderen gelangen können.

Der Monarchfalter hat von Natur aus einen Kompass. Jeden Herbst unternehmen die Schmetterlinge eine der bemerkenswertesten Reisen der Tierwelt, bei der sie von ihren Brutgebieten im Osten der Vereinigten Staaten und Kanadas in ihre Wintergebiete in Mexiko ziehen. Millionen von ihnen gelangen sicher ans Ziel, obwohl sie noch nie dort gewesen sind. Nach Meinung der Forschung orientieren sich die Tiere teils an der Sonne und teils am Magnetfeld der Erde. Auch bei anderen Tieren vermutet man solche Kompasse – unter anderem bei Bienen, Wespen, einigen Fischen und einer Nacktmullart.

Vermutlich haben viele Tiere die Fähigkeit, sich am Magnetfeld der Erde zu orientieren, doch zwei Arten erweisen sich als unübertroffene Meister in dieser Kunst.

Jahr für Jahr wandert die Küstenseeschwalbe von der Antarktis ganz im Süden unseres Planeten nach Norden in die Arktis und zurück – eine Rundreise von insgesamt 32 000 Kilometern. Das gelingt ihr, ohne dass sie jemals vom Kurs abkommt.

Genauso eindrucksvoll ist die Leistung der weiblichen Suppenschildkröte, die jedes Jahr von ihren Nahrungsgründen vor der Küste Südamerikas zu ihren Brutgebieten auf der Insel Ascension mitten im Atlantik wandert. Wie sich die Schildkröte auf dieser Reise von 2400 Kilometern so zurechtfindet, dass sie genau auf die elf Kilometer breite Insel trifft, diesen winzigen Felsenfleck im offenen Meer, weiß niemand so recht.

Der kalifornische Rotbauchmolch findet bemerkenswert sicher nach Hause, fast so als besäße er eine GPS-Navigationshilfe. Die Sinnesorgane des echsenartigen Tiers sind so leistungsfähig, dass es auch einen Heimweg von vielen Kilometern problemlos meistert.

Ein Rotbauchmolch wurde von seinem Zuhause in einem Tal über einen Bergrücken von 300 Meter Höhe getragen und in einer völlig unbekannten Umgebung ausgesetzt. Kaum zu Boden gelassen, richtete sich der Molch so aus, dass sein Kopf genau in die Richtung seiner ursprünglichen Heimat zeigte und trat die Rückreise an. Die Forscher meinen, der Kompass des Tieres habe mit einer rätselhaften dritten Kammer in seiner Nase zu tun, die nicht – wie die beiden anderen – Gerüche aufnimmt. Einige Wissenschaftler vermuten, dass der Molch über eine Sinnesmodalität verfügt, die wir noch nicht verstehen.

Auch Langusten besitzen ein bemerkenswertes Talent, ihren Heimweg zu finden. Langusten, die bis zu 36 Kilometer von ihrem Ausgangspunkt entfernt wurden und keinerlei Hinweise besaßen, wo sie sich befanden, wendeten sich augenblicklich in die richtige Richtung und begaben sich unverzüglich an den Punkt zurück, wo die unfreiwillige Reise ihren Ausgang genommen hatte. Vermutlich verfügt die Languste über eine Art magnetischer Karte, der das Magnetfeld der Erde zugrunde liegt.

Der größte Heuschreckenschwarm aller Zeiten soll derjenige gewesen sein, der 1889 das Rote Meer überquerte. Er hatte eine Ausdehnung von mehr als 5000 Quadratkilometern und wurde auf ein Gewicht von 500 000 Tonnen sowie eine Zahl von 250 Milliarden Tieren geschätzt.

Reisen erweitert den geistigen Horizont, besonders wenn Sie ein Vogel sind. Zugvögel, die jedes Jahr große Entfernungen zurücklegen, haben ein besseres Gedächtnis als Artgenossen, die überwiegend zu Hause bleiben. Nach Auffassung der Forscher erweitern die Tricks, welche die Zugvögel bei ihrer Navigation um die Erde lernen, die geistigen Fähigkeiten der Tiere. Bei zwei Arten von Grasmücken stellte man fest, dass sich ihre Leistungen stark unterschieden, wenn sie sich Nahrungsverstecke ins Gedächtnis rufen sollten. Die Garten-Grasmücke, ein Zugvogel, erinnerte sich noch nach einem Jahr, wo sich das Futter befand, die Samtkopf-Grasmücke, ein Standvogel, hatte das Versteck schon nach zwei Wochen vergessen.

Wann sind wir endlich da?

Einige Tiere, die nicht zum Reisen geboren sind

Ihre Teleskopbeine zwingen die Giraffe dazu, unmittelbar aus dem gemütlichen Gehen in den Galopp überzugehen. Wenn sie zu traben versucht, gerät sie ins Stolpern.

Das kann dem Faultier kaum passieren. Es bewegt sich so langsam, dass es Pilze an den Füßen ansetzt.

Ameisen überqueren keine Kreidelinie. Wenn Sie also ein Heer der lästigen Eindringlinge aufhalten wollen, brauchen sie nur eine solche Linie auf dem Fußboden zu ziehen. Das ist einer von zahlreichen Tipps, die Joey Green, ein amerika-

nischer Gartenexperte, zur Eindämmung der Ameisenplage parat hat.

Zu den anderen Haushaltsmitteln, die Green vorschlägt, gehören Backpulver, Pfefferminzseife, Mehl, weißer Essig und eine Reihe von Markenartikeln: Vaseline, Maxwell-Kaffee, Johnsons Babypuder und Campbells Tomatensuppe. Wenn man die Beine eines Tisches in vier leere Campbell-Dosen stellt, sind die Ameisen offenbar nicht in der Lage, auf den Tisch zu klettern.

Warum ist der Bär über die Straße gelaufen? Wahrscheinlich weil er ein Männchen war. Untersuchungen haben gezeigt, das weibliche Grizzlys weit weniger als Männchen geneigt sind, Straßen zu überqueren.

Ältere Bienen leiden unter der Zeitverschiebung, wenn sie nach Übersee geflogen werden. Die älteren Bienen haben eine exakt gehende innere Uhr und bei Veränderungen ihrer Umgebung gerät ihr Tagesrhythmus aus dem Takt.

TEIL ELF

Die Evolution entlässt ihre Kinder

Erfolge und Misserfolge der Natur

Alle Tiere sind das Ergebnis jenes langen Prozesses von Versuch und Irrtum, den wir Evolution nennen. Jede Art hat sich mit den Herausforderungen auseinandersetzen müssen, welche die Umwelt an sie stellte, und hat sich entsprechend angepasst – oder auch nicht. Einige der Lösungen, die sich die Natur dabei hat einfallen lassen, sind wirklich wunderbar. Andere dagegen scheinen – zumindest für das menschliche Auge – noch nicht ganz ausgereift, sie kämpfen mit erheblichen Kinderkrankheiten, die noch kuriert werden müssen.

Es folgt eine Zusammenstellung der größten Erfolge von Mutter Natur – aber auch einiger ihrer Misserfolge.

Konstruktions-klassiker

Die größten Hits von Mutter Natur

Tief tauchende Pinguine haben eine raffinierte Methode zur Vermeidung der Dekompressionskrankheit (DCS) entwickelt. Königs- und Adeliepinguine sind sowohl in der Lage, Hunderte von Metern tief zu tauchen und in der Tiefe minutenlang zu verweilen, als auch rasch an die Oberfläche zurückzukehren, ohne die Dekompressionskrankheit zu erleiden, die menschliche Taucher befällt. Das gelingt ihnen, indem sie ihren Aufstieg auf halbem Weg unterbrechen und dann langsam in einem schrägen Winkel nach oben schwimmen, der ihnen gestattet, ihre Lungen allmählich anzupassen.

Kaiserpinguine werden niemals nass. Ihre Federn sind flach, ölig und wasserdicht. Außerdem ist ihre Haut durch eine Luftschicht zwischen Körper und Federn geschützt.

Strauße verfügen über eine einfache, aber wunderbar effektive Methode, um ihre Beine während der heißesten Stunden des Tages zu kühlen: Sie urinieren darauf.

Spinnen können Netze weben, die so elastisch sind, dass sie sich auf das Vierfache ihrer ursprünglichen Länge dehnen lassen und dann wieder ihre Ausgangsform annehmen, ohne auszuleiern.

Krokodile können unter Wasser länger als eine Stunde die Luft anhalten. Das Kohlendioxid, das sich in ihrem Blut ansammelt, wird in winzige Bikarbonat-Ionen umgewandelt. Das regt das Sauerstoff tragende Hämoglobin in den roten Blutkörperchen an, lebenswichtigen Sauerstoff an den Organismus des Krokodils abzugeben.

Krebs tritt bei Vögeln halb so häufig auf wie bei Säugetieren.

Der in Arizona lebende Kleine Baumleguan ist ein farbkodiertes Thermometer der Natur. Morgens, bei niedrigen Temperaturen, sind die Farbflecke auf dem Bauch und der Kehle des Leguans grün. Bei Sonnenaufgang färben sie sich türkis. Erreichen Sonne und Temperatur ihren höchsten Stand, zeigen die Flecke des Leguans ein strahlendes Kobaltblau.

Der zuverlässigste Wärmemesser ist die Baumgrille. Wärme und Kälte wirken sich unmittelbar auf die Frequenz ihres Zirpens aus. Wenn man zählt, wie oft die Grille in 15 Sekunden zirpt und 39 addiert, so ergibt die Summe die Außentemperatur in Fahrenheit. Kein Wunder, dass die Baumgrille auch als Thermometer des armen Mannes bezeichnet wird.

Ein afrikanischer Wüstenkäfer stillt seinen Durst auf unvergleichliche Weise: Er trinkt mit seinem Hinterteil. Der Käfer *Stenocara* muss in der heißesten Wüste der Welt überleben – der Namib in Südwestafrika. Seine einzige Wasserquelle ist die Feuchtigkeit des Morgennebels. Die sammelt das Tier, indem es seinen Unterleib der Morgenbrise entgegenstreckt und kleine Tropfen Feuchtigkeit auf seinem eigens dafür geriffelten Hinterleib fängt. In den Rillen seines Rückens laufen die Tautropfen dann nach vorn in seine Mandibeln.

Ein Alligator erzeugt eine Kraft von 900 Kilogramm, wenn er seine Kiefer zuschnappen lässt, zehnmal so viel Druck wie ein Mensch, der den Mund schließt.

Der Rüssel eines Elefanten besteht aus 40 000 Muskeln. Der menschliche Körper verfügt lediglich über 650 Muskeln.

Das riesige Marco-Polo-Schaf besitzt ungeheuer lange Hörner. Der Kopfschmuck dieses Schafes, das hoch in den Bergen von Afghanistan lebt, wird bis zu 1,9 Meter lang, bei weitem das längste Gehörn aller Schafe.

Fledermäuse und Giraffen haben die gleiche Anzahl von Halswirbeln, nämlich sieben – wie die meisten anderen Säugetiere. Nur der Schwan besitzt fünfundzwanzig.

Der Waldfrosch ist in der Lage, dem arktischen Winter standzuhalten, indem er sich in einen Eiswürfel verwandelt. Der Frosch lässt zwei Drittel seines Körperwassers zu Eis gefrieren, sodass Herz, Gehirn und Lungen ihre Funktionen einstellen und der Stoffwechsel sich radikal verlangsamt. Solange die Körpertemperatur des Frosches nicht unter minus sieben Grad fällt, überlebt er dank der Glukose in seinem Körper, bis der Frühling ihn auftaut.

Auf ähnliche Weise überstehen einige amerikanische Alligatorrassen den Winter. In gefrierenden Gewässern lassen sie ihre Schnauzen so im Eis einfrieren, dass sie durch die Nasenlöcher monatelang weiter atmen können.

Da Nahrung knapp ist in den tieferen Meeresregionen, haben sich ihre Bewohner diesen Bedingungen angepasst. Der Pelikanaal kann Maul und Magen dehnen, sodass er in der Lage ist, Beutetiere zu verschlingen, die größer sind als er selbst.

Spinnen können insgesamt sieben verschiedene Seidenarten herstellen – von einer extrem haftenden Sorte, die zum Beutefang dient, bis zu den unglaublich tragfähigen Fäden, an denen die Spinnen selbst hängen. Viele Spinnen können mehrere Seidenarten produzieren, aber keine vermag alle sieben zu erzeugen.

Rhesusaffen haben kleine Taschen in den Backen. Darin tragen sie Nahrungsvorräte mit sich herum, auf die sie bei Hunger zurückgreifen können.

Haie sind offenbar die einzigen Tiere, die nie krank werden. Soweit man weiß, sind sie gegen jede bekannte Krankheit einschließlich des Krebses immun. Außerdem hat der Hai die beneidenswerte Fähigkeit, verlorene Zähne in nicht mehr als 24 Stunden zu ersetzen. Auf diese Weise kann er Tausende von Zähnen im Laufe eines Lebens verschleißen. Das einzige Handikap, das einige Haie haben, liegt darin, dass sie ständig schwimmen müssen, um über ihre Kiemen Sauerstoff aus dem Wasser aufzunehmen. Außerdem sind sie dichter als Wasser und würden daher im Ruhezustand sinken. Kein Wunder also, dass Haie nicht schlafen. Sie legen lediglich Pausen ein.

Nashornkäfer können das 850-fache ihres Gewichts auf dem Rücken tragen. Das ist so, als schleppte ein Mensch 76 Mittelklassewagen auf dem Buckel. Wenn der Nashornkäfer der Kraftmeier der Insektenwelt ist, so ist die Schaumzikade ihre sprunggewaltigste Athletin. Dieses saftsaugende Insekt ist nur sechs Millimeter lang, schnellt sich aber mit einer Art Katapulttechnik 70 Zentimeter in die Luft. Um es der Schaumzikade gleich zu tun, müsste ein Mensch 210 Meter hoch springen. Dabei entwickelt das Insekt eine Kraft, die 400 Mal so groß wie die Erdschwere (g) ist. (Menschen bringen es beim Springen auf das zwei- bis dreifache der Erdschwerebeschleunigung und verlieren das Bewusstsein, wenn die Schwerkraft mehr als 5 g beträgt.)

Eine Ameise kann mehr als das 50-fache des eigenen Körpergewichts heben und tragen.

Der Große Panda hat einen »sechsten Finger« entwickelt, mit dessen Hilfe er den Bambus besser handhabt. Dieser daumenartige Finger ist ein Auswuchs des im Handgelenk sitzenden Sesambeins. Er arbeitet mit dem echten Daumen zusammen und erleichtert es dem Panda, Stängel und Blätter des Bambus zu ergreifen.

Mit Hilfe eines Prozesses, den man als Biolumineszenz bezeichnet, können einige Tiere ihr eigenes Licht erzeugen. Das farbigste Beispiel ist ein brasilianischer Wurm, auf dessen Kopf ein rötliches Licht glüht und dessen Seiten mit grünen Lichtern gesäumt sind. Sein Spitzname ist »Eisenbahnwurm«.

Die in hawaiischen Gewässern lebende Stummelschwanzsepia hat eine hochintelligente Methode entwickelt, mit dem Meeresboden zu verschmelzen, um sich vor ihren Fressfeinden zu schützen. Dieser Tintenfisch verfügt über ein Leuchtorgan, das aus silberfarbenen Reflektoren und lumineszenten Bakterien besteht. Mit Hilfe dieses Leuchtorgans verbirgt der Tintenfisch seinen Schatten, der für die Fressfeinde der verlässlichste Hinweis auf den Aufenthaltsort des gut getarnten Tieres ist. Wissenschaftler untersuchen gegenwärtig, ob sich der Mechanismus dieses Organs nanotechnologisch nutzen lässt.

Prachtbienen gelten als einzigartig. Sie sind die einzigen Insekten, die ihre Nahrung durch einen Strohhalm aufnehmen. Anders als andere Insekten, die ihre Nahrung auflecken, schweben die Prachtbienen über ihrer Nahrung und nehmen sie über einen langen, trichterförmigen Saugrüssel zu sich.

Eine Leguanart auf den Galapagosinseln kann ihre Größe abhängig davon, wie viel Nahrung verfügbar ist, verändern. Bei Nahrungsmangel kann der schrumpfende Meeresleguan seine Länge um 20 Prozent verringern. Wenn nach einiger Zeit ausreichend Nahrung zur Verfügung steht, nimmt er wieder seine ursprüngliche Größe an. Er ist das einzige bekannte Wirbeltier, das den Jo-Jo-Effekt willentlich steuern kann.

Kobras zielen genau zwischen die Augen ihres Opfers. Arten wie die Mosambik-Speikobra können ihr Gift mit der gleichen Kraft verspritzen wie eine Wasserpistole, die ihre Ladung 1,2 bis 2,4 Meter weit schießt. Wie Studien zeigen, feuert sie ihr Gift nur auf bewegte Gesichter ab.

Die Gebisse und Kiefer von Hyänen gehören zu den kräftigsten in der gesamten Tierwelt. Ein ausgehungertes Hyänenrudel braucht noch nicht einmal 25 Minuten, um ein 450 Kilogramm schweres Zebra in ein kleines Häufchen Knochen zu verwandeln.

Giraffen tragen eine Art von Stützstrümpfen. Um das Blut vom Herzen in den Rest ihres ausgedehnten Körpers zu befördern, verfügen Giraffen über ein komplexes Pumpsystem. Ihr Herz ist zweieinhalb Mal so groß wie das irgendeines anderen Tieres ihrer Größe und befördert das Blut mit einer Kraft ins Gehirn, die der einer Benzinpumpe in einem Automobil entspricht. Wenn sich eine Giraffe jedoch hinabbeugt, um zu trinken oder zu fressen, werden zahlreiche Ventile aktiviert, die dafür sorgen, dass das Gehirn nicht plötzlich von Blut überflutet wird und Schaden nimmt. Zu diesem Kreislaufsystem gehört auch, dass Giraffen an ihren Beinen eine sehr straff sitzende Haut haben. Nach Auffassung der Wissenschaftler soll dadurch verhindert werden, dass sich das Blut auf seiner langen Reise in die Beine und zurück irgendwo staut oder klumpt.

Große und kleine Geschöpfe

Einige Davids und Goliaths der Natur

Die Blutgefäße des Blauwals sind so groß, dass ein Kind hindurchkrabbeln könnte.

Die größte Spinne ist die Riesenvogelspinne aus dem Nordosten Südamerikas. Sie kann die Ausmaße eines großen Tellers annehmen und – wie ihr Name vermuten lässt – Vögel aus ihren Nestern holen.

Die kleinste Spinne gehört zur Unterordnung der Vogelspinnenartigen und stammt von der Insel Borneo. Sie ist nicht größer als ein Stecknadelkopf.

Der kleinste dokumentierte Fisch der Welt ist eine Karpfenart, die im Schwarzwasser der Torfmoore Sumatras lebt. Sie heißt *Paedocypris progenetica* und misst in adulter Form noch nicht einmal 8 Millimeter.

Die weltweit kleinste Echse ist in der Karibik beheimatet und nur 16 Millimeter lang. Sie kann sich auf einer Ein-Cent-Münze zusammenrollen und gilt als der kleinste Vertreter aller 23000 bekannten Reptilien, Vögel und Säugetiere.

Laut der Smithsonian Institution sind die größten bekannten Insekten:

Ameise:	Ostafrikanische Treiberameise, 3,4 Zentimeter lang
Käfer:	Südamerikanischer Riesenbockkäfer, 20 Zentimeter lang
Schmetterling:	Königin-Alexandra-Vogelflügler von den Salomoninseln, Flügelspanne von 30,5 Zentimetern
Fliege:	Die südamerikanische Art *Gauromydas heros,* Körperlänge 6 Zentimeter
Falter:	Australischer Herkulesfalter, Flügelspanne 27 Zentimeter

Laut der Smithsonian Institution sind die kleinsten bekannten Insekten:

Ameise:	Eine in Sri Lanka beheimatete Art, 0,8 Millimeter lang
Käfer:	Federflügler, kleiner als ein Punkt im Text
Schmetterling:	Südafrikanischer Zwergbläuling, Flügelspanne 13 Millimeter
Falter:	Englischer Kleinfalter, Flügelspanne 3 Millimeter
Wespe:	Erzwespe *Dicopomorpha echmepterygis,* gerade einmal 0,17 Millimeter lang

Nur wenige Tiere wachsen so schnell wie der Sonnenfisch. Der weltweit größte Knochenfisch ist bei seiner Geburt nur 2,5 Millimeter groß. Doch im Laufe seines Lebens wächst er zu einer Breite von 4,3 Metern und einer Länge von 3 Metern heran. In ausgewachsenem Zustand wiegt er 1800 Kilogramm, womit er sein Geburtsgewicht um das 60-Millionen-fache übertrifft. Diese Wachstumsrate würde bei einem menschlichen Baby bedeuten, dass es als Erwachsener die Größe von sechs *Titanics* hätte.

Konstruktionspannen

Die größten Flops von Mutter Natur

Viele Tiere haben mit erheblichen körperlichen Handikaps zu kämpfen. Beispielsweise sitzen bei Schweinen die Augen an den Seiten des Kopfes, was ihre Sicht nach vorn erheblich beeinträchtigt und es ihnen absolut unmöglich macht, in den Himmel zu blicken. Unter einer ähnlichen Beeinträchtigung leiden Eulen. Sie haben längliche Augäpfel, die sie nicht nach allen Seiten in den Augenhöhlen drehen können. Um zur Seite zu sehen, müssen sie den ganzen Kopf drehen. Glücklicherweise sind Eulen in der Lage, den Kopf um 270 Grad zu drehen. Auch Katzen sind gehandikapt. Sie können nicht sehen, was sich direkt unter ihrer Nase befindet. Daher übersehen sie oft die Leckerbissen auf dem Fußboden.

Die kürzeste Lebensspanne der Wirbeltiere hat wohl der Prachtgrund-Kärpfling, ein winziger, fünf Zentimeter langer, in Afrika beheimateter Fisch. Er durchläuft die Sequenz von Kindheit, Jugend, Erwachsenenalter, Elternschaft und Greisenalter in lediglich sechs Wochen.

Der Basenji ist die einzige Hunderasse, die nicht bellt. Der afrikanische Hund, dessen Geschichte bis zu den Pharaonen zurückreicht, hat einen ungewöhnlich geformten Kehlkopf, der ihn daran hindert, die gleichen Geräusche zu erzeugen wie seine Artgenossen. Er gibt jedoch eine Reihe anderer Laute von sich, unter anderem kräht, gluckst, heult, knurrt und jodelt er, in der Regel um seine Freude zum Ausdruck zu bringen.

Die auf Stiere bezogene Redewendung vom »roten Tuch« entbehrt jeder Grundlage. Wie viele andere Tiere können Stiere nur zwei Pigmente im Farbspektrum unterscheiden: Blau und eine Mischung aus Rot und Grün. Das hat zur Folge, dass die meisten Dinge sich Grau in Grau präsentieren. Matadore werden von Stieren angegriffen, weil letztere durch die auffälligen Bewegungen des Tuchs gereizt werden. Wäre das Tuch rosafarben oder knallgelb, würde das nichts am Verhalten der Tiere ändern.

Tiere haben ganz ähnliche Beschwerden und Erkrankungen wie Menschen. So können verschiedene Hunderassen Akne bekommen. Kurzhaarrassen wie Boxer, Bulldoggen und Dobermänner sind besonders anfällig. Wie beim Menschen tritt das Ungemach gewöhnlich im Gesicht, besonders am Kinn, auf.

Dalmatiner bekommen eine Art Gicht. Sie sind insofern ein Sonderfall in der Tierwelt, als ihnen das Enzym Uricase fehlt, das Harnsäure abbaut. Infolgedessen kann sich die Säure in den Gelenken sammeln und Nierensteine bilden. Besonders gefährdet sind Hunde, die viel rotes Fleisch fressen, weil das einen Stoff namens Purin enthält. Wie beim Menschen leiden Hunde männlichen Geschlechts und mittleren Alters am häufigsten unter der Krankheit. Auch Menschenaffen und Meerschweinchen können an Gicht erkranken.

Einige Tierärzte vermuten, dass Menschen bei Katzen Asthma verursachen können. Auslöser können Zigarettenrauch, Hausstaub, Abfall und sogar menschliche Schuppen sein. Rund eine von 200 Katzen leidet unter Asthma, wobei asiatische Rassen wie Siamkatzen und Katzen im Alter von ein bis fünf Jahren besonders anfällig sind.

Hauskatzen können auch unter Passivrauchen leiden. Aus Untersuchungen wissen wir, dass sich bei Katzen, die in Haushalten mit Rauchern leben, das Risiko verdoppelt, an der Katzenversion des Non-Hodgkin-Lymphoms zu erkranken.

Frettchen sind besonders anfällig für menschliche Krankheitserreger. Sie gehören zu den wenigen Tierarten, die sich bei uns einen Schnupfen holen können.

Lemminge begehen keinen Selbstmord – zumindest nicht so, wie wir uns das vorstellen. Allgemein meint man ja, dass sich die Nager in den Abgrund stürzen, um eine Überbevölkerung zu verhindern. Das ist falsch. Doch durch ihre Angewohnheit, sich in großer Zahl fortzupflanzen, üben Lemminge eine unwiderstehliche Anziehungskraft auf hungrige Fressfeinde wie Wiesel, Polarfüchse, Schneeeulen und Falkenraubmöwen aus. Infolgedessen erlebt die Lemmingpopulation in Regionen wie Grönland nach steilen Anstiegen ebenso spektakuläre Rückgänge, wenn sie von Lande, zu Wasser und aus der Luft angegriffen wird.

Schafe mit dickem Hinterteil haben eine seltene genetische Veranlagung. Forscher haben entdeckt, dass Schafe mit ungewöhnlich voluminösen Kehrseiten ein Gen besitzen, das Nahrung in Muskelmasse und nicht, wie normalerweise, in

Fett umwandelt. Die Wissenschaftler nennen das Gen *Callipyge,* nach dem griechischen Wort für »Schöner Hintern«.

Eine Eidechse verfällt in Starre und Trance, wenn man sie aufnimmt und zwischen den Augen streichelt oder umdreht und am Bauch liebkost. Unbekannt ist, ob es sich um einen hypnotischen Zustand handelt oder ob die Eidechse sich tot stellt.

Offenbar kann man ein Huhn in einen hypnotischen Zustand versetzen, indem man ihm den Kopf unter einen Flügel steckt und es langsam im Kreis bewegt.

Ein Schaf kann sich umbringen, indem es sich auf den Rücken rollt. Das ist im Frühsommer vor der Schur ein besonderes Problem, wenn die schwere Wolle zu jucken anfängt. Das Schaf kann einfach der Versuchung nicht widerstehen, sich auf den Rücken zu drehen, um sich zu kratzen, doch dann erweist sich das Gewicht des Fells als so schwer, dass das Tier nicht mehr in der Lage ist, sich zurückzurollen und wieder auf die Beine zu kommen. Wenn man es in seiner hilflosen Lage belässt, wird es auf eine von zwei möglichen Weisen sterben: Entweder picken ihm Elstern und Möwen die Augen aus oder es bekommt die »Blähsucht«, eine tödliche Gasansammlung, die ihm den Magen wie einen Heißluftballon anschwellen lässt.

Gürteltiere sind neben dem Menschen die einzigen Tiere, die an Lepra erkranken können.

Von den meisten Insekten wissen wir, dass sie irgendeinen wirtschaftlichen oder ökologischen Nutzen für die menschliche Gesellschaft haben. So schätzt man beispielsweise, dass weltweit ein Drittel aller Ernteerträge (mit einem Gegenwert von 117 Milliarden Dollar im Jahr) von der Bestäubung abhängt, für die Bienen und andere Insekten sorgen. Die Schabe jedoch ist eines der ganz wenigen Insekten, die absolut nutzlos sind.

Menschliche Schadstoffe haben eine höchst merkwürdige Wirkung auf Tiere. Unkrautvernichtungsmittel verwandeln Frösche in Hermaphroditen, machen andererseits aber aus Fischen, die normalerweise Hermaphroditen sind, Weibchen. Stare singen weniger, wenn sie mit Insektiziden in Kontakt kommen, während Wassermolche die Fähigkeit einbüßen, potenzielle Paarungspartnerinnen am Geruch zu erkennen. DDT lässt männliche Möwen schwul werden, während andere chemische Stoffe Goldfische hyperaktiv machen und Affen zu aggressiven Kämpfen veranlassen. Sind Möwen zu viel Blei ausgesetzt, verlieren sie ihren Gleichgewichtssinn und fallen um.

Koalas haben Fingerspitzen, die denen des Menschen verblüffend ähnlich sind. Ihre Finger weisen die gleiche komplexe Kombination von Schleifen, Wirbeln und Bögen auf

und sind den unseren viel ähnlicher als etwa die Fingerabdrücke von Schimpansen. Die Ähnlichkeit ist so unheimlich, dass es in Australien bei der Spurensicherung an Tatorten zu Verwechslungen kommen kann.

Zwei Köpfe sind nicht besser als einer – jedenfalls nicht, wenn Sie eine Schlange sind.

Zweiköpfige Schlangen sind nicht ungewöhnlich. Sie entwickeln sich auf die gleiche Art wie siamesische Zwillinge beim Menschen: Ein Embryo teilt sich in eineiige Zwillinge, schließt den Trennungsprozess aber nicht ab.

Die Schlangenzwillinge legen wenig brüderliche oder schwesterliche Liebe an den Tag. Tatsächlich streiten sie sich ständig um Nahrung. Wenn sie Beute fangen und ein Kopf den Eindruck gewinnt, dass sich der andere einen unrechtmäßigen Nahrungsanteil aneignen will, greift er sofort an und versucht sich die ganze Beute unter den Nagel zu reißen. Die beiden Köpfe streiten sich auch über die Richtung, die eingeschlagen werden soll, was sie zu einer leichten Beute für Fressfeinde macht. Kein Wunder, dass die Überlebenschancen zweiköpfiger Schlangen gewöhnlich gleich null sind.

Das Westliche Graue Riesenkänguru wird auch als Stinker-Känguru bezeichnet, denn die Männchen verströmen einen seltsamen, curryartigen Geruch. Bislang weiß niemand, warum.

Nachwort

Je mehr sich die Natur uns erschließt, desto merkwürdiger und wunderbarer erscheint sie. Die vorstehenden Seiten haben hoffentlich einen Eindruck von den faszinierenden Eigenheiten des Tierreichs vermittelt. Und noch weit Wundersameres bleibt zu enthüllen. Beispielsweise geht man davon aus, dass noch bis zu 90 Prozent des Lebens in den dunklen und unerschlossenen Tiefen des Ozeans ihrer Entdeckung durch die Wissenschaft harren.

Daneben verändert die Forschung in Bereichen wie der tierischen Intelligenz, der sinnlichen Wahrnehmung und der Kommunikation unsere Vorstellungen vom nichtmenschlichen Leben mit unerhörter Geschwindigkeit. Niemand weiß, was als Nächstes kommt.

Eines steht jedoch fest: Das Leben wird die Entwicklung seiner unendlichen Formenvielfalt fortsetzen, die – zumindest dem menschlichen Geist – mal Ehrfurcht gebietend und mal völlig rätselhaft erscheint. Um es mit den Worten des namhaften Genetikers J. B. S. Haldane zu sagen: »Das Universum ist nicht nur merkwürdiger, als wir vermuten, sondern auch merkwürdiger, als wir vermuten können.«

Anmerkung und Danksagung

An erster Stelle habe ich meiner Agentin Mary Pachnos von Gillon Aitken Associates zu danken. Von Mary stammt die Idee, dass ich ein Büchlein über die wundersamen Aspekte der Tierwelt schreiben sollte. Von Anfang an waren sie und mit ihr alle Mitglieder der Agentur – vor allem Gillon Aitken und Sally Riley, aber auch Dea Brovig und James Pusey – ein steter Quell der Ermutigung. Dank an sie alle.

Als ich mit dem Buch begann, habe ich einige Grundregeln aufgestellt. Die Fakten sollten wissenschaftlich begründet werden, aber nicht so kompliziert sein, dass sie nichtwissenschaftliche Leser abschrecken könnten. Moderne Mythen galt es unbedingt zu vermeiden, und die Verhaltensbeispiele sollten soweit als möglich der natürlichen und nicht der menschlichen Welt entnommen werden. Wenn ich manchmal von dem einen oder anderen dieser Grundsätze abwich, dann allenfalls, um einen Leckerbissen zu zitieren, um den es einfach zu schade gewesen wäre. (Beispielsweise wurde der Umstand, dass Bären sich durch List Eintritt in menschliche Behausungen verschaffen und dass Zirkuselefanten eine Vorliebe für Wodka haben, von [angesehenen] Nachrichtenagenturen und nicht von wissenschaftlichen Zeitschriften berichtet. Ich bitte alle Pedanten unter meinen Lesern um Entschuldigung.)

Bei dem Versuch, dieses Ziel zu erreichen, war mein wichtigster Helfer und Verbündeter Dr. Steven Le Comber, ein Evolutionsbiologe von der School of Biological and Chemical Sciences der Queen Mary University of London. Egal, ob er mir das neueste Exemplar des *Journal of Experimental Biology* besorgte oder mich an den weltweit führenden Experten auf dem Gebiet der Methanemission durch Insekten vermittelte, der leider den modernen Mythos entkräftete, dass Schaben alle fünfzehn Minuten pupsen – Steven erwies sich als ein stets auskunftsbereiter und begeisterter Quell wissenschaftlicher Informationen. Zufällig gehört er zu der Forschungsgruppe, die entdeckte, dass Fledermausgroßmütter sich ihre Paarungspartner mit ihren Enkelinnen teilen. Er hat mir die außerordentlich komplizierten Familienbeziehungen erklärt, die sich aus diesem generationsübergreifenden Paarungsverhalten ergeben. So faszinierend diese Tatsachen auch waren, sie gehörten eindeutig in die Kategorie »zu kompliziert«. Noch tagelang brummte mir danach der Schädel.

Mein zweiter beruflicher Dank gebührt meiner Lektorin Francesca Liversidge bei Transworld. Mit ihrem klugen Rat, gesunden Menschenverstand und – nicht selten saftigen – Humor war sie von unschätzbarem Wert, als ich mich anschickte, die völlig unsystematische Faktensammlung in eine zumutbare Form zu bringen. Bei meinem amerikanischen Verlag Free Press in New York gilt mein Dank Martha Levin und Maria Bruk Auperin, die eine große Hilfe bei der Herstellung der endgültigen Fassung waren, während ich hier in London Claire Ward und dem Art-Team für die Gestaltung des Buches verpflichtet bin, ganz besonders Miriam Rosenbloom und Gavin Morris. Zu guter Letzt sei Stephanie von Reiswitz für ihre wunderbar originellen Illustrationen gedankt, die genau jenen Humor zum Ausdruck bringen, der, wie ich hoffe, das ganze Buch durchzieht.

Zum Schluss der Dank an meine Familie. Bei meiner Frau Cilene und unserem kleinen Sohn Thomas fand ich in der Recherche- wie der Schreibphase rückhaltlose Unterstützung. Ganz besondere Erwähnung aber verdient meine während der Entstehung des Buches achtjährige Tochter Gabriella. Von Anfang an fasziniert von der Idee, dass Tiere sich so seltsam verhalten können, fragte sie mich eines Tages, ob ich ihr nicht jeden Tag »eine verrückte Sache« für die Schule liefern könne. Tag für Tag schlug ich ihr eine Handvoll Kandidaten vor, und Tag für Tag unterzog sie sie einer strengen Prüfung. Dabei bewies sie eine unbestechliche Urteilsfähigkeit, wenn sie entschied, dass eine bestimmte Information »nicht lustig genug« oder – noch vernichtender – »allgemein bekannt« sei. Alle Autoren sollten Zuchtmeister haben, die ihnen so unerbittlich auf die Finger sehen. Danke, Gabs! Und Du hast völlig Recht, die furzenden Heringe sind nicht zu toppen!

Literatur & Quellen

Abkürzungen

AB	*Animal Behaviour*
ADW	Animal Diversity Web, University of Michigan
BL	*Biology Letters*
IW	*International Wildlife Magazine,* National Wildlife Federation (Australien)
JEB	*Journal of Experimental Biology*
Nften	*Naturwissenschaften*
NG	*National Geographic*
NGN	*National Geographic News*
NS	*New Scientist*
PA	Press Association
PNAS	*Proceedings of the National Academy of Sciences* (USA)
PRS B	*Proceedings of the Royal Society B: Biological Sciences* (GB)
SA	*Scientific American*
SD	*Science Daily*
SI	Smithsonian Institution
SN	*Science News*
ZG	*ZooGoer*

Teil eins
Im Reich Dr. Doolittles: Die seltsame Kunst tierischer Kommunikation

Körpersprache: Wie Tiere ihre Anatomie zur Verständigung nutzen (S. 19–22)

»Heringe«: *PRS B* 271; *BL* 3 (7. 2. 2004), S. 95–97; *Aquatic Living Resources*, 2003.

»Schlangen«: *Discover*, August 2000.

»Flusskrebse«: *JEB* 203 (2000), S. 765–71.

»Hummer«: T. Corson, *The Secret Life of Lobsters*, New York 2004, *NG*, 24. August 2004.

»Auch Streifenhörnchen«: *AB* 57, S. 557.

»Eine weitere Art«: *Nature* 373, Nr. 6513 (2. 2. 1995), S. 425.

»Nach Auffassung der Forscher«: *NG*, 8. 7. 2002 und 23. 3. 2005; *NS*, Nr. 2112 (13. 12. 1997); *Behavioral Ecology and Sociobiology* 59, Nr. 4 (Februar 2006).

»Kängurus«: D. Burnie, *Animal. The Definite Visual Guide to the World's Wildlife*, London 2001, S. 99; *IW*, September/Oktober 1997.

»Der Panama-Stummelfußfrosch«: *NS*, Nr. 2059 (7. 12. 1996).

»Tintenfische«: *Network Computation in Neural Systems* 14, S. 321.

Oper der Tiere: Vögel, Wale und andere Stimmwunder (S. 23–32)

»Als man die Aufzeichnungen«: American Association for the Advancement of Science, Washington DC, 20. 2. 2000; Science 291, Nr. 5501 (5. 1. 2001), S. 52–54.

»Vögel produzieren«: SN 157, Nr. 16 (15. 4. 2000), S. 252.

»Zwei der besten Imitatoren«: D. Burnie, *Animal. The Definite Visual Guide to the World's Wildlife*, London 2001, S. 341; *NG*, 9. 12. 2003.

»Die Nachtigall«: *NS*, Nr. 1812 (14. 3. 1992).

»Männliche Vögel«: *NS*, Nr. 1837 (5. 9. 1992).

»Einige Vogelarten«: *PRS B* 269, Nr. 1493 (22. 4. 2002), S. 831–37.

»Vögel reichen ihre Gesänge«: *SN* 153, Nr. 13 (28. 3. 1998).

»Weibliche Singvögel«: *Nature* 411, Nr. 6835 (17. 5. 2001), S. 257.

»Ein seltener südamerikanischer Vogel«: *NGN*, 3. 3. 2006.

»Vögel schließen sich zusammen«: *BMC Ecology* 4 (2004).

»Eulen«: *PRS B* 269, Nr. 1505 (22. 10. 2002), S. 2121–25.

»Der männliche Seetaucher«: AB online, 15.2.2006; ScienceNOW, 23.2.2006.

»Die Männchen des Hindublatthühnchens«: *AB* 57, S. 637.
»Was Sie essen«: *Nature* 409, Nr. 6817 (11. 1. 2001), S. 139.
»Die nordamerikanische Schwarzkopfmeise«: *Science* 308, Nr. 5730 (24. 6. 2005), S. 1934; *NG*, 23. 6. 2005.
»Die tiefste Stimme«: *The Auk* 120 (Oktober 2003), S. 1062.
»Buckelwale«: *Science* 291, Nr. 5501 (5. 1. 2001), S. 52–54; *Science*NOW, 29. 11. 2000.
»Die niederfrequenten Schallpulse«: Smithsonian National Zoological Park, www.nationalzoo.si.edu; »Finnwale«: Whale Conservation Institute/Ocean Alliance, www.oceanalliance.org.
»Männliche Zwergwale«: *Journal of the Acoustical Society of America*, Juni 2001; *NGN*, 30. 3. 2005.
»Schwertwale«: *NS*, Nr. 1707 (10. 3. 1990).
»Wie Popmusik«: *Nature* 408, Nr. 6812 (30. 11. 2000), S. 537.
»Legendenumwoben«: *Deep-Sea Research* 51, S. 1889.
»Fische«: *JEB* 208 (2005), S. 3121–31.
»Delfine«: *Science* 289, Nr. 5483 (25. 8. 2000), S. 1310 f.
»Die Redewendung«: Public Library of Science Biology, 1. 11. 2005.
»Ratten«: *Science*NOW, 21. 11. 2001.
»Einige Frösche«: *Nften* 89 (August 2002), S. 352–56.
»Weibliche Frösche«: *PRS B* 264, Nr. 1386 (22. 9. 1997), S. 1355–61.
»Der nordamerikanische Ochsenfrosch«: *SN* 153, Nr. 1 (3. 1. 1998); *JEB* 208 (2005); *Nature* 420, Nr. 6915 (5. 12. 2002), S. 475.
»Frösche können auch«: *Nature* 420, Nr. 6915 (5. 12. 2002), S. 475.
»Langusten«: *Nature* 411, Nr. 6834 (10. 5. 2001), S. 153.
»Waldmurmeltiere«: Pressemitteilung Colorado State University, 26. 1. 2001.
»Der singende Neuguinea-Dingo«: BBC Science & Nature Homepage, www.bbc.co.uk/nature/wildfacts.

Hummeln im Hintern: Schwirren, Schlagen, Steppen, Rappen (S. 33–35)

»Musik ist allgegenwärtig«: Dr. L. W. Clausen, *Insect Fact and Folklore*, New York 1954, S. 66–83; A. M. Wenner, Sound Communication by Honeybees, www.beesource.com; *Zeitschrift für vergleichende Physiologie* 56, S. 408–14.
»Viele Tiere«: *SN* 159, Nr. 12 (24. 3. 2001), S. 190.
»Ameisen«: *SN* 157, Nr. 6 (5. 2. 2000), S. 92.
»Raupen«: *NS*, Nr. 1723 (30. 6. 1990).

»Honigbienen«: *NS*, Nr. 1813 (21. 3. 1992); *Behavioral Ecology and Sociobiology* 33, Nr. 3 (September 1993); *JEB* 208 (2005), S. 3885–94.
»Blindmäuse«: *JEB* 208 (2005), S. 647–59.
»Bei Wärme reduzieren Bienen«: *Science* 274, Nr. 5284 (4. 10. 1996), S. 88–90.
»Das Pochen«: *NS*, Nr. 1776 (6. 7. 1991).
»Schmetterlinge«: University of Florida, Juli 2004, in: Popular Science, Januar 2005, www.popsci.com.

Der neueste Klatsch: Worüber Tiere reden (S. 36–40)

»Präriehunde«: M. Crump, *Headless Males Make Great Lovers*, Chicago 2005, S. 152–54.
»Schimpansen«: *Current Biology* 15 (11. 10. 2005), S. 1779–84.
»Weibliche Paviane«: *Science* 301, Nr. 5633 (1. 8. 2003), S. 591.
»Einige Ameisenarten«: *SN* 157, Nr. 6 (5. 2. 2000), S. 92.
»Hunde bellen«: *NS*, Nr. 2451 (12. 6. 2004).
»Lamas«: www.llamapaedia.com.
»Grüne Meerkatzen«: *AB* 28, S. 1070.
»Schaben«: Smithsonian National Zoological Park, www.nationalzoo.si.edu.
»Erdhörnchen«: *Behavioral Ecology and Sociobiology* 51, Nr. 1 (Dezember 2001); *SN* 160, Nr. 20 (17. 11. 2001), S. 312.
»Pandas«: www.nationalgeographic.com.
»In wissenschaftlichen Untersuchungen«: *Praxis Veterinaria* 51, Nr. 3 (2003).

Die Macht der Sprache: Tiere mit spektakulären Stimmen (S. 41–43)

»Delfine«: *PRS B* 267, Nr. 1446 (7. 5. 2000).
»Königskobras«: *Discover*, August 2000.
»Raupen«: *PNAS* 98, Nr. 201 (25. 9. 2001), S. 11371–75.
»Einige Tiere«: Smithsonian National Zoological Park, www.nationalzoo.si.edu/Animals/AnimalRecords.
»Eine Zikade«: Informationsblatt 177, Department of Systematic Biology, Entomology Section, National Museum of Natural History/SI: Ent 177.
»Der spektakulärste Laut«: *Science* 289, Nr. 5487 (22. 9. 2000), S. 2114–17.
»Tiger«: Acoustical Society of America, 7. Dezember, in: *SD*, 29. 12. 2000.
»Der Fisch, der die seltsamsten Laute erzeugt«: *NGN*, 7. 11. 2005.
»Der an der südafrikanischen Küste«: *ZG*, Januar/Februar 2000.

Glück auf vier Pfoten: Wie Hunde und andere Tiere ihre Freude zeigen (S. 44–45)

»Das Lachen«: *NGN*, 31. 3. 2005.

»Hunde«: Animal Behavior Society, Oregon, Juli 2001, in: *SN* 160, Nr. 4 (28. 7. 2001), S. 55.

»Das ›Lachen‹ des Pferdes«: D. Burnie, *Animal. The Definite Visual Guide to the World's Wildlife*, London 2001, S. 227.

»Eislaufende Büffel«: M. Bekoff, *The Smile of a Dolphin*, London 2000; *NS*, Nr. 2236 (29. 4. 2000).

Kleiderordnung: Was Tiere tragen und was es anderen Tieren über sie mitteilt (S. 46–48)

»Ganz ähnlich wie beim Militär«: *PRS B* 269, Nr. 1499 (22. 7. 2002), S. 1423–28.

»Chamäleons«: *NGN*, 26. 9. 2005.

»Menschen«: *SN* 156, Nr. 24 (11. 12. 1999), S. 375.

»Schmetterlinge«: *Nature* 409, Nr. 6818 (18. 1. 2001), S. 338–40.

»Wespen«: *AB* 44, S. 63.

»Männliche Blaumeisen mit gelben Federn«: *PRS B* 269, Nr. 1488 (7. 2. 2002), S. 257–61.

»Zeisige«: *PRS B* 265, Nr. 1405 (22. 8. 1998), S. 1515–20.

»In einer Finkengemeinschaft«: *PRS B* 273, Nr. 1589 (22. 4. 2006), S. 949–57.

»Das Hinterteil weiblicher Paviane«: *Nature* 410, Nr. 6825 (8. 3. 2001), S. 204.

»Tiere«: D. McFarland (Hg.), *The Oxford Companion to Animal Behaviour*, Oxford 1981, S. 14.

»Elefanten«: *SN* 153, Nr. 15 (11. 4. 1998), S. 239; »Junge männliche Elefanten«: *Nature* 415, Nr. 6875 (28. 2. 2002), S. 975.

Teil zwei

Die kleinen Freuden des Lebens: Essen und Trinken im Tierreich

Du bist, wen du isst: Wer frisst wen in der Tierwelt (S. 51–53)

»Tiere sind in der Tat«: D. Burnie, *Animal. The Definite Visual Guide to the World's Wildlife*, London 2001, S. 280.

»Man ist auch so tödlich«: *Journal of Chemical Ecology* 20, S. 943.

»Doch Tiere können sich«: *Journal of Chemical Ecology* 59, S. 1091.

»Insekten«: *JEB* 208 (2005), S. 2227–36.

»Koalas«: Burnie, S. 95.
»Vampir-Fledermäuse«: *AB* 65, S. 385.
»Fledermäuse sind nicht die einzigen Vampire«: *NGN*, 11. 10. 2005 und 9. 2. 2006.
»Das Neunauge«: L. Watson, *Der Duft der Verführung. Das unbewußte Riechen und die Macht der Lockstoffe,* Frankfurt am Main 2001.
»Einige Motten«: *NS*, Nr. 1744 (24. 11. 1990).
»Kannibalismus«: *Ockham's Razor*, ABC, Radio National, Australien, 9. 9. 2001.
»Schaben«: ADW, http://animaldiversity.ummz.umich.edu.
»Krötenfrösche«: *Science World*, 10. 1. 1997.
»Kannibalismus ist gut«: *Functional Ecology* 4, S. 679.

Erlesener Geschmack: Einige Vorlieben und Abneigungen (S. 54–57)

»Der Kea«: E. Hoffman in: *Animals*, März 1999.
»Gänse«: PA, 17. 12. 2005.
»Termiten«: *NS*, Nr. 2380 (1. 2. 2003).
»Schimpansen«: *SN* 147, Nr. 20 (20. 5. 1995), S. 316.
»Auch Eisbären«: C. Pond, *The Fats of Life*, Cambridge 1998, Bericht in: *NS*, 6. 3. 1999.
»Grillen«: *PNAS* 103, Nr. 11 (27. 2. 2006), S. 4152–56.
»Elefanten«: *Mineralogical Society Bulletin* 96, S. 3.
»Schimpansen«: *Oecologia* 115, Nr. 3 (Juli 1998), S. 331–36; »Auch einige Echsen«: *Copeia*, 1997, S. 593–95.
»Das amerikanische und kanadische Eichhörnchen«: *NGN*, 18. 2. 2005.
»Katzen«: Public Library of Science Genetics, DOI: 10.1371/journal.pgen.0010003.
»Schokolade«: www.vetinfo.com; *Encyclopedia of Canine Veterinary Medical Information*.
»Moskitos«: *PRS B* 270, Nr. 1522 (7. 7. 2003), S. 1365–71; »Nur weibliche Moskitos«: *Nature* 427, Nr. 6971 (15. 1. 2004), S. 212; *NS*, Nr. 2430 (17. 1. 2004).

Essstörungen: Wie einige Tiere hungern und andere futtern (S. 58–60)

»Die Redensart«: US Department of Agriculture, Animal and Plant Inspection Service, Wildlife Services Report, September 2002; D. Burnie, *Animal. The Definite Visual Guide to the World's Wildlife*, London 2001, S. 28.

»Kolibris«: *ZG*, Januar/Februar 2002.
»Ein besonders begeisterter Fastfood-Anhänger«: *JEB* 208 (2005), S. 113–27.
»Der Elefant«: ADW.
»Ein großer Heuschreckenschwarm«: Infoblatt 177, Department of Systematic Biology, Entomology Section, National Museum of Natural History/SI.
»Der weibliche Floh«: www.firstscience.com.
»Maulwürfe«: M. Crump, *Headless Males Make Great Lovers*, Chicago 2005, S. 96.
»Blauwale«: Whale Conservation Institute/Ocean Alliance, www.ocean-alliance.org.
»Schwertwale«: www.nationalgeographic.com.
»Wale haben verschiedene Techniken«: *NS*, Nr. 2067 (1. 2. 1997).
»Eichhörnchen«: PA, 12. 8. 2005.
»Wasser zu trinken«: Smithsonian National Zoological Park, 1999, www.nationalzoo.si.edu/animals.
»Paviane«: *NS*, Nr. 1758 (2. 3. 1991); »Schaben«: ADW.

Wenn die Natur ihr Recht verlangt: Einige unschöne Details über die Körperfunktionen von Tieren (S. 61–64)

»Faultiere«: *ZG*, November/Dezember 2004.
»Der Hoatzin«: *Science* 245, Nr. 4923 (15. 9. 1989), S. 1236.
»Pinguine«: *Polar Research* 27, S. 56.
»Nur wenige Tiere«: *Ecology Letters* 6, S. 361.
»Nilpferde«: D. A. Dewsbury, *Comparative Animal Behaviour*, London 1978, S. 60.
»Landwirtschaftliche Nutztiere«: Infoblatt 22, UN Framework Convention on Climate Change.
»Man nimmt an, dass auf das Konto von Rindern«: Bericht des San Joaquin Valley United Air Pollution Control District, dargestellt in: *NGN*, 16. 8. 2005, und *Research Nebraska*, März 2002.
»In Neuseeland«: *NGN*, 13. 5. 2002.
»Termiten«: *NGN*, 14. 3. 2006.
»Wenn sich Geier«: US Department of Agriculture, Animal and Plant Inspection Service, Wildlife Services Report, September 2002.
»Ratten«: www.ratbehavior.org, 2003/2004; »Es gibt noch andere Tiere«: ebd.

Vollgedröhnt: Wie Tiere sich berauschen und (manchmal) randalieren (S. 65–72)

»Drogenkonsum«: *Omni*, März 1986.

»Zu den Drogen«: ebd.

»Amazonische Jaguare«: *NS*, Nr. 2426 (20. 12. 2003).

»Makis«: ebd.

»Landwirtschaftliches Nutzvieh«: S. Avant, *Locoweed*, College of Agriculture and Home Economics, New Mexico State University, 1998; *NS*, Nr. 2426 (20. 12. 2003).

»In den Bergen«: *Omni*, März 1986.

»Schimpansen«: PA, 4. 10. 2005.

»Ein Dackel«: PA, 6. 2. 2006.

»In der Affenwelt«: *Nature Neuroscience*, Februar 2002.

»Wenn Rattenföten«: *PNAS* 100, Nr. 8 (März 2003), S. 4915–20; »Ziegen«: *Omni*, März 1986; »Ratten«: *SN* 156, Nr. 20 (13. 11. 1999), S. 319; »Kokain«: *Current Biology* 8, S. 109.

»Gegorene Früchte«: Infoblatt 177, Department of Systematic Biology, Entomology Section, National Museum of Natural History/SI.

»Auch Vögel«: Associated Press, 16. 2. 2005.

»Afrikanische Elefanten«: *Omni*, März 1986, *Physiological and Biochemical Zoology*, März/April 2006.

»Aus entsprechenden Untersuchungen«: *Physiology and Behavior* 63, Nr. 5 (März 1998), S. 739–44; *NS*, Nr. 1898 (6. 11. 1993); *PNAS* 92, Nr. 19 (11. 9. 1995), S. 8990–93.

»Tauben«: *BBC Wildlife* 24, Nr. 3 (März 2006).

»Könnten Menschen doch nur«: *Current Biology* 16, S. 296.

»Einige Affen«: PA, 5. 5. 2005.

»Elefanten«: PA, 16. 1. 2006.

»Im Hinblick auf den Alkoholkonsum«: *NS*, Nr. 1736 (29. 9. 1990).

»Gestresste Mäuse«: *Science* 296, Nr. 5569 (3. 5. 2002), S. 823 f.

»In der Karibik«: *NS*, Nr. 2426 (20. 12. 2003).

»Elche«: *Guardian*, 11. 11. 2005.

Teil drei
Von den Bienen und den Blumen: Tiere und ihr Liebesleben

Auf der Suche nach dem Richtigen: Was Tiere vom idealen Partner erwarten (S. 75–80)

»Die meisten Frauen«: 1997 Margaret Morse Nice Lecture, Bericht in: *The Wilson Bulletin* 110, Nr. 1 (März 1998).

»Für die Weibchen bestimmter Fischarten«: *PNAS* 102, Nr. 21 (9. 5. 2005), S. 7618–23.

»Weibliche Singvögel«: *PRS B* 267, Nr. 1439 (22. 1. 2000), S. 165–69.

»Weibliche Fregattvögel«: *Natural History*, Oktober 2004.

»Das Weibchen der Tamarine«: *AB* 40, S. 784.

»Rehe«: M. Crump, *Headless Males Make Great Lovers*, Chicago 2005, S. 5.

»Die sexuell attraktivsten Papageien«: *Science*, 4. 1. 2002.

»Weibliche Schaben«: *PNAS* 98, Nr. 16 (31. 7. 2001), S. 9171–76; *SN* 159, Nr. 9 (3. 3. 2001), S. 135.

»Alles, was glänzt«: *PRS B* 272, Nr. 1572 (7. 8. 2005), S. 1541–46; *Nature* 423, Nr. 6935 (1. 5. 2003), S. 31 f.

»Auch Fische scheinen Gefallen«: *Behavioral Ecology and Sociobiology* 53, Nr. 4 (März 2003), S. 214–20.

»Männliche Grundeln«: *PNAS* 98, Nr. 23 (6. 11. 2001), S. 13155–60.

»Männliche Giraffen«: G. Defoe, *How Animals Have Sex*, London 2005.

»Weibliche Wühlmäuse«: *AB* 53, S. 133.

»Bei der Suche nach Paarungspartnern«: Crump, S. 5; *Animal Attraction: Cheaters*, Channel Five Television (GB), 1. 2. 2006.

»Weibliche Schwalben«: *AB* 40, S. 1185.

»Rebhühner«: *AB* 39, S. 464.

»Die Weibchen des im Mittelmeer lebenden Schleimfisches«: *AB* 43, S. 865.

»Der ideale Paarungspartner«: *Ethology* 111, S. 810–20; *PRS B* 269, Nr. 1497 (22. 6. 2002), S. 1233–39.

»Das wählerischste Geschöpf«: *NGN*, 4. 8. 2005.

»Zwischen den Weibchen der Topi-Antilopen«: *PNAS* 99, Nr. 14 (1. 7. 2002), S. 9290–93.

»Weibliche Hufeisennasenfledermäuse«: *Nature* 437, Nr. 7057 (15. 9. 2005), S. 408–11.

»Der Schopfalk«: *PRS B* 270, Nr. 1522 (7. 7. 2002), S. 1323–29.

Die Kunst der Verführung: Wie Tiere Eindruck auf das andere Geschlecht machen (S. 81–90)

»Männliche Kanarienvögel«: Symposium of the California Academy of Sciences, San Francisco, 3. 11. 2001, Bericht in: *Science*NOW, 7. 11. 2001.

»Große Pandas«: *Behavioral Ecology and Sociobiology* 51, Nr. 6 (Mai 2002); *NS*, Nr. 2389 (5. 4. 2003).

»Menschen«: Jack W. Bradbury und Sandra L. Vehrencamp, *Principles of Animal Communication*, Cornell University, USA, 1998.

»Besonders elaboriert«: SD online, 15. 4. 2004.

»Männliche Fische«: *AB* 56, S. 379.

»Die Anziehungskraft«: *NS*, Nr. 2012 (13. 1. 1996).

»Der männliche Guppy«: *PRS B* 269, Nr. 1490 (7. 3. 2002), S. 475–81.

»Der männliche Stichling«: D. A. Dewsbury, *Comparative Animal Behaviour*, London 1978, S. 84.

»Glühkäfer«: *Science* 292, Nr. 5526 (29. 6. 2001), S. 2413 f.

»Männliche Breitflossenkärpflinge«: *Science* 263, Nr. 5145 (21. 1. 1994), S. 373.

»Der nordamerikanische Wapitihirsch«: M. Crump, *Headless Males Make Great Lovers*, Chicago 2005, S. 6.

»Auch Fledermäuse«: *AB* 63, S. 907.

»Weibliche Hummer«: T. Corson, *The Secret Life of Lobsters*, New York 2004, in: *NG*, 24. 8. 2004.

»Schlangen«: Crump, S. 160.

»Ratten«: *PNAS* 98, Nr. 3 (30. 1. 2001), S. 1249–54; »Regenwürmer«: *Journal of Environmental Radioactivity* 79, S. 1; »Präriewühlmäuse«: *Brain Research* 677, S. 82.

»Weibliche Wühlmäuse«: *Ethology* 105, S. 982.

»Weibliche Pinguine«: *AB* 69, S. 529.

»Der Südliche Glattwal oder Südkaper«: *Animal Attraction: Cheaters*, Channel Five Television (GB), 1. 2. 2006.

»Da der Tintenfisch zu einer Art gehört«: www.biopsychology.com. (14. 2. 2006).

»Was älteren männlichen Dotilla-Krabben«: *Ethology* 103, S. 578.

»S steht für Sex«: Dewsbury, S. 74.

»Große Tümmler«: *Cetology* 21 (1976), S. 1–9.

»Männliche Bootsmannfische«: International Ethological Conference, Honolulu, August 1995, Bericht in: *SN*, 21. 10. 1995.

»Männliche Schildkröten«: Crump, S. 159 f.

»Bei einer nordamerikanischen Schlangenart«: *NS*, Nr. 2227 (26. 2. 2000).

Paarungsspiele: Sex im Tierreich (S. 91–95)

»Das Liebesleben der Tiere«: *NGN*, 13. 2. 2004, Auszug aus: O. Judson, *Die raffinierten Sexpraktiken der Tiere. Fundierte Antworten auf die brennendsten Fragen*. München 2003; PA, 11. 2. 2005.

»Menschen, Delfine und möglicherweise Hunde«: B. Bagemihl, *Biological Exuberance. Animal Homosexuality and Natural Diversity*, New York 1999; www.firstscience.com.

»Dagegen ist Büffel-Sex«: D. F. Lott, *American Bison*, Berkeley 2002, in: *NS*, 31. 8. 2002; »Die Paarung der Stabschrecke«: *Seattle Times*, 30. 11. 2005.

»Bonobos«: G. Defoe, *How Animals Have Sex*, London 2005.

»Tiger und Löwen«: PA, 14. 9. 2005.

»Hähne«: *Nature* 426, Nr. 6962 (6. 11. 2003), S. 22.

»Die wohl bizarrste Art der Paarung«: *NGN*, 13. 2. 2004.

»Von zwanzig Schaben-Paarungen«: ADW.

»Die Insektenfamilie der Springschwänze«: Infoblatt 146, Department of Systematic Biology, Entomology Section, National Museum of Natural History/SI.

»Das Paarungsritual«: NG online, 12. 9. 2002.

»Das Paarungsgeschehen«: *Animal Attraction: Cheaters*, Channel Five Television (GB), 1. 2. 2006.

»Einen bedauerlichen Mangel an Romantik«: ebd.

»Männliche Strumpfbandnattern«: L. Watson, *Der Duft der Verführung. Das unbewusste Riechen und die Macht der Lockstoffe,* Frankfurt am Main 2001.

»Allerdings ist auch die romantische Liebe«: M. Bekoff, *The Smile of a Dolphin*, London 2000.

Womit Tiere es tun: Einige kuriose Fakten über Sexualorgane (S. 96–98)

»Viele Tierarten«: NG online, 13. 2. 2004, Auszug aus: O. Judson, *Die raffinierten Sexpraktiken der Tiere. Fundierte Antworten auf die brennendsten Fragen*. München 2003; *AB* 40, S. 374.

»Der Ohrwurm«: *Nften* 88, Nr. 11 (November 2001), S. 468.

»Das Männchen des Büffelwebers«: NG online, 12. 9. 2002.

»Eine Entenart«: *NGN*, 23. 10. 2001, Zitat aus: *Nature*, September 2001.

»Das Männchen des Südkapers«: *Animal Attraction: Cheaters*, Channel Five Television (GB), 1. 2. 2006.

»Die Männchen einiger Kugelspinnenarten«: *PNAS* 101, Nr. 14 (6. 4. 2004), S. 4883–87.

»Eber«: G. Defoe, *How Animals Have Sex*, London 2005.

»Insekten«: *NS*, Nr. 2176 (6. 3. 1999).

»Wer hat mit meiner Bettwanze geschlafen?«: *PRS B* 270, Nr. 1515 (22. 3. 2003), S. 649–52.

»Alle Vögel«: *NS*, Nr. 2072 (8. 3. 1997).

»Die Taufliege«: NG online, 13. 2. 2004, Auszug aus: Judson.

Gefährliche Liebschaften: Wie Sex (oder ein Mangel an Sex) töten kann (S. 99–104)

»Männliche Gottesanbeterinnen«: M. Crump, *Headless Males Make Great Lovers*, Chicago 2005, S. 18 f.

»Einige Männchen«: *Science* 271, Nr. 5245 (5. 1. 1996), S. 70–72.

»Die Insektenwelt«: *SN* 152, Nr. 12 (27. 9. 1997).

»In der Regel«: *SN* 160, Nr. 6 (11. 8. 2001), S. 93.

»Poussierende Taufliegen«: *NS*, Nr. 2051 (12. 10. 1996).

»Ein erfolgreicher Beschäler«: *American Zoologist* 14 (1974).

»Die Männchen der meisten Arten«: *JEB* 208 (2005), S. 595–601.

»Männliche Mehlwürmer«: *NS*, Nr. 2525 (12. 11. 2005).

»Auch das Männchen der Honigbiene«: NG online, 13. 2. 2004, Auszug aus: O. Judson, *Die raffinierten Sexpraktiken der Tiere. Fundierte Antworten auf die brennendsten Fragen*. München 2003.

»Die weibliche Dungfliege«: *Nature* 423, Nr. 6943 (26. 6. 2003), S. 979.

»Tödlich endet der Sex«: *PRS B* 268, Nr. 1465 (22. 2. 2001), S. 407–11.

»Der Paarungsprozess«: *Animal Attraction: Cheaters*, Channel Five Television (GB), 1. 2. 2006.

»Wie beim Menschen«: *Biological Reviews of the Cambridge Philosophical Society* 71, S. 415–71; *The Auk*, Oktober 2000; *Animal Attraction: Cheaters*, Channel Five Television (GB), 1. 2. 2006; *AIDS: The Official Journal of the International Aids Society, miscellaneous entries*, 1998–2006; *Parasitology Today*, Nr. 8, S. 159–66.

»Wenige Tiere«: *Nature* 438, Nr. 7071 (22. 12. 2005), S. 1097; *NS*, 11. 2. 2006.

»Der hohe Testosteronspiegel«: *Animal Attraction: Cheaters*, Channel Five Television (GB), 1. 2. 2006.

»Ein weibliches Frettchen«: University of Minnesota, Academic Health Centre, www.ahc.umn.edu/rar/MNAALAS/ferret.html#Heat.

Zuchtwahl: Wie die Geschöpfe der Natur Geburtenkontrolle praktizieren (S. 105–108)

»Flusskrebse«: *Nature* 421, Nr. 6925 (20. 2. 2003), S. 806; *Science* 285, Nr. 5427 (23. 7. 1999), S. 518 f.

»Schlangen«: *Herpetological Natural History* 5, S. 1.

»Promiskuitive Geschöpfe«: *PRS B* 272, Nr. 1580 (7. 12. 2005), S. 2475–78.

»Die Weibchen der Klippenmöwe«: *PRS B* 271; *BL* 4 (7. 5. 2004), S. 134–37.

»Einige Mütter«: *PNAS* 99, Nr. 2 (12. 11. 2002), S. 14897–902.

»Viele Tiere«: *Biological Journal of the Linnean Society* 50, S. 295; *NS*, Nr. 1919 (2. 4. 1994).

»Auch Männchen«: *NS*, Nr. 1859 (6. 2. 1993).

»Schwächere Männchen des Grünen Leguans«: *NS*, Nr. 2029 (11. 5. 1996).

»Einige männliche Taufliegen«: *NS*, Nr. 2091 (19. 7. 1997).

»Die Weltmeere«: *NS*, Nr. 1785 (7. 9. 1991); *SN*, 21. 10. 1995.

»Einige Arten«: NG online, 13. 2. 2004, Auszug aus: O. Judson, *Die raffinierten Sexpraktiken der Tiere. Fundierte Antworten auf die brennendsten Fragen*. München 2003.

Ein Käfig voller Narren: Homosexualität in der Tierwelt (S. 109–112)

»In der umfassendsten Studie«: B. Bagemihl, *Biological Exuberance. Animal Homosexuality and Natural Diversity*, New York 1999.

»Homosexuelle Delfine«: ebd.

»Homosexuelles Verhalten bei Nutztieren«: *SN* 151, Nr. 1 (4. 1. 1997).

»Wenn die Ergebnisse einer Studie«: *NS*, Nr. 2198 (4. 8. 1999).

»Das Männchen der Salzkröte«: *SN* 153, Nr. 25 (20. 6. 1988).

»Der Oktopus«: *NS*, Nr. 1948 (22. 10. 1994).

»Auch Große Tümmler«: NG online, 13. 2. 2004, Auszug aus: O. Judson, *Die raffinierten Sexpraktiken der Tiere. Fundierte Antworten auf die brennendsten Fragen*. München 2003.

»Ebenfalls dokumentiert ist die Homosexualität«: *SN* 151, Nr. 1 (4. 1. 1997).

»Humboldt-Pinguine«: PA, 11. 2. 2005.

»Enten«: *Deinsea* 8 (2001), S. 243–47.

Bis der Tod uns scheidet: Treue und Untreue bei Tieren (S. 113–116)

»Treue«: *NG*, 14. 2. 2003 und 13. 2. 2004.

»Zwar stehen Singvögel«: *PNAS* 99, Nr. 8 (16. 4. 2002), S. 5466–70.

»Manchmal zahlt man«: *Animal Attraction: Cheaters*, Channel Five Television (GB), 1. 2. 2006.
»Kondore«: Pressemitteilung US Department of the Interior, 29. 5. 2001.
»Männliche Wellensittiche«: *AB* 53, S. 1017.
»Von allen Vögeln«: NG online, 13. 2. 2004.
»Krallenaffen«: *NS*, Nr. 2463 (4. 9. 2004).
»Hähne«: *Current Biology* 15, S. 1222.

TEIL VIER

FAMILIENANGELEGENHEITEN: FREUD UND LEID VON TIERELTERN

Wenn der Storch kommt: Einige Eigentümlichkeiten der tierischen Fortpflanzung (S. 119–124)

»Weibliche Geparden«: *Animal Conservation* 5, S. 291.
»Sobald weibliche Kängurus«: *IW*, September/Oktober 1997.
»Giraffen«: Smithsonian National Zoological Park, 1999, www.nationalzoo.si.edu/animals.
»Eine weibliche Taube«: www.firstscience.com.
»Guppys«: *Environmental Biology of Fishes* 37, S. 213.
»Die Temperatur«: University of Washington, Seattle, www.staff.washington.edu/chudler/neurok.html; ADW
»Der Nasenfrosch«: D. Burnie, *Animal. The Definite Visual Guide to the World's Wildlife*, London 2001, S. 447.
»Der riesige Mondfisch«: *NGN*, 26. 1. 2004 und 2. 2. 2003.
»Das Seepferdchen«: *SN* 157, Nr. 11 (11. 3. 2000), S. 1681.
»Vögel«: *Science* 292, Nr. 5516 (20. 4. 2001), S. 494–97.
»Stress«: Federation of American Societies for Experimental Biology, New Orleans, 21. 4. 2002, Bericht in: *Science*NOW, 23. 4. 2002.
»Die kleinste Schildkröte«: *Canadian Journal of Zoology* 83, S. 1343–45.
»Relativ zu seiner Größe«: *BBC Wildlife* 24, Nr. 3 (März 2006).
»Weibliche Schwertwale«: www.nationalgeographic.com.
»Hühnereier«: *Guardian*, Notes and Queries, 2006; J. Regenstein, MadSci Network, Zoology, www.madsci.org.
»Ratten«: Burnie, S. 155.
»Tiere«: *SN* 162, Nr. 5 (3. 8. 2002), S. 78.
»Dass der Große Panda«: Chengdu Research Base of Giant Panda Breeding, China.
»Neugeborene Pandas«: *ZG*, März/April 1999.
»Gorillas«: *NGN*, 27. 12. 2005.

»Es folgen«: die Angaben für die Trage- bzw. Brutzeiten basieren auf dem Datenbestand des ADW.

Mutterinstinkte: Die besten (und schlechtesten) Mütter in der Natur (S. 125–129)

»Die Mutter eines neugeborenen Wals«: Whale Conservation Institute/Ocean Alliance, www.oceanalliance.org.

»Wie alle frisch gebackenen Eltern«: *Nature* 435, Nr. 7046 (30. 6. 2005), S. 1177.

»Junge Delfine«: *NS*, Nr. 2419 (1. 11. 2003).

»Insekteneltern«: American Association for the Advancement of Science, März 2006, Bericht auf: www.biopsychology.com.

»Das Weibchen der Tilapia«: D. A. Drewsbury, *Comparative Animal Behaviour*, London 1978, S. 81.

»Rattenmütter«: *NS*, Nr. 2058 (30. 11. 1996).

»Waldhühner«: *Journal of Animal Ecology* 61, S. 681.

»Man geht davon aus, dass Tüpfelhyänen«: *NS*, Nr. 1915 (5. 3. 1994).

»Geburtshilfe ist relativ selten«: *Journal of Zoology* 232, S. 691.

»Trächtige Kängurus«: *NS*, Nr. 1792 (26. 10. 1991), Nr. 2351/52 (24./31. 12. 2005).

»Einige Pinguinmütter«: *AB* 44, S. 753.

»Honigbienen«: *SN* 159, Nr. 17 (28. 4. 2001), S. 263.

»Die Iberiahirschkuh«: *Behavioral Ecology and Sociobiology* 57, Nr. 3 (Januar 2005), in: *NS*, Nr. 2467 (2. 10. 2004).

»Kängurus«: R. Martin, *Tree Kangaroos of Australia and New Guinea*, Melbourne 2005.

»Europäische Stare«: *NS*, Nr. 2222 (22. 1. 2000).

»Das Kind einer alleinerziehenden Mutter«: *Nature* 416, Nr. 6882 (18. 4. 2002), S. 733.

»Silberreihermütter«: *Science World*, 10. 1. 1997.

»Schaben«: ADW.

»Fürchterlich in ihrer Wut«: *AB* 39, S. 496.

»Reiter ohne Sattel«: *ZG*, März/April 1999.

Vaterinstinkte: Die besten (und schlechtesten) Väter in der Natur (S. 130–133)

»Einige männliche Partner«: BL online, ref. 10.1098/rsbl.2005.0426.

»Männliche Affen«: *NS*, Nr. 2043 (17. 8. 1996).

»Die Anforderungen«: *NG*, 18. 6. 2004.

»Das Männchen des australischen Beutelfrosches«: ebd.

»Das Männchen des südamerikanischen Krallenaffen«: ebd.
»Männliche Löwen«: *ZG*, Mai/Juni 1997.
»Männchen in heißen Klimata«: *NS*, Nr. 1966 (Februar 1995).
»Das Männchen einer bestimmten Kardinalfischart«: NG online, 15. 2. 2004, Auszug aus: O. Judson, *Die raffinierten Sexpraktiken der Tiere. Fundierte Antworten auf die brennendsten Fragen*. München 2003.

Kleine Ungeheuer: Schwierige Kinder und wie Tiere mit ihnen fertig werden (S. 134–136)

»Männliche Wellensittiche«: *NS*, Nr. 1920 (9. 4. 1994).
»Was dramatische Auftritte«: ebd.
»Eulen«: *NS*, Nr. 2222 (22. 1. 2000).
»Auch in der Tierwelt«: *AB* 41, S. 1097.
»Grauschnäpper«: *NS*, Nr. 1920 (9. 4. 1994).
»Bei reichen Eltern«: *PRS B* 272, Nr. 1579 (22. 11. 2005), S. 2423–28.
»Junge Grizzlybären«: *SN* 161, Nr. 16 (20. 4. 2002), S. 250.
»Eine gestörte Kindheit«: *PNAS* 98, Nr. 15 (17. 7. 2001), S. 8856–61.
»Auch unter Affen«: *Behaviour* 124, S. 57.
»Teenager«: *SN* 153, Nr. 2 (10. 1. 1998), S. 28.

Ein Todesfall in der Familie: Wie Tiere Verlust bewältigen (S. 137–139)

»Eine Scheidung«: *NS*, Nr. 2066 (25. 1. 1997).
»Seelöwenmütter«: M. Bekoff, *The Smile of a Dolphin*, London 2000.
»Man hat beobachtet«: ebd.
»Affen«: *NS*, Nr. 2236 (29. 4. 2000); *PRS B* 273, Nr. 1587 (22. 3. 2006), S. 707–12.
»Elefanten«: *BL* 2, Nr. 1 (22. 3. 2006), S. 26–28; *NS*, Nr. 2236 (29. 4. 2000).
»Auch Vögel«: Bekoff.
»Kein Tier«: *Science* 298, Nr. 5601 (13. 12. 2002), S. 2188–90.

Teil fünf

Auf Leben und Tod: Wie die Fittesten, Stärksten, Klügsten und schlichtweg Gemeinsten überleben

Alle Griffe erlaubt: Wie Tiere kämpfen (S. 143–147)

»Ratten«: F. A. Wilkinson, 2001. »An Aggressive Interaction Between Two Female Proechimys«, *Vida Silvestre Neotropical* 21:x-x.
»Für männliche Kängurus«: D. Burnie, *Animal. The Definite Visual Guide to the World's Wildlife*, London 2001, S. 99; *IW*, September/Oktober 1997.

»Taufliegen«: Society of Neuroscience, San Diego, 15. 11. 2001, Bericht in: *Science*NOW, 19. 11. 2001.
»Schaben«: *Science* 155, Nr. 3765 (Februar 1967), S. 1035 f.
»Makaken«: *NS*, Nr. 1856 (16. 1. 1993); *AB* 42, S. 171.
»Seeanemonen«: *AB* 70, S. 97.
»Wilde Hengste«: *Evolutionary Ecology* 6, S. 254.
»Das Rotkehlchen«: *NS*, Nr. 1957 (24. 12. 1992).
»Ähnlich wie Fußballfans«: *Nature* 409, Nr. 6819 (25. 1. 2001), S. 475.
»Amerikanische Hummer«: *JEB* 208 (2005), S. 2865–72.
»Viele Tiere«: D. McFarland (Hg.), *The Oxford Companion to Animal Behaviour*, Oxford 1981, S. 9.

Natural Born Killers: Die kaltblütigsten Mörder der Natur (S. 148–151)

»Haie«: *Science World*, 10. 1. 1997.
»Zigarrenhaie«: *Environmental Biology of Fishes*, 1998.
»Japanische Honigbienen«: *NS*, Nr. 1997 (30. 9. 1995).
»Spinnen«: *Functional Ecology* 8, S. 701.
»Klapperschlangen«: *NS*, Nr. 1939 (20. 8. 1994).
»Schlangen«: *Science*NOW, 5. 4. 2002.
»Papageientaucher«: *The Birds of North America*, Nr. 708, 2002.
»Der Schwertwal«: www.nationalgeographic.com.
»Krokodile«: *Nova*, WGBH/PBS Television, 28. 4. 1998.
»Einige Tiere«: *New England Journal of Medicine* 340 (1999), S. 1930.
»Die südamerikanische Riesenvogelspinne«: *Journal of Zoology* 235, S. 587.
»Der Zipfelfrosch«: M. Crump, *Headless Males Make Great Lovers*, Chicago 2005, S. 93.
»Wir mögen die Hauskatzen«: *People and Nature Conservation Perspectives on Private Land Use and Endangered Species Recovery*, Sydney 1995.

Ich geh dir unter die Haut: Wie Parasiten ihre Beute töten (S. 152–153)

»In der gesamten Natur«: C. Zimmer, *Parasitus Rex. Die bizarre Welt der gefährlichsten Kreaturen der Natur.* Frankfurt am Main 2001.
»Parasiten«: *PRS B* 263, Nr. 1372 (22. 7. 1996), S. 907–12.
»Ein kleiner Leberegel«: *NS*, Nr. 2494 (9. 4. 2005).
»Einige Parasiten kastrieren«: Zimmer, S. 82 f.
»Bewusstseinsverändernde Palisadenwürmer«: *PRS B* 272, Nr. 1577 (22. 10. 2005), S. 2117–26; »Ein Parasit, der Ratten befällt«: *PRS B* 267, Nr. 1452 (7. 8. 2000), S. 1591–94.

»Einige Tiere«: *Nature* 417, Nr. 6888 (30. 5. 2002), S. 505 f.
»Ein Bandwurm«: *NS*, Nr. 2494 (9. 4. 2005).
»Allerdings zeichnen sich«: *Nature* 436, Nr. 7050 (28. 7. 2005), S. 476.

Flüssige Massenvernichtungsmittel: Tödliche Waffen aus dem tierischen Arsenal (S. 154–158)

»Eine tropische Ameisenart«: *Nature* 434, Nr. 7036 (21. 4. 2005), S. 973.
»Bombardierkäfer«: *NS*, Nr. 1724 (7. 7. 1990).
»Nur wenige Geschöpfe«: M. Crump, *Headless Males Make Great Lovers*, Chicago 2005, S. 125.
»Unter den Quallen«: *NS*, Nr. 2420 (8. 11. 2003).
»Termitenarbeiterinnen«: Crump, S. 123.
»Skorpione«: *PNAS* 100, Nr. 3 (4. 2. 2003), S. 922–27.
»Der europäische Feuersalamander«: *Herpetologica* 46 (1990), S. 1–7.
»Die Flüssigkeit, die ein Stinktier«: *NS*, Nr. 1728 (4. 8. 1990); »Fleckenskunks«: *ADW*.
»Der Mungo«: *NS*, Nr. 2064 (11. 1. 1997).
»Kolibris«: *ZG*, Januar/Februar 2002.
»Libellen«: *Nature* 423, Nr. 6940 (5. 6. 2003), S. 604.
»Der Schützenfisch«: *NS*, Nr. 2451 (12. 6. 2004).
»Männliche Zikaden«: *Animal Attraction: Cheaters*, Channel Five Television (GB), 1. 2. 2006.
»Flusspferde«: ebd.
»Ein seltener Roter Krake«: *Nature* 398, Nr. 6723 (11. 3. 1999), S. 113 f.
»Die Elenantilope«: D. Burnie, *Animal. The Definite Visual Guide to the World's Wildlife*, London 2001, S. 245; Besucherinformation Longleat Safari Park.
»Eine mexikanische Eidechse«: *NGN*, 1. 2. 2006.
»Einige andere tödliche Tierarten«: Burnie, S. 492; *Tropical Topics*, Nr. 80 (Januar 2004); ADW; *NGN*, 25. 10. 2002.

David gegen Goliath, eins zu null: Einige Missverhältnisse der Natur (S. 159–161)

»Elefanten«: Nften online, 1. 11. 2002.
»Nicht jedes Tier«: *AB* 57, S. 1301.
»Schlangen«: C. Ernst und G. Zug, *Snakes in Question*, Melbourne 1996.
»Der Feldhase«: *Ethology* 94, S. 21; »Man hat beobachtet, wie Hasen«: *Sunday Times* Review, 26. 2. 2006, S. 12.
»Der Bombardierkäfer«: M. Crump, *Headless Males Make Great Lovers*, Chicago 2005, S. 125.

In letzter Sekunde: Überlebenskünstler in der Natur (S. 162–165)

»Eidechsen«: *NS*, Nr. 1702 (3. 2. 1990).

»Auch einige Meerestiere«: M. Crump, *Headless Males Make Great Lovers*, Chicago 2005, S. 116 f.

»Nur wenige Tiere«: Crump, S. 116.

»Der ungekrönte König des Reißausnehmens«: *Nature* 390, Nr. 6659 (4. 12. 1997), S. 453.

»Eine winzige Meeresschnecke«: *Science* 302, Nr. 5647 (7. 11. 2003), S. 1007.

»Das Kugelgürteltier«: Smithsonian National Zoological Park, Animal Index, www.nationalzoo.si.edu.

»Die Streifen des Zebras«: ADW.

»Der Strauß«: ebd.

»Die Unterseiten«: *Terra* 31 (1993), S. 30–34.

»Amazonenameisen«: *Nature* 433, Nr. 7026 (10. 2. 2005), S. 624.

»Wenn sich der Kugelfisch«: D. Burnie, *Animal. The Definite Visual Guide to the World's Wildlife*, London 2001, S. 27.

»Wenn ein Delfin«: *Science* 134, Nr. 3493 (8. 12. 1961), S. 1873–76; *Science* 139, Nr. 3550 (11. 1. 1963), S. 116–18.

Oskargewinner: Wie manchen Tieren die Schauspielkunst aus der Bedrängnis hilft (S. 166–168)

»Mimikry«: *NS*, Nr. 2445 (1. 5. 2004).

»In ganz ähnlicher Weise«: *NS*, Nr. 2448 (22. 5. 2004)

»Eine brasilianische Schwärmerraupe«: Infoblatt 177, Department of Systematic Biology, Entomology Section, National Museum of Natural History/SI.

»Sogar Kobras übertreiben«: *NGN*, 10. 2. 2005.

»Frösche bluffen«: *Behavioral Ecology* 11, Nr. 2 (März 2000), S. 169–77.

»Meisterhafte Illusionskünstler«: *NS*, Nr. 1861 (20. 2. 1993).

»Die Raupenart«: *Science* 243, Nr. 4891 (3. 2. 1989), S. 643.

»Der Oktopus«: *Science* 307, Nr. 5717 (25. 3. 2005), S. 1927; »Des Weiteren«: *PRS B* 268, Nr. 1478 (7. 9. 2001), S. 1755–58.

»Schmetterlinge«: *PRS B* 272, Nr. 1569 (22. 6. 2005), S. 1203–07.

Teil sechs

Arbeit, Musse und Spiel: Tierische Lebensstile

Gestorben wird immer: Einige Tierberufe (S. 171–173)

»Lippfische«: *PRS B* 269, Nr. 1505 (22. 10. 2002), S. 2087–93.

»Einige Bienenarten«: *SN* 152, Nr. 12 (27. 9. 1997), S. 200.

»Manchmal arbeiten Jungvögel«: *NS*, Nr. 2046 (7. 9. 1996).

»Schimpansen«: D. A. Dewsbury, *Comparative Animal Behaviour*, London 1978, S. 59.

»Nicht nur Vögel und Bienen«: *American Journal of Botany* 88 (Oktober 2001), S. 1768–73.

»Kängurus«: *IW*, September/Oktober 1997.

»Schmetterlinge«: *Philosophical Transactions of the Royal Society of London*, Series B 342, S. 161.

»Südamerikas einziger Bär«: *ZG*, März/April 1999.

»Die Ansicht«: *Journal of Animal Ecology* 61, S. 225.

»Um ein halbes Kilogramm Honig«: Infoblatt 177, Department of Systematic Biology, Entomology Section, National Museum of Natural History/SI.

In allen Sätteln gerecht: Vielseitig einsetzbare Tiere (S. 174–176)

»Personenschützer«: *NS*, Nr. 1709 (24. 3. 1990).

»Gärtner«: *Discovery*, BBC World Service, Bericht darüber in den BBC Nachrichten, 18. 3. 2004; *SA*, 6. 1. 2006 und 22. 9. 2005; *Nature* 437, Nr. 7058, S. 495; *NGN*, 20. 3. 2006.

»Melkerin«: M. Crump, *Headless Males Make Great Lovers*, Chicago 2005, S. 103.

»Müller«: Crump, S. 102.

»Lehrerin«: *Nature* 439, Nr. 7073 (12. 1. 2006), S. 153.

»Leichenbestatter«: *Discovery*, BBC World Service, Bericht darüber in den BBC Nachrichten, 18. 3. 2004.

Facharbeiter: Tiere, die Werkzeuge verwenden (S. 177–179)

»Schimpansen«: *Folia Primatologica* 54, S. 100.

»Wenn Gorillas«: Public Library of Science Biology, DOI: 10.1371/journal.pbio.0030380.

»Ameisen«: *SN* 157, Nr. 6 (5. 2. 2000), S. 92; *NS*, Nr. 1960 (14. 1. 1995).

»Hornissen«: *Nature* 411, Nr. 6836 (7. 6. 2001), S. 654.

»Die auf der Pazifikinsel Neukaledonien beheimatete Geradschnabelkrähe«: *Science* 297, Nr. 5538 (9. 8. 2002), S. 981; *PRS B* 270 (22. 4. 2002), S. 867–74.

»Delfine«: *SN* 158, Nr. 18 (28. 10. 2000), S. 284.
»Greifvögel«: M. Crump, *Headless Males Make Great Lovers*, Chicago 2005, S. 86.

Home sweet home: Wie Tiere ihr häusliches Glück finden (S. 180–183)

»Europäische Stare«: *NS*, Nr. 2222 (22. 1. 2000).
»Fledermäuse«: *Journal of Natural History* 28, S. 731.
»Sittiche«: *NS*, Nr. 2222 (22. 1. 2000).
»Die eindrucksvollsten Heimstätten«: Infoblatt 177, Department of Systematic Biology, Entomology Section, National Museum of Natural History/SI.
»Einige Käfer«: *Nature* 426, Nr. 6964 (20. 11. 2003), S. 243
»Wie von einem Vogel«: *NGN*, 20. 6. 2002.
»Lippfische«: *PRS B* 269, Nr. 1505 (22. 10. 2002), S. 2087–93.
»Vögel«: *American Society for Microbiology*, Mai 2004, in: *NS*, Nr. 2450 (5. 6. 2004).
»Ratten«: *Behavioral Ecology* 13, Nr. 3 (Mai 2002), S. 381–85.
»Die peniblen Termiten«: *Nature* 392, Nr. 6676 (9. 4. 1998), S. 558.
»Einige Tiere«: *NS*, Nr. 2483 (22. 1. 2005); American Ornithologists' Union, August 2001.
»Kaninchenkäuze«: *Nature* 431, Nr. 7004 (3. 9. 2004), S. 39.
»Einsiedlerkrebse«: *Biologist*, Dezember 2002.
»Biber«: *ZG*, März/April 2002; *Geophysical Research Letters* 21, S. 995.
»Einige weibliche Wespen«: *PRS B* 265, Nr. 1404 (7. 8. 1998), S. 1407–10.

Die Schönen und die Biester: Gesundheit, Hygiene und Wellness im Tierreich (S. 184–188)

»Einige Vögel«: *PRS B* 269, Nr. 1505 (22. 10. 2002), S. 2135–39.
»Schmutzgeier«: *Nature* 416, Nr. 6883 (25. 4. 2002), S. 807.
»Viele Vögel«: *NS*, Nr. 2222 (22. 1. 2000).
»Es gibt Tiere«: ebd.
»Affen haben ihr eigenes«: *Journal of Chemical Ecology* 26, S. 2781; *Nften* 90, Nr. 7 (Juli 2003), S. 301.
»Affen bekommen einen chemischen ›Flash‹«: *Psychoneuroendocrinology* 14, S. 155.
»Kattalemuren«: www.nationalgeographic.com.
»Bei männlichen Löwen«: *Science* 297, Nr. 5585 (23. 8. 2002), S. 1255 f.
»Kahl zu sein«: *Canadian Journal of Zoology* 80 (März 2002), S. 471–78.
»Die meisten Vögel«: *Behavioral Ecology* 12, Nr. 4 (Juli 2001), S. 429–38.

»Krebse«: *Journal of Experimental Marine Biology and Ecology* 203, S. 245.
»Stachelschwein«: *South African Journal of Geology* 95, S. 74.
»Tiere«: *Science* 307, Nr. 5706 (7. 1. 2005), S. 111–13; *NGN*, 6. 1. 2005.
»Langusten«: *JEB* 208 (2005), S. 233–48.
»Der Schweiß von Flusspferden«: *Nature* 429, Nr. 6990 (27. 5. 2004), S. 363.

Wer schläft, sündigt nicht: Wie Tiere die Zeit verschlafen (S. 189–192)

»Bei verschiedenen Tieren«: *SN* 152, Nr. 19 (8. 11. 1997); *Neuroscience and Biobehavioral Reviews* 9, Nr. 2 (Sommer 1985); »Auch beim Pazifischen Grindwal«: SA Online-Ausgabe, 2. 2. 1998.
»Der Ausdruck«: SA Online-Ausgabe, 2. 2. 1998; Nature 397, Nr. 6718 (4. 2. 1999), S. 397 f.
»Enten«: *Nature* 397, Nr. 6718 (4. 2. 1999), S. 397 f.
»Bei Nymphensittichen«: ebd.; www.birdweb.org.
»Giraffen«: www.nationalgeographic.com.
»Wer schläft«: The Science Channel, www.science.discovery.com.
»Im New Yorker Bronx Zoo«: *New York Times*, 4. 7. 1995; »Auch Schlangen«: *Discover*, August 2000.
»Wombats«: *SN* 161, Nr. 16 (20. 4. 2002), S. 250.
»Gähnen«: *PRS B* 271; *BL* 6 (7. 12. 2004), S. 468–70.
»Insekten«: Ecological Society of America and the Society for Ecological Restoration, Tucson, 6. 8. 2002, Bericht in: *Science*NOW, 7. 8. 2002; *Science* 287, Nr. 5459 (10. 3. 2000), S. 1834–37.
»Fleischfressende Tiere«: *Nature* 437, Nr. 7063 (27. 10. 2005), S. 1253–86.
»Die Regel«: *NS*, Nr. 2426 (20. 12. 2003).
»Wie lange«: *Nature* 409, Nr. 6823 (22. 2. 2001), S. 997.
»Garnelen«: *JEB* 200 (1997), S. 467–75.
»Junge Zierschildkröten«: *PNAS* 85, Nr. 21 (1. 11. 1988), S. 8350–54.
»Das einzige Säugetier«: *Science* 244, Nr. 4912 (30. 6. 1989), S. 1593.
»Sogar tropische Affen«: *Nature* 429, Nr. 6994 (24. 6. 2004), S. 825.

Elche surfen, Echsen spielen Frisbee: Was Tiere stresst und wie sie entspannen (S. 193–196)

»Hamster«: *Society for Neuroscience* (15. 11. 2005), in: *Guardian*, 16. 11. 2005.
»Für Fische«: *Biological Conservation* 128, S. 501.
»Fernsehen«: Association for the Study of Animal Behaviour, in: *NS*, Nr. 2128 (4. 4. 1998).
»Man hat auch untersucht«: *Human Nature* 13, Nr. 3 (2002), S. 383–89.

»Affen«: *International Journal of Primatology* 18, S. 455.
»Fische«: International Council for the Exploration of the Sea, Oktober 1994, in: *NS*, Nr. 1959 (7. 1. 1995); »Auch Kattas«: www.nationalgeographic.com.
»Echsen«: M. Bekoff, *The Smile of a Dolphin*, London 2000.
»Am Ende eines harten Tagwerks«: *Journal of the Lepidopterists' Society* 56, Nr. 2 (2002), S. 90–97.
»Heuschrecken«: *SN* 159, Nr. 13 (31. 3. 2001), S. 199.
»Ein gestresstes Schaf«: *PRS B* 271, Nr. 1552 (7. 10. 2004), S. 2077–84.
»Kühe«: *Science*NOW, 5. 7. 2001.
»Schnecken«: *NS*, Nr. 2424 (6. 12. 2003).
»Warane«: *SN* 162, Nr. 5 (3. 8. 2002), S. 78.
»Elche«: PA, 1. 2. 2006.
»Otter«: F. Bourlière, *Das große Buch der Tiere*, Stuttgart 1954.

TEIL SIEBEN

SOZIALE TIERE: VOM ZUSAMMENLEBEN DER GESCHÖPFE

Alle für einen, einer für alle: Wie Tiere aufeinander Acht geben (S. 199–204)

»Präriehunde«: M. Crump, *Headless Males Make Great Lovers*, Chicago 2005, S. 150–54.
»Einige Ameisen«: *NS*, Nr. 2538 (11. 2. 2006).
»Pinguine«: *PRS B* 271; *BL* 5 (7. 8. 2004), S. 281 f.
»Die meisten Katzen«: *SN* 160, Nr. 11 (15. 9. 2001), S. 172.
»Das liebenswürdigste Tier der Welt«: *NS*, Nr. 2176 (6. 3. 1999).
»Möglicherweise haben Pottwale«: H. Whitehead, *Sperm Whales. Social Evolution in the Ocean*, Chicago 2004.
»Südamerikanische Spinnen«: *Biological Journal of the Linnean Society* 52, S. 163.
»Der Welt größte Insektenkolonie«: *PNAS* 99, Nr. 9 (30. 4. 2002), S. 6075–79.
»Anders als die englische Redensart behauptet«: *AB* 54, S. 89.
»Die Familie und ihre Werte«: *Science* 302, Nr. 5645 (24. 10. 2003), S. 634–36; *NGN*, 23. 10. 2003; *Science* 293, Nr. 5539 (28. 9. 2001), S. 2446–49.
»Eine australische Echse«: *Molecular Ecology* 12 (März 2003), S. 743.
»Zum Schutz vor Feinden«: *AB* 44, S. 111.
»Präriehunde«: Crump, S. 150–54.

»Vögel glucken«: Wildfowl and Wetlands Trust, www.wwt.org; *Planet Earth*, BBC Television, 5. 3. 2006.

»Von Tieren«: PA, 10. 3. 2005 und 2. 2. 2006.

»Hündinnen«: PA, 21. 4. 2005 und 5. 5. 2005.

»Als ein Wildschwein«: CBS News/Associated Press, 23. 2. 2006.

Herrschaft von Tieren für Tiere: Politik, Macht und Polizeistaaten (S. 205–209)

»In Bezug auf Utopien«: *SN* 167, Nr. 12 (19. 3. 2005), S. 184; *Nature* 419, Nr. 6902 (5. 9. 2002), S. 61–65.

»Honigbienen«: *NS*, Nr. 2291 (19. 5. 2001).

»Affen«: *Nature* 439, Nr. 7075 (26. 1. 2006), S. 426.

»Einige Insekten«: *PRS B* 268, Nr. 1472 (7. 6. 2001), S. 1139–46.

»Bei einer europäischen Ameisenart«: ebd.

»Die Qualle Portugiesische Galeere«: *NS*, Nr. 2494 (9. 4. 2005).

»Einige Delfine«: *PRS B* 271; BL 6 (7. 12. 2004), S. 477–81.

»Unter Erdhörnchen«: *PRS B* 269, Nr. 1492 (7. 4. 2002), S. 721–27.

»Bei Fischen«: *Journal of Neuroscience* 17, S. 6463.

»Unter Umständen«: Public Library of Science Biology, DOI: 10.1371/journal.pbio.0030363.

Paten: Mafioses Verhalten bei Tieren (S. 210–212)

»Delfine«: *NS*, Nr. 2197 (31. 7. 1999).

»Hummer«: T. Corson, *The Secret Life of Lobsters*, New York 2004, in: *NG*, 24. 8. 2004.

»Auch Kaiserpinguine«: *NS*, Nr. 2519 (1. 10. 2005).

»Für einige Tiere«: Ecological Society of America, 7. 8. 2001, in: *Science*-NOW, 8. 8. 2001.

»Das Dasein als großer Fisch«: Society for Experimental Biology, April 2004, in: *NS*, Nr. 2441 (3. 4. 2004).

»Einige weibliche Fische«: *Behavioral Ecology and Sociobiology* 30, Nr. 3/4 (April 1992); *Ethology* 91, S. 147.

»Spechte«: 19th Meeting of the American Ornithologists' Union, Seattle, 15.–18. 8. 2001.

»Pinguine«: *NS*, Nr. 2519 (1. 10. 2005).

It's a Woman's World: Wie das »schwache« Geschlecht den Traum vom Matriarchat verwirklicht (S. 213–215)

»Geschlechtergleichheit«: *Science*NOW, 16. 10. 2002; NG online, 13. 2. 2004.

»It's a woman's world«: *Nature* 389, Nr. 6650 (2. 10. 1997), S. 450.

»In der Welt der Tüpfelhyäne«: NG online, 13. 2. 2004; *PRS B* 270, Nr. 1521 (22. 6. 2003), S. 1247–54; *Behavioral Ecology* 11, Nr. 2 (März 2002).
»Das Urbild einer feministischen Gesellschaft«: *Science* 292, Nr. 5526 (29. 6. 2001), S. 2479–82.

Teil acht
Gar nicht so dumm: Warum Tiere intelligenter sind als man denkt

Die Häschenschule: Tiere, die eins und eins zusammenzählen können (S. 219–221)

»Viele Tiere«: *NS*, Nr. 2431 (24. 1. 2004).
»Affen«: *Science* 282, Nr. 5389 (23. 10. 1998), S. 746–49; »Honigbienen«: *AB* 49, S. 159.
»Papageien«: *The Journal of Comparative Psychology*, Juli 2005, Bericht in: *SD*, 11. 7. 2005.
»Hummeln«: *PNAS* 102, Nr. 46 (15. 11. 2005), S. 16870–74.
»Tiere«: SD online, 11. 7. 2005.
»Winkerkrabben«: *Nature* 421, Nr. 6919 (9. 1. 2003), S. 160.
»Ameisen«: *JEB* 208 (2005), S. 2903–12.
»Seehunde«: *Nature* 420, Nr. 6912 (14. 11. 2002), S. 171.
»Ratten«: *Journal of Experimental Psychology: Applied Behaviour Processes* 31, S. 95.
»Wer glaubt«: *Nature* 425, Nr. 6955 (18. 9. 2003), S. 297.

Gedächtniskünstler: Warum Elefanten nicht die einzigen Tiere sind, die ein Elefantengedächtnis besitzen (S. 222–225)

»Schafe«: *NS*, Nr. 2451 (12. 6. 2004).
»Gorillas, Schimpansen«: *NGN*, 19. 7. 2005.
»Fische«: *Animal Cognition* 4, S. 109.
»Der Oktopus«: *SN*, 25. 4. 1992.
»Katzen«: www.thenakedscientists.com.
»Border-Collies«: *Science* 304, Nr. 5677 (11. 6. 2004), S. 1682 f.
»Es folgen die zehn intelligentesten«/»Die elf dümmsten«: S. Coren, *Die Intelligenz der Hunde*, Reinbek bei Hamburg 1995.
»Kleinen parasitären Wespen«: *NGN*, 27. 10. 2005.
»Affen«: *Journal of Experimental Psychology:* General, September 2000.
»Ein besonders gutes Gedächtnis«: *Nature* 395, Nr. 6699 (17. 9. 1998), S. 272.

»Elefanten«: *Science* 292, Nr. 5516 (April 2001), S. 417–19.
»Robben«: *Nature* 406, Nr. 6794 (27. 7. 2000), S. 404.
»Honigbienen«: *NS*, Nr. 2529 (10. 12. 2005).
»Und schließlich«: *Behavioral Neuroscience*, Oktober 2003.

Horch, was kommt von draußen rein: Die klugen (und kriminellen) Wege des tierischen Denkens (S. 226–232)

»Bären«: PA, 6. 7. 2005.
»Wallabys«: *IW*, September/Oktober 1997.
»Die Käferart Spanische Fliege«: *Nature* 405, Nr. 6782 (4. 5. 2000), S. 35 f.
»Eine malaiische Ameise«: *Nften* 87, Nr. 12 (Dezember 2000), S. 563.
»Katzen«: *Daily Telegraph*, Online-Nachrichten, 5. 1. 2006.
»Man hüte sich«: *NGN*, 9. 12. 2004.
»Aaskrähen«: ebd.; *ZG*, November/Dezember 2005.
»Einige Vögel«: *Journal of the Acoustical Society of America* 119, S. 620.
»Reiher«: *NS*, Nr. 2483 (22. 1. 2005).
»Schwertwale«: US Animal Behavior Society, August 2005.
»Der Kuckuck«: *NGN*, 2. 5. 2005; »Man nimmt an«: *PRS B* 268, Nr. 1467 (22. 3. 2001), S. 565–71.
»Allerdings ist das Amerikanische Blässhuhn«: *Nature* 422, Nr. 6931 (3. 4. 2003), S. 495.
»Fische«: D. McFarland (Hg.), *The Oxford Companion to Animal Behaviour*, Oxford 1981, S. 16.
»Männliche Insekten«: *Current Biology* 15 (11. 1. 2005), S. 64–67, Bericht in: *NGN*, 14. 2. 2005.
»Orang-Utans«: *NS*, Nr. 2511 (8. 8. 2005).
»Schildkröten«: *Copeia* (1986), S. 1001–04.
»Leoparden«: *NS*, Nr. 1681 (9. 9. 1989).
»Der Stich«: *NS*, Nr. 1715 (5. 5. 1990).
»Das Fingertier«: *NS*, Nr. 1774 (22. 6. 1991).
»Eine australische Spinne«: *Nften* 91, Nr. 5 (Mai 2004), S. 245.
»Gleich und gleich«: *Nature* 414, Nr. 6862 (22. 11. 2001), S. 443–46.
»Einige Wespen«: *Nature* 417, Nr. 6888 (30. 5. 2002), S. 505 f.
»Raben«: *Animal Cognition* 7, S. 69.
»Am durchtriebensten«: *PRS B* 271, Nr. 1549 (22. 8. 2004), S. 1693–99.

Teil neun
Basic Instincts: Aussergewöhnliche Fähigkeiten von Tieren

Im Reich der Sinne: Wie Tiere sehen, riechen, hören und echoloten (S. 235–241)

»Chamäleons«: University of Washington, Seattle, www.staff.washington.edu/chudler/neurok.html.

»Die eindrucksvollste Sehfähigkeit«: ebd; *SA*, April 2001, S. 24.

»Hunde«: *Praxis Veterinaria* 51, Nr. 3 (2003).

»Die Sehkraft der Spinne«: *NGN*, 23. 6. 2004.

»Die Quallenart Seewespe«: *NS*, Nr. 2499 (14. 5. 2005).

»Beim Strauß«: Besucherinformation Longleat Safari Park.

»Oktopoden«: *Science* 293, Nr. 5536 (7. 9. 2001), S. 1845–48.

»Die Stubenfliege«: Infoblatt 177, Department of Systematic Biology, Entomology Section, National Museum of Natural History/SI.

»Giraffen«: The Science Channel, www.science.discovery.com.

»Taufliegen«: *JEB* 208 (2005), S. 3645–54.

»Ameisen«: *SN* 157, Nr. 6 (5. 2. 2000), S. 92.

»Katzen haben Ohren«: R. R. Fay und A. N. Popper (Hg.), *Comparative Hearing. Mammals*, Berlin 1994; ADW, »Katzen können«: *Praxis Veterinaria* 51, Nr. 3 (2003).

»Hunde benutzen«: Fay und Popper.

»Taufliegen«: *Nature* 411, Nr. 6840 (21. 6. 2001), S. 908; Besucherinformation Longleat Safari Park.

»Geckos und Falter«: *PRS B* 271; *BL* 6 (17. 12. 2004), S. 485–87; *NS*, Nr. 2367 (2. 11. 2002).

»Die Fledermaus«: University of Washington, Seattle, www.staff.washington.edu/chudler/neurok.html; »Auch Delfine«: ebd.

»Katzenwelse«: *PNAS* 98, Nr. 13 (19. 6. 2001), S. 7371–74.

»Vögel«: *Current Biology* 10 (15. 1. 2000), S. 115–17.

»Echsen«: *Behavioral Ecology and Sociobiology* 28, Nr. 6 (November 1991).

»Haie können unter Wasser«: The Science Channel, www.science.discovery.com.

»Haie haben auch«: L. Watson, *Der Duft der Verführung. Das unbewusste Riechen und die Macht der Lockstoffe,* Frankfurt am Main 2001; »Der kleinste Hinweis«: ebd.

»Ratten«: *Science* 311, Nr. 5761 (3. 2. 2006), S. 666–70.

»Viele Säugetiere«: *Nften* 87, Nr. 2 (Februar 2000), S. 83.

»Der Geruchssinn eines Hundes«: Applied AB Science, Bericht in: *Sunday Times* News Review, 6. 11. 2005.
»Der männliche Baumwollwurm«: *Chemical Senses* 28, S. 279.
»Alligatoren und Krokodile«: *Nature* 417, Nr. 6886 (16. 5. 2002), S. 241.
»Grillen«: *JEB* 208 (2005), S. 461–68.
»Die Tasthaare einer Katze«: ADW.
»Wenn man die Flügel einer Fledermaus rasiert«: *Science* 310, Nr. 5752 (25. 11. 2005), S. 1260 f.
»Für einige Insekten«: *NS*, Nr. 2485 (5. 2. 2005).

Rechtsausleger: Wie einige Tiere die Linke als Schlaghand benutzen (S. 242–243)

»Stuten«: Applied AB Science, DOI: 10.1016/j.applanim.2004.11.00.
»Krallenaffen«: *AB* 117, S. 281; *NS*, Nr. 1989 (5. 8. 1995); *Nature* 414 (13. 12. 2001), S. 707; Whale Conservation Institute/Ocean Alliance, www.oceanalliance.org.
»Walrosse«: *BMC Ecology* 3 (2003), S. 8.
»Ratten«: *Science* 278, Nr. 5337 (17. 10. 1997), S. 483–86.
»Acht von zehn Schimpansen«: *AB* 39, S. 1224.
»Die tödlichen Aga-Kröten«: *AB* 56, S. 875.
»West is best«: *Journal of Mammalogy* 72, S. 823.

Tierische Ärzte: Wie Tiere sich selbst (und andere) heilen (S. 244–247)

»Wie Forscher«: *SN* 138 (3. 11. 1990).
»Schimpansen«: *ZG*, Januar/Februar 1998.
»Brasilianische Affen«: ebd.
»Viele Tiere«: *NS*, Nr. 2222 (22. 1. 2000); *SN* 138 (3. 11. 1990).
»Ameisen«: *NS*, Nr. 1691 (18. 11. 1989).
»Schimpansen beugen Krankheiten vor«: *AB* 39, S. 797; *NS*, Nr. 1809 (22. 2. 1992).
»Auch Spatzen«: *Emu* (Australien) 97, S. 248.
»Offenbar können Hunde«: *Sunday Times* News Review, 6. 11. 2005.
»Einige Hunde können vorhersagen«: *Neurology* 62 (2004), S. 2303–05.
»Zahlreiche wissenschaftliche Studien«: *Current Directions in Psychological Science* 12 (Dezember 2003), S. 236.
»Esel«: ADW.
»Moderne Ärzte«: *NGN*, 24. 10. 2003.
»Einige der gefährlichsten Tiere«: *NGN*, 1. 6. 2004 und 14. 6. 2005.
»Aus einem chemischen Stoff«: *NS*, Nr. 1823 (30. 5. 1992).

Übernatürliche Fähigkeiten: Wie Tiere ihren sechsten Sinn einsetzen (S. 248–250)

»Die These«: *Science* 208, Nr. 4445 (16. 5. 1980), S. 695 f.

»Einige Tiere verfallen«: *Eos* 58 (1977), S. 254.

»Weitere Belege«: NG online, 4. 1. 2005.

»Haie«: Pressemitteilung Florida Museum of Natural History, 30. 12. 2004.

»Hunde«: *Praxis Veterinaria* 51, Nr. 3 (2003).

»Tiere können levitieren«: *NS*, Nr. 2092 (26. 7. 1997).

TEIL ZEHN

ALLES BEWEGT SICH: WIE TIERE VON A NACH B GELANGEN

Von der Poesie der Bewegung: Die elegantesten Fortbewegungsarten der Natur (S. 253–257)

»Das Känguru«: *IW*, September/Oktober 1997.

»Delfine«: Alaska Science Forum, 24. 3. 1981; *JEB* 209 (2006), S. 590–98.

»Der tiefste dokumentierte Tauchgang«: *NS*, Nr. 2346 (28. 2. 2004); »Kaiserpinguine«: NG Channel, 29. 3. 2004; »Auch das größte Nagetier der Welt«: Smithsonian National Zoological Park, Animal Index, www.nationalzoo.si.edu.

»Tintenfische und Oktopoden«: D. McFarland (Hg.), *The Oxford Companion to Animal Behaviour*, Oxford 1981, S. 349.

»Der Stirnlappenbasilisk«: *NS*, Nr. 2023 (30. 3. 1996).

»Schnecken«: The Trail of the Snail, Arno Brosi, www.members.tripod.com/arnobrosi/snail.html.

»Geckos«: *PNAS* 100, Nr. 19 (16. 9. 2003), S. 10603–06.

»Der Riesengleitbeutler«: D. Burnie, *Animal. The Definite Visual Guide to the World's Wildlife*, London 2001, S. 97.

»Die ungewöhnlichsten Flieger«: *Nature* 418, Nr. 6898 (8. 8. 2002), S. 603 f.

»Die größte dokumentierte Flughöhe«: The Science Channel, www.science.discovery.com.

»Der Peitschennasen-Anglerfisch«: *SN* 162, Nr. 17 (26. 10. 2002).

»Elektrische Fische«: *Environmental Biology of Fishes* 36, S. 157.

»Kolibris«: *NGN*, 27. 4. 2004.

»Libellen«: Infoblatt 177, Department of Systematic Biology, Entomology Section, National Museum of Natural History/SI.

»Die schnellsten Tiere der Erde«: Smithsonian National Zoological Park, www.nationalzoo.si.edu/Animals/AnimalRecords.
»Der Gepard«: Smithsonian National Zoological Park, Animal Index, www.nationalzoo.si.edu.

Globetrotter: Tiere auf Fernreisen (S. 258–262)

»Der Nördliche See-Elefant«: *NS*, Nr. 1980 (3. 6. 1995).
»Der männliche Albatros«: *Nature* 343, Nr. 6260 (22. 2. 1990), S. 746.
»Von allem Ballast befreit«: *The Auk* 115, Nr. 1 (Januar 1998), S. 196–203.
»Die Schraubenwurmfliege«: *NS*, Nr. 1720 (9. 6. 1990).
»Schnecken«: Reuters, 25. 1. 2006.
»Leguane«: *Nature* 395, Nr. 6702 (8. 10. 1998), S. 556.
»Möglicherweise kennen Kaltwasserfische«: *Nature* 421, Nr. 6923 (6. 2. 2003), S. 599.
»Der Monarchfalter«: *PNAS* 96, Nr. 24 (23. 11. 1999), S. 845 f.; *NGN*, 29. 1. 2004.
»Vermutlich haben viele Tiere die Fähigkeit«: *NGN*, 29. 1. 2004; *Science* 248, Nr. 27 (11. 5. 1990), S. 724.
»Der kalifornische Rotbauchmolch«: L. Watson, *Der Duft der Verführung. Das unbewusste Riechen und die Macht der Lockstoffe*, Frankfurt am Main 2001.
»Auch Langusten«: *Nature* 421, Nr. 6918 (2. 1. 2003), S. 60–63.
»Der größte Heuschreckenschwarm«: Infoblatt 177, Department of Systematic Biology, Entomology Section, National Museum of Natural History/SI.
»Reisen erweitert«: *PNAS* 100, Nr. 10 (13. 5. 2003), S. 5863–66.

Wann sind wir endlich da?: Einige Tiere, die nicht zum Reisen geboren sind (S. 263–264)

»Ihre Teleskopbeine zwingen die Giraffe«: D. Burnie, *Animal. The Definite Visual Guide to the World's Wildlife*, London 2001, S. 242.
»Das kann dem Faultier«: *NS*, Nr. 2402 (5. 7. 2003).
»Ameisen«: J. Green, *Joey Green's Gardening Magic,* Pennsylvania 2003.
»Warum ist der Bär«: *SN* 161, Nr. 16 (20. 4. 2002), S. 250.
»Ältere Bienen«: *Behavioral Ecology and Sociobiology* 43, Nr. 3 (August 1998), in: *NS*, Nr. 2133 (9. 5. 1998).

Teil elf

Die Evolution entlässt ihre Kinder: Erfolge und Misserfolge der Natur

Konstruktionsklassiker: Die größten Hits von Mutter Natur (S. 267–273)

»Tief tauchende Pinguine«: *JEB* 205 (2002), S. 1189–97.

»Kaiserpinguine«: NG Channel, 29. 3. 2004.

»Strauße«: Besucherinformation Longleat Safari Park.

»Spinnen«: *Nature* 340, Nr. 6231 (27. 7. 1989), S. 305.

»Krokodile«: *Nature* 373, Nr. 6511 (19. 1. 1995), S. 244–46.

»Krebs«: *Science* 285, Nr. 5427 (23. 7. 1999), S. 518 f.

»Der in Arizona beheimatete Kleine Baumleguan«: *NS*, Nr. 2069 (15. 2. 1997).

»Der zuverlässigste Wärmemesser«: *Field & Stream* 98, Nr. 3 (Juli 1993), S. 21.

»Ein afrikanischer Wüstenkäfer«: *Nature* 414, Nr. 6859 (2. 11. 2001), S. 33.

»Ein Alligator«: The Science Channel, www.science.discovery.com.

»Der Rüssel eines Elefanten«: ebd.

»Das riesige Marco-Polo-Schaf«: *NGN*, 7. 3. 2006.

»Fledermäuse und Giraffen«: *Nature* 242, Nr. 5399 (20. 4. 1973), S. 509.

»Der Waldfrosch«: *Science* 285, Nr. 5427 (23. 7. 1999), S. 518 f.; »Auf ähnliche Weise«: *Nature* 389, Nr. 6649 (25. 9. 1997), S. 343; *NGN*, 1. 3. 2005; *American Alligator*, University of Georgia, Savannah River Ecology Laboratory, www.uga/edu.

»Da Nahrung knapp ist«: *Checklist of the Fishes of the Eastern Tropical Atlantic*, JNICT/SEI/UNESCO, Paris, Bd. 1 (1990), S. 206.

»Spinnen«: *NGN*, 23. 6. 2004.

»Rhesusaffen«: SN online, 15. 3. 1997.

»Haie«: *NGN*, 13. 6. 2005; D. McFarland (Hg.), *The Oxford Companion to Animal Behaviour*, Oxford 1981, S. 349.

»Nashornkäfer«: Smithsonian National Zoological Park, www.nationalzoo.si.edu.

»Eine Ameise«: Infoblatt 177, Department of Systematic Biology, Entomology Section, National Museum of Natural History/SI.

»Große Pandas«: D. Burnie, *Animal. The Definite Visual Guide to the World's Wildlife*, London 2001, S. 191.

»Mit Hilfe eines Prozesses«: EENY, University of Florida, 332 (Dezember 2004), http://.creatures.ifas.ufl.edu.

»Die in hawaiischen Gewässern lebende Stummelschwanzsepia«: *Science* 303, Nr. 5655 (9. 1. 2004), S. 235–38.

»Prachtbienen«: *Science*NOW, 12. 12. 2003.

»Eine Leguanart«: *Nature* 403, Nr. 6765 (6. 1. 2000), S. 37.

»Kobras«: *NGN*, 10. 2. 2005.

»Die Gebisse und Kiefer von Hyänen«: *SN* 161, Nr. 17 (27. 4. 2002), S. 267.

»Giraffen«: *NS*, Nr. 2100 (20. 9. 1997); Burnie, S. 243.

Große und kleine Geschöpfe: Einige Davids und Goliaths der Natur (S. 274–276)

»Die Blutgefäße des Blauwals«: Whale Conservation Institute/Ocean Alliance, www.oceanalliance.org.

»Die größte Spinne«: *NGN*, 23. 6. 2004.

»Die kleinste Spinne«: ebd.

»Der kleinste dokumentierte Fisch der Welt«: BBC News, 25. 1. 2006; *PRS B* 273, Nr. 1589 (Januar 2006), S. 895–99.

»Die weltweit kleinste Echse«: *Caribbean Journal of Science*, Dezember 2001.

»Laut der Smithsonian Institution sind die größten bekannten Insekten«/»Laut der Smithsonian Institution sind die kleinsten bekannten Insekten«: Infoblatt 177, Department of Systematic Biology, Entomology Section, National Museum of Natural History/SI.

»Nur wenige Tiere«: *NGN*, 2. 2. 2003.

Konstruktionspannen: Die größten Flops von Mutter Natur (S. 277–282)

»Viele Tiere«: ADW; D. Burnie, *Animal. The Definite Visual Guide to the World's Wildlife*, London 2001, S. 316.

»Die kürzeste Lebensspanne«: *NS*, Nr. 2404 (19. 7. 2003).

»Der Basenji«: Basenji Club of America, www.basenji.com.

»Die auf Stiere bezogene Redewendung vom ›roten Tuch‹«: University of Washington, Seattle, www.staff.washington.edu/chudler/eyecol.html.

»Tiere haben ganz ähnliche«: Encyclopedia of Canine Veterinary Medical Information, www.vetinfo.com.

»Dalmatiner«: The Pet Health Library, www.VeterinaryPartner.com.

»Einige Tierärzte«: *NGN*, 25. 10. 2005.

»Hauskatzen«: *American Journal of Epidemiology* 156 (1. 8. 2002), S. 268–73.

»Frettchen«: www.suevet.com.

»Lemminge«: *Science* 302, Nr. 5646 (31. 10. 2003), S. 866–68.

»Schafe mit dickem Hinterteil«: *Genome Research*, Oktober 2002.

»Eine Eidechse«: M. Crump, *Headless Males Make Great Lovers*, Chicago 2005, S. 114.

»Offenbar kann man ein Huhn«: Augustus Brown, aus eigener Anschauung, circa 1975.

»Ein Schaf«: D. Kennard, *Auf Englands grünen Hügeln*, München 2005.

»Gürteltiere«: *Science* 308, Nr. 5724 (13. 5. 2005), S. 1040–42.

»Von den meisten Insekten«: ADW; SI Department of Systematic Entomology, www.entomology.si.edu.

»Menschliche Schadstoffe«: *AB* 68, S. 465; *SN* 161, Nr. 16 (20. 4. 2002), S. 243; *SN* 162, Nr. 19 (9. 11. 2002).

»Koalas«: *NS*, Nr. 2059 (7. 12. 1996).

»Zwei Köpfe«: *NGN*, 22. 3. 2002.

»Das Westliche Graue Riesenkänguru«: *IW*, September/Oktober 1997.

Von betrunkenen Elchen und anderen Merkwürdigkeiten in der Natur

Jörg Zittlau · **Warum Robben kein Blau sehen und Elche ins Altersheim gehen**
Pleiten und Pannen im Bauplan der Natur
192 Seiten mit Illustrationen von Lucia Obi
gebunden mit Schutzumschlag
€ [D] 18,00 · € [A] 18,40 · sFr 34,00
ISBN 978-3-430-30012-4

Wir leben keineswegs in der »besten aller Welten«, sondern in einer Welt voll unzulänglicher Wesen. Viele Tiergattungen haben skurrile Eigenarten entwickelt, die nicht gerade dazu dienen, ihr Überleben zu sichern. Da lieben Nattern Speisen, mit denen sie sich vergiften; Robben sind ausgerechnet für das Blau des Meeres farbenblind und Schwäne verlieben sich in Tretboote. All diese Arten sind trotz ihrer Handicaps der natürlichen Auslese entgangen und Jörg Zittlau erklärt uns weshalb.

Econ

CE QU'IL ME RESTE
DE TOI

www.editions-jclattes.fr

Stephanie Scott

CE QU'IL ME RESTE DE TOI

Roman

Traduit de l'anglais (Royaume-Uni)
par Denyse Beaulieu

JC Lattès

Titre de l'édition originale
WHAT'S LEFT OF ME IS YOURS
Publiée par Doubleday,
une division de Penguin Random House
USA et Weidenfeld & Nicolson, un département de
Orion Publishing Group Ltd, une entreprise Hachette UK.

Maquette de couverture : Florine Synoradski
Photo : Miki Takahashi

ISBN : 978-2-7096-6408-0

Première édition octobre 2021

Pour Subhashini, Roger, et Tom,
Avec tout mon amour.

« Aussi étroit soit le chemin,
Nombreux les châtiments infâmes,
Je suis le maître de mon destin,
Je suis le capitaine de mon âme. »

— William Ernest Henley

PROLOGUE

Sarashima est un très beau nom ; un nom qui n'appartient désormais qu'à moi. Je ne suis pas née sous ce nom, mais j'ai choisi de le prendre, parce que c'était celui de ma mère.

Lors d'une première rencontre, il est d'usage d'expliquer qui l'on est, et d'où l'on vient. Mais que vous le sachiez ou non, vous me connaissez déjà, et vous connaissez mon histoire. Fouillez les recoins les plus lointains de votre mémoire, et parcourez les coupures de journaux, les bulletins d'information, les crimes à sensations qui s'y nichent. Vous m'y verrez. J'y suis, dans la chute de l'article ; je suis la dernière phrase, terminée par le point final.

LES DÉRIVES D'UN WAKARESASEYA

Par Yu Yamada. 16 mai 1994, 18 h 30.

Le procès de Kaitarō Nakamura, l'homme accusé du meurtre de Rina Satō, s'est ouvert aujourd'hui au tribunal du district de Tokyo.

L'affaire a connu un retentissement international car l'accusé, M. Nakamura, est un wakaresaseya, c'est-à-dire l'agent d'une société de « briseurs de couple », qui a avoué avoir été recruté par le mari de la victime, Osamu Satō, pour séduire son épouse, Rina Satō, afin de fournir à celui-ci un motif de divorce.

Selon Nakamura, la défunte et lui étaient tombés amoureux l'un de l'autre, et souhaitaient refaire leur vie ensemble. S'il est condamné pour meurtre, Nakamura encourt une peine de réclusion criminelle de 20 ans minimum ; les juges peuvent même envisager la peine de mort.

Le père de Rina Satō, M. Sarashima, a déclaré à la presse : « Une industrie comme celle-ci, qui détruit des vies, ne devrait pas être autorisée à Tokyo. Rina était ma seule enfant et le cœur de notre famille. Je ne me remettrai jamais de sa perte, et je ne pardonnerai jamais. »

Rina Satō était mère d'une fillette de sept ans.

Vous rappelez-vous le moment où vous avez lu cette dépêche ? Étiez-vous en train de prendre votre petit déjeuner, parcouriez-vous le journal du matin au bureau ? Je vous imagine en train de lire ce qui est arrivé à ma famille ; vous froncez légèrement les sourcils, une ride s'est formée au-dessus de votre nez. L'odeur pénétrante du café vous a sans doute rassuré ; vous avez tourné la page en secouant la tête. Il se passe tant de choses étranges dans le monde.

Le wakaresaseya n'était pas une pratique courante au Japon à l'époque où Kaitarō s'est immiscé dans la vie de ma mère. L'industrie est née d'une demande qui existe partout. Regardez autour de vous : ceux que vous aimez, ceux qui vous aiment, ceux qui convoitent ce que vous avez. Ils peuvent s'insinuer dans votre vie, aussi facilement que Kaitarō Nakamura est entré dans la mienne.

Vous rappelez-vous maintenant le moment où nous nous sommes croisés pour la première fois ? Était-ce dans *The Telegraph*, *The New York Times*, *Le Monde*, *The Sydney Morning Herald* ? Dans la presse étrangère, c'est là que mon histoire s'est arrêtée. Les articles suivants ont porté sur l'industrie des briseurs de couple et les agents qui y œuvrent, mais il n'y a plus jamais été question de moi. Les vies à reconstruire sont toujours moins intéressantes que les vies détruites. Même au Japon, j'ai disparu de la page.

PREMIÈRE PARTIE

« Ce qui change le monde, c'est la connaissance. Rien d'autre, rien ne peut transformer le monde. La connaissance seule peut le changer, tout en le laissant tel qu'il est, inchangé. Vu sous cet angle, le monde est éternellement immuable, mais aussi en perpétuel changement. »

Mishima

Sumiko

Qu'y a-t-il dans un nom ?

Chez les Sarashima, le prénom d'un enfant se décide en famille. Pour moi, ce choix s'est inscrit dans une tradition qui allait déterminer ma vie. Dans la famille de ma mère, nos prénoms ont toujours été choisis au temple de Kiyoji, à Meguro. Niché en plein cœur de notre quartier, il s'élève au pied d'une colline, dans le parc situé au bout de notre rue ; les tuiles vertes de son toit brillent au soleil et les piliers rouges de son portique dominent les immeubles environnants.

Quand j'étais petite, mon grand-père m'a raconté que notre famille le fréquentait depuis son arrivée à Tokyo. Durant les bombardements de la ville, ils s'y réfugiaient pour prier. Après la guerre, on a restauré le temple. Pour lui, c'était un symbole de renaissance.

Voilà pourquoi, dès que maman se remit de son accouchement, au lieu de se rassembler autour du kamidana disposé à l'angle nord du salon, ma famille se rendit à Kiyoji. Ma mère franchit le portail en me tenant dans ses bras, pour pénétrer jusqu'au cœur du complexe de temples.

En gravissant avec moi l'escalier en pierre menant au bâtiment principal, ma mère leva les yeux vers le grand toit en bois. Ses longues corniches incurvées l'abritaient du soleil et le plongeaient dans une pénombre fraîche. Une fois à l'intérieur, nous avançâmes jusqu'à l'autel entre les volutes d'encens. Tout autour de nous, le vent entrait par bourrasques ;

dehors, les cloches en bronze des temples environnants se mirent à sonner.

Je ne me rappelle pas ce parcours, mais je l'imagine assez nettement : moi dans ma couverture crème, mon père tenant dans ses bras Tora, le tigre blanc en peluche que grand-papa m'avait offert, et mon grand-père, grave dans son costume trois-pièces. On m'a tant de fois raconté cette histoire qu'elle a imprégné mes souvenirs.

L'un des moines, pâle dans sa robe indigo, s'inclina devant mon grand-père qui lui tendit une bourse contenant un choix de prénoms. Ma mère avait préparé ces prénoms, d'abord en consultant l'astrologue. Puis elle avait choisi ses trois préférés, en comptant le nombre de traits des caractères pour s'assurer que chaque prénom, additionné à notre nom de famille, parvienne à la somme du meilleur augure possible.

Je la vois, assise à la table de la salle à manger en pantoufles et en jean, avec un tee-shirt trop grand pour recouvrir cette bosse qui était moi. Les volets sont ouverts, le soleil tombe sur le parquet en marbre de notre maison, tandis que dans la cuisine, le cuiseur à riz bouillonne et que la vaisselle sèche sur l'égouttoir. Ma mère étale les feuilles de papier de riz devant elle et se tourne vers la pierre à encre. Je la vois tremper son pinceau dans l'encre, je sens sa riche odeur de terre et de suie de pin qui s'élève dans l'air. Elle appuie la pointe du pinceau en crin de cheval et trace le premier trait d'un geste fluide.

Le moine s'inclina de nouveau et plaça les noms dans un bol peu profond qu'il posa sur l'autel. Puis, s'agenouillant, il choisit un délicat éventail en bois et, à l'unisson avec la brise qui filtrait entre les paravents, il le déplia pour fouetter l'air. Personne ne parlait. Dans la fumée grise de l'encens qui s'élevait vers le plafond, les noms peints par ma mère s'envolèrent l'un après l'autre. Bientôt, il n'en resta plus qu'un sur la surface en teck :

寿美子

Grand-papa s'agenouilla devant l'autel pour le prendre et un sourire éclaira son visage lorsqu'il lut les caractères de mon nom : célébration, beauté, enfant.

— Sumiko, dit-il. Sumiko Sarashima.

Mon père était resté silencieux durant ce processus. Au cours des semaines ayant précédé ma naissance, on avait discuté d'une cérémonie « d'adoption ». Selon la loi japonaise, les conjoints doivent porter le même nom de famille, mais dans certaines circonstances, le mari peut prendre celui de son épouse et intégrer sa famille, afin que le nom de celle-ci et sa lignée survivent. Mon père était le deuxième fils de sa famille, et les Satō avaient accepté sans hésiter. Mais alors que le prêtre sortait une feuille de papier pour y inscrire mon nom, mon père parla :

— Satō. Elle s'appelle Satō, pas Sarashima.

Ce que je sais

- J'ai été élevée par mon grand-père, Yoshi Sarashima.
- Je vivais avec lui dans une maison blanche dans le quartier de Meguro, à Tokyo.
- Le soir, il me lisait des histoires.
- Il m'a raconté toutes les histoires, sauf la mienne.

Mon grand-père était avocat ; il choisissait soigneusement ses mots. Même lorsque nous étions seuls dans son bureau et qu'assise sur ses genoux, je suivais du bout du doigt les plis de son fauteuil en cuir, ou plus tard, lorsque j'étais assise sur un tabouret à côté de lui, il s'exprimait avec précision. Je suis toujours restée fidèle à cette précision.

Grand-papa me lisait tout – Mishima, Sartre, Dumas, Tolstoï, Bashō – et me racontait des histoires de sa jeunesse et de ses chasses au canard à Shimoda. L'un de ces livres, *Le Procès*, devint mon préféré. Le récit débute ainsi : « On avait sûrement raconté des mensonges sur Josef K. »

Lorsque nous lûmes cette phrase pour la première fois, grand-papa m'expliqua qu'il s'agissait d'une traduction. J'avais alors douze ans, et je tendais la main vers ce monde qui existait au-delà du mien ; je caressai du doigt, sur la page jaunie, ces caractères qui me révélaient une notion inédite. Je lus le premier paragraphe à haute voix, pour convoquer le personnage de Josef K. : un homme solitaire, un homme que l'on pouvait calomnier.

En grandissant, je me mis à me disputer avec grand-papa au sujet du *Procès*. Il me dit que d'autres personnes se disputaient à ce sujet également ; à ce jour, on se dispute encore sur la traduction d'un mot en particulier : verleumdet. Raconter un mensonge. Dans certaines versions, on traduit ce mot par « calomnier ». La calomnie évoque les tribunaux et les accusations, un jugement public ; elle n'a aucune des connotations enfantines de « raconter des mensonges ». Et pourtant, lorsque j'ai lu ce récit pour la première fois, c'était le fait que le traducteur ait choisi « raconté des mensonges » qui me fascinait.

Lorsqu'on les raconte pour la première fois, les mensonges, comme l'ombre, ont une texture diaphane. Mais ils peuvent imprégner une vie. Comme celle de l'enfance, leur essence a la légèreté d'une plume. Et pourtant, toute mon enfance repose sur des mensonges.

L'été qui a précédé la mort de ma mère, nous sommes allés au bord de la mer. Lorsque je repense à cette époque, ces mois me semblent irrévocables. Non parce que ce sont les dernières vacances que j'aie passées avec ma mère, mais parce qu'il s'agit du lieu de mon dernier souvenir véridique.

Chaque année, lorsque la chaleur d'août s'abattait sur Tokyo, ma famille entassait ses valises dans le train local et se dirigeait vers la côte. Nous allions à Shimoda. Mon père restait en ville pour travailler, mais grand-papa Sarashima nous accompagnait. Chaque fois, il s'arrêtait au même kiosque dans la gare pour acheter des clémentines glacées à manger dans le train, et dans la chaleur métallique du wagon, maman et moi attendions avec impatience que le fruit fonde un peu pour pouvoir déguster le sorbet qu'il contenait. Enfin, alors que nos mentons étaient gluants de jus, maman se tournait vers moi et me demandait ce que j'aimerais faire à la plage avec elle.

Située sur la péninsule, entre le mont Fuji et la mer, notre maison était ancienne ; les vents qui soufflaient du Pacifique avaient tordu ses poteaux de clôture. Tout en montant vers le promontoire rocheux au sommet de la colline, cette clôture, sombre et incrustée de sel, m'annonçait que j'approchais de chez moi : Washikura, le Nid de l'Aigle, la maison avec vue sur la baie.

Comme notre pays est construit autour des montagnes, la plupart de ses habitants s'entassent dans des cages en béton. Il est rare que l'on y possède des terres, mais la maison de Shimoda appartenait déjà à ma famille avant la guerre. Par la suite, bien qu'il ait perdu tout le reste, mon grand-père s'était battu pour la conserver.

La forêt couvre les collines au-dessus de la maison. Enfant, je n'avais pas le droit d'y aller seule. Cet été-là, lorsque je regardai ma mère dans le train, elle sut immédiatement ce que je lui demanderais de faire. L'après-midi, nous gravissions les pentes boisées au-dessus de Washikura. Nous regardions les plantations de thé devenir de plus en plus sombres, à l'approche de l'automne. Nous nous allongions sur le sol noir et rocheux pour respirer l'odeur résineuse des pins. Parfois, nous entendions le cri d'un aigle pêcheur qui tournoyait dans le ciel.

Grand-papa connaissait la forêt, mais il n'a jamais réussi à nous retrouver. Tous les après-midis à quatre heures, il s'aventurait jusqu'au pied de la pente et nous appelait à travers les arbres. Il criait nos noms : « Rina ! » « Sumi ! » Ensemble, nous nous nichions entre les pins en gloussant, tandis que la voix de mon grand-père chevrotait et retombait.

J'entendais souvent grand-papa avant maman, mais j'attendais toujours qu'elle me fasse signe de me taire. Lors de notre dernier après-midi dans la forêt, je restai immobile. Je sentais le souffle doux et régulier de ma mère sur mon visage. Elle m'attira contre elle, et sa respiration devint plus silencieuse, plus lente. J'ouvris les yeux pour la fixer ; pour regarder ses cils sombres sur ses joues. Je contemplai sa pâleur, son immobilité. J'entendis la voix étouffée et distante de mon grand-père qui nous appelait. Je me blottis contre elle pour l'embrasser et la réchauffer de mon souffle. Soudain, elle sourit, sans ouvrir les yeux, et posa un doigt sur ses lèvres.

Nous n'avons plus notre maison, Washikura, près de Shimoda ; il y a plusieurs années que grand-papa l'a vendue. Mais lorsque je m'y rends aujourd'hui, en grimpant à travers les broussailles, je sens la présence de ma mère, là, sous les arbres. Lorsque je m'allonge par terre, avec les aiguilles de pin qui me piquent les joues, j'imagine que la brise fraîche est la caresse de son doigt.

Rina

Atami

Debout dans le jardin de Washikura, Rina contemplait, sur les pentes et les montagnes qui serpentaient jusqu'au mont Fuji, les ombres profondes qui se formaient sur les collines boisées. Elle songeait à la façon dont les plaques tectoniques qui avaient créé cette péninsule avaient convergé vers Fuji-san, plusieurs millions d'années auparavant, pour créer cette terre de volcans, de séismes et de sources chaudes surgissant de la mer.

Le volcan était toujours en activité, elle le savait. Quand le ciel était dégagé, on apercevait la vapeur et la fumée s'enrouler au-dessus de son sommet enneigé, comme pour laisser deviner les îles, les plateaux et les péninsules qui attendaient de naître. Mais cet été-là, tandis qu'elle regardait les pentes passer du vert limette au grenat puis au rouille, elle ne songeait pas à l'avenir ; elle pensait à sa fille, agenouillée dans le jardin auprès de grand-papa Yoshi, en train de creuser la terre noire des plates-bandes d'azalées avec sa truelle ; boudeuse, elle s'était détournée de sa mère. Rina leva les yeux vers les montagnes qui veillaient sur eux et sous leur regard paisible, elle monta à bord de sa Nissan rouge pour se diriger vers Atami.

Parvenue au front de mer, Rina s'arrêta pour chercher un endroit où se garer. Atami était devenu un lieu de villégiature. Les *salarymen* affluaient vers ses plages, pressés de fuir la touffeur de Tokyo pour retrouver leurs appartements de vacances, les centres commerciaux et les clubs de karaoké. Les hôtels tiraient profit des sources thermales naturelles de la région et les immeubles avaient depuis longtemps remplacé les arbres. Les forêts de camphriers et de fougères qui environnaient jadis la ville avaient été rasées ; on en retrouvait à peine la trace. Rina laissa sa voiture au bout de la plage et remonta le front de mer, en s'abritant les yeux de la main pour se protéger du soleil qui se réverbérait sur le béton.

— Tu es venue !

Au son de sa voix, Rina se retourna. Kaitarō traversait la plage, pieds nus dans le sable. Elle sourit en regardant sa démarche lente et chaloupée.

— J'avais peur que tu me poses un lapin, dit-il en la rejoignant.

— Tu n'avais pas peur.

— J'ai peur quand tu n'es pas avec moi.

Rina éclata de rire et ils se dirigèrent vers les yachts qui dansaient sur la mer bleue. Elle s'arrêta devant un marchand qui vendait des glaces aux haricots azuki. À ses côtés, Kaitarō fit passer ses sandales d'une main à l'autre pour trouver des pièces dans sa poche.

— Rien qu'une, s'il vous plaît.

Rina lui sourit.

— Ma fille les adore, dit-elle en mordant la glace pour savourer le goût de caramel des haricots.

Elle sentit le regard de Kaitarō et baissa les yeux.

— Nous pourrions emmener Sumiko ici, suggéra-t-il.

— Impossible.

Rina recula vers lui, tandis qu'il s'approchait d'elle par derrière. Elle sentit sa chaleur contre son dos, son souffle dans son oreille.

— Yoshi ne remarquera rien, si nous la sortons un après-midi.

— Et que dirai-je à Sumi quand ce sera fini entre nous ?

— Ce ne sera jamais fini entre nous, Rina.

Il l'attira contre sa poitrine et elle enfonça profondément les orteils dans le sable blanc ; elle sentit les grains minuscules s'infiltrer entre ses sandales rouges et sa peau.

— Je n'aurais pas dû venir…

Sa phrase se termina par un cri, car il l'avait soulevée pour la passer sur son épaule.

— Mais enfin ! Lâche-moi ! siffla-t-elle en le martelant de ses poings.

Rina poussa un petit cri. Sa glace était tombée dans le sable.

— Il y a trop de monde, ici, dit-il. On ne peut pas parler.

— Arrête de faire le gamin !

Kaitarō sourit largement.

— Tu fais ressortir mon mauvais côté.

— Tout le monde nous regarde.

— Je m'en fiche.

Et c'était vrai, songea-t-elle. Il s'en fichait vraiment.

Lorsqu'ils atteignirent sa voiture, il la posa par terre. Rina sentit le rouge qui lui montait aux joues ; on les regardait encore. Kaitarō prit son visage entre ses mains :

— Rina, tu es avec moi, aujourd'hui. Essaie de te concentrer.

Elle inspira profondément et leva les yeux vers lui.

— Je n'ai pas beaucoup de temps.

Tandis qu'ils roulaient dans les collines au-dessus de la ville, le long d'une route étroite qui serpentait entre les pins, Rina entrevoyait parfois le panorama. La mer était d'un bleu profond contre le béton de la baie, et sur les pentes, les cyprès et les cèdres s'insinuaient jusqu'aux abords d'Atami, comme pour en reprendre possession.

Ils se garèrent au pied d'un sentier en pierre qui remontait la colline. Rina attacha ses cheveux coupés au carré avec un mouchoir pour les protéger du vent, puis rejoignit Kaitarō sur la pente. Ensemble, ils grimpèrent jusqu'à un verger de natsumikan ; les oranges d'été pendaient, lourdes et basses, nichées entre les coques vert sombre de leurs feuilles. Kaitarō trouva un endroit dans l'herbe et y étala le trench qu'il avait pris dans sa voiture. Il était beige, comme celui des détectives de New York, et Rina sourit ; elle aimait bien le taquiner à ce sujet. Mais quelques minutes plus tard, sentant une brise fraîche lui caresser la nuque, elle frissonna, anxieuse. Elle courait des risques en l'accompagnant ici. Il voulait aller plus loin, beaucoup plus loin, elle en était sûre. Rina s'écarta de lui en tirant sa jupe sur ses genoux. Elle recula pour s'asseoir sur le trench tandis qu'il fouillait dans sa sacoche.

Kaitarō leva les yeux vers elle. Il dut remarquer sa nervosité, mais il se contenta de sourire, sa main droite au fond du sac, tandis que Rina s'enfonçait les ongles dans la paume.

— Je t'ai apporté ça.

Elle se tourna vers lui pour voir ce qu'il lui tendait : un Canon EOS 3500. Son anxiété céda à l'étonnement. Elle en avait vu dans les vitrines d'Akihabara et dans les catalogues, mais n'en avait jamais manipulé.

— Allez, prends, dit-il. J'ai pensé qu'on pourrait travailler un peu, pendant qu'on est ici.

— Travailler ?

— Tu ne crois pas qu'il serait temps ?

Rina se détourna. Il la poussait sans cesse à reprendre la carrière de photographe à laquelle elle avait jadis aspiré. Mais elle avait peur : lorsqu'on négligeait aussi longtemps quelque chose, cette chose ne risquait-elle pas de mourir ?

— J'ai retrouvé ton article, Rina, dit-il. Celui que tu avais publié dans *Exposure*.

Rina pinça les lèvres.

— Je m'essayais à l'écriture, c'est tout.

— On ne dirait pas.

— Je l'ai rédigé juste avant d'abandonner mes études de droit à Tōdai. Mon père a jeté tous les exemplaires qu'il a trouvés dans la maison.

— Je peux t'en obtenir un.

Elle le regarda enfin :

— Inutile. Je ne l'ai pas oublié.

En silence, il lui tendit l'appareil photo.

Ils se promenèrent dans le verger avant de s'allonger sur un lit de feuilles. Rina l'observait, suivant des yeux la rapidité de ses mouvements, la dextérité de ses doigts glissant sur les bagues de l'objectif pour sélectionner l'ouverture du diaphragme qui mettrait le mieux en valeur la palette naturelle de la colline. Elle resta immobile à ses côtés pendant une demi-heure à écouter le déclic rapide de l'obturateur. Dans sa paume, le Canon était lourd. Puis, lentement, elle porta le viseur à son œil pour voir ce que Kaitarō voyait.

Jaugeant la lumière et les ombres de l'après-midi, ils arrêtèrent les photos en couleurs et passèrent au noir et blanc, accentuant la forme de feuilles grâce à leurs filtres. Lorsqu'elle se retourna, elle vit que Kaitarō l'observait, appuyé sur son coude : il attendait qu'elle prenne une photo. Rina le dévisagea en plissant les yeux, et il sourit en dévissant son objectif de son appareil. Elle se pencha vers lui pour le regarder tirer un nouvel objectif de sa sacoche. Il le lui passa, en lui expliquant comment il capterait la lumière qui les nimbait.

Plus tard, assise pieds nus dans l'herbe, Rina cueillit une orange sur une branche. Kaitarō s'assit près d'elle tandis qu'elle fendait l'écorce colorée de l'ongle du pouce, faisant jaillir de minuscules gouttelettes de zeste dans l'air. Elle la partagea et lui en offrit la moitié, tout en suçant le liquide amer qui avait coulé sur sa paume. Le soleil baissait à l'horizon. Rina s'appuya contre l'épaule de Kaitarō. Elle posa sa joue contre l'arête de sa clavicule et regarda la lumière qui scintillait entre les arbres.

Une goutte d'eau tomba sur les cheveux de Rina, puis deux autres. Quand l'averse perça entre les feuillages, elle se leva d'un bond. L'orage les avait surpris. C'était souvent le cas en montagne ; l'air humide se condensait dans les sous-bois. Kaitarō jeta son manteau sur eux pour les abriter, elle saisit ses sandales et ils dévalèrent la pente jonchée de feuilles mouillées jusqu'à sa voiture. Des trombes d'eau ruisselaient sur les vitres et une brume blanche se matérialisa au-dessus des collines, aplanissant les montagnes avant de les engloutir. Ni l'un ni l'autre n'alluma la radio ; ils restèrent assis en silence. Kaitarō lui prit la main ; leurs doigts s'entrelacèrent.

— J'ai été classé troisième au Prix de la Photo de Fukase-Isono, dit-il. L'une de mes œuvres va être exposée. Tu viendras ?

Rina se tourna pour le regarder :

— Où est-ce ?

— Dans un loft à Akihabara. Si les œuvres ne te plaisent pas, je peux toujours t'emmener chez Yabu Soba.

Rina sourit. Il savait qu'elle était gourmande. Elle agita la main :

— Ne me parle pas des soba au canard.

— Ça me ferait vraiment plaisir que tu viennes.

Elle le dévisagea, et son rire s'évanouit.

— Alors je viendrai.

La pluie tourna au crachin et s'arrêta le soir tombé. Ils sortirent de la voiture et s'approchèrent des rampes qui bordaient la route ; ils apercevaient la mer, émergeant entre les lambeaux de brume qui s'accrochaient aux flancs de la colline.

Kaitarō l'enlaça et lui frotta les épaules pour la réchauffer.

— Il faut que j'y aille, dit-elle.

Mais maintenant, elle n'avait aucune envie de partir. Elle se tourna vers lui :

— Kai, ce qui s'est passé aujourd'hui…

— Ne dis rien.

— Merci.

Il repoussa les cheveux de Rina de son visage et dénoua le mouchoir détrempé qui les retenait. Elle le regarda glisser ce mouchoir dans sa poche, sans l'en empêcher.

— Je t'aime, dit-il.

Rina fit un mouvement pour qu'il desserre son étreinte. Elle tenta de parler, mais il secoua la tête et posa un doigt sur ses lèvres ; sa peau était rêche contre sa bouche.

— C'est vrai, tu sais.

Sumiko

Tokyo

Ma mère était photographe avant de se marier. Chaque année, lorsque nous allions au bord de la mer, maman jouait avec moi sur la plage, en prenant des pellicules entières de photos. Grand-papa les envoyait chez Kodak pour qu'on les transforme en diapositives Kodachrome. En automne, lorsque les feuilles brunissaient et que nous retournions à Tokyo, nous allions dans la maison de grand-papa à Meguro. Ma mère ouvrait une bouteille de Coca-Cola et nous regardions toutes les diapos d'affilée sur son projecteur.

Je les ai encore, ces petits films de famille ; ils sont dans la cave de la maison de Meguro, classés dans de longues boîtes en cuir. Parfois, je descends pour les regarder. Les diapos sont magnifiques, comme de petits vitraux rectangulaires dans leur cadre en carton blanc. J'y vois ma mère en miniature en train de mordre dans un cornet de crème glacée ; moi, dans le sable avec mon seau rouge et mon maillot mouillé ; grand-papa à l'abri sous un parasol, même s'il est déjà à l'ombre. J'ai aussi d'autres souvenirs, mais ceux-là ne sont pas de Shimoda. Je les entrevois par flashes. Dans mon esprit, la ligne de la côte devient plus droite, les criques rocheuses de Shimoda sont remplacées par une rade, et j'entends mes pieds qui claquent sur le béton tandis que je cours comme une folle. Il y a des moments limpides, des scènes liquides : je vois un yacht sur les vagues, voiles gonflées par le vent ; je sens des bras vigoureux qui me soulèvent ; je me détourne du reflet aveuglant du soleil sur un objectif ; une main d'homme me tend un cornet de glace aux haricots rouges, un homme aux longs doigts élégants qui n'appartiennent pas à mon père.

Je n'ai jamais retrouvé ces images dans la cave de mon grand-père, et je n'ai vu cette rade sur aucune de nos photos. Mais parfois, l'odeur de caramel des haricots rouges me réveille la nuit. Une brise flotte dans l'air et j'entends l'écho de paroles au loin, mais c'est peut-être seulement le bruissement du ventilateur de plafond et l'odeur des petits pains qui refroidissent dans la cuisine, qu'Hannae, la gouvernante de grand-papa, m'a appris à faire.

Un jour, j'ai interrogé grand-papa au sujet de ces souvenirs. Il me répondit que je me rappelais nos étés à Shimoda. Lorsque je continuai à le dévisager, il éclata de rire et me fit signe de m'asseoir à côté de lui sur le tabouret près de son fauteuil. Il tendit la main vers une étagère où étaient empilés des livres, effleurant des doigts les reliures en cuir, les livres de poche et les recueils de poésie.

— Lequel choisis-tu aujourd'hui ?

Bien des années plus tard, j'étais debout dans le bureau de mon grand-père lorsque les mensonges qui s'étaient entortillés autour de ma vie commencèrent à s'effilocher. Je devais adresser un discours aux étudiants de droit de dernière année à Tōdai. J'étais impeccable dans mon tailleur marine, avec ma queue-de-cheval, mais j'étais en retard, car j'avais perdu mes notes.

Je me revois, penchée sur le bureau de grand-papa, en train de remuer des papiers dans tous les sens. J'avais été admise au barreau japonais l'année précédente et mon stage à la Cour Suprême de la ville de Wakō tirait à sa fin. Je venais de passer les derniers examens, et les dossiers traités au fil de longs mois d'alternance auprès des juges, des procureurs et des avocats étaient empilés un peu partout. Grand-papa était parti dans un onsen avec des amis, mais il m'avait depuis longtemps cédé son bureau. Il était trop ravi de mon choix de carrière et de l'offre d'emploi du cabinet Nomura & Higashino pour me reprocher de l'avoir envahi.

Je me dirigeai vers un fauteuil en cuir pour fouiller les dossiers que j'avais laissés sur le siège. Après mon long trajet quotidien pour rentrer de Wakō, je m'endormais souvent là, en pleine lecture. L'année précédente, j'avais pris en charge des affaires supplémentaires pour tenter de me distinguer des autres stagiaires, et j'avais travaillé d'arrache-pied pour me constituer un réseau dans le milieu des avocats et des procureurs, mais le manque de sommeil avait fini par me rattraper.

J'étais agenouillée par terre et je tendais la main vers une liasse de papiers qui auraient pu être mes notes lorsque le téléphone sonna. Toute ma vie était dans cette pièce : mes certificats d'écolière et mes diplômes d'étudiante, l'article encadré de l'affaire la plus célèbre de grand-papa, le dossier d'actualités qu'il préparait pour moi. Chaque matin avant d'aller travailler, grand-papa, assis à la table du petit-déjeuner, dégustait ses nouilles froides préférées en découpant des articles traitant des nouvelles du jour, afin que je ne sois jamais prise de court. J'avais lu chaque article, chaque histoire dans cette pièce, sauf la mienne. J'étais tellement débordée par le bric-à-brac de ma vie que je faillis ne pas entendre la sonnerie.

— Allô ?

— Bon après-midi, répondit une voix féminine hésitante. Puis-je parler à M. Sarashima ?

Distraite, je marmonnai tout en fouillant la pièce du regard :

— Je suis désolée, il est à Hakone en ce moment. C'est à quel sujet ?

— Je suis bien chez M. Yoshitake Sarashima ?

— Oui. Je suis sa petite-fille, Sumiko. En quoi puis-je vous être utile ?

— Il s'agit bien de la famille de Mme Rina Satō ?

— Ma mère est morte, répondis-je en reportant enfin mon attention sur la personne au bout du fil.

Silence. Je crus un moment que la jeune femme à la voix hésitante avait raccroché, mais je l'entendis inspirer profondément.

— Je travaille pour le ministère de la Justice, pour l'administration pénitentiaire. Je suis vraiment navrée de vous déranger, mademoiselle Satō, mais mon appel concerne Kaitarō Nakamura.

— Qui est-ce ?

Ma voix résonna dans le vide. Elle avait raccroché.

Les cloches

Tout comme il est impossible de « dé-sonner » une cloche, les mots, une fois prononcés, restent suspendus dans l'air ; ils continuent à vivre. Au cours de la dernière année de la vie de ma mère, grand-papa commença à m'emmener dans un temple de la ville. Nous nous frayions un chemin dans une foule bourdonnante pour nous diriger vers Sensōji. Tout en marchant, j'inspirai profondément le parfum des feuilles brûlées et de l'encens, et je tirai grand-papa par la manche. Il baissa les yeux et me souleva dans ses bras, puis continua à traverser le marché. Cette visite hebdomadaire était un rituel nouveau, pour nous. Il me cala contre sa hanche, en coinçant ma jupe jaune autour de mes jambes. Je babillais chemin faisant, en lui désignant les choses qui avaient attiré mon attention. Il y avait plus d'une centaine d'étals qui bordaient l'avenue menant à Sensōji. Une autre allée commerçante allait d'est en ouest, mais il choisissait toujours ce chemin parce qu'on y trouvait mes friandises préférées.

— Manjū ! réclamai-je.

Je pointai du doigt un étal qui vendait des beignets frits à la patate douce, à la cerise ou au chocolat. Je les adorais tous, mais j'étais folle des beignets aux haricots rouges.

— Manjū, grand-papa, répétai-je.

Une longue file s'était déjà formée, bien au-delà de l'étal, sur plusieurs rangées. Les gens se bousculaient pour tenter de s'approcher, tandis que saveur après saveur, les beignets chauds étaient alignés sur le comptoir. Une femme trapue entre deux âges, dressée au milieu de la foule, réglait la circulation des acheteurs, les poussant vers l'étal puis les repoussant dès qu'ils avaient pris leurs beignets, quasiment dans le même geste fluide.

Je désignai un plateau de manjū bien dorés, mais grand-papa secoua la tête.

— Je veux des haricots rouges ! couinai-je.

— Plus tard, Sumiko, dit-il tandis que je lui tirais les cheveux, énervée.

— Tu amenais maman ici ?

— Oui, quand elle était petite, répondit grand-papa en me calant à nouveau contre sa hanche.

Je commençais à être un peu trop grande pour être portée dans les bras, mais ça ne semblait pas le déranger. Il disait qu'il voulait se souvenir de moi à cet âge.

— Elle est où, maman ? demandai-je.

— Elle fait des courses.

— Pourquoi elle ne m'a pas emmenée ?

— Je voulais passer un moment avec toi.

— Je veux…

— Ta mère et moi, nous avons commencé à venir ici quand elle avait ton âge, reprit-il alors que je m'écartais de lui pour me retourner vers le marchand de beignets.

— Sumichan ! Le temple d'abord, me gronda grand-papa en me posant par terre et en me tendant la main.

Pressée par la foule, je me collai à ses jambes, mes doigts entrelacés aux siens ; je n'aimais pas être environnée de tous ces gens et de ces touristes. Je restai silencieuse jusqu'à ce que nous franchissions le Portail du Tonnerre, mais alors que nous nous rapprochions des piliers rouges du portail intérieur avec leurs sandales en paille géantes suspendues dessous, j'allongeai le cou pour tenter d'apercevoir la grande cloche.

C'était l'une des cloches qui sonnaient les heures. Ma mère m'avait raconté que le poète Bashō, plusieurs siècles auparavant, l'avait même entendue sonner jusque dans les champs de fleurs. À l'époque où Tokyo était encore Edo, la ville entière était gouvernée par ces carillons ; ils disaient aux habitants quand se lever, manger, dormir. Désormais, on n'entendait la grande cloche qu'à six heures tous les matins et à minuit au Nouvel An, quand on la faisait sonner 108 fois, pour chacun des 108 désirs terrestres qui, dit-on, asservissent les hommes. Grand-papa nous avait emmenées voir cette cérémonie, maman et moi. Ses amis du comité local nous avaient procuré des places tout près de la cloche. Rien qu'à la revoir, je ressentais encore chaque réverbération dans l'air, le moment de silence où l'on tirait sur la poutre en cèdre avant de la relâcher, suivi des vibrations chaleureuses du bronze.

Se faufilant dans la cohue, grand-papa atteignit le brûle-encens situé devant le temple. Tout en marchant, il m'expliqua que la fumée qui en émanait lui avait toujours rappelé, non pas la purification, mais l'époque où ma mère était petite, avec des nœuds en satin blanc dans ses cheveux, et ses jupons qui dépassaient de sa robe du dimanche. Lorsqu'il la soulevait pour voir, elle faisait mine de se laver dans les vagues odorantes de la fumée.

— Tu es prête à entrer ? me demanda grand-papa.

Je hochai la tête, assagie. Il me souleva à nouveau sur sa hanche et je lui souris tandis qu'il nous trouvait une place devant l'immense chaudron patiné qui envoyait de grandes bouffées de fumée dans l'air. Je me penchai et grand-papa l'éventa vers moi, pendant que je faisais semblant de me laver dedans en me frottant le visage et les mains.

— Tu es pure, maintenant ? Tu en es sûre ? me taquina-t-il. Tu n'es plus une vilaine petite fille ?

Je lui souris candidement et le fis éclater de rire.

— Je sais ce que tu as envie de faire, me dit-il. Tu veux te faire prédire ton avenir.

C'était aussi l'un de nos rituels. Chaque fois que nous venions à Sensōji, avant que grand-papa n'aille faire ses prières dans le temple principal, il m'emmenait à la commode aux cent tiroirs. Il me donnait une pièce de monnaie à glisser dans la fente et ensemble, nous écoutions le métal dégringoler jusque dans la boîte d'offrandes. Puis il me remettait un cylindre rempli de longs bâtonnets fins et me laissait le secouer jusqu'à ce qu'un bâtonnet en tombe.

Je pris ce bâtonnet pour scruter les caractères gravés dans le bois, et nous recherchâmes, parmi les tiroirs, le symbole qui leur correspondait. Lorsque je le trouvai, grand-papa en tira la première feuille d'une pile, qu'il me tendit.

Il me regarda articuler les mots en silence avant de lire mon avenir à haute voix. J'adorais ces prédictions. Même à la montagne, je demandais à grand-papa de m'en acheter dans les distributeurs au pied des pistes de ski. Mais ce jour-là, une fois ma lecture terminée, je n'étais toujours pas sûre de bien comprendre ce que signifiait la prédiction. Je la tendis donc à mon grand-père. Il sourit, s'inclina légèrement, et murmura qu'il serait heureux de me rendre ce service.

— Alors, voyons cela, dit-il en déchiffrant les symboles, pour rechercher celui indiquant la chance, en haut à droite.

Il rapprocha la feuille de son visage et je l'entendis inspirer brusquement. Il se détourna de moi et regarda le fil de fer tendu au-dessus des tiroirs, où étaient suspendues des prédictions qu'il ne voulait pas m'expliquer. Il y en avait plusieurs ce jour-là, que le vent agitait doucement.

Je m'approchai alors qu'il tentait de plier la feuille pour en faire une bande, afin de l'attacher au fil de fer, mais tandis qu'il s'affairait, je la lui arrachai des mains.

— Qu'est-ce que ça veut dire ? demandai-je en scrutant à nouveau les symboles et les caractères.

— On n'en veut pas, de celle-là, répondit-il. Il faut l'accrocher au fil, pour que le vent l'emporte.

Je m'écartai de lui, en tenant toujours la feuille entre mes mains.

— Je veux savoir.

— Sumichan, donne-la-moi. Elle appartient au vent.

— Dis-moi !

Je chiffonnai la mince feuille de papier dans mon poing. Grand-papa me prit la main et écarta mes doigts.

— Viens, Sumiko, je t'en prends une autre.

Mais il écarquilla les yeux, horrifié, en me voyant fourrer la feuille de papier dans ma bouche et me mettre à la mastiquer. Certains mots peuvent être enfouis, voire brûlés, mais au fil des ans ils ressurgissent et sonnent comme les cloches du temple, qui s'élèvent au-dessus du vacarme.

Rina et Kaitarō

Une nouvelle affaire

Kaitarō était assis en bras de chemise, sa cravate soigneusement pliée sur son bureau, à côté de lui. Des volutes de vapeur s'élevaient de sa tasse de café tandis qu'il parcourait le dossier de sa nouvelle affaire. Le sujet était une femme au foyer : trente ans, yeux bruns, cheveux châtains, taille moyenne. Elle aimait le cheesecake.

Tout en sortant une carte de Tokyo pour situer son domicile, il jeta un coup d'œil à l'emploi du temps quotidien de la femme, en notant ses itinéraires habituels et en calculant combien de temps il mettrait à se rendre d'un lieu à l'autre. Il savait qu'il devrait la filer pendant plusieurs semaines pour recueillir des renseignements sur ses centres d'intérêt et ses endroits préférés.

Le mari avait rempli un formulaire et ses réponses précisaient le nombre de propriétés et le patrimoine familial mis en jeu par ce divorce. Il y avait deux résidences à Tokyo : l'appartement conjugal à Ebisu et une autre maison à Meguro, ainsi qu'une résidence secondaire sur la côte à Shimoda, le tout au nom de Sarashima, le nom de jeune fille de l'épouse. Il y avait également une liste de chiffres : comptes bancaires, actions, estimation du patrimoine net. Kaitarō ajouta une nouvelle colonne à côté de celle-ci et commença à prendre des notes. Les clients mentaient souvent au sujet de leur patrimoine, ou du moins ils exagéraient ; c'était le cas d'Osamu Satō, il n'en doutait pas. En tout cas, il ne leur avait sûrement pas tout dit.

Posant son stylo, Kaitarō se pinça l'arête du nez entre le pouce et l'index ; il commençait à avoir une migraine et il secoua la tête pour se soulager. Il parcourut à nouveau les détails du dossier : les actifs principaux étaient les biens immobiliers appartenant à l'épouse ou à sa famille, et il y avait aussi un enfant, une petite fille. Il connaissait cette méthode d'acquisition. Ses clients tiraient avantage de tout ce qu'ils pouvaient trouver. Certains s'appuyaient sur le système juridique, car seule la garde exclusive des enfants était autorisée ; la garde partagée était illégale. De sorte qu'un enfant pouvait servir de monnaie d'échange dans les négociations. Évidemment, dans certaines situations, la séparation valait mieux pour tout le monde, y compris les enfants, mais dans les affaires qu'il traitait, le bien-être de ces derniers n'était pas le principal souci de ses clients. Il ne s'étonnait plus guère de ce que les gens étaient prêts à faire pour obtenir ce qu'ils convoitaient, mais de toute façon, il n'avait pas à approuver ses clients, simplement à les gérer.

Relevant les yeux du dossier, il aperçut ses cartes de visite dans leur boîte en plastique transparent, sur le bureau devant lui. Elles étaient blanches, forcément discrètes : n'y apparaissaient que son nom ainsi que ses numéros de téléphone et de fax. Curieusement, dans la lumière crue du bureau, les caractères de son nom semblaient encore plus nets, comme s'ils étaient en relief ; ce nom que ses parents avaient choisi pour lui avec tant d'espoir : Kaitarō, composé des caractères de « mer » et de « fils premier-né ». L'espace d'une seconde, il eut presque l'impression d'être de retour à Hokkaido, en train de marcher dans les hautes herbes avec son oncle, le poids de l'appareil photo pesant à son cou, dans le tourbillon des mouettes et le rugissement de l'océan.

Un jour, lors d'un rare moment de tranquillité, après deux ou trois bières, ou plus, son père lui avait raconté comment sa mère et lui avaient choisi son prénom, assis à la table de la cuisine de leur petit bungalow, et comment ils avaient hésité entre deux versions. Son père lui avait raconté cette histoire d'un ton pensif. Il venait de rentrer d'un boulot sur un chalutier et il était étrangement serein. Il aimait « fils de la mer », et avait insisté jusqu'à ce que ce prénom soit choisi. Il espérait que son fils deviendrait marin, lui aussi, ou trouverait du travail dans une pêcherie ; la famille vivait de l'océan depuis si longtemps que ce choix lui paraissait inévitable.

Mais son nom avait toujours voulu dire autre chose pour Kaitarō ; il évoquait l'immensité du grand large, le scintillement argenté du sable lorsqu'il se mêlait aux vagues ; la sensation de l'appareil photo de son oncle entre ses mains, alors qu'il apprenait à saisir le mouvement du monde qui l'entourait. Son oncle ne leur rendait visite que sporadiquement, mais lorsqu'il décrochait des reportages assez lucratifs pour emmener Kaitarō, ils partaient tous les deux. Ils avaient sillonné Hokkaido ensemble, s'écroulant à la fin de longues journées dans les lits étroits de gîtes ruraux ou des couchettes d'auberges de jeunesse, épuisés, mais libres. Ce qui était inévitable, c'était que Kai finirait par décevoir son père. Il apprit donc très vite à déchiffrer son humeur, en analysant l'expression de ses traits dès l'instant où il rentrait à la maison, pour deviner s'il avait bu ou s'il était en colère.

Sa mère préférait l'autre version de son nom, combinaison de caractères contenant celui qui signifiait « médiateur ». Elle aimait les connotations de pouvoir et d'aptitude de ce terme ; elle soutenait que leur fils pourrait faire une carrière de cadre dans l'usine locale de traitement des algues, ou se lancer en affaires. Kai fixa sa carte dans son minuscule bureau de Shibuya. Il doutait que sa mère ait songé à la carrière qu'il exerçait aujourd'hui. Elle avait eu d'autres espoirs pour lui ; il aurait pu remplir un autre rôle de médiateur pour elle, mais là aussi, il l'avait déçue. Il avait été incapable d'aplanir les aspérités du couple de ses parents, incapable de la protéger, de se protéger lui-même. Il avait survécu, et il était en effet devenu une sorte de médiateur, mais pas forcément du genre auquel on aspire. Kaitarō prit son café, mais une peau épaisse s'était formée à sa surface et il était tiède. Il secoua la tête à nouveau pour tenter de s'éclaircir les idées et de déloger la migraine qui s'intensifiait. À quoi bon ressasser ? Il n'était aucun de ces hommes qu'on avait espéré le voir devenir, et il ne pouvait pas revenir en arrière.

L'air sec et étouffant du bureau lui brûlait les yeux. Il se frotta le visage avant de se pencher à nouveau sur son dossier. L'affaire était lucrative : il ne s'agissait pas de la simple filature d'un fiancé ou d'une épouse infidèle, mais d'un travail relationnel, d'une rupture à susciter. Une enquête pouvait durer une quinzaine de jours, mais c'était un boulot rapide, proche de celui d'un détective privé : il fallait filer, prendre des photos attestant l'infidélité, et rendre son rapport au client, qui déciderait alors du sort à réserver à son ou sa partenaire. Alors que dans le cas présent, la mission pouvait durer plusieurs mois : celui à qui son patron, Takeda, choisirait de la confier percevrait des honoraires importants. S'il la décrochait, Kaitarō pourrait même se payer le luxe de prendre un peu de temps pour lui.

L'affaire paraissait relativement simple. Kaitarō esquissa les grandes lignes d'une opération d'imposture, sur une période de deux mois : le premier pour appâter le sujet et l'autre pour recueillir les preuves – peut-être des photos de lui et de la femme à la sortie d'un love hôtel, ou à la rigueur, un baiser dans la rue. Ensuite, il résilierait son abonnement au numéro de téléphone qu'il lui aurait donné et partirait travailler dans une autre circonscription de Tokyo ; la société pourrait même le muter dans une autre préfecture pendant un certain temps. Mais tout en parcourant à nouveau le dossier jusqu'à la dernière page, un détail se mit à le tracasser, détail à peine pertinent, dans le cas de la séduction d'une femme au foyer. C'était sa photo : une photo de passeport, la seule qu'on leur ait donnée. L'éclairage était cru et elle ne portait aucun maquillage. Elle regardait directement l'objectif, mais c'était la façon dont elle le fixait qui avait frappé Kai ; comme si elle s'intéressait davantage à l'appareil photo qu'à quoi que ce soit d'autre au monde. Ses yeux, et son regard, s'étaient détachés de la page pour entrer dans sa tête.

Il tenait toujours la photo lorsque Mia passa le voir. Takeda l'avait chargée de gérer l'agenda de la société, mais dans cette affaire, Kaitarō lui avait aussi demandé d'interviewer le mari. Mia était futée, subtile, patiente et elle parvenait sans peine à surmonter les réticences de leurs clients. Pourtant, lorsqu'elle frappa à sa porte, elle était manifestement agacée.

— Il refuse de me parler, dit-elle. Il veut rencontrer l'agent avec lequel il va travailler.

Kaitarō leva les yeux.

— Qu'a répondu Takeda ?

— Il aimerait que ce soit toi.

— Tu en penses quoi, de ce type ?

Mia lui remit une feuille.

— À toi de voir, répondit-elle tandis qu'il parcourait ses notes.

Kaitarō mit sa cravate, rajusta sa chemise et la suivit dans la salle de réunion. Il s'inclina très bas devant Satō et lui tendit sa carte de visite, en la tenant à deux mains. Tandis que Mia versait de l'eau glacée dans deux verres, Kaitarō s'assit pour jauger son nouveau client, comparant l'homme qu'il avait découvert dans le dossier avec celui qui était devant lui.

— Ma collègue me dit que vous ne souhaitez pas vous réconcilier avec votre épouse ?

— J'ai dit à cette demoiselle que je souhaitais un divorce, répondit Satō en désignant Mia, qui, assise à côté de lui, retirait des peluches de son collant.

— Nous pouvons mener une enquête préliminaire, avant que vous preniez votre décision, reprit Kaitarō. Mia pourrait aller boire un verre avec votre épouse – il jeta un coup d'œil à son dossier – Rina ? Lui demander ce qu'elle pense de votre couple, peut-être jauger sa réaction face à l'éventualité d'une séparation.

— Elle ne croit pas au divorce.

— Pourquoi ?

— Peu importe.

Kaitarō se pencha en avant :

— Monsieur Satō, si nous prenons cette affaire, nous aurons besoin de connaître énormément de détails sur votre épouse et sur vous, et la majorité d'entre eux seront extrêmement personnels.

Satō resta silencieux.

— Votre épouse vous a-t-elle été infidèle ?

— Non.

— Elle n'a pas d'amants, de flirts, d'amis intimes ?

— Non.

— Elle n'a pas d'amis du tout ?

— Elle n'est pas très intéressante. Voilà pourquoi je veux être débarrassé d'elle.

— Mais vous souhaitez obtenir la garde de votre fille.

— Pour l'instant.

Kaitarō se détourna et Satō eut un petit rire.

— On m'avait assuré que vous étiez discret, murmura-t-il. Je ne m'attendais pas à ce que vous soyez une âme sensible.

— Ces affaires sont souvent pénibles, répondit Kaitarō en soutenant son regard. Nous tentons de minimiser la douleur éprouvée par toutes les parties concernées, du moins jusqu'à ce que les papiers soient signés. Les séparations les plus réussies sont celles où l'on conçoit le moins de ressentiment l'un pour l'autre.

Il sourit presque imperceptiblement à Satō, qui plissa les yeux ; manifestement, l'homme n'aimait pas être contredit.

— Dans ce cas, je peux m'adresser à une autre agence.

Kaitarō haussa les épaules, soulagé malgré lui que Satō ait changé d'avis. Mais Mia le retint avec une courbette et l'incita à se rasseoir.

— Nous comprenons votre impatience, monsieur. Mais il s'agit d'une décision importante, qu'il ne faut pas prendre à la légère. Nous devons nous assurer que vous sachiez vraiment ce que vous voulez.

— Eh merde, je ne veux pas avorter, marmonna Satō. Je veux me débarrasser de ma femme.

Mia haussa un sourcil d'un air coquet et ouvrit son calepin :

— Alors allons-y. De combien de temps disposons-nous ?

— Prenez le temps qu'il vous faut. Mais vous avez la réputation d'être efficaces.

— En effet, acquiesça Mia. Je ne supporte pas les histoires qui traînent en longueur, ajouta-t-elle en adressant un clin d'œil à Satō.

Kaitarō inspira profondément et leva les yeux au ciel.

— Parlons clairement, dit Satō. Ce garçon est-il à la hauteur ?

Mia s'inclina.

— M. Nakamura est l'un de nos meilleurs agents. Quoi que vous demandiez, il réussira.

— Je ne veux pas d'histoires.

— Vous visez un règlement à l'amiable ? demanda Mia.

Satō la dévisagea. Sa réponse se lisait dans son regard. Lentement, il se tourna vers Kaitarō.

— Il faut que ma femme veuille me quitter et elle doit être prête à tout sacrifier pour le faire. Vous y arriverez ? Pouvez-vous rendre une femme amoureuse de vous ?

Kaitarō le fixa, impassible, jusqu'à ce que Satō finisse par éclater de rire.

— J'espère qu'il est plus doué avec ces dames.

— Vous avez une autre photo de votre épouse ? demanda Kaitarō.

— Pourquoi ? Vous n'acceptez que les clientes sexy ?

Satō regarda Mia et ils échangèrent un petit sourire.

— Nous demandons des arrhes pour l'enquête préliminaire, répondit Kaitarō. Il serait préférable d'avoir une photo d'elle dans sa vie quotidienne.

Satō ricana, comme il le ferait continuellement au fil de leurs entretiens successifs.

— Vous risquez d'être déçu.

— Si vous le permettez, pourrions-nous vous demander tout de suite des informations supplémentaires ? intervint Mia. Nous avons certaines questions à vous poser au sujet de son milieu d'origine, son éducation, ses loisirs, ses rapports avec votre fille. Si vous voulez, nous pourrions aller prendre un verre tous les deux ?

Satō détourna les yeux.

— Envoyez le questionnaire à mon bureau. Je ne mettrai pas longtemps à le remplir.

Il se leva pour se diriger vers la porte. Mia s'inclina très bas, reconnaissante. Au-dessus de sa tête penchée, Satō regarda Kaitarō.

— En effet, j'ai apporté une autre photo – pour piquer votre curiosité.

Plus tard ce jour-là, Kaitarō se dirigea vers la fenêtre de son bureau. Devant lui, les rues de Shibuya scintillaient dans le crépuscule. Il tenait la photo de la femme qu'on le payait pour séduire, la photo que Satō lui avait apportée.

Il appuya l'épaule contre la vitre et examina le tirage. Il vit une femme avec les cheveux coupés au carré, vêtue d'un cardigan trop grand pour elle – le tissu l'enveloppait, encadrant son visage. Il examina sa posture, l'angle de la prise de vue. La photo était en noir et blanc, cadrée avec précision, avec son visage et son torse en gros plan ; derrière elle, le reste de la pièce était flou. C'était très probablement un autoportrait. Kai se posait la question lorsqu'il remarqua un petit détail qui confirma son hypothèse, car niché dans la paume de la femme, presque dissimulé entre les plis de son cardigan, il aperçut le bulbe noir d'une poire pneumatique et le fil qui déclencherait l'obturateur de l'appareil photo. Elle était photographe, ou elle l'avait jadis été.

Inclinant la photo vers la lumière, Kaitarō suivit du pouce la ligne du front de la femme. Il songea à son nom. Rina. Elle avait de grands yeux noirs ourlés de cils délicats, mais il n'y avait aucune joie dans son expression, aucune exubérance, uniquement le sérieux qu'il avait déjà remarqué dans sa photo de passeport, l'intensité avec laquelle elle fixait l'objectif. Rina le regardait d'un air concentré, presque agressif, mais on lisait aussi autre chose dans ce regard : une vie prématurément interrompue.

Halogénure d'argent

Jadis, Rina avait été visible, elle en était certaine. Elle ne rêvait ni d'être admirée, ni même de tomber amoureuse ; elle voulait simplement un contact. Que quelqu'un la voie, pour se prouver qu'elle était toujours là.

Tous les matins, elle faisait les courses pour le dîner et la maison. Elle portait des robes qui lui arrivaient au genou et un manteau dans lequel elle s'enveloppait. L'air remuait à peine lorsqu'elle s'acheminait vers Ebisu. Elle savait, depuis des mois maintenant, qu'elle pouvait marcher dans la rue sans qu'aucune tête ne se retourne, qu'aucun regard ne la suive, soit parce qu'on la reconnaissait, soit par curiosité. Au fur et à mesure que sa vie s'effilochait, de moins en moins de gens la voyaient.

Lorsqu'elle était petite, il était impossible de ne pas remarquer Rina – il émanait d'elle non seulement l'éclat de la jeunesse, mais une assurance tranquille qui n'appartenait qu'à elle. Elle se faisait facilement des amis. Les rues, les librairies, les maisons de thé de Tokyo lui parlaient. Les gens la regardaient parce qu'elle possédait ce qu'ils désiraient : le bonheur.

Rina avait de la chance. En grandissant, ses désirs avaient coïncidé avec ceux de sa famille. Elle était proche de son père et comme lui, elle avait étudié le droit. Mais lorsque ses articles sur la photographie avaient commencé à être publiés et qu'on lui avait proposé sa première exposition collective,

Rina avait abandonné le droit pour de nouveaux horizons. Elle avait imaginé une autre vie.

Au début, tout lui réussit, comme souvent dans les nouvelles entreprises. Mais au bout de deux ans, elle ne savait toujours pas comment elle parviendrait à vivre de la photo. Sans elle, il n'y aurait personne pour reprendre le cabinet d'avocat de Yoshi. Ses camarades de classe passèrent l'examen du barreau ; d'autres se marièrent. Elle les vit devenir utiles à leurs familles, acceptés par la société. Dans cette ville qu'elle avait jadis aimée, chaque coin de rue, chaque intersection la mettait en face d'une réalité qu'elle ne pouvait ignorer. Elle la lisait sur les traits de son entourage ; même les inconnus semblaient la juger, savoir qu'elle était incapable de se débrouiller toute seule. La douleur de son père, d'abord explosive, croissait en silence. Lorsqu'il lui suggéra d'épouser le fils de l'un de ses amis, Osamu Satō, l'un de ses camarades d'études de Tōdai, les pressions que subissait Rina s'étaient soudain dissipées. Elle avait saisi l'occasion, rien que pour trouver un peu de répit. C'était un instant de faiblesse qu'elle ne se pardonnerait jamais.

Une fois installée à Ebisu dans son rôle d'épouse, Rina avait découvert que ses amis de l'université s'étaient dispersés dans d'autres villes, ou à l'étranger ; ses copains photographes et ceux de la rédaction du magazine *Exposure* cessèrent de lui parler au fur et à mesure qu'elle s'éloignait de leur monde. Ils furent remplacés par les collègues de son mari. Un temps, Rina prit plaisir aux mondanités, elle aimait les soirées professionnelles, et excellait dans son rôle d'hôtesse. Mais plus son mari conviait d'invités dans l'appartement que le père de Rina avait acheté pour eux, plus il utilisait leurs carafes en cristal et s'attablait pour des dîners d'affaires à la table en ébène qui était, elle aussi, un cadeau de mariage, mieux Rina comprenait pourquoi Satō l'avait épousée.

Lorsque Satō ne recevait pas ses clients et ses patrons, il rentrait tard dans la soirée. Souvent, il se glissait sous les couvertures après une nuit passée à boire de la bière dans un izakaya, et l'attirait vers lui, empestant la nicotine.

Peu à peu, comme elle aurait dû le prévoir, tout ce qu'elle aimait s'évanouit de sa vie et le monde imaginaire que Rina s'était construit se mit à se dissiper à son tour. Elle arrêta de regarder le ciel comme si elle jaugeait la lumière avec un posemètre. Elle n'arpentait plus les rues en voyant à chaque pas des expositions, des angles et de nouveaux projets. Peu à peu, elle s'enlisa dans son quotidien. Elle se mit à bouger, à penser plus lentement.

Au bout d'un certain temps, ses empreintes digitales, si nettes et dessinées sur la surface de son vieux Canon T90, s'effacèrent pour ne laisser que de vagues traces huileuses. Celles-ci finirent par disparaître à leur tour, comme si elles n'avaient jamais existé. Ses collections de lentilles se couvrirent d'un glacis de poussière, tout comme les flacons de sa chambre noire, aux bouchons bloqués par les produits chimiques cristallisés. Les bains de solution s'évaporèrent jusqu'à ne laisser qu'une fine couche de crasse ; les araignées tissèrent leurs toiles aux coins des murs. Satō rangea des boîtes dans la chambre noire. Il s'en servait pour entreposer ses dossiers, ses skis, une raquette de tennis brisée. De plus en plus d'effets s'entassèrent dans la pièce : les vêtements de Satō, ses vieilles baskets, des cadeaux de ses amis dont il ne voulait pas. Lorsque Rina passait la tête par la porte pour jeter un coup d'œil, elle voyait d'autres gens, un autre couple, une autre vie. À l'intérieur de sa chambre noire, comme une pellicule exposée à la lumière, Rina s'évanouit.

L'appartement de Kaitarō était situé dans un quartier commerçant. Les samedis et dimanches, la petite ruelle se transformait en marché. L'hiver, les SDF y aménageaient leurs abris ; leurs logements étaient faits de boîtes en plastique et de bâches uniformes et bien rangées, mais au printemps ils étaient délogés et des étals pour dvd piratés, mangas et jeux Nintendo s'installaient sur les terrains qu'ils avaient quittés.

Au fond de la ruelle, il y avait une affaire de famille, un magasin de photographie qui ouvrait à 8 heures tous les matins et fermait à 19 heures. Mais parfois, tard le soir, le rideau métallique restait ouvert et on apercevait une lumière au fond du magasin, à l'heure où Kaitarō Nakamura rentrait chez lui par les petites rues situées derrière la gare.

— Bonsoir, Jinsei. Merci de m'avoir attendu aussi tard, murmura Kaitarō tandis que le vieil homme déverrouillait la porte du magasin et lui faisait signe d'entrer.

Jinsei sourit et hocha la tête.

— Je vous en prie. Merci pour les photos de ma nièce. Ma sœur les aime beaucoup.

— Ça m'a fait plaisir.

Le vieil homme lui offrit un tabouret.

— Vous avez dîné ? Ma femme nous a laissé du yakitori au poulet et de la bière, si vous êtes intéressé ?

— C'est très gentil, mais je ne veux pas vous empêcher de vous coucher.

— Grosse journée ? demanda Jinsei. C'est intéressant, ce travail de détective, c'est une affaire importante ?

— Je crois. Compliquée.

Jinsei éclata de rire.

— Je ne sais pas comment vous supportez de voir les gens d'aussi près.

— Tous ne sont pas mauvais, répondit Kaitarō tandis que Jinsei repoussait le rideau qui séparait le magasin de l'escalier menant à son appartement.

— Bonne nuit, fiston.

— Bonne nuit, monsieur.

Kaitarō se dirigea vers la chambre noire au fond du magasin, en vérifiant par réflexe si l'ampoule rouge était allumée au-dessus de la porte, pour indiquer que quelqu'un était en train de développer. À l'intérieur, il huma l'odeur alcaline, familière, des produits chimiques, et retira son appareil photo de son sac à dos. Il en éjecta une pellicule. Puis il alluma la lampe rouge et sous sa lueur rubis, il commença à organiser son équipement, en ouvrant le robinet dans le coin de la pièce pour remplir les bains d'eau.

Lorsqu'il eut mesuré et disposé ses produits chimiques, Kaitarō éteignit et se mit à dérouler la pellicule entre ses mains pour l'enrouler sur la spire d'un geste fluide et adroit. Voilà ce qu'il aimait ; la nature intime, tactile de la photographie. Les yeux de Kaitarō s'accoutumèrent rapidement à l'obscurité, à sa noirceur profonde et riche. Il aimait ce silence. Il aurait facilement pu déléguer cet aspect de son travail, mais parfois il préférait le faire lui-même, si nécessaire. Quelque chose, dans le fait de régler la mise au point de l'image et de l'exposer sur le papier, reliait l'homme qu'il avait jadis été à Hokkaido et celui qu'il était aujourd'hui, à Tokyo.

D'un coup de ciseaux, il sépara la pellicule de la bobine et plaça la spire chargée dans la cuve de développement, en la trempant d'abord dans l'eau pour faire gonfler la gélatine. Rallumant la lampe rouge, il ajouta le révélateur en agitant la cuve dans ses mains et en comptant les secondes, apaisé par ce rythme familier, avant de la poser d'un geste brusque sur le plan de travail, pour déloger les bulles d'air. Il laissa la pellicule reposer quelques instants, pour que les minuscules images qu'elle recelait se transforment en argent. Puis il vida la cuve et y versa le bain d'arrêt, inondant la pièce d'une odeur de vinaigre. Enfin, il appliqua le fixateur et agita la pellicule à nouveau, en songeant à toutes les photos qu'il avait prises ce jour-là et à ce qu'elles donneraient lorsqu'elles seraient développées, lorsque l'halogénure d'argent invisible se serait enfin converti en noir et blanc pur.

Une fois la pellicule rincée et séchée, Kaitarō sélectionna une série de cinq clichés et étira les images au-dessus d'un agrandisseur. Il la voyait maintenant. Rina.

Les photos n'étaient en aucune manière incriminantes – elles ne seraient d'aucune utilité devant un tribunal – mais déjà, Kaitarō avait extrait sa loupe de sa poche et scrutait attentivement les négatifs. Il savait lesquels il tirerait, malgré l'inversion de l'ombre et de la lumière.

En la regardant et en s'imaginant son visage qui apparaîtrait bientôt, Kaitarō se demanda si son objectif avait réellement capté ce qu'il avait vu en l'observant au marché : Rina, dans une robe de couleur sombre, arrêtée devant un étal de fruits ; Rina, souriant soudain en lançant une pomme en l'air ; Rina regardant autour d'elle, aux aguets, comme si d'un instant à l'autre, elle pouvait se tourner vers lui.

Kaitarō sélectionna le dernier cliché et le plaça dans l'agrandisseur en le réglant jusqu'à ce qu'il obtienne la taille qu'il souhaitait et que l'image soit mise au point. Puis il plaça le papier photo sur le papier de réglage et alluma la lumière blanche huit secondes.

À la lueur rouge de la lampe inactinique, Kaitarō plongea le papier dans un bain de développement. Il n'y avait pas encore d'image mais, peu à peu, lentement, elle émergea, assombrissant le centre jusqu'à se transformer en réalité bien définie. Il apercevait la courbe de sa joue ; le vent soufflait sur une mèche de ses cheveux. Il souleva le papier et appliqua le fixateur, puis le rinça dans un bain pur pour s'assurer que le noir et blanc bien net de l'image ne s'effacerait pas ou ne jaunirait pas au fil des ans. Enfin, il agita la photo sous l'eau dans un bac, en contemplant Rina à travers les vagues.

Marché de nuit

Rina déambulait d'étal en étal sous la chaleur des lampes. La puanteur de l'eau stagnante sur la chaussée se mêlait aux odeurs aigres-douces de calamar et d'épis de maïs grillés. Elle s'arrêta devant un étal de jouets qui vendait des trolls multicolores avec des cheveux hérissés aux couleurs criardes. Elle en acheta deux, un violet et un vert, pour la collection de Sumiko. Yoshi avait emmené Sumi dîner pour donner un répit à Rina, mais une fois seule, elle n'avait pas su quoi faire. Alors elle était venue ici, au marché. Il revenait à Ebisu chaque année lorsque les cerisiers commençaient à fleurir, pour vendre du fast-food, des jouets, mais aussi des primeurs. Ce jour-là, il y avait un étal avec des produits arrivés par avion de Gifu. Rina s'arrêta devant l'étalage de poires nashi dont les peaux dorées luisaient sous les lampes. Elles étaient énormes et magnifiquement emballées, chacune glissée dans sa pochette de filet en polystyrène. Elle fouillait dans son porte-monnaie pour compter ses billets lorsqu'il l'aborda.

— Excusez-moi. Sauriez-vous où je pourrais trouver un bon cheesecake ?

— Du cheesecake ?

Rina leva les yeux. Il était mince et grand, plus grand que le *salaryman* moyen, avec des petites rides au coin des yeux, peut-être des rides de rire. Rina sourit un peu en fouillant toujours son porte-monnaie.

— Je suis accro, répondit-il.

Rina désigna un étal derrière eux.

— On en vend, là-bas.

— Il est bon ?

Rina réfléchit, en fronçant les sourcils comme s'il s'agissait d'une affaire de la plus haute gravité.

— Je ne suis pas sûre. Les tranches ont l'air trop friables. Je crois qu'ils ne mettent pas assez de crème.

— Alors non !

— Hum, acquiesça Rina en se mordant les lèvres pour ne pas sourire.

Il répondit à son sourire :

— Je peux vous offrir un café ?

— Je suis mariée.

— Je sais.

— Ah bon ?

— Votre alliance.

— Oh.

Déconcertée, Rina sentit son visage s'empourprer. Il devait être évident que personne ne l'avait abordée ainsi depuis très longtemps.

— Merci, répondit-elle, mais je suis heureuse en ménage.

Comme il ne se détournait pas, elle ajouta :

— Et j'ai une fille.

Il prit sa carte dans sa poche :

— Eh bien, si jamais vous changez d'avis et que vous avez envie d'un café et d'une tranche de cheesecake…

Elle prit la carte en hochant poliment la tête, mais en jetant un coup d'œil à son prénom, elle esquissa un sourire.

— Fils de la mer, murmura-t-elle.

— Pardon ?

Elle leva les yeux vers lui.

— Votre nom, n'est-ce pas cela qu'il signifie ?

Elle secoua la tête, à nouveau gênée. Il devait la trouver bizarre.

— Désolée, je…

Il dévisagea Rina d'un regard chaleureux et intense.

— Oui, c'est cela. On le remarque rarement.

— Et vous correspond-il ? demanda Rina, s'enhardissant malgré elle. Que faites-vous dans la vie, Kaitarō Nakamura ?

— Venez prendre un café avec moi et je vous le raconterai. (Il sourit à nouveau.) Rentrez bien.

Rina le regarda s'éloigner. Il se mouvait avec grâce, en se faufilant dans la foule. Une brise fraîche soufflait. Rina contempla les cerisiers qui bordaient le square, leurs fleurs qui s'ouvraient, passant du rose pâle au blanc. Des enthousiastes avaient étalé des nappes en plastique bleu sous les arbres pour recueillir les pétales. Tout autour d'elle, les gens souriaient, profitant de leurs pique-niques et des célébrations du printemps. Il y avait de la joie, de l'espoir dans l'air ; Rina le vit disparaître entre les étals de fast-food et prit sa décision.

Il marchait vite, peut-être un peu gêné par son refus. Il avait l'air gentil, songea Rina, sincère et pas du tout insistant. Elle l'observa tandis qu'il s'arrêtait devant un étal d'onigiri pour acheter une friandise au riz. Il la mangea en marchant, attentif aux gens qui l'entouraient, courtois. Il se faufila entre des femmes qui choisissaient des légumes, les bras chargés de sacs en plastique aux couleurs vives, et des adolescents mangeant des beignets au curry ou des bananes au chocolat saupoudrées de confettis en sucre. Il contourna un groupe de marchands ambulants et s'apprêtait à quitter le marché lorsqu'elle hâta le pas.

— Attendez ! lança-t-elle.

À son grand étonnement, Kaitarō s'arrêta aussitôt pour se retourner, comme s'il s'attendait à ce qu'elle le suive. Mais lorsque son regard croisa le sien, elle vit qu'il était choqué.

Rina sentit son courage vaciller.

— Bonjour. En fait, j'ai le temps de prendre un café en vitesse, si vous voulez ?

Elle sourit. Il resta silencieux.

— Je m'appelle Rina. Rina Satō.

Elle l'observa un moment tandis que l'étonnement cédait à une sorte de dégoût sur son visage. Il s'éloigna d'un pas.

— Je crois que vous devriez rentrer chez vous, madame Satō. Votre première intuition était la bonne.

Rina fronça les sourcils. Il fit volte-face et s'éloigna à grands pas. Elle attendit, immobile, jusqu'à ce qu'il atteigne les abords du marché et qu'il traverse la rue, mais il ne se retourna pas.

Sumiko

Des preuves

Ma mère est morte à la fin de ma première année scolaire. C'était en mars, le dernier jour du trimestre avant les vacances de printemps. Durant le divorce de mes parents, j'étais allée vivre avec grand-papa à Meguro. Au début, maman était venue avec moi, mais au bout d'un moment elle était partie pour nous trouver un nouvel appartement. Elle le préparait pour moi, disait-elle, et je pourrais bientôt m'y installer. Nous ne serions séparées qu'un petit moment. Elle avait été très occupée durant ces dernières semaines, je le sais, mais elle faisait en sorte de passer me voir tous les jours. Je pensais toujours à elle en rentrant de l'école avec les autres enfants, des badges avec des rubans sur nos chapeaux pour signifier notre itinéraire, afin que les passants puissent nous aider si nous nous perdions. Je l'imaginais en train d'ouvrir notre portail d'une main, un sachet en plastique transparent plein de beignets au porc à la vapeur ou d'une autre friandise dans l'autre. Une fois rentrée, je l'attendais à la fenêtre, fixant l'allée qui menait à la petite clôture blanche, tous les jours, jusqu'au jour de sa mort.

Je me souviens à peine des semaines suivantes ; elles ont été englouties par une douleur que je n'ai jamais su exprimer. Je sais que j'ai quitté Tokyo, que Hannae m'a emmenée dans sa famille, dans le sud, mais je ne me rappelle pas grand-chose, comme si, après la mort de ma mère, mon cerveau avait cessé de fonctionner, incapable d'absorber quoi que ce soit. Je sais que grand-papa s'est occupé de tout, qu'il ne voulait pas que je sois exposée à l'horreur de sa mort, mais d'une certaine manière cela n'a fait que la rendre plus irréelle, plus incompréhensible. Pendant des années, je lui ai demandé de me raconter à nouveau comment elle était morte, pourquoi elle n'était pas venue me rejoindre à Meguro comme elle l'avait promis, et il m'a toujours répondu la même chose : un accident de voiture à une intersection très fréquentée. Plus vieille, je lui ai demandé de me montrer l'endroit où cela s'était produit et il m'emmena à Shinagawa. On m'avait dit que ma mère était responsable de l'accident, et tout en fixant la route, je demandai s'il y avait eu d'autres blessés, mais il me répondit que non, elle était la seule.

Quand je rentrai à Tokyo avec Hannae, grand-papa décida qu'il valait mieux que je retourne à l'école aussi rapidement que possible. Il venait me chercher lui-même. Lorsqu'il ne pouvait pas venir, il envoyait Hannae, qui me tenait par la main jusqu'à la maison. Il ne fallait pas que je suive qui que ce soit, me disait grand-papa, pas même un ami. Je fus donc surprise lorsque mon père entra dans ma salle de classe un jour. Je ne l'avais pas vu depuis le divorce, et même avant cela, sa présence imprévisible dans ma vie ne s'était toujours mesurée qu'en apparitions sporadiques. Comme tant d'autres *salarymen*, il travaillait de longues heures et mon école ne relevait pas de son domaine ; elle faisait partie des nombreux lieux où il était défini par son absence, comme ceux que fréquentait ma mère, avant et après leur séparation. Avant, durant les fêtes de l'école, elle bavardait avec les mères mariées. Après, elle rejoignit les mères célibataires qui disaient qu'elles devaient être à la fois « le papa et la maman » de leurs enfants, qui les portaient sur leurs propres épaules à Disneyland parce qu'il n'y avait pas d'homme pour le faire à leur place. Mais de toute façon, c'était toujours maman qui m'avait portée.

Mon père mit un moment à me repérer. Son regard parcourut les tables circulaires et les enfants assis sur leurs petites chaises bleues. Il fronça les sourcils, incapable de me trouver, car je n'étais pas assise à une table ; j'étais debout dans un coin, seule.

Ce matin-là, nous avions passé un test. Il était destiné à évaluer la façon dont nos esprits fonctionnaient, nous avait-on expliqué. Cet exercice remplaçait notre leçon de calligraphie habituelle, et je m'étais sentie étonnamment motivée et curieuse. Nous prîmes place à nos tables. Je m'agitais et je me tortillais pour trouver une position confortable. Je m'agenouillai sur la chaise pour me pencher sur ma feuille. J'observais avec intérêt les autres enfants en train de passer le test qui caractériserait nos esprits, quand je poussai un petit cri : l'institutrice me tirait par la main pour me forcer à me lever. Elle m'accusa de tricher.

Durant la récréation du matin, j'eus le droit de faire le ménage dans l'école avec les autres. Nous travaillions par deux pour balayer les couloirs et vider les poubelles avant d'aller chercher un verre de jus à la cantine. Mais les autres me dévisageaient. Après la récréation, l'institutrice m'ordonna de retourner dans le coin de la classe. À partir de ce jour-là, à l'école, la rumeur se répandit que j'étais une enfant difficile. Ce fut la première fois que je me sentis jugée.

Je regardai mon père parler avec l'institutrice en me demandant si c'était elle qui l'avait appelé. Je me demandais si grand-papa savait que j'avais été vilaine. J'avais déjà vu les parents d'autres enfants désobéissants s'incliner plusieurs fois de cette façon, et je grimaçai. Mon père me jeta un coup d'œil et claqua des doigts, en désignant mon cartable et mon manteau. Il ne m'adressa pas la parole en m'accompagnant jusqu'à la voiture.

— Je n'ai pas triché, murmurai-je.

— Quoi ?

— Je n'ai pas triché, répétai-je d'une voix plus assurée.

Mon père soupira en faisant tourner la clé dans le contact.

— Il faut que tu sois sage, Sumiko.

Je restai silencieuse tandis que nous traversions la ville jusqu'à un quartier résidentiel. Nous nous garâmes devant un immeuble élevé aux murs crème et aux vitres brunes teintées. Il me rappelait l'endroit où l'on nous emmenait pour le juku, le cours privé que je fréquentais désormais afin d'être acceptée dans un bon lycée. Tous les enfants que je connaissais allaient au juku – nous l'appelions le « Club de l'Avenir » – et tous les jours, nous nous rassemblions dans le gymnase pour le chant de l'après-midi. Nous nous alignions en rang par centaines, nos bandanas rouge et blanc noués autour du front, pour déclamer le même slogan : « Je serai admis à Myonichi Gakuen ». Ce gakuen était le but de tous, le meilleur lycée de Tokyo : son nom signifie « L'École de Demain ». Donc, à l'intérieur d'une salle caverneuse, toute l'année, tous les après-midi, nous hurlions cette phrase comme s'il suffisait d'avoir de la volonté pour y arriver. J'ai appris depuis qu'à force de se répéter la même chose, les gens finissent par y croire. C'est ainsi qu'ils se rassurent.

Mon père entra dans l'immeuble et je le suivis. Un modèle de Pipo, la mascotte de la police de Tokyo, se dressait sur le bureau de l'accueil. Pipo est une souris orange rondelette, d'une famille de souris orange. Il a de grandes oreilles pour pouvoir écouter la population, de grands yeux pour voir dans tous les recoins, et une antenne pour détecter l'humeur de la ville. Celui-ci était un jouet en feutre. Je tendais la main pour le toucher lorsque l'officier de police s'inclina devant mon père et ouvrit un panneau pour nous laisser passer.

Nous fûmes conduits dans une pièce contenant une carte de Tokyo en échelle de gris qui couvrait un mur entier. Avant de me quitter, mon père me prit par les épaules :

— Dis la vérité, Sumiko.

Son regard était intense ; ses mains m'agrippaient durement à travers le coton de ma blouse.

— La vérité, répéta-t-il.

Restée seule, j'étudiai la carte au-dessus de moi en suivant les méandres de la ville qui se déroulait jusque sur la baie, l'écheveau de rues qui s'entrelaçaient comme les lignes de la main de ma mère. Je me demandais où elle était sur cette carte, où se trouvait son corps. Quand grand-papa m'avait annoncé qu'elle était morte, j'avais refusé de le croire. Quand on ne me permit pas d'aller la voir, ce soupçon ne fit que se renforcer, plus encore lorsque je partis avec Hannae sans assister aux funérailles de ma mère.

Je sursautai lorsque la porte s'ouvrit. Une femme vêtue d'un chemisier en soie blanche et d'une jupe noire entra, en portant au bras une veste trop grande avec d'énormes épaulettes. De grosses boucles d'oreilles dorées pendaient à ses oreilles, et quand elle s'avança, je sentis un parfum douceâtre et entêtant qui s'intensifia, rendant l'air irrespirable.

Cette femme me prit par les épaules et sourit ; sa voix était aiguë et insistante. Elle m'attira vers une table basse et posa un dossier devant moi. Il était en carton brun et il contenait des photos de mes parents. Elle se mit à me poser des questions sur ma mère. Je m'écartai d'elle et m'assis en tailleur par terre, mais elle me rejoignit, en vacillant sur ses talons hauts. Avais-je fait de nouvelles connaissances à la maison ? Je secouai la tête. Elle m'interrogea sur mon grand-père. Était-il un bon grand-papa ? Est-ce que j'aimais habiter avec lui ?

Comme je restais silencieuse, elle se mit à feuilleter les photographies. Elle me montra un appartement que je ne connaissais pas et une petite chambre, partiellement décorée et peinte en rose, avec une bordure d'étoiles sur les deux murs terminés. Il y avait un lit simple et une bibliothèque blanche, vide à l'exception d'un exemplaire de *Max et les Maximonstres* ; ma mère m'en faisait la lecture lorsque j'étais petite, mais il y avait longtemps que je ne l'avais pas lu.

La femme me montra la photo d'un homme que je ne reconnus pas et celle d'un autre que je reconnus – c'était un ami de ma mère. Elle se pencha vers moi et son parfum déclencha une douleur lancinante dans ma tête. Je ne dis rien. Je la détestais.

Au bout d'un moment, la femme prit du papier et des crayons de couleur dans le coin de la pièce et les posa devant moi, en m'observant tandis que je dessinais les choses que ma mère m'avait enseignées : des cercles pour les visages, des pétales pour les orchidées, les choses que sa propre mère lui avait apprises. La femme s'agenouilla à nouveau près de moi pour regarder mes dessins, mais lorsque je me mis à esquisser les plantes de notre serre à Shimoda, elle s'impatienta. Elle étala de nouveau les photos, une à une, en me demandant si j'avais déjà vu la chambre rose. Elle finit par sortir une dernière photo, celle de l'homme que j'avais reconnu. Il était debout à côté de ma mère et la tenait par les épaules. Elle le montrait du doigt, pointant un ongle manucuré vers son visage.

— Tu connais cet homme, Sumiko ? Dis-moi ?

Je les regardai tous les deux, souriants, avec des taches de peinture rose sur la figure. Je fixai la photo en me demandant si ma mère pouvait réellement être morte. J'avais du mal à croire qu'elle ait pu m'abandonner ainsi ; d'ailleurs, je l'ai toujours sentie près de moi, ma vie durant. Toujours là, hors d'atteinte. Grand-papa m'avait emmenée dans notre caveau familial et m'avait dit que maman reposait à l'intérieur, mais j'étais incapable d'imaginer ma mère, si vive, dans un pot en céramique, réduite en cendres. La femme répétait sans cesse sa question en dardant son index vers la photo. Je finis par l'attraper pour le fourrer dans ma bouche et le mordre ; je sentis sa chair craquer entre mes dents.

Ensuite, on me laissa seule. On ne me changea même pas de pièce. Une jeune femme m'apporta un verre d'eau et je lui demandai si je pouvais voir mon père, mais elle se contenta de me sourire et de s'éclipser. L'après-midi traînait en longueur. Je me roulai en boule par terre et je pensai à ma mère.

Je me rappelais sa voix et la toute dernière fois que je l'avais entendue. Elle m'avait téléphoné à la maison, à Meguro. Elle parlait d'une voix précipitée, comme si elle était essoufflée, mais c'était bien ma mère.

Je l'attendais depuis que j'étais rentrée de l'école et je me rappelle que j'avais calé le combiné sous mon menton, en écoutant le timbre chaud de ses paroles.

— J'arrive, Sumichan. Je viens te chercher et nous irons à Shimoda.

Je songeai aux devoirs que je devais encore faire pour le juku et aux exercices de kanji qu'on m'avait donné, mais ça m'était égal ; j'en avais assez de vivre avec grand-papa.

— Tu vas rester avec moi, maman ?

— Oui, Sumi. Promis. Je viens te chercher. (Elle se tut. Je l'entendis fouiller dans son sac pour trouver ses clés.) Dis à grand-papa de m'attendre. Je te rejoins dans une heure, d'accord ?

Je hochai la tête en balbutiant « oui » dans le combiné. J'étais tellement excitée.

— J'arrive, Sumi, j'arrive !

J'étais allongée par terre sous le plan de Tokyo en dégradés de gris. Les minutes s'écoulaient une à une. J'avais froid car on m'avait pris mon manteau. Je me demandai si mon père m'avait laissé un bento. Une autre femme finit par entrer. Vêtue d'un tailleur-pantalon noir très simple, elle avait un attaché-case dans une main et un gros sac à main en cuir dans l'autre. La femme resta un moment sur le seuil de la pièce ; j'entrevis l'éclat de ses boucles d'oreilles en perles lorsqu'elle se retourna rapidement pour refermer la porte.

Elle s'approcha lentement de moi.

— Bonjour, toi, dit-elle d'une voix douce. On t'a apporté à déjeuner ?

Je secouai la tête. La femme regarda mes bras nus et l'étoffe mince de ma blouse d'écolière, mes jambes avec leurs socquettes blanches et ma jupe à carreaux.

— Tu as froid ?

Elle sortit un instant et revint avec mon manteau.

— Il est joli, dit-elle en m'enveloppant dans la laine camel, tout en admirant les boucles qui ornaient le devant. C'est ta maman qui te l'a acheté ?

J'acquiesçai.

Elle retira ses escarpins à talons hauts, les rangea contre le mur et s'assit par terre à côté de moi, puis elle tira une petite boîte de son sac à main.

— Tiens, prends mon bento. Je l'ai fait à la maison.

Elle l'ouvrit pour révéler de l'anguille grillée et des marinades sur un lit de riz avec du sésame.

— Ça ira ?

J'acquiesçai encore. Elle me tendit des baguettes.

— Elles sont un peu grandes pour toi, mais elles feront l'affaire.

Je les pris ; la laque était lisse sous mes doigts. En mordant dans un morceau d'anguille, je souris tandis qu'il fondait dans ma bouche.

Pendant que je mangeais, elle ne me posa aucune question, et n'ouvrit pas son attaché-case. Lorsque j'eus terminé, elle rouvrit son sac à main pour en tirer un jeu de Shogi portatif.

— Tu parles d'une façon de passer une journée de congé, pas vrai ?

Elle ouvrit la boîte et je regardai les petites tablettes blanches avec leurs caractères noirs aux traits fins. J'aimais ce jeu ; il ressemblait aux échecs. Comme je trouvais curieux qu'elle le transporte avec elle, je l'interrogeai du regard.

— Il est magnétique, me dit-elle en soulevant le plateau et en le secouant légèrement pour me montrer que les pièces adhéraient au plastique. Mon mari me l'a offert, pour que je m'exerce dans le train en rentrant à la maison.

Elle l'installa devant moi et attendit. Je n'étais pas d'humeur à jouer, mais la dame avait été gentille avec moi. Elle me regarda en souriant, et lorsqu'elle sourit j'eus l'impression que notre petite séance avait quelque chose de tellement illicite et amusant que je n'eus pas le cœur de lui refuser. Lorsqu'elle jeta un coup d'œil vers la porte, je songeai qu'elle était peut-être attendue quelque part, qu'elle n'aurait peut-être pas le temps de jouer avec moi. Je me mis à disposer les pièces et choisis mon côté du plateau. Elle s'installa pour jouer, mais elle resta longtemps distraite, attentive aux bruits de l'extérieur. Elle joua si mal sa première partie que je ne pus m'empêcher d'éclater de rire.

Au fil de l'après-midi, elle se détendit et nous bavardâmes de ma vie, de ce que j'apprenais à l'école, des activités qui me plaisaient le plus, de mon plat préféré chez grand-papa. Petit à petit, je me mis à répondre à ses questions et nous parlâmes de ma maison à Meguro. Elle me demanda quand j'avais habité pour la dernière fois avec mes parents. Elle m'interrogea sur les amis de mes parents – nous rendaient-ils visite ? Je haussai les épaules et répondis du mieux que je pus, mais j'étais plus proche de grand-papa et de maman. Au moment où je parlais de ma mère, je me tus.

— Quand l'as-tu vue pour la dernière fois, Sumiko ?

Je secouai la tête et le silence s'éternisa entre nous.

— Quand lui as-tu parlé pour la dernière fois ? reprit-elle.

Elle me dévisageait. Je restai muette. Comme je refusais de parler, elle s'approcha de moi sur la moquette et m'entoura les épaules de son bras. Je finis par lui permettre de m'attirer contre elle et de poser sa joue contre mes cheveux. Je sentais son parfum, un musc léger, comme celui que portait ma mère.

— La dernière fois que tu lui as parlé, Sumi, c'était au téléphone ? demanda-t-elle doucement.

— Elle n'est pas venue, murmurai-je tandis que la douleur gonflait et envahissait ma poitrine. Elle n'est pas venue.

La femme me prit dans ses bras pour m'asseoir sur ses genoux. Elle me serra fort en me frottant le dos.

— Tout va bien, mon bébé, tout va bien, murmura-t-elle tandis que je haletais en sanglotant violemment, la tête au creux de son cou, mes larmes trempant le col de son chemisier.

Elle me tenait encore dans ses bras lorsque mon grand-père ouvrit la porte. Jamais je ne l'avais vu aussi furieux.

Les liens qui nous unissent

Je me rappelle exactement où j'étais dans le bureau de grand-papa quand je reçus le coup de fil du ministère de la Justice. Je revois encore chaque détail, dans cette maison où j'ai vécu presque toute ma vie. Longtemps après cet appel, je restai totalement immobile, à fixer le tapis. Il y avait des ficelles blanches éparpillées ici et là, et en piles enchevêtrées sous le fauteuil de grand-papa. Mes doigts picotaient. Je les frottai ensemble machinalement, comme si ce mouvement pouvait m'apaiser.

Ces ficelles sont faites d'un papier très mince enroulé très serré, qui s'entortille autour des doigts quand on essaie de le nouer. Durant nos examens finaux pour la Cour Suprême, nos dissertations devaient être reliées avec ce type de ficelle. Tous les avocats que je connais, quiconque a pratiqué le droit, a passé des heures et des heures à attacher et à rattacher ces ficelles, car si l'on n'arrive pas à relier correctement nos copies, on est recalé. Personne n'écrit jusqu'à la fin de l'examen. Il y a un moment d'activité débordante durant lequel les feuilles glissent sur les tables ; on tape sur les piles pour les égaliser, et puis le silence retombe dans l'amphi, tandis que tout le monde se penche sur sa copie pour la relier en tirant bien sur la ficelle.

Ces événements étaient si récents que des bouts de ficelle étaient encore éparpillés sur le tapis du bureau, mais ce coup de fil m'avait arrachée au présent. Il concernait ma mère, morte depuis vingt ans.

Debout derrière le bureau de mon grand-père, je décrochai à nouveau le combiné pour rappeler le ministère de la Justice. On me passa l'administration pénitentiaire. Mon nom n'était pas dans leurs dossiers, me dit-on ; on ne pouvait me donner d'informations sur le détenu. Je leur fis part de l'appel que j'avais reçu, en précisant qu'on m'avait raccroché au nez, mais mon interlocuteur était sceptique.

— Notre personnel est extrêmement professionnel, mademoiselle Sarashima. Si la ligne a été coupée, on vous aurait rappelée.

En effet, le ministère de la Justice était très précis dans ses communications. La femme qui avait appelé avait demandé mon grand-père ; elle ne voulait parler qu'à lui. Un moment, je songeai à l'appeler, lui, mais je l'imaginai à l'onsen avec ses amis, avec leurs serviettes blanches sur la tête, assis dans les piscines d'eau thermale, en train de se raconter des histoires et des blagues. Je ne pouvais pas l'appeler. Il ne m'avait jamais parlé de cette histoire ; il n'avait jamais laissé entendre, même une seconde, qu'il y avait un rapport entre ma mère et un détenu.

Lentement, je me dirigeai vers la bibliothèque, en regardant les dossiers reliés des affaires juridiques préférées de grand-papa remisés à côté de mes manuels scolaires blancs. J'effleurai les romans, les recueils de poésie et les pièces de théâtre, avant de m'arrêter à une rangée de boîtes à archives. Celles-ci contenaient les certificats de naissance de la famille, les documents d'assurance santé, les relevés bancaires : une trace écrite de nos vies qui courait directement de mon grand-père à ma mère, puis à moi. Tout ce que nous étions se trouvait dans cette pièce, mais je n'y avais jamais vu la moindre trace de Kaitarō Nakamura.

Agenouillée par terre, je repérai le dossier de ma mère. Il n'y en avait qu'un seul. Après toutes ces années, il était resté sur l'étagère, enfoui sous les couches accumulées de nos vies actuelles : « Rina 1965-1994. » Le cuir était glissant sous mes doigts lorsque je posai la boîte sur mes genoux. À l'intérieur, il y avait les diplômes de ma mère et sa lettre d'acceptation à Tōdai, exactement du même format que la mienne. Elle était suivie de son certificat de mariage et de l'acte de propriété de l'appartement à Ebisu où elle avait vécu avec mon père et moi. Ensuite, il y avait un bail pour un appartement de trois pièces à Shinagawa ; il portait les sceaux de ma mère et de mon grand-père. Il l'avait aidée à louer le nouvel appartement. Même après le divorce, il l'avait aidée, comme il m'avait toujours aidée.

Cet appartement de Shinagawa devait être mon nouveau domicile, et pourtant, je ne l'ai jamais vu – il recelait les derniers moments cachés de la vie de ma mère. Je ne me souviens même plus du son de sa voix, mais je me rappelle en revanche la dernière fois que je l'ai entendue. Je crois qu'elle était dans cet appartement lorsqu'elle m'a appelée pour me dire qu'elle venait me chercher, que nous irions à Shimoda.

Après avoir parlé à ma mère, j'avais attendu des heures et des heures. Plus tard ce soir-là, grand-papa sortit pour la chercher alors que je restais assise dans l'escalier en serrant mon tigre blanc en peluche dans mes bras. Il avait été si longtemps absent que j'eus peur qu'il ait été englouti par la nuit, lui aussi. Lorsqu'il rentra, Hannae lui dit que j'avais refusé de dîner ou d'aller au lit ; il vit que j'avais pleuré toute la soirée. Grand-papa s'assit à côté de moi et me serra très fort contre lui. Son contact était chaud et familier ; je me nichai contre lui. L'odeur d'ambre et de gingembre de son eau de Cologne me picotait le nez. Grand-papa posa son menton sur ma tête. Il me dit que maman avait tenté d'être fidèle à sa promesse, qu'elle était partie de Shinagawa pour rentrer chez nous lorsque sa voiture avait fait une embardée. Alors qu'elle roulait vers nous, vers moi.

Au fond du dossier se trouvait son certificat de décès. Je m'arrêtai un instant avant de tendre la main pour le toucher.

On y lit encore, à ce jour : Lieu du décès : District de Shinagawa. Cause du décès : hypoxie cérébrale.

Tout correspondait à ce qu'on m'avait dit de sa mort dans un accident de voiture. Rien n'avait changé. Ces faits sont restés les mêmes depuis vingt ans. Cet après-midi-là, toute seule par terre dans le bureau de mon grand-père, en regardant ces mots, je compris que de tous les mensonges qu'on nous raconte, les meilleurs sont ceux qui se rapprochent le plus de la vérité.

Les oubliés

Quelques heures plus tard, au crépuscule, je marchais dans les rues sinueuses de Shinagawa. Le quartier était tranquille ; seules les feuilles d'arbre remuaient. Une toile d'araignée flotta dans la brise alors que je passais entre des immeubles d'appartements et un terrain de football déserté, sans sable. J'avais lu quelque part que plusieurs siècles auparavant, il y avait un site d'exécutions publiques non loin de là ; que même lorsque le site avait été abandonné, le kegare imprégnait toujours la terre, souillée par la corruption spirituelle, polluée par le sang et le crime. Aujourd'hui, plus personne ne sait que ce lieu a existé. Il n'y a plus que le flot continu de la vie quotidienne : de nouveaux habitants, de nouvelles maisons, de nouvelles familles. Personne ne songe à ce qui gît sous la poussière. Je me demandais si ma mère connaissait cette histoire, lorsqu'elle s'était installée à Shinagawa. Je me demandais si elle avait marché ici en début de soirée comme je le faisais maintenant, si elle était déjà venue ici pour réclamer de l'aide.

Le commissariat avait toujours des murs en ciment crème et des fenêtres en verre brun, mais avec ses sept étages, il avait l'air trapu comparé aux tours modernes bordant la baie. À travers les portes vitrées, j'aperçus le modèle de Pipo, mais il me sembla plus petit.

Je me dirigeai vers l'accueil, en remarquant que les agents assis derrière leurs bureaux dans leurs amples vestes bleues portaient des masques pour se protéger des allergènes de l'été et de la pollution. Ce sont nos fidèles omawari-san, les « Honorables messieurs qui font des rondes », les gardiens de la paix. Alors que je traversais le sol en dalles grises, plusieurs agents m'avisèrent. Tout allait bien ? Pouvaient-ils m'aider ? Ils étaient anxieux, mais également étonnés qu'un événement nécessitant leur attention ait pu se produire.

Je leur remis mon certificat de naissance et le document confirmant mon changement de nom de famille, de Satō à Sarashima. Je venais m'informer d'une affaire classée, dis-je. L'homme au comptoir d'accueil hésita en se retenant de bâiller. C'était compliqué, répondit-il. Je pourrais peut-être revenir lundi ?

Par-dessus son épaule, je scrutai le fond de la pièce, la grille métallique et le rideau en velours qui donnaient sur les couloirs et les services internes. J'avais eu l'occasion de visiter plusieurs commissariats lors de mes études de droit, mais je n'étais venue qu'une seule fois dans celui-ci, lorsque j'étais une toute petite fille.

— Je crois qu'un crime contre ma mère a été commis dans ce quartier, expliquai-je. J'aimerais pouvoir consulter vos dossiers sur Rina Satō.

L'homme se fit réticent. Si je pouvais revenir la semaine prochaine, quelqu'un pourrait peut-être m'aider.

Je repensai à l'appel écourté de l'administration pénitentiaire, au fait qu'ils aient demandé à parler à mon grand-père, à leur façon de parler de ma mère comme si elle était toujours vivante. Je sentis la colère monter en moi. Je dévisageai l'agent de police, ce fonctionnaire qui affichait une expression maussade du vendredi après-midi, et j'utilisai un mot qu'on prononce rarement dans les conversations de tous les jours.

— Non.

Il me regarda comme s'il n'avait pas entendu.

— Mademoiselle Sarashima, s'il s'agit d'une vieille affaire, le dossier est aux archives.

— Non, répétai-je.

Il sourit comme si j'avais dit quelque chose de drôle. Je me penchai vers lui au-dessus du comptoir.

— Trouvez quelqu'un. N'importe qui, pourvu qu'il se rappelle une affaire concernant Rina Satō. Trouvez quelqu'un, maintenant.

— Mademoiselle…

— J'ai reçu un appel du ministère de la Justice au sujet de ma famille. Un crime a été commis contre ma mère dans ce district, insistai-je. Il doit sûrement y avoir un dossier là-dessus ici.

Je fus confusément contente d'entendre le son de ma voix résonner dans ce triste petit hall d'entrée. Tous me dévisageaient, plantée à côté de Pipo. Je songeai aux photos que grand-papa m'avait montrées de ma mère à l'université, riant par-dessus son épaule dans le centre-ville de Tokyo, jeune et rebelle avec ses cheveux teints en roux. Je crois qu'elle aurait souri.

L'homme partit précipitamment, repoussant le rideau en velours pour disparaître dans les tréfonds du commissariat. Il me laissa plantée devant le comptoir pendant une éternité. Les autres agents refusaient de croiser mon regard. J'étais assise seule, animée d'une colère froide, lorsqu'une femme d'un certain âge parut devant moi.

— Mademoiselle Sarashima, suivez-moi, s'il vous plaît.

Elle écarta le rideau pour moi et me précéda dans l'escalier.

— Vous n'auriez rien trouvé dans les archives, dit-elle tandis que nous montions. Les dossiers que vous cherchez n'ont pas été transférés. Tout ce qui est antérieur à 1995 n'est plus considéré comme nécessaire.

Je la suivis en silence. À travers les murs, j'entendais le bruit mat des pieds et des membres sur les tatamis : chaque agent de police devait s'exercer quotidiennement au judo.

— Je n'irai pas aujourd'hui, me dit mon guide avec le sourire.

— Vous n'êtes plus en service actif ?

— J'ai presque l'âge de la retraite.

Nous parcourûmes un couloir donnant sur un bureau en open space. La femme m'ouvrit la porte et je la suivis. Elle m'offrit une chaise libre près de son bureau.

— Merci de votre aide, dis-je tandis qu'elle s'asseyait à côté de moi.

Je regardai le dossier devant nous. Il était incroyablement fin, comme s'il ne contenait rien du tout.

— Pourriez-vous s'il vous plaît me confirmer de quoi Kaitarō Nakamura a été inculpé, par rapport à ma mère ?

Elle parut légèrement étonnée par ma question, comme si elle ne parvenait pas à imaginer que je ne sois pas au courant.

— Dans ma famille, nous ne sommes pas certains des détails de l'accusation, ajoutai-je.

La femme hocha la tête et ouvrit le dossier, retournant la première page.

— D'après ce rapport, le procureur public a mis longtemps à retenir le chef d'accusation, dit-elle, mais il a fini par l'accuser d'homicide.

— D'homicide ? répétai-je, le sang battant dans mes oreilles.

— Mademoiselle Sarashima, puis-je vous apporter de l'eau ?

Je relevai les yeux et hochai la tête.

— C'est le seul chef d'accusation ?

La femme acquiesça, mais je l'observais toujours, en attendant qu'elle me contredise, qu'elle me confirme que ma mère était morte dans un accident de voiture alors qu'elle était seule au volant.

— Je reviens dans une minute, dit la femme en laissant le dossier ouvert sur son bureau.

Je lus l'acte d'accusation. Il y avait son nom, Kaitarō Nakamura, et en dessous, sa profession : Wakaresaseya. Tout en lisant ce mot et en retraçant mentalement son origine, je commençai à comprendre comment il était entré dans la vie de mes parents et quel rôle il avait joué dans leur divorce. Je regardai à nouveau les caractères : wakaresase – « séparer les couples » et ya – « professionnellement ». Cela paraît incroyable, mais aujourd'hui, de tels services sont disponibles partout, dans ce monde de piégeuses de maris, d'arnaqueurs, d'escrocs, d'amis et de familles à louer. Dès lors qu'une demande existe, des gens sont disposés à la satisfaire, moyennant finance. En bas de la page se trouvait le chef d'accusation officiel : homicide de Rina Satō.

Ma gorge se serra. La lumière des néons était trop crue. Je songeai à mon grand-père et à toutes les histoires qu'il m'avait racontées, ces histoires de famille que chacun finit par transcender en mythes. Je songeai à ma mère, qui m'avait été enlevée non par un accident, mais par une autre personne.

Je déglutis. J'aurais voulu demander à la policière s'il y avait d'autres informations sur l'affaire, mais je savais que tous les documents avaient dû être envoyés au bureau du procureur public de Tokyo en vue du procès. Rien ne concernant l'enquête n'était conservé par la police, sinon les noms des parties impliquées et les chefs d'accusation.

La policière revint avec un verre d'eau que je bus à petites gorgées.

— Avez-vous le nom du procureur chargé de l'affaire ? lui demandai-je. Ou de l'avocat de la défense ?

La femme reprit le dossier pour consulter la dernière page. Deux cartes de visite y étaient agrafées, avec une coupure de journal en dessous. La seule coupure de journal que mon grand-père ne m'ait jamais montrée. La policière s'excusa et esquissa un geste pour la ranger, mais je tendis la main en demandant à la voir.

Elle m'observa tandis que je lisais les paragraphes. Il y avait à peine plus de deux cents mots et pourtant ils nous définissaient complètement, ma famille et moi.

— Je vous en prie, gardez-le, si vous voulez, dit-elle avant de reprendre le dossier pour noter les noms et les adresses professionnelles du procureur et de l'avocat de la défense. Il est fort possible qu'ils aient pris leur retraite, poursuivit-elle en me remettant le bout de papier.

Je hochai la tête.

— Merci. Je vous suis très reconnaissante.

Je me levai et m'inclinai profondément. Elle s'inclina à son tour et fit mine de parler, mais je secouai la tête en m'écartant.

— Je vous en prie, ce n'est pas la peine de me raccompagner, je connais le chemin, dis-je en me tournant pour me diriger vers les portes, incapable de supporter la compassion que je lisais dans son regard.

Dans le couloir, j'appuyai ma tête contre le verre teinté de la fenêtre. Il était froid. La nuit était tombée sur la ville et le district de Shinagawa s'étendait à mes pieds. Je voyais mon reflet nettement dessiné par les néons, et par-delà, l'immensité de Tokyo qui scintillait dans l'obscurité. Je regardai mon visage dans la vitre, celui d'une jeune femme aux grands yeux sombres et aux pommettes saillantes. Au cou, je portais un collier de perles qui avait appartenu à ma mère. Sous la lumière crue des néons, les boules opalescentes luisaient doucement entre mes doigts.

Pendant tant d'années, je n'avais pas su qui j'étais, qu'il y avait un terme qui me définissait, même aujourd'hui. Je l'avais vu pour la première fois durant mes études, dans la bibliothèque de Tōdai, sans me rendre compte sur le coup qu'il me correspondait : je faisais partie des « oubliés ».

Durant une enquête criminelle, la famille de la victime peut être interrogée à plusieurs reprises par la police et les procureurs qui préparent le procès. À l'époque de la mort de ma mère, le système juridique avait déterminé qu'après ces entretiens, ces personnes et leurs descendants devaient être « oubliés », de façon à protéger les accusés. Les familles n'étaient pas informées des procédures judiciaires, de sorte qu'elles ne pouvaient assister au procès. On ne leur communiquait ni la peine ni la date de sortie de prison du coupable. Ils devaient ensevelir leurs morts et continuer à vivre, sans savoir ce qui était arrivé à ceux qui les avaient tués.

Aujourd'hui, les familles en deuil sont toujours dénommées « les oubliés », mais elles ont davantage de droits. Elles peuvent assister aux procès et même engager un avocat pour les défendre et influencer la peine. Un dernier privilège leur est également accordé.

Dans le district impérial, où des gratte-ciel aux façades en verre miroir entourent le parc royal au sein duquel se niche le palais, se trouvent les bureaux du procureur public. Au rez-de-chaussée, à l'abri du soleil, une pièce avec des pupitres et des chaises a été aménagée. Jusqu'à trois ans après la condamnation d'un criminel, les dossiers d'une affaire et les jugements des tribunaux, même les documents expurgés du procès, peuvent être consultés par la famille de la victime. J'y ai moi-même étudié plusieurs affaires durant mon stage à la Cour Suprême. Mais là, restée seule dans le couloir du commissariat de Shinagawa, je savais qu'on ne me laisserait jamais accéder à cette pièce pour une affaire me concernant à titre personnel. Pour ceux d'entre nous qui vivent dans le passé, dont les êtres aimés ont été assassinés plusieurs années auparavant, les affaires classées ne peuvent jamais être réouvertes, ni leur contenu divulgué. Tout ce qu'il fallait que je sache – qui Kaitarō Nakamura était, ce qu'il avait été pour ma mère, comment elle était morte – resterait hors d'atteinte dans les archives. Aucune supplication, aucun recours juridique ne me permettraient d'y accéder.

Je suis une oubliée. Ce jour-là, je compris que j'avais été oubliée deux fois : l'une par la loi et l'autre par mon grand-père, qui m'avait dérobé mon histoire et l'avait effacée.

Seule dans le couloir, je frissonnai ; l'adrénaline de l'après-midi avait laissé une pellicule de sueur sur ma peau qui s'était refroidie en plaques moites sous mes vêtements. J'en avais assez qu'on me raconte des histoires. Je voulais des faits, clairs et nets. Je voulais me rapprocher de la vie de ma mère autant que possible. Je voulais assister aux événements qui avaient mené à sa mort.

En contemplant la ville, je savais qu'il y avait une personne qui détenait encore les dossiers de l'affaire. Je ne les trouverais pas dans les archives du procureur public. Je ne pouvais faire appel ni à l'état, ni à la police, ni à mon grand-père. Si je voulais savoir comment ma mère avait réellement vécu et comment elle était morte, je devrais contacter la dernière personne que je souhaitais rencontrer – la femme qui avait défendu le meurtrier de ma mère durant son procès : l'avocate Yurie Kagashima.

Défense pénale

La matinée était claire et ensoleillée ; le vent était tombé et l'air, limpide comme du verre, réfléchissait chaque rayon de soleil. Dans le quartier des affaires, les immeubles brillaient d'une lueur ocre dans l'aube, et des ondes de chaleur faisaient miroiter la chaussée. Au fur et à mesure que le soleil montait, la circulation s'intensifia sur les larges avenues et les voies express surélevées. Au cœur de la ville, là où les immeubles de bureaux se pressent les uns contre les autres, séparés par de minuscules ruelles tendues de fils téléphoniques, se trouvait le bureau que je cherchais. Marchant à l'ombre, je m'arrêtai devant un édifice à la façade en carrelage gris clair et pris l'ascenseur jusqu'au troisième étage. Une jeune fille m'accompagna de l'accueil du cabinet à une salle de réunion meublée d'une table ronde, d'une bibliothèque blanche et d'un ikebana d'oiseaux du paradis près d'une fenêtre étroite.

— Mme Kagashima arrive tout de suite, dit la jeune fille en posant devant moi une bouteille de thé prise dans un distributeur.

La bouteille était chaude sous mes doigts, et cette chaleur m'apaisa lorsque je bus une gorgée, en me forçant à rester calme et à me concentrer sur la confrontation qui m'attendait.

Lorsqu'elle arriva enfin, je me levai et souris, mais malgré toutes les fois où j'avais répété ce que j'allais dire, je ne pus m'empêcher d'éprouver un choc en la voyant. Ce que je découvrais d'elle me déconcertait : elle avait des rides de rire au coin des yeux et des fossettes aux joues. Il n'y avait pas de gris dans ses cheveux noir de jais, impeccablement coiffés, qui brillaient sous les néons. Sa poignée de main était chaleureuse, et plus ferme que ne l'aurait laissé croire sa silhouette menue. Elle portait un foulard à pois autour du cou et une broche en or en forme de phénix au revers de sa veste : associée du cabinet, elle avait droit à la coquetterie.

Peu d'avocats choisissent de se spécialiser en droit pénal. Le gouvernement commet généralement un avocat d'office, mais même chez ceux qui sont choisis, ce travail ne représente qu'une fraction de leur charge de travail. Les procureurs font en sorte que chaque année, 99,9 % des accusés soient inculpés et condamnés. Logiquement, si seuls les coupables sont accusés, il s'ensuit que les accusés sont presque certainement coupables. Ainsi, les avocats qui défendent ces criminels sont considérés avec méfiance, mal payés et mal famés. Mais je ne voyais rien de tout cela en contemplant l'avocate prospère qu'était Yurie Kagashima. Depuis la dernière fois où je l'avais vue, elle avait mûri et s'était épanouie.

Elle me fit signe de m'asseoir et dévissa la capsule de sa bouteille de thé. Posant un porte-documents en cuir devant elle, elle se pencha pour me dévisager.

— Mademoiselle Mizuguchi, dit-elle en utilisant l'alias que je lui avais donné, en quoi puis-je vous aider ? Ma secrétaire m'a dit que vous souhaitiez me consulter pour une affaire de divorce ? (Elle sourit.) Si vous me permettez, vous me paraissez très jeune.

— Je voulais vous parler de ma mère.

— Je vois. Vous venez de sa part ?

— Oui.

Elle me désigna mon thé.

— S'il vous plaît, faites comme chez vous.

— Ma mère s'appelle Rina. (Je me tus un instant avant de prononcer son nom d'épouse – son nom de famille.) Rina Satō. Elle est morte en 1994.

Le visage de Yurie Kagashima perdit son expression chaleureuse.

— Vous avez défendu l'homme qui l'a tuée, repris-je. Kaitarō Nakamura.

Elle baissa les yeux vers son porte-documents ; elle écarta les doigts dessus. Son alliance creusait de petits bourrelets dans la chair de son annulaire.

— Vous savez très bien que je ne peux pas parler de mes clients.

— Mais vous vous rappelez le procès ? Vous avez conservé les dossiers ?

— Je n'ai pas le droit d'en discuter.

— Mais vous les avez ?

— En effet.

Elle releva le menton pour me regarder droit dans les yeux. Je l'admirai pour cela.

— Représentez-vous toujours Kaitarō Nakamura ?

Elle m'étudia un moment, balayant du regard mes cheveux coiffés en chignon serré, dont des mèches s'échappaient déjà, puis mes yeux ombrés de cernes.

— Je ne le représente plus.

Je bus une gorgée de thé, et la scrutai attentivement :

— J'ai récemment passé mon diplôme d'avocat. Je viens de terminer mon stage à Wakō.

Elle hocha la tête et se pencha en arrière, comme pour prendre ses distances.

— J'ai toujours voulu être avocate, repris-je, comme mon grand-père. (Je vis sa main droite se crisper sur la table.) Vous le connaissez ? Vous l'avez rencontré ? Je suis sûre que vous lui avez déjà parlé.

Elle hésita et jeta un coup d'œil vers la porte.

— Mademoiselle Satō, je ne peux rien pour vous.

— Avez-vous été une bonne négociatrice ? demandai-je. Avez-vous réussi à négocier un jidan ?

Elle tentait de rester calme, mais elle cilla lorsque je mentionnai la compensation qui peut être offerte à la famille d'une victime, amende versée en échange d'un pardon, qui peut inciter le tribunal à prononcer une moins lourde peine.

— Votre grand-père l'a refusé.

— D'accepter l'argent ou d'écrire un appel au tribunal ?

— Tout.

Je me penchai vers elle et soutins son regard.

— Je veux simplement savoir ce qui s'est passé.

— Pardon, mais je ne peux rien faire pour vous.

— Il l'a tuée ?

Elle fronça les sourcils et regarda ses mains nouées devant elle. Elle n'était pas insensible à l'émotion, ni à moi, et je m'en réjouis.

— Ce qui lui est arrivé m'est égal, repris-je posément. Il y a des années que son sort a été décidé. Je ne veux rien de Kaitarō Nakamura. Mais je veux savoir ce qu'il m'a fait ; je veux savoir pourquoi il est entré dans ma vie.

Cette fois, elle se pencha vers moi pour me prendre la main.

— Cette information reste confidentielle, dit-elle d'une voix douce. Je ne peux pas trahir cette confidentialité.

En entendant ces paroles qui me parurent hypocrites et suffisantes, je me déchaînai :

— Vous me connaissez, dis-je en serrant ses doigts entre les miens. Nous nous sommes déjà rencontrées. (Je resserrai les doigts et je l'attirai vers moi.) Vous n'avez pas oublié ? Vous m'avez bercée dans vos bras.

— Mademoiselle Satō, s'il vous plaît…

Je lui lâchai la main.

— Sarashima. J'ai changé de nom.

Elle se blottit dans sa chaise et baissa les yeux vers son porte-documents en cuir, resté fermé, avec son petit insigne épinglé sur son rabat. Mon regard suivit le sien ; je détaillai les pétales sculptés et le minuscule instrument au centre de la sphère dorée : le tournesol et la balance.

Lorsqu'il est reçu au barreau, on remet à chaque avocat cet insigne avec son numéro d'immatriculation gravé derrière. Le mien ne m'était pas encore parvenu. Sans doute m'attendait-il dans la pénombre d'une remise de la Fédération japonaise des associations du barreau, doré dans son écrin en velours noir.

Au début, ces insignes plaqués or sont brillants et lustrés, mais au fil des ans l'or s'use : d'abord il disparaît de la balance pour révéler l'argent qui est en dessous. Certains de mes amis projetaient de ranger leur insigne dans leur porte-monnaie pour accélérer ce processus de vieillissement, afin de simuler la patine de l'expérience – à ce moment-là, je ne savais même pas encore si j'utiliserais le mien. Mais l'insigne qui se trouvait sur la table devant moi s'était bel et bien terni au fil des ans, avec son tournesol qui signifiait la liberté, et la balance, la justice pour tous.

Yurie Kagashima me dévisagea et eut une réaction inattendue ; elle sourit.

— L'affaire est classée, insistai-je. Ce qui lui arrive m'est égal, qu'importe que vous m'aidiez ?

Elle restait muette.

— Je sais les risques que vous courez si vous me parlez, mais je ne vous trahirai pas.

Elle jeta un coup d'œil à ses doigts. La peau était encore rose, là où j'avais agrippé sa main.

— Vous vous doutez bien de ce qu'il m'en a coûté de demander votre aide.

À ces mots, je ne pus retenir ma véhémence.

— Est-il un monstre, pour me refuser la vérité de ce qui s'est passé ? demandai-je. Tient-il à ce que je vive ainsi ?

Elle baissa un moment les yeux vers son porte-documents avant de l'attirer vers elle, en refermant ses doigts autour de son insigne.

— Venez.

Nous quittâmes la salle de réunion et traversâmes le bureau en open space pour parvenir à son box. Des dossiers étaient empilés contre les murs et son bureau était jonché de papiers et de notes, comme le mien. Dans un coin, il y avait une valise à roulettes grise. Le droit est toujours essentiellement une affaire de papiers. L'information est rarement mise en ligne et donc, si nous travaillons à la maison ou que nous avons rendez-vous avec un client, nous utilisons ces valises pour transporter nos dossiers. Yurie Kagashima ouvrit une petite boîte posée sur son bureau et en tira une clé.

— Suivez-moi, s'il vous plaît.

Nous traversâmes à nouveau le bureau. Elle salua ses collègues d'un signe de tête, et s'arrêta pour murmurer quelques instructions à sa secrétaire. Lorsque nous passâmes à l'accueil, je repris le sac à roulettes noir que j'y avais laissé. Elle haussa les sourcils en constatant que j'étais venue préparée. Je souris.

Au bout de la pièce, un paravent peint dissimulait une double porte. Elle en déverrouilla une et me fit signe de la précéder. La pièce où j'entrai était si peu éclairée qu'elle était presque sépia. Au fond, des rangées d'étagères à roulettes, comme celles qu'on peut trouver dans une bibliothèque, s'élevaient jusqu'au plafond. Humant l'air frais où flottait une odeur de renfermé, je me retournai vers les armoires poussées contre les murs.

— Vous rappelez-vous bien cette affaire ?

— Oui, répondit-elle en allumant les plafonniers.

Je m'avançai. La moquette brun foncé étouffait le bruit de mes pas. Il y avait tant de dossiers dans cette pièce, des décennies de dossiers, rangés par ordre alphabétique et par année : 1994 A-J, K-R, S-Z.

Elle se dirigea devant une rangée d'armoires, sépara une clé de l'anneau qu'elle tenait à la main et déverrouilla l'un des tiroirs.

— Ce que vous cherchez est ici. Dans ces bannettes, tout en bas. Elles contiennent les cassettes.

— Des cassettes ?

— Kaitarō Nakamura a refusé de signer ses aveux. Pendant plusieurs jours après son arrestation, il n'a même pas parlé. On a donc filmé son interrogatoire.

Elle soutint mon regard, comme pour me mettre au défi de renoncer. Lorsqu'il est arrêté, un suspect peut être gardé en détention jusqu'à vingt-trois jours sans être formellement chargé d'un crime et sans avoir droit à un avocat.

— Combien de jours, avant d'être accusé ?

— Vingt-trois, répondit-elle.

Je calculai mentalement : 552 heures, 33 120 minutes interminables, à la merci de l'État.

— Y a-t-il… (Je me tus un instant.) Y a-t-il quelque chose à quoi je doive me préparer, dans ces vidéos ?

Elle se tourna vers les tiroirs.

— Les a-t-il signés ? Ses aveux ?

Elle sortit plusieurs cassettes VHS et les posa sur un comptoir.

— Vous verrez.

Un moment, je restai figée à les fixer tandis qu'elle se dirigeait vers le fond de la pièce, faisant glisser les rayons à roulettes pour révéler un couloir étroit bourré de dossiers.

— Vous ne pouvez pas les lire ici.

— Je peux emporter les cassettes ?

Elle acquiesça, sans me quitter des yeux.

— Je vous donne deux semaines. Mais il faut que vous me rendiez tout.

— Je peux jeter un coup d'œil aux papiers en vitesse ? Rien qu'une minute ?

Elle hocha la tête et j'en fus si soulagée que je lui souris. Pour la première fois depuis que j'avais mis les pieds dans son bureau, je me détendis. Je m'avançai vers elle pour lui témoigner ma gratitude.

— Merci.

— Vous avez le droit de savoir.

— Merci, murmurai-je à nouveau.

— Et vous ne pouvez pas faire de mal à Kaitarō.

Je cillai en l'entendant prononcer son nom.

— Sumiko, dit-elle à voix basse en regardant au loin, comme si elle voyait l'enfant que j'avais été dans la femme que j'étais devenue.

Je la fusillai du regard tandis qu'elle se dirigeait vers la sortie.

— Yurie ?

Elle se retourna. Je revois son visage sous l'éclat aveuglant des néons.

— Ça l'a aidé, ce que vous avez appris de moi ?

Elle réfléchit un moment avant d'ouvrir la porte.

— À vous de décider.

Lorsque la poignée se referma derrière elle avec un déclic, je me tournai vers les rayons et les dossiers qu'ils contenaient.

Je ne pouvais rester longtemps et j'emporterais les papiers, mais avant de partir il y avait un document que je devais voir. Après avoir vécu pendant si longtemps sans ma mère, sans réelle connaissance d'elle, j'avais besoin de savoir comment elle était morte. Je voulais des faits. Je recherchai donc la procédure issue du mot grec signifiant « voir de ses propres yeux » : son autopsie.

J'avais déjà assisté à plusieurs autopsies. Durant son stage à la Cour Suprême, chaque aspirant avocat passait des mois au tribunal à assister les équipes du procureur dans leurs enquêtes criminelles. Nous secondions les juges en rédigeant les versions préliminaires des peines de prison, et dans chaque affaire d'homicide nous étions présents lors de l'examen post-mortem. Je me rappellerai toujours ma première fois – dans le sous-sol d'un hôpital, les narines badigeonnées de pommade Vicks au menthol. Je voyais le reflet de ma pâleur dans les visages des autres tandis que nous attendions le médecin légiste, avec nos gants en latex blanc.

Ces médecins soigneux et diligents nous inculquaient des notions d'anatomie ; ils nous annonçaient leurs observations au fur et à mesure et nous encourageaient à participer. Une fois, le médecin m'avait fait signe d'approcher et les autres apprentis avocats s'étaient écartés pour que je la rejoigne. Plutôt que de pratiquer la traditionnelle incision en Y sur le torse, elle avait préféré disséquer le larynx et la gorge afin d'y examiner les lésions infligées. Je me penchai en avant pour qu'elle me montre les ligaments, les muscles et l'os, l'étoffe matérielle de cette personne pour laquelle nous nous battions. J'avais lu les dossiers de l'affaire, mais je la compris autrement lorsqu'on m'invita à toucher le corps, à glisser la main dans sa chair ouverte pour toucher la blancheur de sa mandibule.

C'est un élément crucial de notre formation : regarder la vie et la mort bien en face. De part et d'autre du prétoire – qu'on soit juge, procureur ou avocat de la défense –, chaque juriste doit avoir conscience de ce qui est en jeu, et chacun doit décider de ce qui est juste. Ces leçons nous faisaient apprécier davantage nos vies et nos familles. Elles étaient destinées à nous donner le courage de faire le bien, de juger ceux qui commettaient l'innommable, d'être justes envers eux et envers leurs victimes.

Debout dans les archives du cabinet de Yurie Kagashima, je me demandai si elle avait assisté à l'examen post-mortem de ma mère, si elle l'avait vue sur la table d'autopsie et si elle avait compris, de la façon la plus claire possible, comment ma mère en était arrivée là. Je me demandai si elle l'avait touchée d'une main gantée et si elle avait ressenti, dans sa propre chair, la vie que ma mère avait vécue et perdue. Je crois que oui. Je crois que finalement, lorsque les assistants du médecin légiste eurent terminé leur tâche et analysé chaque marque sur sa peau, elle était restée auprès de ma mère pour la regarder se faire ouvrir jusqu'à l'os.

DÉPARTEMENT DE LA POLICE MÉTROPOLITAINE DE TOKYO

Commissariat de Takanawa, District de Shinagawa, Affaire # 001294-23E-1994
Autopsie réalisée par le Dr Hiroshi Matsuda et Fuminori Asao, PhD, expert toxicologue.

Date : 27/03/1994	Heure : 08 h 30
Nom de la défunte : Satō, Rina	Date de naissance : 28/03/1965
Âge : 30 ans	Nationalité : Japonaise
Sexe : Femme	Date du décès : 23/03/1994

Corps identifié par : Yoshitake Sarashima, père de la défunte

Rapport préliminaire

Le corps est celui d'une femme japonaise normalement développée mesurant 160 cm, pesant 53 kg, dont l'apparence générale correspond à l'âge de trente ans. Les yeux sont ouverts, les iris brun sombre, les pupilles dilatées à 0,3 cm, les cornées sont troubles. Les cheveux sont bruns, non teints, d'environ 25 cm de longueur. Le corps est froid et n'a pas été embaumé.

Plusieurs cicatrices sont présentes sur le corps. Une incision constatée au-dessus du point de McBurney de l'abdomen suggère une appendicectomie (confirmée par l'absence d'appendice lors de l'examen interne). Une cicatrice chirurgicale est également présente au bas de l'abdomen qui, en combinaison avec l'écartement du bassin, indique que la défunte a eu un enfant par césarienne. Des brûlures résiduelles sont présentes sur les faces antérieures des avant-bras et des poignets gauches et droits, en plus de cicatrices superficielles aux pouces et à l'index des deux mains. Des entretiens avec la famille suggèrent que ces lésions résultent de tâches ménagères.

La rigidité cadavérique est discernable dans les muscles de la face, du cou, du haut du corps et des extrémités. On constate également la lividité des tissus du bas du dos, des fesses et de la portion distale des membres. Ces tissus blancs compressés et les lividités cadavériques résultant du déplacement de la masse sanguine vers les parties déclives des membres indiquent que le corps est resté allongé sur le dos pendant quelques heures après la mort avant d'être déplacé ou redressé dans une position assise. Les lésions à la tête comprennent des ecchymoses et un œdème au cuir chevelu au-dessus de l'occiput ainsi qu'une contusion à la base du menton. On observe aussi une lividité importante et une congestion sur le visage de la défunte, avec des hémorragies pétéchiales présentes dans la conjonctive et la sclérotique des yeux ainsi que dans les muqueuses des lèvres et de l'intérieur de la bouche. Ces lésions sont le plus communément manifestes dans les cas de strangulation, lorsque la tension des veines du cou, de la face et des yeux augmente brusquement et violemment.

Dans le tissu du cou de la défunte, deux sillons horizontaux provenant de liens sont présents, l'entourant et se croisant juste en dessous de la proéminence laryngée. L'angle de ces sillons forme un V peu profond sur la partie antérieure du cou, indiquant qu'un cordon ou une ficelle a été glissé au-dessus de la tête de la défunte et tiré. L'examen interne a révélé que l'hémorragie causée par les liens a pénétré les tissus sous-cutanés du cou. La largeur de ces sillons va de 0,3 à 0,5 cm et correspond à celle du lien qu'on soupçonne avoir été utilisé – un morceau de ficelle retrouvé sur les lieux du crime. Plusieurs fibres blanches provenant aussi sans doute de cette ficelle sont incrustées dans les sillons cutanés.

Bien que ces lésions tendent à indiquer que la cause de la mort est une strangulation par liens, certaines indications laissent penser qu'il y a également eu strangulation manuelle. Le cou est couvert de plusieurs contusions importantes, notamment des ecchymoses rondes diffuses de part et d'autre de la trachée et de profondes marques d'ongles en forme de croissant sur les côtés sur cou. Un examen interne du corps révèle un saignement des muscles du cou résultant de cet assaut, mais aussi la fracture de l'os hyoïde et du cartilage thyroïde résultant d'un traumatisme.

On observe plusieurs blessures défensives sur le corps, y compris des ecchymoses aux avant-bras et aux poignets gauches et droits, des abrasions sur le dos de chaque main, et un ongle arraché sur la main droite résultant sans doute d'une lutte.

Des échantillons de sang et de cellules épithéliales ont été prélevés sous tous les ongles de la défunte et transmis pour analyse, en plus de prélèvements sur le visage, le cou, le torse et les organes génitaux.

L'examen du système génital révèle une activité sexuelle récente (fluides prélevés pour analyse). Toutefois, aucun traumatisme n'est présent dans le tissu génital, ni aucune indication que le rapport sexuel ait été contraint. La défunte n'est pas enceinte.

Opinion

Heure du décès : la température du corps, la rigidité et la lividité cadavériques observées sur le lieu du crime indiquent que l'heure de la mort se situe entre 17 h 00 et 19 h 00 le 23/03/1994.
Nature du décès : Strangulation
Cause du décès : Hypoxie cérébrale
Remarques : Les échantillons sanguins prélevés sur la défunte sont de groupe O+. Les échantillons sanguins trouvés sous les ongles de la victime sont du groupe AB+ (rare, présent chez seulement 20 pour cent des hommes japonais). Une première analyse de l'ADN a permis d'établir que cet échantillon sanguin correspondait à celui de son agresseur présumé. D'autres échantillons de peau prélevés sur le corps ont révélé la salive d'un second homme. La viabilité de ces échantillons suggère un contact avec la victime peu avant son décès. D'autres analyses ont été demandées.

Preuves recueillies

1. Vingt photographies de l'autopsie de la victime, vêtue et dévêtue
2. Un tee-shirt blanc à col roulé, taille S
3. Une salopette bleue tachée de peinture rose, taille S
4. Un slip blanc
5. Un soutien-gorge blanc
6. Deux chaussettes blanches
7. Deux boucles d'oreille en or à texture lisse de 0,5 cm de diamètre
8. Une montre en or à bracelet en métal tressé mesurant 1,7 cm de largeur, 16 cm de longueur
9. Jeu d'empreintes digitales
10. Dix ongles coupés, raclés et envoyés pour analyse
11. Cinquante échantillons de cheveux, de sourcils, de cils et de poils pubiens
12. Vingt prélèvements collectés sur le corps et envoyés pour analyse ADN
13. Cinq prélèvements vaginaux et anaux conservés et testés pour la présence de sperme
14. Échantillons de sang, de bile, de tissus (cœur, poumon, cerveau, rein, foie, rate) conservés
15. Sang pleural droit et bile soumis à l'analyse toxicologique. Contenu de l'estomac conservé.
16. Un scanner post-mortem
17. Une IRM post-mortem

Hiroshi Matsuda, MD

Bureau du médecin légiste de la Préfecture de Tokyo

27 avril 1994

Chez moi

Ce soir-là à Meguro, devant le portail en métal blanc de la maison que je partageais toujours avec mon grand-père, je pris conscience que je n'avais pas réellement regardé ma maison depuis très longtemps. L'image que j'en avais créée dans mon esprit avait été conçue bien des années auparavant, alors que sous mes yeux, la réalité avait évolué. Nous voyons ce que nous nous attendons à voir : j'en suis la preuve.

Du vivant de ma mère, le jardin devant la maison était couvert de cailloux blancs et lisses, et des petits buissons bordaient l'allée dallée. Lorsque j'ouvris le portail, je constatai que depuis sa mort, le temps avait fait son œuvre. Les petites dalles vertes étaient toujours balayées, mais le magnolia qui résidait jadis à côté du portail menaçait désormais d'envahir l'entrée du garage. Le sentier était luisant de moisissure, et les bordures de galets étaient voilées d'une pellicule grisâtre.

Je déverrouillai la porte d'entrée pour passer dans le vestibule. L'espace d'une seconde, je me surpris à tendre l'oreille pour entendre le cliquetis des ustensiles de cuisine, comme si Hannae était en train de préparer à dîner, mais elle n'était pas là. Elle nous avait quittés lorsque j'avais vingt ans pour retourner vivre avec sa famille, dans le sud de l'île.

La maison était silencieuse. Je mis mes chaussons et descendis l'escalier mal éclairé menant au sous-sol. Là, l'odeur familière de ma demeure familiale céda à un froid humide. Le sous-sol était notre refuge durant les tremblements de terre. Les murs et les planchers étaient en béton armé, soutenus par d'épais piliers à chaque angle. La passion de mon grand-père pour l'archivage se poursuivait jusqu'ici. Tout ce dont il n'avait pas besoin mais qu'il n'arrivait pas à jeter était rangé par catégories dans des boîtes sur des étagères. Une fois par an, grand-papa employait une société de nettoyage pour épousseter le tout, puis descendait s'assurer que rien n'avait été volé. Inspirant profondément l'air froid, je me dirigeai vers la section étiquetée « Appareils électroniques ».

Le magnétoscope sous le bras, je m'arrêtai dans le hall d'entrée pour prendre la valise à roulettes contenant les cassettes vidéo et le dossier. Le plafonnier éclairait le bureau de grand-papa, illuminant les livres sur leurs rayons. J'avais passé tant de temps dans cette pièce que je commençais à m'imaginer qu'elle était à moi, mais là aussi, c'était une illusion.

De là où j'étais, je pouvais distinguer les étagères que j'avais colonisées durant mes études et mon stage à la Cour Suprême, à Wakō. Lorsque je travaillais pour la magistrature, j'avais rédigé de nombreuses peines d'emprisonnement. Celles qui avaient été approuvées avaient été appliquées. J'avais amassé une collection de manuels sur les prisons de Tokyo et des préfectures environnantes. La plupart étaient des ouvrages universitaires, mais d'autres avaient été publiés pour assouvir la curiosité du public et contenaient plein d'illustrations montrant les uniformes d'été et d'hiver, des hommes assis sur leurs talons en position seiza attendant l'inspection de leur cellule, ou agenouillés en rangs devant leurs bols de riz. Je les avais tous lus, mais ce soir-là, je ne les voyais plus comme des ouvrages que j'avais étudiés. Si je les ouvrais, ils me sembleraient désormais différents. À présent, ils me concernaient personnellement.

En contemplant ces volumes dans la pénombre de ma maison, j'étais certaine d'une chose : je ne voulais pas connaître le sort de Kaitarō Nakamura ; je voulais simplement savoir ce qu'il avait fait, à moi et aux miens.

Dans ma chambre à l'étage, je disposai magnétoscope et cassettes devant le petit téléviseur brun dans le coin de la pièce. Lui, au moins, n'avait pas changé, même s'il y avait un bon moment que je n'avais pas regardé la télé. Je me rappelle comment le soir après l'école, quand grand-papa rentrait du travail, il montait l'escalier en courant pour me voir, puis posait sa main derrière le poste. S'il était chaud, il savait que j'avais passé l'après-midi à regarder des feuilletons au lieu de faire mes devoirs. J'appris rapidement à laisser l'appareil refroidir une heure avant son arrivée.

En installant le magnétoscope, je vis ma chambre se refléter dans le petit écran. Mon lit soigneusement fait, avec son édredon gris à fleurs blanches replié au pied. Le tailleur que j'avais rapporté du pressing ce matin-là était accroché à la porte de ma garde-robe tandis que romans, magazines et un vieux manuel étaient empilés au bord de la fenêtre à côté de mon tigre blanc en peluche tout élimé, Tora. Près de la fenêtre, le miroir blanc et la coiffeuse où je me maquillais et me brossais les cheveux tous les matins se ressemblaient toujours ; mais ce soir-là, je revoyais des années de déguisements, de festivals d'été, de concerts de l'école dans sa surface laquée. Cette coiffeuse contenait les couches successives de mon enfance, des souvenirs qui s'étaient déposés au fond de ma vie, comme de la vase.

Je m'assis à la coiffeuse pour fouiller le premier tiroir. Il était plein de rouges à lèvres et de vernis à ongles séchés achetés au drugstore, en plus d'un certificat de tir à l'arc datant du lycée et d'une photo de mon équipe de baseball. J'étais assise à côté de Kimiko, que j'avais détestée tout au long du CM2 ; rien qu'à la revoir, elle m'énervait encore.

Dans le tiroir suivant, il y avait une photo de mes parents dans une soirée. Ils étaient déguisés en pirates chic ; ma mère portait un collier en fausses perles sur le front. Toutes mes photos d'elles étaient dans les albums de famille, en bas, et il y en avait très peu de mon père : je fus donc stupéfaite de ma trouvaille. Mes parents avaient l'air glamour, impénétrables. J'avais beau les fixer, impossible de deviner à quoi ils pensaient. Je remis la photo à sa place et me tournai vers une pile de calepins surmontés de la balle antistress que je pressais et passais d'une main à l'autre pendant que je révisais mes examens. Je me rappelai le bruit mat du caoutchouc mousse contre ma paume tandis que je mémorisais un fait après l'autre. Il y avait la réplique d'une monnaie romaine que grand-papa m'avait achetée en Italie, ainsi que des photos de notre voyage. Je venais d'être admise au juku qui me préparerait à ma candidature à Tōdai, et pour me récompenser, grand-papa avait décidé de m'emmener en voyage à l'étranger. Je souris en regardant sa photo, en extase sur les marches de la Basilique Saint-François d'Assise, et une autre de moi, adolescente empotée, fatiguée et ennuyée, appuyée contre le car.

Dans le dernier tiroir, je trouvai un exemplaire de l'hymne national, un drapeau d'une parade à l'école et une pile de cartes d'anniversaire de ma mère. Sous la dernière carte qu'elle m'avait donnée se trouvait une enveloppe.

Nous effaçons certains événements de nos vies, des expériences qui ne correspondent pas aux histoires que nous nous racontons. Quelques souvenirs rôdent tout de même encore à la périphérie de notre mémoire. Ils surgissent du passé pour transformer un moment de joie en moment de honte. Dès lors, ces souvenirs demeurent. Ils restent toujours là, au coin de l'œil, comme pour vous dire : « Regarde ce que tu es. »

Il y avait une photo dans cette enveloppe. Je la pris, sentant sa texture cirée entre mes doigts. C'était un vieux tirage défraîchi, qui montrait trois personnes sur une plage à la fin de l'été. La lumière du soleil était douce, comme si elle était filtrée, et l'air était teinté de chaleur. Au fond, les vagues léchaient la plage, ourlées d'écume blanche, et des yachts flottaient dans un petit port. Au premier plan, il y avait une famille.

La femme portait un cardigan léger sur sa robe en coton, dont le haut col serré accentuait la finesse de son cou. Elle riait en regardant les deux autres – une petite fille en short rouge et en tee-shirt donnait des coups de pied en l'air et tirait la langue à l'homme qui la tenait à bout de bras. Il lui souriait. Le soleil se couchait derrière eux, et à part l'éclat de son sourire, le visage de l'homme était plongé dans l'ombre. Mais si l'on scrutait attentivement la photo, si l'on se concentrait sur l'homme et sur la petite fille, on pouvait voir qu'ils se regardaient dans les yeux et qu'ils étaient heureux. Debout à côté de mon lit, où je m'étais bordée toute seule soir après soir – seule pendant toutes les nuits de mon enfance –, je laissai la photo glisser d'entre mes doigts.

Le dossier avait dû être beige à l'origine ; à la lumière de ma chambre, je constatai qu'il avait viré au gris au fil du temps, à force d'être manipulé par des doigts tachés d'encre bon marché. Il contenait des rapports médico-légaux, des notes d'entretiens et des dépositions de témoins, le tout méticuleusement dactylographié et officiel, mais il y avait aussi des notes écrites à la main, certaines sur des Post-it, ou griffonnées sur des feuilles de papier réglé. Au fur et à mesure que je les lisais, elles se mirent à s'ordonner et à converger. Une image commença à se former, me laissant entrevoir l'homme que ma mère aimait. Car elle avait dû l'aimer ; sinon, elle ne m'aurait sûrement pas quittée.

Une fois en garde à vue, une personne peut être détenue jusqu'à vingt-trois jours sans chef d'accusation et sans avoir droit à un avocat, et durant cette période l'État décide du moment où elle peut manger, dormir ou se laver. Les interrogatoires interminables sont menés par des officiers de police qui se relaient. On admet des actes de violence comme des gifles, mais pas les coups de pied. Je savais, d'après les notes de Yurie Kagashima, ce que les inspecteurs pensaient de Kaitarō Nakamura – pour eux, c'était un monstre et un meurtrier. Son silence leur semblait de l'arrogance ; s'il refusait de signer ses aveux, c'était parce qu'il n'éprouvait aucun remords. Je comprenais leur attitude et à ce moment-là je la partageais, car s'il était bien l'homme qui avait tué ma mère, il ne méritait aucun égard.

Les procureurs sont chargés d'élucider les crimes et de découvrir toute la vérité. Souvent, ils y parviennent grâce aux aveux, qui, une fois signés, se transforment en preuve juridique : c'est la condition d'un procès rapide et facile. Je vis plusieurs versions rédigées pour Kaitarō Nakamura, d'abord par les inspecteurs de police, et finalement par le procureur principal lui-même. Longtemps, Kaitarō Nakamura refusa de les signer, mais il finit par y consentir. Ce soir-là, dans ma chambre, je n'arrivais pas à imaginer la raison pour laquelle il avait agi ainsi.

Par terre, à côté de moi, se trouvaient les cassettes des interrogatoires remises à Yurie Kagashima par le procureur. Ce dernier n'était pas tenu de lui divulguer ces cassettes. Il avait dû les trouver assez convaincantes, et pourtant, je me demandais ce que Yurie Kagashima y avait vu, car elle avait marqué trois d'entre elles d'un astérisque au stylo rouge. Vers la fin de l'enquête, le procureur avait mené lui-même tous les interrogatoires de Kaitarō Nakamura. Le premier avait eu lieu le 12 avril 1994, date de la première cassette marquée d'un astérisque. Après l'avoir insérée dans le magnétoscope, je me levai pour éteindre les lampes dans ma chambre. Puis je m'assis devant l'écran, seule dans une flaque de lumière ; autour de moi, c'était la nuit.

D'abord, je ne vis que des points noirs et blancs, puis l'image se stabilisa. Il était assis sur une chaise et se détournait de la caméra, comme s'il refusait d'en reconnaître l'existence. Il penchait la tête vers ses genoux. Ses cheveux étaient longs et sales. Je voyais les ecchymoses sur son visage à travers une barbe qui n'avait pas été rasée depuis plusieurs semaines. Il y avait une égratignure pourpre sur sa joue, encore tuméfiée, mais qui datait sans doute d'avant son arrestation car elle avait commencé à cicatriser. Et puis sous tout cela, comme une ombre, l'homme qu'il avait été : brun, jeune, plein de vie. L'homme que ma mère avait connu. Je n'entendis pas le début de l'interrogatoire car j'inspirai brusquement quand soudain, Kaitarō regarda la caméra et sourit.

— J'adore mon travail. Je suis très doué.

— Répondez à la question, monsieur Nakamura.

— Il n'y a pas de réponse qui se résumerait en un mot.

— Elle était votre cible ?

Kaitarō rit.

— Elle était ma vie.

Il regarde la pièce autour de lui, des murs gris à la vitre opaque derrière laquelle se tiennent des policiers, pour revenir à l'homme assis en face de lui.

— Et elle finira par avoir la mienne, lâche-t-il.

— Quand avez-vous rencontré la victime pour la première fois ? M. Satō nous a dit que vous aviez abordé son épouse au marché d'Ebisu. Est-ce exact ?

Kaitarō se penche au-dessus de la table.

— Avez-vous déjà rencontré quelqu'un comme moi ?

— Non, vous êtes le premier.

Kaitarō noue ses mains devant lui, de longues mains élégantes qui auraient aussi bien pu tendre un cornet de crème glacée à une enfant. Il dévisage son interrogateur, puis scrute ses ongles manucurés, son costume.

— Vos questions sont ridicules. Vous êtes tous ridicules.

Les lèvres du procureur tressaillent mais il ne dit rien. Il doit faire chaud dans cette pièce sous les lampes, car les tempes et le dessus des lèvres gercées de Kaitarō luisent de sueur, mais il ne fait pas mine de les essuyer. Pendant une seconde, il jette un coup d'œil au porte-documents sur la table, entre eux, et à l'insigne épinglé dessus. C'est un chrysanthème blanc avec des feuilles dorées entourant un soleil rouge – les extrêmes climatiques de la gelée automnale et du soleil brûlant – destinés à rappeler à celui qui le porte les principes inébranlables et les jugements impitoyables attendus de ceux qui appliquent la loi. Kaitarō ne comprend peut-être pas le sens de cet insigne, mais l'homme qui est en face de lui n'est pas un simple inspecteur, et Kaitarō le sait.

— M. Satō vous a fourni des informations sur son épouse. Était-il très impliqué dans cette affaire ?

Kaitarō relève le menton ; il répond par un regard cinglant.

— Vous a-t-il demandé de la tuer ?

— Allez vous faire foutre.

Sa voix est douce et basse, mais son visage a pâli sous les ecchymoses.

— Je sais ce que vous pensez de moi, vous et vos larbins anonymes.

— Je suis le procureur Hideo Kurosawa.

— Vous non plus, vous ne m'écouterez pas.

— Je veux comprendre.

— Prouvez-le.

Sous la chaleur incandescente des lampes, les deux hommes se jaugent. Kaitarō jette un rapide coup d'œil à la liasse de papiers agrafés posée devant lui, les aveux qu'on lui a préparés. Kurosawa suit son regard et fait glisser les feuilles dactylographiées dans son porte-documents, qu'il remet dans son attaché-case. Seul son calepin demeure sur la table, ouvert sur une page blanche. Il soutient le regard de Kaitarō :

— Comment cette histoire a-t-elle commencé ?

Kaitarō se redresse un peu sur sa chaise et réfléchit. Puis il inspire profondément. Au bout d'un moment, sa voix filtre dans le micro.

— J'ai filé Rina jusqu'au marché. J'avais une photo d'elle remise par votre pote Satō, mais elle avait l'air très jeune, très… (Il se tait, comme s'il cherchait ses mots.) J'avais pensé que cette photo remontait à plusieurs années.

Il lève les yeux pour voir si Kurosawa prend des notes, mais ce n'est pas le cas.

— D'après la description de Satō, reprend Kaitarō, je m'étais attendu à quelqu'un de plus âgé – d'un peu plus terne. À l'entendre, Rina était une femme esseulée, qui menait une existence ennuyeuse. Mon patron s'attendait à des résultats rapides, et à vrai dire, moi aussi. Lorsqu'on travaille dans cette industrie comme moi, ça devient assez routinier – l'amour, je veux dire.

Kaitarō sourit, comme s'il mettait Kurosawa au défi de l'interrompre, mais le procureur se tait et le silence s'éternise entre eux.

— Les gens pensent que ce que je fais… que ce que je faisais dans la vie est bizarre. Ils n'arrivent pas à s'imaginer en train d'exercer une telle profession. Et pourtant, tout le monde fait machinalement la même chose que moi dans mon job, tous les jours. C'est aussi naturel que de respirer. Nous déchiffrons ceux qui nous entourent, leurs désirs, leurs besoins, et nous en tirons profit.

— N'est-ce pas un peu cynique ? demande Kurosawa.

— Il n'y a pas un enfant sur terre qui ne sache pas lire ses parents, réplique Kaitarō. Le moindre bambin sait jauger les émotions de ceux qui s'occupent de lui et agir de façon à obtenir ce qu'il veut. C'est ça, savoir vivre avec les autres. Nous passons notre vie à nous entraîner à le faire, monsieur le procureur. Mais vous, vous utilisez votre savoir-faire autrement, c'est tout.

— En quoi ?

— Vous enquêtez sur les criminels et leurs crimes, mais vous devinez ce dont ils ont besoin. Vous savez quoi faire pour les inciter à collaborer. Vous êtes capable de toutes sortes de choses pour obtenir ce que vous voulez – soit à l'extérieur de cette pièce, avec les bureaucrates, ou à la maison avec votre épouse. Je crois que nous agissons d'une manière très similaire. (Kaitarō se penche en avant.) Puis-je avoir un verre d'eau ?

— Non. Continuez. Vous disiez ?

— Quand je suis arrivé à Tokyo, je n'avais rien, pas même un appareil photo. De quoi pouvais-je me servir, à part de moi-même ?

Kurosawa acquiesce en attendant la suite.

— Que veulent les gens ? De l'approbation ? Des compliments ? De l'affection ? L'attraction, ça n'est que ça : je vous aime parce que vous m'aimez. Ça se passe comme ça. On se transforme en miroir pour chaque personne. On fait semblant de s'intéresser à ses problèmes, on feint l'empathie, et on lui renvoie ce qu'elle veut voir.

Kurosawa prend une gorgée de thé dans son gobelet en polystyrène ; le liquide est visqueux, couleur tabac.

— Combien de ces missions avez-vous effectuées ? demande-t-il, mais Kaitarō l'ignore.

— J'ai observé Rina pendant des semaines. Elle était toujours pressée. C'était une mère de famille qui faisait ses courses pour pouvoir rentrer le plus vite possible rejoindre son enfant. Mais un soir, j'ai remarqué quelque chose chez elle, dans son expression, une tristesse que je n'y avais jamais vue. Elle semblait perdue, et j'ai senti que c'était le moment d'agir.

» Elle était au marché, en train de choisir des poires nashi et de fouiller dans son sac à main. Ses cheveux retombaient sur ses joues lorsque je me suis approché, mais je savais déjà que ce n'était pas une ménagère sans charme, comme semblait le penser son mari. Pas une femme simplement esseulée.

Lorsqu'elle leva les yeux vers moi, j'y ai vu une assurance à laquelle je ne m'attendais pas. Elle a haussé un sourcil, comme si elle me défiait. Je lui ai demandé si elle connaissait un bon endroit pour acheter du cheesecake.

Kaitarō lève les yeux, étonné, lorsque Kurosawa éclate de rire.

— Je sais, hein ? Parce que les desserts, c'est sexy ? sourit Kaitarō. Rina a ri, elle aussi. Elle a désigné un étal derrière elle… Elle riait encore lorsque je l'ai invitée à prendre un café.

— Elle vous a suivi ?

Kaitarō secoue la tête. Son sourire s'est évanoui.

— Elle m'a dit qu'elle était mariée. Qu'elle avait un enfant. C'était censé me dissuader, faire appel à mon sens de la morale. (Il déglutit.) C'était une femme respectable, et la seule chose qui me venait à l'esprit, après avoir lu son dossier, l'avoir filée, photographiée, c'était que je la connaissais. Je la connaissais alors que je n'en avais pas le droit, et je savais qui elle rentrait rejoindre.

» J'ai désigné l'alliance de Rina en répondant que je savais qu'elle était mariée. Ça l'a étonnée. Il était évident que personne ne l'avait draguée depuis longtemps. C'est fou, ce que les gens peuvent être aveugles.

» Je lui ai remis ma carte de visite en lui disant de me contacter si elle changeait d'avis, mais lorsqu'elle a secoué la tête, je me suis éloigné, soulagé. Je traversais le marché en pensant à mon patron, à la meilleure façon de le persuader de lâcher l'affaire, lorsque quelque chose d'épouvantable est arrivé. Elle m'a suivi.

» Elle se tenait devant moi, l'air posé, à la fois timide et charmante, et elle m'a dit qu'en fait, elle avait le temps de prendre un café si j'étais toujours intéressé. "Je m'appelle Rina", m'a-t-elle dit avec un petit sourire. "Rina Satō." C'est son regard plein d'espoir qui m'a perdu. Je lui ai dit de rentrer chez elle, que son instinct ne l'avait pas trompée. Je me rappelle la façon dont je l'ai regardée et son visage blessé lorsque je me suis détourné, mais je ne me suis pas retourné. J'ai mis plusieurs semaines avant de l'aborder à nouveau.

— Mais vous l'avez fait. Vous l'avez abordée à nouveau ?

— J'y étais obligé, répond Kaitarō.

— Votre patron a fait pression sur vous ?

Kaitarō secoue la tête.

— Ça n'est pas pour ça que j'y suis retourné.

— Était-ce à cause de l'autre agent, Haru ?

— Je ne l'aurais pas laissé la toucher.

— Alors qu'est-ce qui s'est passé ?

Kaitarō baisse les yeux vers ses mains.

— Je suis retourné dans son quartier, mais elle était toujours occupée. J'ai essayé de traîner dans des endroits où je savais qu'elle se rendait, mais j'étais incapable de l'aborder. Je pensais à elle constamment. J'avais eu une relation sérieuse quand j'étais plus jeune. J'aimais la vie à deux, j'aimais le sexe – même après m'être installé à Tokyo et avoir pris ce boulot –, mais au bout d'un moment, avec toutes ces relations, j'avais commencé à m'isoler. Avec Rina, rien qu'en regardant son dossier, j'avais ressenti une attirance, comme si j'avais envie de me laisser prendre au piège. J'avais envie de lui avouer, pour Satō. Finies les plaisanteries, finis les jeux de miroir. J'aurais pu lui suggérer d'aller dans un love hotel et de nous faire prendre en photo, ou bien elle aurait pu lui demander le divorce en dictant ses propres conditions. Alors nous aurions pu nous connaître comme des gens normaux, et repartir à zéro.

— Et pourquoi ne l'avez-vous pas fait ? demande Kurosawa.

— L'alchimie amoureuse a beau être puissante, elle peut s'évaporer. Si je lui avais avoué ce pourquoi on m'avait engagé, nous n'aurions jamais pu vivre la vie qui nous attendait, j'en étais sûr.

— Vous auriez pu laisser tomber, fait remarquer Kurosawa, mais Kaitarō l'ignore.

— Quand j'ai revu Rina, elle a deviné mon hésitation. Les émotions, entre nous, ont toujours été très tangibles. Elle sentait ce que je pensais, mais elle a pris ma réticence pour de la timidité, ou peut-être pour ce sens moral qu'elle espérait chez moi. J'ai su alors que notre amitié si fragile ne survivrait pas à ma profession. Il n'y aurait plus jamais de départ à zéro. Je l'aurais dégoûtée, et tous nos espoirs, tous nos sentiments l'un pour l'autre, plus rien n'aurait existé. (Kaitarō se tait un instant.) Et je ne pouvais pas la livrer à Haru et Satō.

Kurosawa reste silencieux. Puis il fait un signe au panneau en verre teinté. Peu de temps après, un jeune policier en uniforme entre avec un gobelet en plastique. Il pose l'eau devant Kaitarō, qui esquisse un sourire, mais ne boit pas.

— Je n'ai jamais eu à faire semblant avec Rina, dit-il d'une voix tranquille. Aucun des rôles professionnels dont je me servais avec les autres femmes ne la séduisait. Rina me démasquait toujours ; elle me perçait à jour. Elle observait les autres bien plus attentivement qu'ils ne la regardaient. Nous nous ressemblions beaucoup dans ce sens-là.

— Alors vous lui avez parlé de vous ?

— J'étais moi-même.

— Vous lui avez parlé de votre enfance ? De l'endroit où vous avez grandi ? Où vous viviez ? insiste Kurosawa. Pourquoi courir le risque qu'une proie abandonnée, l'une de vos dupes, se rende dans votre ville natale ?

— Je ne l'ai pas abandonnée.

— Non, répond Kurosawa. En effet.

Kaitarō regarde son interrogateur droit dans les yeux :

— Elle me connaissait. Pas mon travail, mais qui j'étais vraiment, et elle n'a pas été horrifiée par ce qu'elle a découvert.

Il se cale dans sa chaise et regarde par-delà Kurosawa. Pour la première fois, son expression devient moins grave, comme s'il se souvenait de ses espoirs passés.

— Ce que j'éprouvais pour Rina… Avec elle, j'étais chez moi. Non seulement elle me comprenait, mais elle m'aimait. Elle était comme moi.

— Elle voulait un divorce.

Kaitarō détourne les yeux.

— Pas au début, non.

— C'est courant ?

— La plupart des gens sont égoïstes ; ils aiment la diversion d'une nouvelle histoire d'amour, surtout lorsqu'ils s'ennuient et qu'ils se sentent frustrés. Certains recherchent si désespérément l'affection qu'ils se lancent dans une aventure sans se poser de questions. Même ceux d'entre nous qui se voient comme des gens corrects peuvent devenir impitoyables lorsque notre survie ou notre bonheur sont en jeu. Rina était différente. Elle attachait une grande valeur aux promesses qu'elle avait faites à sa famille. Elle tenait compte des besoins de son père, de son mari, de sa famille. Ils comptaient plus que ses besoins à elle, et le fait de les trahir lui pesait lourdement. L'une de ses plus grandes qualités était sa bonté, mais elle étouffait dans sa vie. Elle avait besoin d'espace pour s'épanouir. Nous avons pris cette décision ensemble. Nous n'avons jamais rien fait qu'elle ne voulait pas faire.

— Qu'est-ce qui s'est passé après le divorce ?

— Rina est partie vivre à Meguro pendant un moment, puis elle a emménagé avec moi.

Kaitarō regarde la caméra. Pendant un instant, son visage s'éclaire.

— Avez-vous continué à travailler comme agent ?

— Non, je… (Kaitarō secoue la tête.) J'ai trouvé un emploi dans un magasin de photo. Rina avait renoué avec certains de ses anciens contacts et elle préparait une nouvelle exposition. Elle travaillait sur une série qu'elle avait entamée cet été-là. Il ne nous manquait qu'un peu d'argent.

Kaitarō se tait. Kurosawa l'interroge du regard.

— Sumiko vivait avec son grand-père, expliqua-t-il. C'était l'une de ses conditions, que la petite vive avec lui jusqu'à ce que Rina puisse lui offrir un foyer stable. Sumiko croyait que j'étais un ami de sa mère. Je ne la voyais pas souvent. Rina me disait que son père nous mettait à l'épreuve, mais nous voulions Sumiko. Nous avons donc fait tout ce qu'il nous a demandé de faire.

— Vous travailliez souvent avec des enfants ? demande Kurosawa.

— Non.

— Mais vous avez mêlé cette enfant à votre histoire, vous la connaissiez ?

— Je l'aimais bien. (Il marque une pause et fait un petit sourire songeur.) Elle était précoce. Elle avait de grands yeux noirs et elle savait ce qu'elle voulait. J'appréciais cela.

— Comment Rina est-elle morte ?

Le sourire s'évanouit des traits de Kaitarō et il reste un moment silencieux.

— Savez-vous ce que c'est, de trouver la seule personne au monde qui vous complète ? Qui vous complète où que vous soyez, quels que soient vos choix ? Voilà ce que j'éprouvais pour elle.

— Comment est-elle morte, Kaitarō ?

— Avec de la ficelle. Elle se trouvait sur notre table de chevet. De la ficelle de cuisine.

Son image devint floue : j'avais mis la cassette sur « pause ». Mes ongles avaient creusé des croissants dans la chair de mes paumes. Le procureur Kurosawa était resté figé, la main au-dessus du calepin, mais je n'arrivais plus à me rappeler quand il avait commencé à écrire. Tout au bord de la page, il y avait l'esquisse d'un paquet soigneusement noué avec une ficelle. Je fermai les yeux. Je voyais encore le visage de Kaitarō derrière mes paupières. J'entendais ses paroles, nettes et assurées. J'aurais voulu l'atteindre dans cette salle pour le faire taire. J'aurais voulu plaquer mes doigts contre sa bouche et arrêter le temps.

Dans certaines affaires d'homicide, il y a des vidéos de surveillance de boutiques ou d'épiceries qui ont enregistré les derniers moments de la vie d'une personne. Lorsqu'on les regarde, on a envie de crier à cette personne dans l'écran pour les avertir de ne pas se diriger là où ils vont. Lorsque je mis l'interrogatoire de Kaitarō en pause, j'avais l'impression que si je ne le laissais pas finir de parler, si je n'entendais pas ce qui était arrivé, ce ne serait pas vrai. Lorsque je remis la cassette en marche, il était toujours assis en silence, à fixer la caméra.

— Je l'aimais, dit-il. Je l'aime encore.

Perles

Ce soir-là, dans ma chambre, je restai debout, le collier de perles de ma mère à la main. Ces perles avaient toujours représenté un talisman pour moi. Je les retournai entre mes doigts en écoutant leur léger crissement et en regardant mon reflet dans chaque courbe. Ces perles, anciennes et lourdes, sont de celles qu'on se lègue de mère en fille. Le jour de mon douzième anniversaire, grand-papa les a tirées de sa poche et me les a données. Il les a posées dans ma paume et m'a raconté qu'un jour, j'avais failli les perdre pour de bon.

Nous assistions à une fête, et j'étais sur les genoux de maman près d'un petit bassin. Maman bavardait avec des collègues de mon père. Mon grand-père m'a dit que bébé, j'adorais attirer l'attention et que je cherchais toujours à être au centre des regards : j'avais donc tiré sur son collier puis, agrippant les perles entre mes petits doigts, j'avais tiré plus fort. Le cordon s'était cassé et les perles avaient volé dans les airs et roulé vers le bassin. Maman s'était levée pour courir après en riant, sans me lâcher. Ensemble, nous les avions retrouvées, une à une, en retirant les dernières du bassin. Une fois toutes les perles ramassées, ma mère avait désigné nos reflets dans l'eau scintillante. Deux têtes l'une contre l'autre, avec de grands yeux sombres et des joues pâles. L'image se brouilla et nos reflets se confondirent – là où il y avait deux femmes, maintenant il n'y en avait plus qu'une.

Yoshi

Butsudan

Seul dans sa maison à Meguro, Yoshi Sarashima contemplait une photo de sa fille, Rina. C'était son portrait préféré. Elle était sur la plage à Shimoda et elle regardait droit dans l'objectif, le visage au soleil. Il y voyait la fillette qu'elle était et la femme qu'elle deviendrait, la mère qu'elle serait pour Sumiko.

Des bougies flanquaient la photo, posée dans une armoire en bois de rose, un butsudan, l'autel familial. Une odeur d'encens flottait encore dans la salle des tatamis, bien que les bâtonnets de la matinée ne soient plus que poudre grise dans leurs coupelles.

Au cours des mois qui avaient suivi la mort de sa fille, lorsque Yoshi descendait, il trouvait tous les jours des fleurs fraîches sur l'autel, les bougies et l'encens déjà allumés. Hannae était très attentionnée. Mais récemment, il avait retrouvé Sumiko agenouillée sur le tapis. Comme elle tournait le dos à la porte, elle n'avait pas remarqué qu'il faisait demi-tour et s'éloignait en silence. Dans la cuisine, Hannae préparait le bento de Sumiko, mais lorsque l'horloge sonna sept heures, elle passa dans la salle des tatamis avec un mouchoir propre pour essuyer le visage de Sumiko avant qu'elle parte à l'école.

Yoshi prit la photo de l'autel et contempla Rina. Il n'avait jamais cru qu'il reverrait ces yeux, ces pommettes saillantes et délicates. Il y eut un cri dans le jardin, un hurlement, et il regarda par la fenêtre. Sumiko jouait avec Hannae. Elle courait au soleil. Lorsqu'elle sauta, sa robe en coton blanc lui découvrit les genoux. Elle sauta à nouveau, attrapant le frisbee au vol. Yoshi la regarda jouer, les yeux écarquillés d'excitation et de joie. Le visage au soleil, elle courait à toute vitesse dans l'herbe. Il la vit pour ce qu'elle était – une enfant, rien qu'une enfant normale ; elle devait le rester. Lentement, Yoshi se pencha vers les bougies de l'autel et à l'aide d'un petit éventail, les éteignit une à une. Il retira la photo de Rina du temple familial et ne la remit pas.

DEUXIÈME PARTIE

« Nous ne voulons rien manquer de notre temps : peut-être en est-il de plus beaux, mais c'est le nôtre. »

SARTRE

Rina et Kaitarō

Poisson rasoir

Une femme naît avec tous les enfants qu'elle portera, âmes minuscules incrustées comme des coquillages dans le corail de sa matrice. Dans une chambre d'hôpital à l'odeur astringente d'antiseptique et de draps amidonnés, on montra à Rina une image sur un écran, une caverne sous-marine où scintillaient des points phosphorescents. Puis, au centre de cet espace, un nœud de cellules, comme le début d'un monde nouveau : l'enfant qu'elle avait tant espéré.

Ils communiquaient différemment, Rina le savait. Ni à travers les échographies, ni par les bilans sanguins, mais à travers des marques sur la peau, celles d'une vie qui poussait et s'étirait à l'intérieur d'une autre. La première vergeture apparut sur son ventre et s'allongea, large et profonde comme une veine. Son bassin s'élargit et toi, songea-t-elle, tu culbutais en moi, m'étirant, te modelant un nid au creux de moi. Toi. Inutile de le dire à haute voix.

Les premiers mois, Rina restait éveillée la nuit, attentive aux remous du liquide dans son ventre, aux courants qui en troublaient l'étang, mais bientôt elle fut réveillée par une ondulation en elle, comme la crête d'une vague, et soudain, une bosse sur son ventre. Toi, songeait-elle. Tu donnes des coups de pied. Tu fais toc-toc-toc pour sortir.

Ces moments, ces heures de gestation, Rina ne les oublierait jamais. Chaque matin, lorsqu'elle se réveillait, elle restait totalement immobile pour les sentir. Lorsqu'il n'y avait aucun mouvement elle prenait peur, craignant que quelque chose ne soit arrivé au bébé, mais alors elle sentait une pulsation profonde en elle, et Rina posait les mains sur son ventre en souriant ; ce mouvement signifiait qu'elles étaient en sécurité ; elles étaient vivantes.

En ces moments-là, Rina pensait aussi à sa mère, morte d'un cancer lorsqu'elle avait quinze ans, qui reposait désormais dans le caveau familial. Il n'y avait pas un moment où elle ne lui manquait pas, où elle ne la regrettait pas. Mais c'était là, dans cette expérience physique d'une vie nouvelle, que pendant la plus brève des secondes, sa mère lui revenait, au moment où Rina avait besoin d'elle.

Dans le silence de sa maison, en sentant son enfant en elle, Rina contempla le monde qu'elle s'était créé. Elle songea aux choix qu'elle avait faits et à l'époque où Satō lui faisait la cour. Il l'avait emmenée à Tokyo Disneyland. De ces mois, de cette brève période où ils avaient été seuls tous les deux, tout ce qu'elle se rappelait, c'était ce parc d'attractions : la chaleur de la main de Satō sur son bras tandis qu'il l'entraînait vers le château de Cendrillon ; le soleil reflété par les tours et les costumes aux couleurs vives ; la rumeur dans l'air alors qu'ils faisaient la queue avec d'autres couples pour acheter du popcorn au chocolat, vendu dans des carrosses de conte de fées munis d'une anse pour qu'on puisse les transporter comme un sac à main. C'était une destination si populaire pour les couples qu'il y avait plus d'adultes que d'enfants. Elle se rappelait les manèges et le tourbillon, le sucre sur sa langue, et en bruit de fond, la clameur de l'espoir : la peur noyée par un sourire, et soudain, le goût étrange d'un baiser.

Alors que l'enfant en elle grandissait et prenait des forces, Rina commença à réfléchir à ce qui était authentique dans sa relation avec Satō, et quand les douleurs vinrent, elle fut incapable de contenir sa panique. Elle tituba jusqu'au téléphone, la main posée sur son ventre en disant au bébé d'arrêter, d'attendre. Mais une force implacable s'était emparée de son corps tout entier, de plus en plus profonde ; la douleur d'un poisson rasoir qui perçait le sable de sa peau. J'arrive, disait cette force, j'arrive, et Rina se demanda comment une aussi petite chose, sans carapace, pouvait être aussi intrépide.

Plus tard, à la maison, Rina tint sa fille dans ses bras. Satō était retourné au bureau en lui laissant une opulente gerbe de roses d'hiver, alors elles étaient seules toutes les deux. Rina regarda la tête minuscule nichée au creux de sa paume, la volute de cheveux pas plus grosse qu'un ongle au sommet de ce petit crâne. Son souffle caressa la peau douce comme de la poudre, les cheveux frais lavés de nouveau-né. C'est toi, songea-t-elle, toi, et nous avons toujours été ensemble. La photo qu'on lui avait remise ne lui avait jamais semblé tout à fait réelle. Cet être n'était pas une photo ou une capture d'écran ; elle était la raison pour laquelle Rina était née.

Alors que le soleil baissait, Rina se tint à la fenêtre avec son bébé dans les bras. Ses craintes naissantes cédèrent à la résolution. Elle berça le petit paquet enveloppé de sa couverture et lui désigna l'horizon. Les yeux de l'enfant restèrent fermés, mais Rina lui embrassa la tête et pointa à nouveau du doigt en parlant à sa fille de Tokyo, du monde dont elle allait hériter. Elles étaient entourées de cadeaux : bassine, table à langer, grenouillères blanches éparpillées sur le canapé, un paquet de couches-culottes, et dans une passoire près de l'évier, des groseilles à maquereau bien dodues à la peau verte luisante. Dans quelques jours, Rina écrirait ses remerciements, mais pour l'instant, rien d'autre n'existait que sa fille. Face au panorama de la ville, Rina respira l'odeur de Sumiko. Elle lui embrassa la tête et songea à tout ce qu'elle allait devenir.

Un nouveau depart

Le groupe de photographes et le magazine connus sous le nom d'*Exposure* n'existent plus aujourd'hui. L'atelier où se tenaient leurs séminaires trimestriels a disparu. La petite rue de Ginza où il se trouvait, comme tant d'autres dans ce quartier, avec leurs immeubles en briques jaunes blottis les uns contre les autres, a été écrasée par des tours en verre mornes et identiques.

Kaitarō attendait sous un réverbère au coin de la rue, une cigarette entre les doigts. Il l'alluma et en tira une bouffée en observant ceux qui franchissaient la porte située derrière le bar à nouilles ramen pour monter à l'étage. Haru était entré, Rina aussi, mais Kaitarō attendait encore. Il voulait se glisser dans la salle à la dernière minute et s'asseoir au fond.

Il avait demandé à travailler seul ce soir-là, mais Takeda ne l'y avait pas autorisé. Après la débâcle du marché, Kaitarō avait failli se faire retirer le dossier. Il avait bien tenté de convaincre Takeda de laisser tomber, mais cela n'avait fait qu'éveiller ses soupçons, d'autant que la plus récente recrue de l'agence, Haru, affichait des scores de plus en plus impressionnants au fil des jours. Seule la sympathie de Takeda pour Kaitarō, qui avait soutenu qu'il était idéalement adapté à la cible, avait sauvé la mise. Mais son rôle dans cette mission, le fait même qu'on lui permette de la mener à bien seul – tout dépendait de ce qui se passerait ce soir-là. Les derniers retardataires montaient et Kaitarō les suivit ; leurs jeunes voix aiguës remplissaient la cage d'escalier, leur vacarme noyait le bruit de ses pas.

Il trouva une chaise au dernier rang. Jetant un rapide coup d'œil à droite, il repéra Haru, puis Rina. Elle était assise de l'autre côté de la pièce, là où le conférencier ne pouvait pas la voir. Elle semblait nerveuse. Elle ne fréquentait plus ce genre d'endroit. Il l'observa poser son sac par terre et ajuster la courroie de sa sandale rouge, là où elle frottait contre son talon.

Le conférencier, un spécialiste de la photographie de paysages marins, Shōmei Tōmatsu, s'approcha du podium. Survolant du regard le public d'étudiants, d'amateurs et de professionnels, il adressa un signe de tête à son assistant, près du projecteur de diapositives, et la première image du séminaire apparut.

Kaitarō se cala dans sa chaise ; il y avait bien longtemps qu'il n'avait pas assisté à une conférence, longtemps qu'il n'avait pas consacré ses soirées au travail ou à quelques heures de sommeil attrapées au vol. Il n'aimait pas être seul dans son appartement, mais encore moins fréquenter ses collègues. De toute façon, aucun d'entre eux n'aurait accepté de l'accompagner à ce genre de conférence. Pourtant, en l'écoutant, il sentit sa fatigue s'évanouir et la liberté qui s'y exprimait, la possibilité de ne travailler avec rien d'autre que son regard et son appareil photo, commença à lui remonter le moral. Il regarda Rina ; au début de la soirée, elle croisait les jambes, enfouie dans son manteau ; maintenant, elle l'avait retiré et elle se penchait en avant, suivant des yeux le conférencier qui désignait un détail d'une image. Elle esquissa un petit sourire hésitant, dont elle sembla s'étonner elle-même.

Le reste de la soirée, il tenta de ne pas l'observer. Il ne se permit de lui jeter un coup d'œil qu'à la fin, lors de la séance de questions. Mais il avait eu du mal à ne pas le faire ; elle attirait son regard. Elle se redressait pour écouter. Il la voyait retourner des questions dans son esprit ; il le devinait à sa façon d'incliner la tête, dans la courbe délicate de sa joue, dans ce sourire qui se dessinait lentement sur ses lèvres. Il était contagieux, ce sourire ; il sourit aussi, en détournant les yeux.

Haru s'était endormi sur sa chaise. Kaitarō aurait eu envie de le secouer, mais il était trop loin. Il espérait simplement que ce sommeil était feint, qu'Haru jouait un personnage de rustre. Mais le problème, c'était qu'Haru était ennuyeux ; cet étalon passait ses soirées de loisir à jouer au pachinko. Rien qu'à le regarder, Kaitarō pouvait entendre la musique assourdissante des salles de jeux, les lumières clignotantes de toutes les couleurs de l'arc-en-ciel, le cliquetis des boules argentées et la cacophonie des bruits émis par les machines où chaque joueur luttait pour gagner. C'était la dernière personne au monde que Kaitarō aurait choisie pour l'accompagner ce soir-là, mais il était débrouillard, naturellement doué pour le métier à ce qu'on disait, et Takeda avait insisté.

Le conférencier conclut la séance de questions et quelques étudiants s'approchèrent pour lui demander un autographe. Haru ouvrit les yeux et regarda autour de lui en bâillant, tout en s'assurant que Rina le remarque. Voyant son expression dégoûtée, il ricana. Il attendit que Rina passe son manteau et prenne son sac avant de se lever pour se diriger vers la porte. Haru bouscula quelques personnes en sortant ; elles le fusillèrent du regard. Parvenu à la sortie, il écarta Rina pour passer. Elle fit tomber son sac à main, et poussa un petit cri en voyant son contenu se répandre sur le pavé. Son rouge à lèvres et son portefeuille roulèrent dans une flaque laissée par une averse. Elle interpella Haru, mais il s'éloigna à grands pas, la laissant ramasser ses effets pendant que les gens la contournaient et l'enjambaient.

Kaitarō l'avait rejointe. Il s'agenouilla sur la chaussée humide pour récupérer les quelques objets qu'elle ne pouvait pas atteindre, et le livre qu'elle avait à la main. Il l'essuya soigneusement sur sa manche avant de le lui tendre.

— Il n'y aura pas de taches, lui dit-il.

Rina scrutait toujours le trottoir pour voir si elle avait raté quelque chose.

— Merci. Quel goujat ! Vous savez, je crois qu'il a dormi durant toute la conférence ?

— J'en suis certain.

Kaitarō lui tendit la main pour l'aider à se relever. Ce ne fut qu'à ce moment-là qu'elle le regarda enfin.

— Bonsoir. (Elle se tut un instant.) C'est bien vous, n'est-ce pas ? Je ne suis pas…

Il sourit.

— Oui. Bonsoir.

— Vous aimez la photo ?

Kaitarō rit, un peu gêné.

— Eh oui. Je ne vous ai pas suivie.

— Ce n'est pas ce que je voulais…, bégaya Rina.

Il la rassura aussitôt :

— Non, non, je sais, dit-il en soutenant son regard. Écoutez, maintenant que je vous ai devant moi, je voulais m'excuser pour ma conduite de l'autre soir, au marché.

Rina haussa les épaules et secoua la tête.

— Oh, ce n'est pas…

— J'avais simplement compris que vous n'aviez pas réellement envie de prendre un café avec moi. J'étais gêné.

— Vous supportez mal d'être rejeté, suggéra-t-elle.

— Si l'on veut.

— Vous êtes un grand sensible, ajouta-t-elle en lui souriant.

— Je ne suis pas très doué.

— Pour la drague ?

Kaitarō éclata de rire.

— Pour la conversation.

Rina lui sourit.

— Alors, Rina…

— Vous vous souvenez de mon nom ? demanda-t-elle en souriant encore plus.

Kaitarō acquiesça sans cesser de la regarder.

— Êtes-vous pressée de rentrer chez vous rejoindre votre fille, ou avez-vous le temps de prendre un café ?

Il l'observa tandis qu'elle relevait les yeux vers lui, peut-être étonnée qu'il se rappelle qu'elle avait une fille. Il attendit. Rina regarda au bout de la rue avant de consulter sa montre. Il s'écarta.

— Vous devez rentrer.

— Sumiko est avec son grand-père, finit par dire Rina. (Elle plissa les yeux :) Allez-vous m'accompagner au café, ou prendre la fuite comme la dernière fois ?

— Pas cette fois, sourit Kaitarō en recalant le carton à dessins qu'il portait sous le bras.

— C'est votre travail ? Vous êtes photographe ?

— Non. Enfin oui, ce sont mes photos… J'allais montrer… (Il fit un geste en direction de la salle de séminaire). Mais j'ai changé d'avis.

— Je pourrais les voir ?

— Si vous me permettez de vous offrir un café.

— D'accord, dit Rina.

Debout à ses côtés dans la lumière du soir, Kaitarō songea à lui offrir son bras. Il aurait voulu l'attirer contre lui, sentir son contact léger à travers ses vêtements, la pression de sa main posée au creux de son coude. Mais il était trop tôt. Il ne voulait pas la bousculer, et en voyant son petit sourire plein d'espoir, il s'y refusait. Au lieu de cela, il lui fit signe de le précéder sur le trottoir tandis qu'il marchait dans les flaques d'eau. Ensemble, ils se dirigèrent vers les lumières au bout de la ruelle.

La ville qui ne dort jamais

La soirée était déjà avancée et Kaitarō pouvait à peine distinguer le ricanement des cigales dans les arbres en cheminant dans les rues de Kabukichō, la « ville qui ne dort jamais », au cœur du quartier chaud. Les climatiseurs des bars crachaient des bouffées d'air chaud et des centaines de néons verticaux se reflétaient dans les immeubles en verre, rendant la chaleur du crépuscule encore plus oppressante. En passant devant chaque club, presque impossibles à distinguer les uns des autres, Kaitarō songea que c'était pour se moquer de lui que Satō avait choisi ce lieu de rendez-vous. Il entra dans le club indiqué et se faufila entre les tables jusqu'à ce qu'il trouve l'homme qu'il cherchait.

— Vous en avez encore pour longtemps ?

Satō était assis seul, une bière Asahi glacée entre les mains. Il exhala une longue bouffée de fumée. Les volutes montèrent au plafond, et dans l'ombre, au fond de la salle, Kaitarō aperçut la cuisse d'une fille qui dansait pour un client.

— Ce genre de mission peut prendre du temps, Satō.

Kaitarō s'assit à son tour.

— Des problèmes, jusqu'ici ?

— Non.

— Qu'est-ce qui s'est passé l'autre soir au marché, au juste ? sourit Satō. Takeda a refusé de me le dire.

— Il s'agit d'une approche par étapes, pour « piquer la curiosité » du sujet, précisa-t-il, reprenant l'une des expressions préférées de Satō.

— Alors, que lui avez-vous raconté ? Vous vous êtes présenté comment ?

— Je ne lui ai rien raconté. Pour elle, je suis un salarié, c'est tout.

— Au moins, vous l'avez convaincue de sortir avec vous, fit Satō en avalant une grande gorgée de bière. Au fait, merci pour ça, ajouta-t-il en tapotant les reçus posés sur la table. Vous l'avez invitée à prendre un café ? Comme c'est mignon. Et la suite ? Un cheesecake à la con, je parie ?

— Vous avez quelqu'un ? demanda Kaitarō d'une voix calme et neutre. Ne me dites pas que vous n'avez pas une petite amie…

Satō plissa les yeux.

— Qu'est-ce que ça peut vous foutre ?

— C'est « la bonne », cette fille ? Vous avez bien réfléchi ?

Satō se pencha en arrière et prit une autre gorgée de bière. Il se tut un moment, jaugeant Kaitarō. Tout d'un coup, son regard s'éclaira, comme s'il venait de comprendre.

— Rina ne joue pas le jeu, c'est ça ? Elle n'est pas passée à la casserole ? (Il éclata d'un rire gras et aigu.) Et moi qui vous prenais pour un séducteur, le meilleur étalon de Tokyo.

Il était tellement secoué de rire qu'il en renversa de la bière par terre.

Sous la table, les doigts de Kaitarō se resserrèrent en poing et il sentit le sang battre dans sa paume.

— Alors c'est aussi difficile que ça ? ricana Satō en avalant une autre lampée de bière. Rien qu'un ou deux baisers, Nakamura, si c'est tout ce que vous arrivez à décrocher. Faites-vous photographier.

— Je préfère prendre les photos moi-même, murmura Kaitarō.

Satō sourit, placide.

— Comme vous voulez.

L'une des filles du bar avait terminé sa pause. Elle s'approcha d'eux. Elle portait une minuscule jupe et des oreilles de chat en cuir verni noir, à la Catwoman. Elle fit courir ses ongles dans les cheveux de Satō et lui massa le cuir chevelu ; il l'attira et l'assit sur ses genoux.

— Mais attention, rapportez-moi du solide – ce n'est pas un camarade de jeux qu'il lui faut.

Satō sourit. Kaitarō continua à le dévisager.

— Ne vous en faites pas, Nakamura, rien ne vous oblige à la baiser.

La fille mordillait le lobe de l'oreille de Satō et il se tourna vers elle pour l'attraper par la taille. Au bout d'un moment, il adressa à Kaitarō un regard pénétrant.

— Vous n'êtes pas tombé amoureux d'elle, quand même ?

— Donnez-moi deux mois, répondit Kaitarō en s'inclinant à peine lorsqu'il se leva.

Il entendait encore le rire de l'homme dans son dos alors qu'il franchissait la foule des danseuses et des clients agglutinés au bar. Une fois dehors, Kaitarō s'adossa contre un mur pour inspirer profondément l'air suffoquant du soir. Contre son dos, le béton était solide et frais. C'est un boulot, songeat-il, rien qu'un boulot. Il s'éloigna dans la nuit.

Ebisu

Il y a certaines expériences, même insignifiantes, qui vous frappent comme un coup de poing dans l'estomac. Leur impact peut durer des mois, voire des années. Un matin, Rina se réveilla lentement. Bien à l'abri dans son cocon de sommeil, elle laissa ses pensées dériver vers Kaitarō et leur dernière rencontre. Elle songea à la lumière dans ses yeux lorsqu'il l'avait regardée, et à la façon dont ces mêmes yeux s'étaient attardés sur son visage. Elle sentait encore, au fond d'elle-même, la lueur chaude du désir, le plaisir d'être désirable. Elle se tourna dans ses draps entortillés. Son mari dormait encore près d'elle. Elle enfonça son visage dans son oreiller. L'odeur de Satō émanait des couvertures – un mélange de fumée de cigarette, de sueur et de thé –, mais sous cela, la trace infime de sa senteur à lui, le musc de sa peau après un bain. Rina se rapprocha pour poser la tête sur sa poitrine. Sa main effleura son ventre et passa sur son caleçon. Elle le sentit durcir. Doucement, elle se mit à le caresser et à jouer avec le bout, qu'elle sentit réagir. Satō commença à émerger du sommeil et elle sourit, mais juste à ce moment-là, la main de son mari couvrit la sienne et l'immobilisa. Rina se figea aussitôt, brûlante de honte. Il finit par la repousser pour se lever. Alors qu'il s'habillait, elle l'interrogea du regard en haussant un sourcil, mais il ne se donna pas la peine de lui répondre.

Cet après-midi-là, Rina attendit dans son appartement. Elle regarda les ombres s'allonger sur le sol du salon. Elle tendit l'oreille comme si elle pouvait entendre sa famille, mais Satō était au bureau et Sumiko à l'école. Il n'y avait personne d'autre à la maison. Rien. Rien que la froideur du marbre sous ses pieds, le silence des murs. Elle se dirigea vers sa chambre et s'appuya contre l'embrasure de la porte, le regard tourné vers les fenêtres qui donnaient sur Ebisu. Ce soir-là, les vitres lui semblèrent moins froides qu'auparavant ; elles ouvraient sur une autre ville, un autre monde.

Il lui avait demandé de le rejoindre dans une réserve naturelle, l'un des parcs les plus anciens et les plus beaux de la capitale. Elle ne savait pas si elle devait y aller, malgré son envie. La décision était entre ses mains. Rina entra dans la pièce, remarquant les meubles classiques, les murs taupe, les couleurs neutres qu'elle avait choisies tant d'années auparavant, la veille de son mariage. Près des fenêtres, d'un vert éclatant contre la palette discrète de sa chambre, se trouvait un ficus que Rina adorait. Cet après-midi-là, à l'heure où le soleil se déversait dans la pièce, le vert vif des feuilles se reflétait sur les murs, dans un jeu d'ombres et de lumières ondulantes, de plus en plus rapides, comme si c'était le monde lui-même qui, tout d'un coup, allait plus vite.

Se toucher

Rina l'aperçut dès qu'elle arriva à la gare de Meguro, et ce fut comme s'il avait aussitôt su qu'elle était là, car avant même qu'elle commence à marcher vers lui, Kaitarō leva les yeux et sourit. Il la salua d'un signe de tête et replia son journal sous son bras. Une lueur chaleureuse et enjouée animait son regard. Rina ne put résister ; elle sourit aussi.

— Pardon, je suis en retard, dit-elle en s'excusant de l'avoir fait attendre.

Mais il secoua la tête :

— C'est moi qui suis en avance.

L'honnêteté de cette petite précision plut à Rina.

Le portail de la réserve naturelle se trouvait en face de la gare, de l'autre côté de la rue. Il était flanqué d'une billetterie avec un petit panneau électronique qui affichait le numéro 295 sur son écran noir.

— Il faut se dépêcher, dit Kaitarō en jetant un regard à la ronde pour s'assurer qu'ils pouvaient traverser en sécurité.

Elle sentit l'ombre de son bras dans son dos, le frisson de sa proximité, même s'il ne la touchait pas, mais la protégeait simplement des autres passants.

Droit devant, au-dessus des grilles et du kiosque blanc de la billetterie, s'élevait la forêt verdoyante du parc, une ancienne forêt de cornouillers et de zelkovas en plein cœur de la métropole, encore préservée et protégée à ce jour. Le chiffre passa à 296 sur le panneau alors qu'ils rejoignaient la file d'attente et Rina sentit son pouls s'affoler – c'était ridicule. On ne permettait qu'à trois cents visiteurs à la fois d'entrer dans la réserve, et bien qu'elle soit proche de la maison de son enfance et qu'elle l'ait vue maintes fois, ce jour-là, elle tenait désespérément à ce qu'on l'autorise à y accéder. Kaitarō lui sourit et lui adressa un petit signe de tête pour la rassurer, mais lui aussi semblait tendu. Il n'arrêtait pas de regarder par-dessus son épaule et de scruter la foule. Rina se demanda s'il s'inquiétait qu'ils aient été reconnus et suivis jusqu'au parc. Son souci était touchant et peut-être que, comme elle, il souhaitait simplement passer du temps en tête-à-tête. Il n'y avait qu'un couple devant eux et Rina s'obligea à inspirer profondément. Malgré cela, elle bondit dès que le guichet se libéra. Gênée par son empressement, elle jeta un coup d'œil à Kaitarō, mais lorsqu'ils atteignirent le guichet et que le chiffre sur le panneau passa à 298, lui aussi inspira profondément et sourit. Il n'était plus anxieux, mais ravi.

Une fois entrés, ils marchèrent en silence à l'ombre des arbres. Rina contemplait les taches de lumière qui jouaient sur la veste en cuir de Kaitarō, adoucissant ses lignes et sa coupe. Au détour d'un sentier, ils s'arrêtèrent pour laisser passer un joggeur, puis une jeune mère avec ses enfants. Kaitarō était complètement détendu depuis qu'ils avaient pénétré dans le parc, et Rina avait plus de mal à le regarder à la dérobée, maintenant que toute son attention s'était reportée sur elle. Elle leva donc les yeux vers les branches tentaculaires du gigantesque « Pin Fabuleux » et aperçut un instant son propre reflet dans le petit étang hyotan au pied de l'arbre, relique d'un ancien jardin d'agrément où se retrouvaient jadis les amoureux.

— Alors vous avez grandi près d'ici ? demanda Kaitarō.

Rina acquiesça.

— Juste au sommet de la colline, à Meguro. D'ailleurs, mon père y habite toujours.

— Auriez-vous préféré que je choisisse un autre lieu ? Celui-ci vous est-il trop… familier ?

— Non !

Rina secoua la tête et sourit. Elle s'arrêta pour contempler la verdure luxuriante qui les environnait, la douce odeur de cette fin de printemps.

— C'est parfait. Vous avez très bien choisi.

Sous la canopée des arbres, elle détailla la veste en cuir et le jean sombre de Kaitarō, ses mocassins. Il la regarda tristement.

— Alors vous n'aimez pas la nature ? Vous êtes un vrai citadin ? le taquina-t-elle.

Elle sourit et se remit à marcher sur le sentier, mais il posa la main sur son bras et elle se retourna, étonnée par l'intensité de son regard.

— En fait, je ne suis pas un citadin, dit-il.

— Non ?

— Je suis d'Hokkaido.

Kaitarō avait parlé lentement, d'une voix inexpressive. Il l'observa, guettant sa réaction.

— Je viens d'un petit village de pêcheurs, au nord de Sapporo.

Rina resta immobile. La brise souleva la dentelle de son col, qui se rabattit contre son cou.

— Je travaillais dans une usine de traitement des algues, poursuivit Kaitarō, et mon père était pêcheur.

— Alors vous n'êtes pas chez vous à Tokyo ?

— Non.

Rina eut un petit sourire.

— Donc, ce Kaitarō, avec ses vestes en cuir et sa sophistication de citadin, c'est…

— Une imposture.

— Je vois. Alors qui êtes-vous réellement ? (Rina le dévisagea un moment d'un regard grave.) Vous êtes toujours photographe ?

Surpris, Kaitarō éclata de rire.

— Oui. Enfin, ce n'est pas comme ça que je gagne ma vie, mais oui. En réalité, c'est ce que je rêverais d'être.

Lentement, un grand sourire se dessina sur les lèvres de Rina :

— Ouf ! dit-elle en savourant la façon dont il la regardait.

Elle reprit son chemin en pressant le pas, souriante. Elle sentait la chaleur de ce regard qui la suivait, sa propre euphorie qui montait. Elle quitta le sentier principal pour se diriger vers un bouquet d'arbres. Il restait toujours en retrait, comme s'il se demandait ce qu'elle faisait ; elle se retourna pour lui faire face.

— Allez ! lança-t-elle, riant de le voir courir pour la rattraper.

Plus tard, ils s'assirent ensemble à la terrasse d'un petit café au bord d'un étang. Une légère brise soufflait, et le soleil dansait sur l'eau qui coulait entre les joncs où des canards bruns zigzaguaient et plongeaient pour chercher de la nourriture. Rina sentait le soleil dans son dos ; elle voyait son ombre s'allonger à ses pieds. Elle ferma les yeux et sourit. Le café était tout petit, rien qu'un kiosque avec quelques tables près de l'eau, mais elle s'y sentait plus en paix qu'elle ne l'avait été depuis bien longtemps. En arrivant, ils s'étaient aussitôt dirigés vers la vitrine contenant les gâteaux. Rina avait eu des papillons dans l'estomac en repérant un cheesecake aux framboises. Elle releva les yeux pour croiser ceux de Kaitarō, aussi brillants que les siens, fixés sur elle.

— Vous en voulez ? demanda-t-il d'une voix si timide que Rina dût sourire. Je ne veux pas vous obliger, ajouta-t-il. Vous n'êtes peut-être pas aussi obsédée de cheesecake que moi.

Elle se tourna vers lui.

— J'adore aussi, dit-elle.

Il en commanda deux parts.

Maintenant que leurs assiettes vides étaient empilées dans un coin, un dossier noir était posé entre eux sur la table. C'était le book de Rina, une bagatelle, rien qu'un échantillon d'un travail réalisé bien des années auparavant, mais tout de même, elle l'avait apporté pour le lui montrer. Kaitarō examinait l'une de ses photos. Elle le voyait suivre les lignes du paysage, analyser l'angle de la lumière qui tombait sur la baie. C'était la photographie préférée de Rina, la dernière qu'elle avait exposée avant de renoncer à sa carrière pour de bon. Il y avait eu peu de tirages d'exposition, seulement cinq, et ils s'étaient tous vendus. Cette version plus petite était tout ce qui lui en restait.

La photo avait été prise alors qu'elle était encore jeune mariée, en secret, lors d'une excursion à Shimoda un jour d'hiver. Rina avait pris un taxi à la gare, puis étais descendue de la digue rocheuse devant sa maison jusqu'à la plage. Retirant ses chaussures, elle avait marché sur le sable glacial jusqu'au bord de la mer. Elle observait les vagues onduler, glacées et alanguies, sous un ciel d'orage. Quand l'eau déferla, elle appuya sur l'obturateur pour capter la lumière qui perçait entre les nuages pour rejaillir sur la crête des vagues. C'était à ce moment-là, debout sur la plage, l'œil dans le viseur, en contemplant toutes les gradations du noir au blanc, la puissance de la nature, qu'elle avait pour la première fois senti Sumiko bondir en elle, surgissant de l'image en noir et blanc comme un poisson d'argent.

Elle représentait tant de choses, cette photo : tout ce qu'elle avait voulu réussir, et tout ce qui en restait. Elle se rappelait encore quand elle l'avait tirée – les odeurs alcalines de sa chambre noire, ses expériences sur des variations de surexposition et de sous-exposition, ses mains qui volaient entre la source de lumière et le papier photo pour créer l'accentuation parfaite entre la luminosité et les ombres. Elle ne s'attendait pas à ce que Kaitarō y décèle tout cela, mais elle appréciait le soin qu'il prenait à manier la photo, sa manière attentive de détailler la composition, sa façon de balayer les miettes sur la table avant de la poser afin de ne pas la salir. Sa façon de tenir l'image par le bord pour que l'huile de ses doigts ne laisse pas de traces la fit sourire. Finalement, peut-être voyait-il tout ce qui était là, car elle vit son index suivre les lignes qu'elle avait créées, flotter au-dessus de l'espace, là où sa propre main avait flotté lorsqu'elle avait laissé la lumière filtrer entre ses doigts pour rallonger le temps d'exposition et brûler les détails des vagues sur le papier.

— Vous avez arrêté de travailler après ça ? dit Kaitarō.

C'était plutôt une affirmation qu'une question, mais Rina acquiesça.

— J'avais complété une série sur Shimoda, participé à quelques expositions collectives, mais après avoir exposé cette photo, je...

— Vous vous êtes consacrée à votre couple, acheva-t-il.

Rina hocha à nouveau la tête, mordillant l'ongle de son pouce en silence. Mais elle ne lui en voulait pas de sa remarque. Il ne la jugeait pas, il ne faisait qu'énoncer un fait.

— Vous n'avez jamais photographié Sumiko ?

Cette question fit sourire Rina.

— J'ai été tentée. Parfois, lorsque je suis à Shimoda avec elle dans la forêt au-dessus de notre maison ou sur la plage, je vois la lumière qui dessine sa silhouette ou qui illumine son visage lorsqu'elle se retourne pour me sourire, mais je... je ne sais pas comment combler le fossé. Je suis incapable d'imaginer un nouveau projet ; mes idées se sont taries.

Rina baissa les yeux vers ses mains qui se tordaient sur ses genoux. Au bout d'un moment, Kaitarō se pencha vers elle et elle releva les yeux pour les plonger dans les siens.

— Rina, vous pouvez faire tout ce que vous voulez, absolument tout.

C'était à la fois une proclamation grandiose et une banalité, mais quelque chose dans son expression, dans l'éclat de son regard, donna envie à Rina de le croire. L'espoir et l'encouragement de Kaitarō avaient rallumé une petite flamme en elle.

— Peut-être, répondit-elle avec un petit sourire.

Attirant son book vers elle, elle le referma pour le remettre dans son sac.

— Et vous ? Avez-vous déjà pris un être aimé comme modèle dans vos photos ?

Kaitarō grimaça et Rina éclata de rire, heureuse d'avoir détourné la conversation pour le faire parler de lui.

— Non, répondit Kaitarō à mi-voix.

— Personne ?

Kaitarō secoua la tête. La détermination qu'il lut dans le regard de Rina le fit à nouveau grimacer.

— Il n'y a pas une seule personne dans le monde…

— Mon oncle, peut-être.

— Votre oncle ?

— C'est lui qui m'a enseigné la photographie, dit Kaitarō en détournant les yeux et en se frottant la nuque. Les photos que je vous ai montrées – j'étais avec lui lorsque je les ai prises.

Rina se tut un moment en l'observant. Elle repensa au premier café qu'ils avaient pris ensemble après la conférence à Ginza. Il lui avait parlé d'un mentor, un photographe pour lequel il avait travaillé, sans lui dire que c'était un membre de sa famille. Elle revit les photos qu'il lui avait montrées : un lever de soleil sur un champ, avec ses rayons dorés enveloppant des pousses de riz ; des serres géantes de pépiniéristes débordant de chrysanthèmes ; une libellule portée par le vent, aux ailes translucides comme de la cellophane. Ce ne sont que des photos de carte postale, avait-il dit, et pourtant elles ne ressemblaient à aucune des cartes postales qu'avait vues Rina. Elle s'était demandé s'il ne s'agissait pas d'une série sur les paysages du nord du pays ; elle lui avait envié son mentor et le fait qu'ils puissent voyager pour le travail. Elle n'avait pas réalisé qu'il lui avait montré sa terre natale, pas plus qu'elle n'avait remarqué l'absence de tout être humain sur ces photos.

— Quand les avez-vous prises ? Ces photos que vous m'avez montrées ?

— Juste avant de m'installer à Tokyo.

— Vous ne l'avez pas revu depuis ?

Rina attendit en l'observant. Il lui jeta un coup d'œil hésitant. Elle ne voulait pas le bousculer.

— Je ne suis pas retourné chez moi, finit-il par déclarer. À mon avis, mon oncle non plus ; il n'y serait pas le bienvenu.

Rina sentit son front se plisser et se hâta de reprendre une expression plus sereine. Kaitarō fixait la surface grise mouchetée de la table et ses paupières tressaillaient. Au départ, Rina avait cru qu'il avait honte de ses origines, et elle ne lui reprochait pas cette insécurité, mais maintenant, elle comprenait que cela allait bien plus loin. Ils venaient de s'aventurer en terrain inconnu, car manifestement, il parlait rarement de ce sujet. Elle se tut en espérant qu'il poursuive.

— Mon père lui en voulait, finit-il par expliquer. Il aimait accuser les autres.

— Je connais quelqu'un dans ce genre-là, dit doucement Rina en adressant un petit sourire à Kaitarō lorsqu'il leva les yeux vers elle. Alors votre oncle était photographe ? reprit-elle. Quand vous a-t-il enseigné ?

— Il venait de temps en temps quand j'étais jeune, répondit Kaitarō.

Un petit sourire se dessina au coin de ses lèvres, et Rina fut soulagée de constater qu'elle avait posé la bonne question, que ces souvenirs-là, au moins, étaient heureux.

— Il voyageait énormément, c'était un solitaire, mais quand il était dans le coin il m'emmenait avec lui. J'ai commencé par être son assistant, je chargeais ses appareils, je faisais le ménage dans les chambres noires qu'il utilisait, je faisais couler les bains. (Il marqua une pause.) Au début, ça n'a pas raté, j'ai versé du fixateur au lieu du révélateur et j'ai effacé sa pellicule !

Rina hoqueta de rire, mais c'était un rire complice.

— On est tous passés par là, dit-elle, et il sourit avec elle.

— Il a fini par me passer son appareil. Il a eu du mal à le récupérer ! s'esclaffa Kaitarō.

Rina savoura la satisfaction qu'elle devinait dans sa voix.

— Il n'avait pas de travail régulier, mais quand on lui confiait un boulot assez payé pour qu'on parte ensemble, il m'emmenait et il m'enseignait tout ce qu'il savait.

— Quel type de travail faisiez-vous avec lui ?

Kaitarō sourit largement.

— Ça n'était pas du grand art. Nous installions des kiosques de photos à l'extérieur des gares. Parfois on nous confiait des projets plus importants – des festivals locaux, des cérémonies de remises de diplômes – mais la plupart du temps, c'étaient des marieuses locales qui avaient besoin de portraits de leurs clients, ou des couples de jeunes qui fumaient des cigarettes bon marché.

— Motos et blousons en cuir ? demanda Rina en riant lorsque Kaitarō acquiesça. Et vous, vous aviez une moto ?

Kaitarō sourit.

— Oui. J'ai mis des années, mais j'ai aussi économisé ce que j'avais gagné avec ces gamins pour m'acheter mon propre appareil photo. Petits cons, je ne voulais que leur argent.

— L'argent, c'est utile.

— En effet.

Les regards se croisèrent. Ils se comprenaient.

— C'était un bon oncle pour vous, non ?

Kaitarō haussa les épaules en baissant un instant les yeux, et Rina retint son souffle. Elle savait, elle sentait, qu'ils étaient parvenus au moment qu'il évitait. Elle se demanda s'il lui ferait assez confiance pour continuer. Il noua les mains sur la table devant lui en se frottant les jointures. Puis il la regarda avec une telle appréhension que Rina eut envie de poser ses mains sur les siennes, mais il les laissa retomber sur ses genoux et détourna la tête. C'était comme s'il essayait de prendre une décision. Rina ne pouvait qu'attendre.

— Je venais de finir le lycée lorsqu'il est revenu, dit-il au bout d'un moment d'une voix basse. Depuis la fin des cours, j'étais à la dérive, incapable de trouver du travail sur les chalutiers, seulement le soir dans l'usine de traitement des algues. Je traînais sans rien à faire.

Il se tut à nouveau. Rina devina qu'il était encore un peu sur ses gardes.

— Mon père n'a jamais aimé mon oncle. Il le tolérait à cause de ma mère, mais il ne le respectait pas. Papa le traitait de vagabond, et ce n'était pas un compliment. Mon oncle n'avait pas vraiment de domicile fixe, il voyageait des mois durant et tout d'un coup, il réapparaissait avec une nouvelle veste ou un costume voyant. Chaque fois, mon père lui disait qu'il n'y avait pas de mal à se faire un peu d'argent de poche avec son passe-temps, mais que ce n'était pas un métier. Cette année-là, je voulais repartir travailler avec lui, mais mon père me l'a interdit. Quand mon oncle a tenté de le convaincre, papa l'a mis à la porte. C'était un bon oncle, mais il y avait des limites à ce qu'il pouvait pour moi. Il a fini par partir pour la côte ouest ; il ne nous a jamais dit où, au juste.

Mais j'ai continué à sortir avec mon appareil. Ma mère m'a défendu pendant un certain temps, mais au fil des semaines, mon père et elle se disputaient de plus en plus à ce sujet. Je les entendais crier du bout de la rue. Je me rappelle encore son odeur quand j'ouvrais la porte – une odeur de sang et de sardines, et la puanteur du kérosène des bateaux. Il voulait que je sois comme lui. Il pensait que j'étais comme lui.

Kaitarō jeta un coup d'œil à Rina, nerveux, mais elle l'écoutait toujours en le regardant en face.

— J'ai essayé de trouver un travail plus acceptable, j'ai usé de faux-fuyants et caché la vérité, mais finalement, j'ai été…

— Démasqué ? suggéra Rina.

Il acquiesça, la tête basse.

— Mon père m'avait trouvé un contrat sur un bateau, un apprentissage à plein temps. C'était une bonne offre, mais je n'en voulais pas. Lorsque je suis rentré un soir, il m'attendait. La maison était silencieuse. Je croyais qu'il dormait, mais quand je suis entré dans la cuisine il était là. Ses copains lui avaient appris que j'avais refusé le travail. Il s'est levé en me voyant. Je tenais mon appareil photo à la main et j'ai voulu le poser sur la table, mais il me l'a arraché. Ma mère est sortie de la chambre. Elle a tenté de le calmer, mais il s'est tourné vers elle pour la gifler, violemment. Je la vois encore tituber et tomber.

Rina déglutit. Elle n'avait jamais assisté à ce genre de violence. La colère exprimée par la force physique.

— Je n'ai rien fait, lâcha enfin Kaitarō. La plupart du temps, nous arrivions à l'esquiver ou nous sortions en cachette de la maison pendant qu'il cuvait, mais ce soir-là il l'a vraiment frappée très fort. C'est difficile, vous savez ? Il faut faire un effort, pour assommer quelqu'un.

— Ce n'était pas votre faute, Kai.

— Mais si. J'avais tenté d'éviter la maison. Je rentrais de plus en plus tard, mais en fin de compte, ça n'avait fait qu'envenimer la situation.

» Ce soir-là… Je n'avais pas aidé ma mère à se relever – je m'attendais à ce qu'il m'attaque, je voyais qu'il s'y préparait. Maman gardait un pot à soupe sur le bord de la fenêtre. Il était trop vieux et trop fissuré pour faire la cuisine, alors elle y faisait pousser des herbes aromatiques. Il l'a soulevé et le pot a explosé près de mon oreille, se fracassant en mille morceaux. À ce moment-là, maman a repris conscience et a fait diversion. Elle a crié à mon père d'arrêter. Je voyais sa joue qui commençait à enfler. Elle m'a dit de partir, et j'ai obéi. (Un moment, il regarda Rina droit dans les yeux, comme pour insister sur ce point.) Je leur ai laissé mon appareil photo pour leur payer mon loyer, j'ai vendu ma moto, et j'ai traversé le détroit de Tsugaru. Je n'y suis jamais retourné.

Il se détourna aussitôt, mais Rina avait eu le temps de lire l'anxiété de son regard, sa panique à l'idée de lui en avoir trop dit, trop tôt ; son regret d'avoir parlé.

— Vous avez choisi de vous occuper de vous. Ce n'est pas un crime, dit Rina.

Elle se pencha au-dessus de la table pour contempler le jeune homme raffiné assis face à elle. Il était si résilient, si réservé.

— Vous ne lui ressemblez pas du tout, insista-t-elle, et Kaitarō releva la tête.

— J'espère que non, Rina, souffla-t-il, le visage brillant d'espoir.

— Kai, dit-elle. (Le regard Kaitarō devint plus chaleureux en entendant son nom dans sa bouche.) Je le sais.

Elle posa enfin sa main sur la sienne. Il inspira brusquement lorsqu'elle le toucha. Tous deux, ils regardèrent leurs doigts s'entrelacer sur la table. Rina sentait sa texture sur sa paume, le glissement d'une peau contre l'autre, et la fermeté de cette main qui enveloppait la sienne.

— Vous n'y êtes jamais retourné ?

Kaitarō secoua la tête. Rina hocha la sienne.

— Moi aussi, je serais partie, si j'avais pu, dit-elle tandis qu'il lui serrait plus fort la main, l'attirant vers lui jusqu'à ce qu'ils soient assis tout près l'un de l'autre.

Il y avait une telle affinité entre eux, songea-t-elle : il devait savoir qu'elle comprenait, qu'elle parlait pour deux. Lorsqu'il dit son nom, le timbre de sa voix lui donna des frissons dans le dos :

— Rina, quand pourrai-je vous revoir ?

Suis-moi

— Ça fait quoi ? demanda Rina.

— Quoi ?

— De suivre les gens ?

— Vous voulez mon boulot ?

Kaitarō sirota son café en la dévisageant par-dessus le bord de sa tasse. Il lui avait raconté qu'il était détective privé, ce qui était assez près de la vérité. Aussi près qu'il ne l'osait.

— Ça ne doit pas être bien difficile, dit-elle.

Le sourire de Kaitarō s'élargit en la regardant : elle était absolument fascinée par son métier. Elle adorait observer les autres, elle était tellement curieuse de tout ; ce devait être parce qu'ils étaient tous deux photographes, donc voyeurs par vocation.

Il descendit de son tabouret de bar.

— Je vais vous montrer.

Tandis qu'elle enfilait son manteau, il consulta l'addition et jeta quelques billets sur la table.

— Vous n'attendez pas la monnaie ? demanda-t-elle, en ménagère économe.

Cette question le fit sourire. Alors qu'elle passait devant lui, il huma – trop brièvement – l'odeur fraîche de ses cheveux.

— Venez avec moi, Rina, dit-il en réglant son pas sur le sien.

Il sortit avec elle au soleil ; les portes vitrées du café se refermèrent derrière eux.

— Alors, qui choisirons-nous ?

— Celui-là, le prétentieux avec son chapeau mou.

Kaitarō éclata de rire.

— Trop facile, et en plus, à mon avis, sa destination n'aura rien d'intéressant.

— Alors choisissez, vous.

— Celle-là. La femme au manteau brun.

— Vous leur parlez, parfois ? Aux gens que vous suivez ?

— De temps en temps, pour demander une information ; parfois on a simplement besoin de se faire une idée du genre de personne qu'ils sont.

— Et vous y arrivez ? En deux minutes ?

Kaitarō la regarda, toujours souriant.

— Le premier qui lui adresse la parole aura gagné, chuchota Rina en se dirigeant vers leur cible.

Kaitarō lui emboîta le pas. Il la rattrapa alors qu'elle prenait une rue transversale, et elle avait l'air si joyeuse, si heureuse qu'il dût s'empêcher de la prendre dans ses bras.

— Doucement, vous vous rapprochez trop.

— Allez-vous-en, nous ne travaillons pas en équipe.

— Il faut attendre qu'elle entre dans un supermarché ou un magasin, et l'aborder au rayon des fruits.

— Ou des cheesecakes ?

Kaitarō regarda la rue derrière eux par-dessus son épaule.

— Par exemple.

Rina accéléra le pas, s'éloignant de lui, et Kaitarō reporta son attention sur elle. Il sentit à nouveau le parfum de ses cheveux et crispa la mâchoire. Ils n'étaient jamais vraiment seuls, il ne pouvait pas la toucher en public, ça le rendait fou, et à chaque nouveau rendez-vous cette folie ne faisait que s'intensifier.

— Voyons à quel point nous pouvons approcher avant qu'elle ne nous remarque, chuchota Rina en le regardant avec un lent sourire aguicheur.

Ils filèrent donc l'inconnue, parfois d'extrêmement près, en glissant comme des gamins.

Vers le bout de la rue, alors qu'ils pénétraient dans le quartier moderne de Ginza avec ses grands magasins rutilants, Kaitarō devint sérieux. La femme entra dans deux ou trois boutiques de créateurs, mais resta au rez-de-chaussée. Il tapota le bras de Rina, la contourna pour qu'ils puissent feindre de s'intéresser à une sélection de parfums. Ils suivirent la femme lorsqu'elle ressortit, et Kaitarō prit un journal gratuit, ralentissant pendant qu'elle décidait de la direction à prendre. Il fit signe à Rina d'un geste discret. Il voulait l'impressionner, lui montrer à quel point il était doué pour son métier.

— Je veux lui parler, exigea-t-elle.

Kaitarō la regarda du coin de l'œil.

— Aujourd'hui, nous ne faisons pas une filature rapprochée.

— Je ferai ce que je veux ! lui lança-t-elle par-dessus son épaule avant de partir en courant.

Elle poussa un cri quand il l'attrapa et la rabattit contre lui, l'entraînant dans une ruelle. La femme qu'ils filaient avait dû se retourner, surprise, mais tout ce qu'elle perçut fut l'écho de leurs rires et un pan du manteau de Rina lorsqu'ils disparurent ensemble.

Ils restèrent dans la ruelle, haletants. À l'ombre, il faisait frais, et le sol était humide sous leurs pieds, mais Kai s'en fichait et il était certain que c'était égal à Rina. Elle leva vers lui un regard assombri. D'un doigt, il lui caressa la joue. Rina se pencha vers lui et il l'attira dans ses bras, sa bouche s'ouvrit sur la sienne, ses mains se remplirent de ses cheveux, de son contact et de son parfum. Elle gémit sous son baiser et il fit glisser ses paumes sur ses joues pour la protéger. Pour un étranger, elle aurait pu être n'importe qui, n'importe quelle passante, mais pour lui, c'était Rina. Il savait qui elle était. Le plaisir le submergea. Kaitarō la serra plus fort contre lui, savourant ce premier goût d'elle, l'embrassant comme s'il n'allait plus jamais s'arrêter, et pendant longtemps, ni l'un ni l'autre n'eut conscience de qui ou de quoi que ce soit hors de cette ruelle. Il finit par s'écarter, mais il haletait encore. Rina leva les yeux vers lui, un sourire incurva ses lèvres alors qu'elle se penchait à nouveau vers lui pour rapprocher son visage du sien.

— Suis-moi, murmura-t-elle.

Elle s'éloigna, sans regarder derrière elle. Après avoir parcouru quelques centaines de mètres, Rina s'arrêta devant une vitrine pour voir ce qui s'y reflétait. Elle ne le voyait pas, mais elle savait qu'il était là. Elle se regarda dans la vitre ; observa son visage souriant. C'était ça, le bonheur, songea-t-elle ; elle s'en souvenait parfaitement.

Rina entra dans le magasin et demanda où étaient les W.C. Elle trouva en même temps la sortie de secours et se faufila dans la ruelle. Ginza était un dédale d'avenues étincelantes et de petites rues sinueuses bordées de boutiques d'artisans et de petits restaurants. Son préféré, Kyubey, était tout près de là. Elle s'arrêta un instant au sein de la foule qui se hâtait vers le marché de poissons et les troquets. Les couples déambulaient. Des touristes s'arrêtaient ici et là. Rina retira son léger manteau d'été et le retourna de sorte qu'elle était maintenant vêtue de noir, l'étoffe rouge du manteau servant désormais de doublure. Tout en marchant, elle se retourna plusieurs fois. Elle revint à l'avenue principale et se faufila dans une autre boutique. Du coin de l'œil, elle entrevit un pan du trench camel de Kaitarō. Il se relâche, songea-t-elle en souriant tandis qu'elle prenait une autre sortie pour foncer vers le bout de la rue en zigzaguant entre les passants, sans prêter attention à leurs regards stupéfaits. Elle entra si vite dans le grand magasin Matsuya que les portiers gantés de blancs eurent à peine le temps de lui ouvrir la porte, et se dirigea directement vers le dernier étage. Là, elle ralentit pour déambuler entre les portants de yukatas destinés aux femmes au foyer élégantes et aux touristes recherchant des cadeaux. Elle traversa l'étage et gravit l'escalier menant au toit où elle s'arrêta pour contempler Tokyo. Elle en eut le souffle coupé. Elle sourit et sa main erra jusqu'au collier de perles à son cou.

Elle marcha jusqu'au sanctuaire Shinto au milieu du toit et lança une pièce entre ses lattes en bois, en s'inclinant profondément et en tapant deux fois dans ses mains. L'écho résonnait encore dans l'air lorsqu'elle courut vers l'escalier à l'autre extrémité du toit, en retournant à nouveau son manteau et en disparaissant dans l'escalier dans un tourbillon de rouge. Elle fit le tour du troisième étage puis remonta au rayon des jouets avant de prendre l'ascenseur jusqu'au sous-sol. Elle y parvint en même temps que Kaitarō. Il lui sourit de l'autre bout de la pièce.

Ravie, dépitée, Rina éclata de rire tandis qu'il s'avançait vers elle en contournant les clients qui faisaient leurs provisions pour la semaine. Ils se retrouvèrent au milieu de l'aire de restauration.

— La nourriture. Ça ne rate jamais, dit-il en souriant.

— Comment m'as-tu retrouvée ? J'ai marché tellement vite et j'ai changé de manteau.

— Brillant, ça. Un trait de génie ! Tu as failli me semer.

Il regarda autour d'eux et porta discrètement la main de Rina à ses lèvres, posant sa bouche contre sa paume.

— N'essaie pas de me flatter, dit-elle.

— Non. Vraiment. Pendant un moment, sur le toit, j'ai été incapable de deviner où tu irais ensuite.

Rina sourit, puis lui donna un petit coup de poing à l'épaule. Il éclata de rire et elle se rapprocha de lui, le plus près possible sans le toucher ; elle sentait son souffle dans ses cheveux.

Au bout d'un moment, elle s'écarta, de peur qu'on ne les remarque. Elle se tourna vers la vitrine des cheesecakes devant laquelle ils s'étaient arrêtés.

— Kai, qu'est-ce qu'ils sont beaux, non ? On en prend ? (Elle scruta l'élégant étalage jusqu'à ce qu'elle ait repéré celui qu'elle voulait.) Tu as vu ? Banane, caramel et chocolat…

Elle sentit qu'il s'était figé à ses côtés et le vit regarder derrière lui, mais lorsqu'il se retourna vers elle, son enthousiasme s'évanouit : ils n'auraient nulle part où manger ce gâteau. Elle devait rentrer chez elle.

— Rina, reste avec moi, dit Kai.

Il prit sa main ; un sourire enjoué se dessina sur ses lèvres. C'était comme s'il avait deviné son changement d'humeur, senti qu'elle lui échappait.

— Laisse-moi t'accompagner à Shimoda cet été.

Elle le regarda dans les yeux et secoua la tête. Soudainement, douloureusement, elle se rappelait Sumiko et toutes les vies qu'elle tenait entre ses mains.

— Nous pourrions nous retrouver là-bas, insista-t-il.

Rina fronça les sourcils.

— Je serai avec ma famille.

— Alors viens me retrouver à Atami ? Rina, regarde-moi, supplia-t-il en vain.

— Je dois rentrer, répondit-elle doucement.

Puis elle s'en alla en le laissant planté là, tout seul, devant les gâteaux.

Kaitarō regarda Rina s'éloigner en réalisant qu'il n'allait sans doute jamais se faire à ce sentiment – à la peur d'être sans elle. Du coin de l'œil, il perçut un mouvement aux abords de l'aire de restauration, quelqu'un qui rajustait sa sacoche. Kaitarō suivit l'homme dans l'escalator, jusqu'au rez-de-chaussée. Il sortit du magasin et marcha quelques centaines de mètres en s'arrêtant dans une rue bordée de poteaux téléphoniques. Il avait plu, et les corneilles perchées sur les fils noirs éparpillaient des gouttes de pluie sur les distraits tout en observant les passants.

Haru était au bout de la rue, vêtu d'une veste en cuir brun ; il n'avait pas retiré la casquette de baseball qu'il portait dans l'aire de restauration. Le feu passa au rouge. Kaitarō posa la main sur son épaule.

— Kai.

— Hé.

Désignant la sacoche d'Haru, Kaitarō la lui prit des mains et en sortit l'appareil photo, qu'il retourna.

— Tu as eu ce que tu voulais ?

— Ouais.

Kaitarō hocha la tête, ouvrit le boîtier et éjecta le rouleau de pellicule qu'il contenait. Puis, avant qu'Haru n'ait pu prévenir son geste, il tira sur la pellicule pour l'exposer à la lumière. Il s'arrêta une seconde pour étudier l'objectif de l'appareil avant de l'écraser contre le mur. Sans pendre garde aux éclats de verre à ses pieds, il dévisagea à nouveau Haru :

— Ne t'avise plus jamais de me suivre.

Le parfum des oranges

Lorsque Rina s'éveilla, elle était seule à Washikura, à Shimoda. Yoshi était passé lui dire au revoir avant d'emmener Sumi en excursion au mont Fuji, où ils passeraient la nuit. Elle se rappelait avoir sorti une main de dessous les couvertures pour l'agiter, ensommeillée, tandis qu'il se penchait pour lui ébouriffer les cheveux. Il avait dû ouvrir les volets, car elle voyait que le soleil était déjà haut dans le ciel, sa lumière filtrant à travers les rideaux d'été en mousseline. Elle sentait une brise fraîche sur sa peau, et au-delà des fenêtres ouvertes, elle entendait le bruit des vagues.

Rina s'étira et se glissa entre les draps chauffés au soleil. Il y a des solitudes dont on ne veut pas, mais d'autres où c'est une pure extase. Pendant des années, elle n'avait été heureuse que lorsqu'elle était seule, mais en cette fin d'été, elle recommençait à se sentir entière, détendue, apaisée. Satō était resté à Tokyo, car il ne s'était jamais plu à Shimoda. Seule dans la demeure de sa famille, Rina savait que ce jour-là, elle pourrait être enfin elle-même, sans crainte d'être interrompue.

Elle rouvrit les yeux et vit le Canon EOS 3500 posé sur le bord de la fenêtre dans son nouvel étui en cuir, un cadeau de Kaitarō. Elle pensa aux photos qu'ils avaient prises ensemble dans les collines au-dessus d'Atami, à la lumière qui filtrait entre les feuilles. Elle ressentait le parfum doux-amer de l'orange lorsqu'elle avait fendu son écorce, réentendait la pluie s'abattre sur la voiture tandis qu'ils se parlaient, assis dans l'habitacle ; elle sentait encore le doigt de Kaitarō, rêche contre sa bouche, lorsqu'il lui avait dit qu'il l'aimait. Lentement, elle se hissa sur un coude et prit l'appareil photo. Elle le sortit de son étui et savoura son poids dans sa paume.

Lorsque le téléphone sonna, elle bondit de son lit et descendit en quelques secondes pour décrocher, hors d'haleine :

— Allô.

— C'est moi.

— Je sais, répondit Rina en souriant. Ils sont partis.

Ils se rejoignirent à la baie. Des touffes d'algues séchées roulaient dans la brise. Rina suivit le sentier rocailleux qui menait de son jardin à la plage. Elle avait acheté une capeline rouge assortie à son bikini. Elle s'assit par terre, dos à la colline, pour attendre le crissement de ses pas dans le sable.

— Tu en as mis, du temps.

— Nous n'avons pas tous le privilège d'avoir un accès privé à la plage, répondit-il en s'asseyant près d'elle.

Rina le regarda par-dessus son épaule.

— Bonjour, dit-elle.

— Bonjour.

Ils souriaient largement tous les deux.

Ensemble, ils contemplèrent la mer. La plage était lumineuse et propre, sans bouteilles vides, emballages de junk food ou détritus en plastique, rien que des branches de bois flotté éparpillées, certaines blanchies, comme ossifiées. Si elle avait été seule, Rina en aurait fait des fagots pour le poêle à bois de la maison, mais ce jour-là, elle ne voulait qu'une chose, rester assise à côté de Kaitarō, épaule contre épaule, pendant que devant eux, le soleil dansait sur les vagues.

Rina pencha la tête vers lui pour savourer sa proximité. Il sentait l'été, la peau chaude sous sa chemise en coton. Il se tourna pour la regarder et un sourire se dessina sur ses lèvres, mais son regard était solennel, intense. Elle sut soudain qu'il allait l'embrasser. Souriant à son tour, elle se leva, jeta son chapeau dans le sable, et courut vers l'eau.

— Rina ! s'écria Kaitarō avec un rire frustré.

Il se mit à déboutonner sa chemise tandis qu'elle se dirigeait vers la mer. Il y avait un banc de galets plats à la lisière des vagues. Rina poussa un cri en glissant dans l'eau lorsqu'une minuscule avalanche la fit perdre pied.

— Rina, arrête, lança Kaitarō, la mer est trop froide !

— Citadin, va ! répliqua-t-elle en se retournant vers lui.

Elle était dans l'eau jusqu'à la taille ; des vagues avaient éclaboussé le soutien-gorge de son bikini, formant des taches sombres.

Kaitarō porta la main au premier bouton de son jean. Rina l'observait toujours sur la plage avec un sourire de défi.

— J'arrive !

Mais Rina se contenta de rire.

— On verra ! cria-t-elle en s'enfonça dans le bleu limpide de la baie pour s'éloigner dans les eaux du Pacifique.

Kaitarō la regarda nager en admirant ses gestes puissants et assurés. Il y avait quelques nuages dans le ciel. L'eau était grise à l'ombre et bleue au soleil. Kaitarō anticipa la pente escarpée juste au-delà de la frange de galets et plongea dans les vagues pour suivre Rina. Lorsqu'il refit surface, elle nageait devant lui, l'attirant vers les eaux profondes, de plus en plus loin, jusqu'à ce qu'il ne reste plus qu'un mince filet de la chaleur de l'été dans les vagues. Mais le froid ne la rebutait pas ; lui non plus. Manifestement, elle aimait la mer, ne craignait pas les courants et connaissait les marées. Elle se laissa flotter devant lui en nageant lentement ; elle sous-estimait la vitesse dont il était capable. Elle sursauta lorsqu'il lui agrippa la cheville et tenta de fuir à la nage, mais il la retint, sa main glissant du mollet au genou, jusqu'au haut de la cuisse. Insérant un doigt sous sa culotte de bikini, il l'attira vers lui.

— Je suis né au bord de la mer, dit-il tandis que l'eau fluait et refluait autour d'eux. De cette mer. Nous avons toujours été ensemble.

Rina resta silencieuse. Les vagues caressaient ses épaules et lui montaient jusqu'au cou. Elle se laissa flotter avec lui, si proche qu'il sentait presque son corps lisse contre le sien, ses longs membres pâles qui remuaient dans l'eau devant lui. Elle lécha une goutte de sel sur sa lèvre inférieure et se rapprocha de lui.

— Ça explique tout, dit-elle en laissant son regard errer sur les lèvres de Kaitarō, rougies par le vent. Je n'aime pas les gars de la grande ville, dit-elle avant de le prendre par le cou pour l'embrasser à pleine bouche.

Kaitarō frémit et prit le visage de Rina entre ses mains, faisant courir ses doigts dans ses cheveux. Ses mains étaient rudes lorsqu'il l'attira contre lui. Un filet d'eau coulait sur sa nuque et Kaitarō le suivit pour lécher le sel, savourant le goût de sa peau sous celui de la mer. Ses mains glissèrent contre le corps de Rina et il la souleva. Elle noua les jambes autour de sa taille. Le souffle de Kaitarō devint plus irrégulier tandis qu'elle l'agrippait entre ses cuisses, se collant contre lui.

— Tu vas me noyer, haleta-t-il en les maintenant à flot tous les deux.

Rina eut un sourire de défi :

— Vraiment ? Je croyais que tu étais né dans la mer ?

Kaitarō la prit par la taille et il aurait répondu, mais à ce moment-là, Rina poussa sur ses épaules pour le propulser loin d'elle et l'enfoncer sous les vagues de toutes ses forces.

Lorsqu'il refit surface, le souffle coupé par le saisissement et par l'eau de mer, elle était déjà à plusieurs mètres de lui, s'éloignant d'un crawl rapide. Un moment, il nagea sur place puis la suivit en gardant la tête hors de l'eau pour ne pas la perdre des yeux tandis qu'elle atteignait la plage. Rina nagea jusqu'à la berge de galets et sortit de l'eau pour se diriger vers le sac de Kaitarō, abandonné sur le sable. Ses lèvres esquissèrent un sourire lorsqu'elle se retourna pour le regarder. Puis elle se pencha, fouilla dans ses affaires et en tira sa chemise. Elle la passa sur son bikini détrempé, ajustant le col et boutonnant tous les boutons. En le regardant une dernière fois, elle ramassa son chapeau et gravit l'escalier qui menait chez elle, sachant qu'il la suivrait.

Le ciel s'était assombri lorsque Kaitarō, habillé, monta à son tour l'escalier vers la maison. Un orage couvait à l'horizon, teintant les nuages d'une couleur de coquille de moule. En les regardant, il songea que dans moins d'une heure, ils basculeraient pour se déverser dans l'océan, engouffrant la péninsule dans la pluie et le brouillard. Il entra dans la maison par la porte de derrière et traversa une petite salle de séjour. Cette pièce était sûrement celle de Rina, car ses livres et ses magazines étaient éparpillés par terre avec ses tongs, ses accessoires de plage, et le petit seau rouge d'un enfant. Il pénétra plus avant dans la maison, jusqu'au salon, en tendant l'oreille. À sa gauche, il trouva la cuisine et tout d'un coup, elle apparut, toujours vêtue de sa chemise. L'eau du bikini avait imbibé le tissu, le collant contre son corps.

— Alors, on me vole mes affaires ?

— Ce qui est à toi est à moi.

— Tu as de la chance que je trouve ça drôlement sexy, répliqua-t-il, et Rina éclata de rire.

Elle avait mis de l'eau à bouillir sur la cuisinière et se tourna vers le réfrigérateur pour en tirer un sachet de thé en aluminium. Kaitarō s'adossa à l'embrasure de la porte pour l'observer, en s'émerveillant de sa grâce, de son aisance dans cet espace domestique. Mais il était incapable de déchiffrer son expression. Rina déposa deux cuillerées de thé dans une petite théière en terre cuite et ce faisant, ses cheveux tombèrent en avant, dissimulant son visage. Il la regarda verser l'eau bouillante dans deux tasses en les remplissant à ras bord avant d'ajouter cette eau à la théière, pour s'assurer que le thé serait de même force dans chacune des tasses, et qu'il y en ait assez pour eux deux.

Lorsqu'elle se tourna vers lui il était toujours dans le couloir, et Kaitarō fut satisfait de voir le rose lui monter aux joues. Elle déglutit et posa la main sur le comptoir près de la théière.

— Je vais le laisser infuser pendant que j'allume le poêle à bois, dit-elle.

— Je peux le faire, répondit Kaitarō.

Rina l'interrogea en haussant un sourcil.

— Nous avions le même à la maison, lui expliqua-t-il en s'effaçant de l'entrée de la cuisine pour lui permettre de le précéder dans le salon.

Ils s'agenouillèrent tous deux près du poêle. Rina lui tendit du petit bois et du papier. Kaitarō choisit deux bûches et une plus grande dans le panier à côté de lui, et les disposa de sorte qu'elles brûlent au mieux. Puis il fit craquer une allumette et l'approcha du papier chiffonné. Les flammes s'allongèrent jusqu'au bois, le faisant roussir avant de l'engloutir.

Il se retourna pour lui faire face :

— Je te l'avais bien dit.

Rina acquiesça en fixant les flammes.

— Tu as toutes sortes de talents, dit-elle en se levant.

Elle sourit lorsque Kaitarō tendit la main vers elle, et recula d'un pas. Kaitarō se figea, à la fois amusé et excité par son regard aguicheur. Elle était debout devant lui, toujours vêtue de sa chemise, les jambes nues jusqu'à la peau pâle de ses cuisses. Un sourire de défi incurvait ses lèvres.

— Ne t'arrête pas, dit-il en levant le menton.

Elle obéit, s'éloignant de lui tandis qu'il la suivait pas à pas jusqu'à ce qu'elle ait le dos au mur et qu'il n'y ait plus rien entre eux que sa chemise.

Passant la main sous le tissu humide, il la fit courir sur le ventre de Rina jusqu'au soutien-gorge de son bikini ; il le dénoua au cou et dans le dos, avant de le laisser retomber par terre. Les yeux de Rina se levèrent vers son visage lorsque ses mains trouvèrent les pointes de ses seins, dressées par le désir, et les pincèrent, durement. Elle inspira brusquement et il pressa ses lèvres contre les siennes, avalant son deuxième cri avant d'aller plus bas, vers ses seins, pour happer la pointe dans sa bouche et la sucer à travers l'étoffe de sa chemise. Rina s'étira contre son corps, enfonçant ses ongles dans son cuir chevelu tout en l'attirant vers elle. Elle ne riait plus. Leurs souffles se mêlèrent et fusionnèrent tandis qu'il la pressait contre le mur. Kaitarō l'embrassa, bouche ouverte, et sentit les mains de Rina le quitter. Il frotta son nez contre son visage comme pour la gronder, jusqu'à ce qu'il comprenne qu'elle avait passé les mains sous sa chemise pour atteindre sa culotte de bikini et la retirer. Elle gisait maintenant sur le sol. Un moment, Kaitarō en oublia de respirer, puis il s'avança pour se couler entre ses cuisses, la soulever et presser son corps contre le sien, pendant que Rina léchait, mordait et embrassait son cou.

Kaitarō glissa la main entre ses jambes et la chaleur moite de Rina faillit le perdre. Depuis des semaines, des mois, il rêvait de lui faire l'amour, il avait imaginé une lente séduction sur des draps frais, sa saveur de caramel salé tandis qu'il la léchait, imaginé qu'il la ferait jouir au point de lui couper le souffle, mais maintenant que ses doigts avaient glissé dans la chaleur de son corps il ne désirait qu'une chose : être en elle, la mettre entièrement à nu sous sa bouche, pour qu'il n'y ait plus rien entre eux que la peau. Tremblant, il défit les deux premiers boutons de sa chemise, puis le troisième, avant qu'elle ne prononce des mots qui le firent se figer.

— Je ne suis pas prête, murmura-t-elle.

— Oh mon Dieu.

Kaitarō appuya son front contre le sien, le souffle court. Elle était si mouillée qu'il n'arrivait pas à la croire, mais il le fallait et il s'arrêta, son sang rugissant dans ses veines, les bouffées chaudes de l'haleine de Rina contre son visage.

— Je plaisante, chuchota-t-elle en semant de petits baisers de sa joue à son oreille. Je plaisante ! Je plaisante.

— Même pas drôle, souffla Kaitarō en tirant d'un coup sec sur la chemise.

— Attention !

Rina poussa un petit cri. Les derniers boutons s'envolèrent, avant de rouler par terre.

— Je m'en fiche, dit Kaitarō en se collant contre elle.

Ses mains repoussèrent l'étoffe jusqu'à ce que ses seins nus se dévoilent, hauts et fermes, avec des mamelons sombres et doux comme du satin. L'immobilisant pour l'embrasser, il la souleva et écarta ses cuisses afin qu'elle s'ouvre entièrement à lui. Rina gémit et entoura ses hanches de ses jambes en s'agrippant à lui jusqu'à ce qu'il la pénètre d'un coup et la remplisse. Un frisson de plaisir le parcourut lorsqu'il se mit à bouger. Il lui embrassa l'oreille, la joue, les lèvres, en accélérant le rythme. Enfin, il goûta la pointe de ses seins et son gémissement aigu le fit s'enfoncer encore plus fort en elle. Elle frémit contre lui, et les lèvres de Kaitarō trouvèrent la peau fine sous sa mâchoire où son pouls palpitait contre sa langue. Il se souvint confusément qu'il avait eu l'intention de la regarder de la tête aux pieds, d'explorer chaque centimètre de son corps, mais la sentir ainsi, c'était déjà presque insupportable.

— Dis-moi de m'arrêter et je m'arrête.

Sa voix était rauque, méconnaissable.

— Jamais, murmura-t-elle.

Il la sentit se resserrer autour de lui, l'attirer plus profondément, sa chair glissante contre la sienne le poussant à aller encore plus fort ; perdant le contrôle il la pilonna encore, et encore, jusqu'à ce qu'une jouissance fracassante transforme leurs gémissements en cris.

Ils gisaient sur le parquet, membres entrelacés, en sueur. Rina était blottie dans ses bras, la tête sur sa poitrine, et savourait le rythme rapide de son cœur. Lentement, elle tourna la tête pour lui sourire. Elle adorait sa façon de lui caresser le dos, d'effleurer ses fesses avant de les pincer, enjoué. Elle se hissa sur sa poitrine pour mieux le voir. Il ouvrit les yeux et un petit sourire émerveillé se dessina sur ses lèvres tandis qu'il suivait du doigt la ligne de son front, de sa pommette, la plénitude de la lèvre inférieure. Répondant à son sourire, Rina embrassa le gras de son pouce et le mordilla.

— Alors tu m'aimes, c'est vrai ? lui demanda-t-elle, ravie de le voir hocher la tête lentement, avec assurance. Il y a eu beaucoup de femmes, à Tokyo ? insista-t-elle en observant la lumière dans ses yeux s'adoucir, puis s'éteindre.

— Comme toi, personne.

— Et à Hokkaido ? demanda Rina.

Elle parcourut ses traits des yeux avant de se pencher pour l'embrasser sur le nez, et sur la ride qui se formait entre ses sourcils lorsqu'il les fronçait.

— Une. Mais je ne pouvais pas y rester, même pour elle.

Rina se cala au creux de son bras, face à lui. Kaitarō lui passa la main dans le dos pour l'attirer vers lui. Elle aimait la façon dont il la regardait, elle aimait ce regard concentré qui pouvait lire ses pensées, comme s'ils ne devenaient qu'un. Il sourit en la contemplant.

— Allez, pose la question, dit-il.

Rina tendit la main vers son visage pour lui caresser la joue.

— Cette autre fille, elle savait, pour ton père ? Et ta mère ?

— Plus ou moins, répondit Kaitarō à mi-voix. Elle sait que je me suis enfui.

— Ce n'était pas ta faute. Il fallait que tu te protèges, ajouta-t-elle en adoucissant d'un baiser le sourire de dérision de Kaitarō. Tu devais vivre ta vie.

— Je n'ai jamais compris mes parents, dit-il lentement. J'ai abandonné ma mère, mais pourquoi n'est-elle pas partie ?

Rina passa les doigts dans ses cheveux comme pour tenter de l'apaiser.

— Parfois, je la détestais… Tu peux comprendre ça, Rina ?

Lovée contre lui, elle acquiesça en silence, attendant qu'il poursuive.

— Elle aurait pu se mettre, *nous* mettre hors d'atteinte. Mais elle… m'a blâmé.

Sa bouche se pinça et il baissa les yeux.

— Tu les aimais et tu les haïssais, dit enfin Rina.

Elle s'accouda pour le regarder, et il se détendit visiblement lorsqu'elle pressa un doux baiser sur sa joue, avant d'ajouter :

— Ça aussi, ça peut se comprendre.

Il eut un air dubitatif. Elle sourit.

— Je crois qu'elle t'a libéré, Kai.

Lentement, Rina caressa ses cheveux jusqu'à la nuque, puis l'attira vers elle pour qu'ils soient peau contre peau.

— Tu n'étais pas à ta place, là-bas, dit-elle en l'enlaçant, et elle t'a donné la permission de partir. Tu peux encore la contacter ? Te réconcilier avec elle ?

Elle pressa son front contre le sien, en sentant, avec cette façon qu'ils avaient de communiquer en silence, que ses paroles l'avaient touché et qu'elle l'avait rasséréné.

— Tu n'en as jamais parlé à personne d'autre, vraiment ? persista Rina.

Kaitarō secoua la tête avec un petit rire tranquille.

— Avec les filles de Tokyo, ça ne passerait pas.

Rina sourit en voyant l'émerveillement dans son regard. Il la retourna sur le dos, semant des baisers de sa joue à sa bouche. Elle nicha son visage contre sa nuque en savourant ses caresses sur son corps. Lorsqu'il s'arrêta, elle lui mordilla le lobe de l'oreille. Il regardait quelque chose par-dessus son épaule.

— Qu'est-ce que c'est, ça ?

Rina se retourna et sourit.

— Tu sais très bien ce que c'est. C'est un appareil Polaroid.

— Quand as-tu… ?

— Après notre journée à Atami. J'adore l'appareil que tu m'as offert. Je voulais en offrir un à Sumiko, pour qu'elle puisse s'amuser avec.

— Et que comptes-tu faire de l'appareil que je t'ai donné ?

L'expression de Kaitarō était si sérieuse qu'elle la fit sourire. Elle promena ses doigts sur sa poitrine, hésitante.

— Je me disais que j'irais avec Sumi pour photographier la côte. L'été est presque fini, mais nous pourrions jouer dans les criques, et je pourrais la photographier au bord de la mer.

— Un nouveau projet ? demanda-t-il à mi-voix.

Rina acquiesça d'un signe de tête, heureuse de voir son regard satisfait.

— Tu m'emmènes ? demanda-t-il.

Il y avait une telle incertitude dans le regard de Kaitarō, cela avait une telle importance pour lui, pour elle, que le cœur de Rina se gonfla.

— Oui, répondit-elle en voyant ses yeux s'écarquiller, étonnés. Maintenant, laisse-moi me lever. Il faut que je prépare à dîner.

— À dîner ? demanda-t-il en la serrant dans ses bras pour l'embrasser du cou à la commissure des lèvres.

— D'abord, on mange du solide, dit-elle en le repoussant pour se lever rapidement.

Elle sentit sa main se refermer autour de sa cheville et caresser son mollet.

— Arrête ! le gronda-t-elle, mais sans grande conviction.

Elle l'enjamba pour ramasser sa chemise où elle était tombée et, la passant, se dirigea vers la cuisine.

— Je te prépare un plat spécial, dit-elle lorsqu'il la rejoignit.

Elle rinçait des palourdes dans une bassine dans l'évier et tout le sable était retombé au fond. Le papier journal dans lequel le poissonnier les avait enveloppées était détrempé. Rina sourit lorsque Kaitarō lui posa un baiser sur la nuque et un autre sous le menton. Elle sentit ses bras se resserrer autour d'elle lorsqu'il la pressa contre lui en la soulevant un peu. Rina éclata de rire.

— J'en ai pour dix minutes !

Il crut qu'elle lui demandait de sortir de la cuisine, mais au lieu de cela, elle le prit par la main.

— Non… non, reste avec moi, protesta-t-elle en l'attirant vers elle.

Il posa son menton sur son épaule et elle se retourna pour l'embrasser, en sentant la repousse de barbe sous ses lèvres. Elle jeta un coup d'œil au paquet de pâtes italiennes sur le plan de travail à côté de l'ail, du piment et des fines herbes qu'elle avait mis en place plus tôt dans la journée.

— Laisse-moi te donner un coup de main. Tu sais, je suis capable de faire cuire des pâtes.

Il éclata de rire lorsque Rina secoua rapidement la tête. Rina arrêta de rincer les palourdes et leva l'index, sérieuse :

— Ce ne sont pas que des pâtes.

Kaitarō lui attrapa la main.

— Je sais… ce sont de bonnes pâtes. Je sais faire de bonnes pâtes.

— Al dente ? insista Rina.

Il se contenta de lever les mains en riant et recula.

Elle fit sauter l'ail et le piment, puis les laissa refroidir sur la cuisinière. Elle venait de mettre les linguini dans la casserole lorsqu'il revint dans la cuisine.

— Si tu veux manger ce soir, je te conseille de ne pas m'embêter, l'avertit-elle. Il y a du vin blanc dans le frigo, ajouta-t-elle en le sentant toujours derrière elle.

— Viens avec moi.

Lorsqu'elle se retourna, Rina vit qu'il cachait quelque chose derrière son dos et prenant la main qu'il lui tendait, elle lui permit de l'attirer contre lui. Quand elle fut assez proche pour qu'il l'embrasse, Kaitarō sortit le Polaroid.

— Non ! s'écria Rina en le repoussant pour s'élancer dans le salon. Tu ne peux pas me photographier comme ça.

— Tu es délicieuse.

— Lâche-moi ! Espèce de brute !

Elle glapit lorsqu'il l'attrapa par le poignet et se débattit jusqu'à ce qu'il atteigne le gros fauteuil en cuir à côté du feu et l'attire sur ses genoux.

— J'ai du sable dans les cheveux.

— Tu es superbe.

— Donne ! s'écria-t-elle en tendant la main par-dessus la tête de Kaitarō pour atteindre l'appareil photo.

Il l'enlaça fermement par la taille pour l'asseoir sur lui.

— Ne bouge pas, fit-il en passant doucement le bout de son nez contre le sien, ou je te donne la fessée !

Elle riait lorsqu'il sortit l'appareil et la prit en photo.

— Donne-le-moi ! (Il obéit.) Il faut le tenir comme ça, ajouta-t-elle en souriant tandis qu'il la prenait dans ses bras.

Tous deux, ils regardèrent l'objectif avec de grands sourires heureux. Ils firent encore une photo, puis une autre en riant et en se disputant l'appareil tandis que des carrés blancs jonchaient le sol.

Kaitarō retourna enfin Rina dans ses bras et elle sourit contre ses lèvres à l'instant où la sonnerie stridente de la minuterie annonçait que les pâtes étaient prêtes.

— Reste avec moi, murmura Kaitarō.

Il la tenait par la taille, mais sans l'agripper. Rina se pencha pour ramasser les photos par terre et revint se blottir contre lui, assise sur ses genoux. Ils regardèrent les clichés en gloussant et en se disputant, jusqu'à ce qu'ils trouvent celles qu'ils garderaient. Rina en conserva deux qu'elle posa sur une desserte.

Kaitarō eut brusquement un regard anxieux :

— Tu vas faire attention ? Ne laisse personne les voir, insista-t-il.

— Elles seront en sécurité.

Il l'embrassa à nouveau :

— Promis ?

Il prit son visage entre ses mains, et elle le regarda dans les yeux. Puis elle sourit et il sourit à son tour.

— Promis.

Réflexion

Dans sa chambre de motel, Kaitarō regardait par la fenêtre. Sur la table de chevet, son pager bipa. C'était un message du bureau. Il l'ignora. Plusieurs heures s'étaient passées depuis qu'il avait quitté Rina à Shimoda, mais il savait qu'il ne dormirait pas. Il leva les yeux vers l'immensité noir d'encre du ciel, ouvrit la fenêtre et s'y pencha. Le trottoir luisait comme un miroir dans la moiteur obscure de la nuit. Les nuages de l'après-midi avaient tenu leurs promesses et Kai entendait les égouts de la ville qui débordaient d'eau de pluie. Il contempla les immeubles de part et d'autre du motel, les pavillons et les spas qui couvraient les collines, et son regard suivit les lampadaires jusqu'à la baie et la promenade, une étendue de béton plate face à la mer. Les yachts amarrés dansaient sur les vagues, leurs feux arrière scintillant dans le noir.

Il glissa la main dans sa poche pour en retirer une boîte d'allumettes et les posa sur le bureau, devant lui. Puis il prit une petite poubelle en métal qu'il plaça également devant lui. Il portait encore le sweatshirt que Rina lui avait donné cet après-midi-là. L'étoffe avait gardé une trace d'elle, comme une caresse. Dans le tiroir du bureau se trouvait le mouchoir qu'il lui avait pris dans le verger, quelques jours auparavant. Kaitarō colla son visage contre le bout de tissu un moment avant de faire craquer une allumette, de mettre le feu à la soie et de la regarder brûler. Lentement, il la déposa dans la poubelle en métal. Les Polaroids se trouvaient dans sa poche.

Il avait laissé la plupart d'entre eux à Rina, qui avait promis de les cacher, mais en avait conservé trois. Il y en avait un où elle riait en tentant de se relever, et un autre où elle était blottie près du feu, vêtue de sa chemise. Il les regarda longtemps ; il sentait leur texture sous ses doigts. Ils lui étaient si chers, si précieux, mais c'étaient aussi toutes les preuves dont Satō avait besoin. Il les ramassa et, un à un, les confia aux flammes ; le plastique fit des cloques et pela, exposant la pellicule. Il regarda les images se ratatiner et fondre. Tandis qu'il contrôlait le feu, sa chaleur lui réchauffa le visage. Extirpant une cigarette de sa sacoche, il l'alluma et inhala lentement. Rina détestait le tabac et il ne fumait jamais quand il était avec elle, il essayait d'arrêter. Lorsque la nicotine de cette dernière cigarette fit ressentir ses effets, il exhala et regarda la fumée se dissiper dans l'air, plaisir qu'il ne vivrait plus jamais.

Il finit par jeter le mégot dans la poubelle et éteignit le feu avec une bouteille d'eau. Les photos noircies s'étaient enroulées sur elles-mêmes. Il posa la poubelle dehors, sur le bord de la fenêtre. Des volutes de fumée s'élevèrent dans l'air, tandis que la lune se levait sur la baie. Lavé par la pluie, le ciel d'été s'illumina par-delà les lumières d'Atami.

Sumiko

Chaussures

J'ai toujours du mal à m'imaginer ma mère quand elle était jeune. Lorsque je pense à elle, c'est ma mère que je vois. Je n'arrive pas à me la représenter autrement. Vous arrive-t-il de penser à vos parents, avant vous ? Par exemple, à l'époque où ils venaient de se rencontrer et de tomber amoureux ? Où ces deux êtres ne s'intéressaient que l'un à l'autre, sans la moindre notion de vous ; où ils vivaient une autre vie. Ma mère a vécu une vie sans moi. La différence, c'est qu'elle l'a vécue à la fois avant, et après ma naissance.

Au fil des ans, elle n'a jamais cessé de me hanter. J'en reviens constamment à sa vie. J'ai toujours l'impression que si j'examine assez attentivement ce qu'il me reste d'elle, si je regarde ces traces d'un autre œil, je pourrais la voir, elle : une jeune femme au travail, une femme amoureuse, une mère qui tente de faire au mieux. Il y a tant d'événements de sa vie auxquels je n'ai aucun accès, d'expériences qu'elle n'a jamais partagées. Pourtant, je ne peux m'empêcher de me poser la question : si elle avait vécu, les aurait-elle un jour partagées avec moi ? Ainsi, l'une aurait pu voir son reflet dans l'autre, comme souvent les mères et les filles.

D'elle, il ne me reste pas grand-chose. Petite, j'amassais ses affaires, de crainte qu'elles ne me soient enlevées, comme sa photo sur notre autel de famille. Mais j'ai encore quelque chose d'elle, quelque chose qu'elle m'a donné, un billet d'avion d'Hokkaido à coller dans mon album. Elle m'avait aussi rapporté d'autres choses. Je me souviens d'une bûche de Noël recouverte de chocolat noir et blanc qui imitait l'écorce de bouleau. La première fois que je l'ai vue, j'ai cru que c'était une vraie branche d'arbre, mais à l'intérieur il y avait de minces couches de génoise enroulée. On me dit que si elles étaient si délicieuses et veloutées, comme des rayons de soleil dans la bouche, c'était parce qu'elles étaient préparées avec du beurre d'Hokkaido. J'ai toujours eu un faible pour les bûches de Noël, mais je ne sais pas si c'est à cause de ce gâteau, qu'évidemment nous avons mangé, de sorte qu'il n'en reste aucune trace.

Une fois le divorce prononcé, ma mère est venue vivre avec moi chez grand-papa à Meguro. Elle n'est restée avec nous que quelques mois, mais le billet d'avion remonte à cette époque, témoignant d'un court voyage fait à ce moment-là. Elle m'avait raconté que c'était une aventure, comme de nous trouver un nouvel appartement à Shinagawa ; qu'elle partait explorer mon nouveau chez-moi. Elle me disait qu'Hokkaido deviendrait un lieu très spécial pour nous deux, et qu'elle m'y emmènerait, mais évidemment, elle ne l'a jamais fait.

Quand elle est morte, grand-papa m'a rapporté ce qu'il restait de sa vie. Il a porté ses effets dans la maison de Meguro et les a rangés dans la chambre où elle avait grandi ; la chambre voisine de la mienne.

Même enfant, j'avais remarqué qu'il manquait beaucoup de choses à cette collection : il n'y avait ni livres, ni photos, ni appareils photo. Seulement quelques vêtements, des chaussures, son kimono de cérémonie encore enveloppé dans du papier de soie, un petit coffre à bijoux, ses pinceaux de calligraphie et enfin, ses sachets de parfum – une poudre couleur café utilisée par les moines pour se purifier avant d'aller au temple, vendue à Ginza pour cent yens le sachet. Ce parfum, j'ai grandi en le sentant sur sa peau. Je ne l'ai donc jamais associé aux hommes ou aux temples. Rien qu'à elle. Et à la forêt de pins au-dessus de notre maison de Shimoda.

Pendant trop longtemps, ces objets ont été tout ce qui me restait d'elle, et je les chérissais. Plus grande, je leur rendais visite en secret, en prenant soin de ne pas être aperçue par grand-papa, parce que j'étais convaincue que si je ne pleurais pas et que je ne faisais pas de caprices, il oublierait qu'ils étaient là, et qu'il me laisserait les garder.

Au début, lorsque Yurie Kagashima m'a remis le dossier du meurtre de ma mère, son contenu m'obsédait. J'étalais tous les documents sur la table de la salle à manger, là où mon grand-père mangeait son petit-déjeuner et découpait des articles de journaux pour que je les lise avant d'arriver au travail. Pourtant, au bout d'un moment, au fur et à mesure que les faits et les détails se gravaient dans mon esprit, ce qui m'attirait le plus, c'étaient ses effets. Ils m'appelaient depuis sa chambre, me poussant à délaisser mon étude du dossier pour monter à l'étage. Presque sans le vouloir, je me retrouvais en train d'ouvrir son placard, puis je m'agenouillais sur la moquette.

J'ai toujours adoré les chaussures de ma mère. Ce jour-là, en les contemplant dans leur dernière demeure, je me dis que chaque paire avait quelque chose d'intemporel, comme si elles allaient me survivre, à moi aussi. Ces chaussures étaient alignées sur des supports en métal à l'intérieur de son placard, parodie de la façon dont elle les aurait rangées de son vivant. Elles auraient alors fait partie d'une collection évoluant au fur et à mesure qu'elle franchissait les étapes du lycée à l'université puis à sa vie de jeune adulte ; elles auraient muté, seraient passées d'une rangée à l'autre, les vieilles paires reléguées au fond du placard, remplacées par des chaussures neuves. Mais la collection que j'avais sous les yeux était statique, finale. Tout ce qu'il me restait d'elle demeurait à Meguro, comme moi.

Même de son vivant, j'étais fascinée par ses chaussures. Je me demandais où elle portait ses escarpins noirs avec des boucles or et argent ; ses baskets blanches avec des trous au talon ; ses escarpins marine épais et carrés, ceux d'une stagiaire dans un cabinet d'avocat ; et mes préférées, à petits talons rouge sombre, ouvertes au bout, avec des brides fines qui s'enroulaient autour des chevilles. Voilà les chaussures qui m'attiraient le plus quand j'étais petite, celles que j'essayais en cachette. J'avais découvert que si je fourrais des mouchoirs en papier au fond je pouvais y glisser mes pieds et les faire tenir en attachant les brides. L'impression de son pied y reste marquée, un pli dans le cuir ; cette paire, nous étions deux à l'aimer.

Agenouillée devant son placard, je pris à nouveau les chaussures rouges, nos préférées, achetées un an avant sa mort. Elle les avait portées à l'occasion d'un dîner à Shimoda durant notre dernier été ensemble, et de nouveau lorsqu'elle était partie au volant de sa voiture pour Atami. Et cet automne-là, quand nous étions rentrées à Tokyo, elle les portait lorsqu'elle m'emmena rendre visite à grand-papa à Meguro. Assise par terre en tailleur, comme une petite fille, je pressai les chaussures contre mon visage et respirai leur odeur poussiéreuse de camphre, en me rappelant cet après-midi-là.

Dès notre arrivée, maman laissa ses sandales rouges sur le support à chaussures de l'entrée. Je me jetai dessus et montai en courant jusqu'à son ancienne chambre pendant qu'elle préparait le thé avec grand-papa en bas. Je m'assis sur la moquette et j'étalai autour de moi la jupe de ma nouvelle robe blanche, avec des pivoines roses. Puis je m'allongeai par terre pour contempler les poussières qui flottaient du plafond. Les ballerines roses que ma mère m'avait achetées pour aller avec ma robe étaient près de la porte d'entrée, mais cet après-midi-là, je voulais être ma mère ; je voulais être exactement comme elle. Je savais que c'était mon enfance qui nous séparait l'une de l'autre.

Je tins ses chaussures rouges dans mes mains pour suivre du bout des doigts les coutures et sentir la douceur satinée du cuir contre ma peau. Puis je me levai et glissai les pieds dedans. Mon talon n'arrivait qu'à la moitié de la semelle, mais si je faisais face au miroir, on aurait dit que c'étaient mes chaussures. Je me perchai d'abord sur un pied, puis sur l'autre, pour attacher les brides. J'aimais l'allure qu'elles me donnaient – je paraissais plus grande, et mes jambes maigrelettes étaient élégantes, gracieuses. Je pourrais être une dame, me disais-je, une dame avec des chaussures rouges et des ongles vernis de rouge.

J'entendis grand-papa et maman dans le vestibule. Au début, ils chuchotaient, mais ils haussaient de plus en plus le ton. On sonna à la porte. Maintenant, grand-papa criait. J'entendis ma mère s'éloigner de lui pour aller ouvrir.

— Il n'en est pas question, Rina, disait mon grand-père. Pas dans cette maison.

— Sumi ! me lança ma mère. Où es-tu ?

Je baissai les yeux vers les brides enroulées autour de mes chevilles, avec leurs nœuds impeccables et symétriques : jamais je n'avais fait de si beaux nœuds.

— Sumi ! Retire mes chaussures et descends. J'ai un ami qui veut te dire bonjour.

Je fronçai le nez devant le miroir. Assise par terre, je défis mon œuvre, dénouant les brides. Tout en pensant aux banales ballerines qui m'attendaient dans l'entrée, je parus sur le palier. Grand-papa était à côté de la porte d'entrée, rigide de colère.

— Pas dans ma maison, répéta-t-il.

— Alors nous allons quitter ta maison, Yoshi, répondit ma mère.

En descendant l'escalier, je lui passai ses sandales rouges et elle me remit mes propres chaussures. Puis elle ouvrit la porte et sortit au soleil pour rejoindre l'ami qui l'attendait dans le jardin – celui qui m'avait acheté une glace cet été-là. Tandis que je suivais ma mère, il se retourna vers nous et sourit. Ce sourire me plut.

Rina et Kaitarō

Poupées

Rina fit passer ses courses d'une main à l'autre et souleva le loquet de la clôture de sa main libre. Même de l'allée du garage, elle pouvait entendre Sumiko rire aux éclats en jouant dans la maison avec son grand-père. Bien qu'on soit encore en automne, Yoshi harcelait déjà Rina sur la façon dont ils célébreraient le « Jour des Filles » l'année suivante. Il lui reparlait sans arrêt de la collection de poupées Hinamatsuri toujours entreposée chez lui, en lui demandant quand elle la prendrait pour l'installer dans l'appartement qu'elle partageait avec Satō à Ebisu. Tout avait commencé quelques jours auparavant, lorsque Rina avait permis à Kai de passer les voir à la maison de Meguro. Yoshi ne l'avait pas crue quand elle avait prétendu que ce n'était qu'un ami. Depuis, il couvait sa désapprobation et Rina attendait l'instant où elle éclaterait à nouveau. Il avait peut-être retiré les poupées de leurs boîtes. Ce qui expliquerait pourquoi Sumiko était surexcitée.

Rina se servit de sa clé pour entrer et posa ses courses près de la porte. Elle retira ses chaussures pour passer des chaussons lorsqu'elle s'aperçut soudain dans le miroir du vestibule. Ce miroir était chez elle depuis son enfance, et avant cela dans la maison de sa mère ; de tout temps, il avait reflété tous ceux qui entraient et sortaient du foyer familial. Normalement, Rina suspendait son manteau et passait devant ce miroir sans lui accorder un regard, mais ce jour-là, elle entrevit quelque chose qui lui donna à réfléchir. Rina avait toujours été capable de se reconnaître dans la glace. À tous les âges, au fil de toutes ses humeurs, elle avait pu s'y voir clairement, comme elle était vraiment. Mais ce jour-là, lorsqu'elle se regarda dans le miroir, son reflet ne lui ressemblait pas. Elle se figea un moment, en attendant d'apercevoir la personne qu'elle connaissait, une femme prête à assumer ses choix de vie. Elle ferma les yeux et les rouvrit, scrutant la glace, mais elle ne voyait que le point de fuite du bord biseauté du miroir – ce point de fuite où elle, et toutes celles qu'elle avait été auparavant, avaient disparu dans la lumière tamisée de l'après-midi qui se déversait par la porte d'entrée.

La sonnerie de l'horloge fit sursauter Rina. Sumiko fit irruption dans le hall d'entrée.

— Maman, viens voir ! dit-elle en prenant la main de Rina.

Glissant ses pieds dans ses chaussons, Rina suivit son enfant dans le salon et constata qu'elle avait vu juste ; Yoshi avait effectivement sorti les poupées. Il avait même remonté de la cave le présentoir laqué de noir, avec ses larges marches, pour l'installer dans le salon et y assembler tous les personnages de haut en bas, de l'empereur et l'impératrice jusqu'aux dames de compagnie, musiciens, ministres et serviteurs. Assis par terre, son père disposait un éventail dans la main de l'impératrice et mettait de minuscules épées devant chaque samouraï avec un soin minutieux. Il recula pour admirer l'exposition, et l'œil de Rina fut attiré par les ornements : les minuscules gâteaux de riz de cérémonie que sa mère avait jadis achetés, de couleur pêche, vert clair et blanche, et les cadeaux de fiançailles raffinés – non seulement les poupées représentaient la cour impériale, mais elles étaient également habillées pour un mariage : le rêve et le devoir de toutes les jeunes filles. Rina se détourna vers une table basse et aperçut une anthologie des poèmes de Bashō, que Yoshi lui avait lue lorsqu'elle était petite ; sans doute lisait-il ces mêmes poèmes à Sumi.

Spontanément, l'un d'entre eux lui revint à l'esprit : *Derrière cette porte / Maintenant ensevelie sous l'herbe profonde/ Une nouvelle génération célébrera/ Le Festival des Poupées.*

— Tu la gâtes trop, protesta Rina en foudroyant son père du regard. Maintenant, elle ne va plus parler que de ça et refuser de ranger les poupées.

Sumiko s'était installée par terre à côté de Yoshi. Ignorant la remontrance de sa mère, elle comptait les douze couches du minuscule kimono de l'impératrice et touchait les délicates mains en porcelaine qui dépassaient des soieries.

— Tu devrais les rapporter chez toi, Rinachan, dit Yoshi. Tu ne peux pas continuer à célébrer le Jour des Filles avec la petite collection de poupées que vous avez à Ebisu. Comparées à celle-ci, ce n'est rien.

Il embrassa du regard les rangées de poupées amassées au fil des générations pour fêter les filles de la famille Sarashima.

Rina se mordit la lèvre et hocha la tête, comme toujours lorsqu'elle ne voulait pas affronter son père.

— Il n'y a pas assez de place à Ebisu, murmura-t-elle sans qu'il l'entende.

Hélas, son père avait raison : ces poupées représentaient l'héritage de Sumiko. Elle était toujours tellement enthousiaste lorsqu'elle admirait les poupées exposées à l'école et dans les maisons de ses amies. Elle se réjouissait à l'idée que toutes les familles de l'île exposaient les leurs dans leurs foyers, et chérissait la collection que Rina lui avait offerte à Ebisu.

Chaque année, au cours des semaines précédant le trois mars, Rina choisissait un jour spécial pour installer les poupées à l'avance. Elle prenait soin de ranger toute la collection dès la fin du Jour des Filles, car sinon, Sumiko se marierait tard. Mais pendant quelques semaines au moins, toute la famille pouvait admirer les poupées et Sumi adorait chercher à deviner le jour où Rina les installerait. Chaque matin, elle s'élançait vers la chambre de Rina et Satō. Leur seul avertissement était le bruit de petits pas dans le couloir et une bouffée d'air frais, puis un petit corps se catapultait sur le lit, soulevait les couvertures et se blottissait entre eux.

— Maman ! Papa ! Elles sont prêtes ? Les poupées sont sorties ? demandait-elle en glapissant sous les chatouilles de Rina, qui faisait semblant de l'enrouler comme un sushi.

Satō riait aussi en caressant les cheveux de Sumi. Il n'avait jamais partagé de tels moments avec ses parents. Ils n'en parlaient pas, mais Rina le savait, et la tendresse hésitante de son mari dans ces moments-là lui était d'autant plus précieuse. Émue, elle songea à Satō et à la façon dont leurs regards se croisaient au-dessus de la tête de leur fille, car c'était dans des instants comme ceux-là que Rina percevait le plus clairement la valeur de ce qu'ils partageaient. Ensemble, ils contemplaient leur fille, sa peau claire, ses longs cils noirs, ses yeux brillants, en sachant que plus jamais ils ne créeraient une chose aussi exquise et pure.

— Le Jour des Filles est en mars, papa. Je passerai les prendre à ce moment-là.

Yoshi cessa d'arranger les poupées et releva la tête pour soutenir le regard de sa fille.

— Tu devrais les prendre maintenant. Ebisu est ton foyer ; c'est là que vit ton mari. As-tu l'intention d'en changer ?

Imaginaire

Rina sentait Kaitarō derrière elle dans l'escalier. C'était un immeuble sans gardien ni ascenseur. Sa jupe effleurait ses cuisses à chaque marche, et elle entendait le clic de ses talons sur le béton. Elle avait si souvent songé à l'endroit où il vivait, où il passait les heures où elle n'était pas avec lui. Il leur devenait de plus en plus difficile de se retrouver. Depuis l'épisode des poupées, la désapprobation de Yoshi s'était faite plus explicite. Maintenant, il refusait de s'occuper de Sumiko : il était presque impossible à Rina de s'échapper. Selon Kaitarō, ils devaient rester sur leurs gardes en public. Il ne se tenait jamais trop près d'elle, ne lui effleurait pas la main, ne lui touchait pas le visage. Il ne l'avait pas embrassée depuis Shimoda. Désespérée, elle lui avait proposé d'aller deux heures dans un love hôtel, mais il s'y était refusé ; il voulait l'emmener ici, chez lui.

Tout au long de leur trajet en métro, Rina s'était demandé ce qui se passerait lorsqu'ils parviendraient à son appartement et qu'ils seraient enfin seuls. Elle se rappelait ses mains sur elle, la sensation de leurs membres quand ils avaient nagé ensemble et s'étaient embrassés dans la mer. Elle se rappelait tout, mais elle ne se tourna pas vers lui en se tenant à la rampe du wagon. Elle resta immobile, à distance prudente, jusqu'à Asakusa.

Le bras de Kai la frôla lorsqu'il lui ouvrit la porte de son appartement et s'effaça pour la laisser entrer. Elle passa directement dans la cuisine. Une cuisinière grise avec une hotte était contre un mur. En face, il y avait un plan de travail avec une bouilloire et un tiroir pour les poêles et les casseroles. L'appartement était une longue pièce, étroite comme un couloir, menant de l'entrée à la chambre. Rina dépassa une minuscule cabine de douche. Elle le sentait derrière elle, sentait son regard sur elle alors qu'elle découvrait son appartement.

La chambre était plus spacieuse, avec un lit double, un bureau, et une fenêtre qui, heureusement, laissait entrer de la lumière. Rina se retourna pour sourire à Kaitarō, qui l'observait depuis la porte de la chambre. Vêtements et livres étaient éparpillés sur le lit, et son appareil photo était sur son bureau, avec son book. Les portes de son placard étaient restées ouvertes ; elle y remarqua un blouson de motard.

— D'Hokkaido ?

Il acquiesça.

— Il faudra que je me rachète une moto.

Rina secoua la tête.

— Tu prendrais Sumi derrière toi, et ça, il n'en est pas question, dit-elle, et il éclata de rire.

Rina se dirigea vers la fenêtre pour regarder la vue. Elle aperçut un train monorail qui prenait un virage, forçant ses passagers à se pencher vers les canaux, les autoroutes et les intersections de la ville, tandis qu'au sol, des gens couraient frénétiquement en levant les yeux vers les rails, de peur de rater leur train. L'espace d'une seconde, Rina frémit en songeant à la cohue dans la station, à sa peur lorsqu'elle était à la lisière du quai quand le train arrivait, aux centaines d'yeux qui épiaient sa vie derrière des portes vitrées, à quelques centimètres de son visage. Elle inspira profondément et soudain, Kai posa une main tiède sur son dos tandis que de l'autre, il tirait les rideaux pour exclure le monde extérieur.

Reconnaissante, elle se tourna vers lui. Elle n'était plus consciente que de son corps, si proche, de son odeur apaisante, de l'intimité de ses effets, du cocon de la chambre, et d'eux deux, enfin seuls.

— Tu veux boire quelque chose ?

Rina secoua la tête. Comme toujours, la proximité de Kai lui donnait le vertige. Elle se souvint de la dernière fois qu'il l'avait tenue dans ses bras, de ses mains et de sa bouche sur son corps, de sa chemise encore imprégnée de son odeur, fourrée au fond d'une boîte en bois dans la salle de séjour de Shimoda. Elle tendit la main pour sentir la palpitation du cœur de Kai. Il couvrit la main de Rina de la sienne.

— Rina, reste avec moi.

Elle soutint son regard, et comme s'il devinait ses pensées, il ajouta :

— Nous trouverons un appartement pour nous et Sumiko.

Rina posa le doigt sur la bouche de Kaitarō, appuyant sur sa peau douce et délicate. Il lui passa les bras autour de la taille, d'un geste assuré et possessif. Elle aimait la sensation de sécurité qu'elle éprouvait avec cet homme, sa confiance en lui. Elle regarda autour d'elle la vie qu'il s'était construite, son indépendance durement gagnée.

— Tu ne peux pas me sauver, Kai. Je ne vaux rien pour toi, ajouta-t-elle, et il rit. Tu as ta vie devant toi. Tu devrais retourner à Hokkaido et y fonder ta propre agence photo.

— Pas sans toi.

— Je ne devrais pas être ici.

Il posa sa main sur la joue de Rina. Elle sentait, à travers sa peau, la chaleur de sa paume.

— Je ne suis pas assez forte, pas assez courageuse.

Il fit glisser sa main sur sa nuque et l'attira vers lui, si près qu'elle sentait son souffle sur son visage. La pression de sa main se fit plus forte ; il la caressa pour l'apaiser.

— Rina, tu te trompes, murmura-t-il.

Puis il l'embrassa si profondément et si complètement qu'elle se sentit attirée en lui, tombant de plus en plus loin dans ses bras, comme une femme dans une vie imaginaire.

Karasu

Kaitarō vivait à Tokyo depuis plusieurs années, et il avait incarné bien des personnages depuis : autant d'hommes, pour autant de femmes. Mais cette fois, il voulait rester. Cette fois, avec Rina, il était rentré dans sa propre peau, et la justesse de cette sensation, le confort d'être enfin lui-même lui mettaient du baume au cœur.

Depuis qu'il l'avait rencontrée, il était capable de penser plus clairement, comme si l'énergie qu'il avait dépensée à déchiffrer les autres et à s'adapter à eux irriguait à nouveau son esprit. Le fait d'être capable, tout naturellement, d'exprimer sa joie, sa tristesse ou ses doutes lorsqu'il les éprouvait était si enivrant qu'il se sentait presque libre. Même sa culpabilité d'avoir quitté Hokkaido s'était atténuée et il songeait désormais à se racheter. Pourtant, la nuit, le sommeil le fuyait. Depuis Shimoda, Kaitarō ne dormait plus. Le bureau ne cessait d'envoyer des messages à son pager qui bipait constamment, même s'il tentait de les ignorer. Seule la présence de Rina le réconfortait, et lorsqu'il n'était pas avec elle il songeait à toutes les choses qu'il lui avait racontées – la vérité sur ses origines et ses mensonges sur sa vie actuelle – des mensonges qui n'avaient cessé de s'accumuler jusqu'à ce qu'il ne puisse plus leur échapper. La nuit, ces mensonges l'encerclaient, se pressaient contre sa bouche pour le suffoquer.

Il devinait qu'elle était déstabilisée depuis leur retour à Tokyo. Il la sentait se retirer, perdre sa conviction. Il fallait qu'elle reste avec lui, qu'elle le choisisse, lui, mais pour cela, il devait lui révéler la vérité sur Satō : mais alors, elle apprendrait aussi la vérité sur lui. Nuit après nuit, il cherchait un moyen pour qu'ils restent ensemble, mais dans l'obscurité de sa chambre, avec la lueur des néons qui filtrait entre les rideaux, il ne trouvait aucune solution. Il savait qu'il ne pourrait jamais rien lui avouer.

Il se frotta les yeux et se leva. Son pager était sur son bureau, mais il l'avait enfoui sous les factures et les relevés de banque. Il avait assez d'économies pour tenir trois mois, pas plus. Le reste, il l'avait dépensé pour le nouvel appareil photo de Rina et des pots-de-vin à Haru, pour acheter son silence. Takeda s'était montré satisfait des progrès de Kaitarō durant l'été. Mais il attendait toujours en vain les preuves compromettantes et le rapport depuis longtemps promis. Kai serait bientôt à court d'excuses. Le temps lui manquait.

Il y avait une tasse de café à moitié remplie sur le bureau. Il la but, savourant son amertume et frissonnant dans sa chambre sans chauffage. Comme il faisait sans doute aussi frais dehors que dedans, et suffoqué par les craintes qui l'envahissaient dans son appartement, Kai prit la fuite ; il espérait qu'en marchant dans la nuit, il trouverait peut-être une solution. Ce fut à ce moment-là, en regardant le ciel, qu'il remarqua le karasu.

Noirs et menaçants, ces oiseaux étaient à la fois un emblème et un fléau à Tokyo ; à chaque coin de rue, près des restaurants de fast-food, sautillant hors des poubelles, perchés sur les lignes téléphoniques, ils plongeaient sur la populace, attaquant ceux qui passaient trop près de leurs petits. C'étaient des nuisibles urbains et des présages, des charognards fréquentant les champs de bataille, à la fois réels et mythiques.

Le photographe Masahisa Fukase avait consacré des collections entières à ces oiseaux au cours des années qui avaient suivi le départ de sa femme, Yoko. Les tirages originaux étaient convoités et quasiment introuvables. Mais récemment, dans une librairie de Kanda, un jour où Rina n'avait pas pu le rejoindre, Kaitarō avait déniché un exemplaire des Karasu et vu de ses yeux l'hommage de Fukase aux corvidés du Japon : les corbeaux d'Hokkaido et les corneilles de Tokyo.

Tout en feuilletant l'album, ses doigts collant sur le somptueux papier glacé, Kaitarō se représentait Fukase après la fin de son mariage : les doigts tachés de nicotine, chauve, ne trouvant pas le sommeil dans un train de nuit pour Hokkaido, retournant sur son lieu de naissance sans rien d'autre qu'un sac de sous-vêtements, un appareil photo et une flasque de whiskey. Kaitarō regarda les photos et porta sa main à ses cheveux. La comparaison n'était pas flatteuse.

Les images, en revanche, étaient extraordinaires. Sur chaque page, les oiseaux apparaissaient en nuées géantes ou comme des silhouettes noires sur fond de ciel d'hiver. Les plans rapprochés étaient monochromes, impressionnistes et surexposés : des ailes immenses se déployaient sur les pages, imprégnant le papier. Elles étaient désespérantes, irrésistibles. Et pourtant, en parcourant son quartier cette nuit-là, Kaitarō se demanda s'il devrait les photographier, lui aussi, s'il était possible qu'il y trouve autre chose : une consolation, de la beauté, peut-être même une rédemption. Les oiseaux, autour de lui, avaient des yeux qui brillaient comme des perles de jais ; leurs becs luisaient, et leurs plumes paraissaient irisées au clair de lune. Une seconde, on les voyait, puis ils disparaissaient ; ils se rassemblaient dans le silence de la nuit.

Écoutez

Satō se préparait un gin-tonic lorsque Kaitarō entra dans l'appartement. Il ne se retourna même pas quand la porte s'ouvrit et se referma ; il mettait des cubes de glace dans un verre en cristal. Kaitarō s'avança, cherchant du regard des traces de la présence de Rina. Il avisa le grand coquillage rose sur la commode, à côté d'un trousseau de clés. Elle n'était pas là. Il inspira, nerveux, et sans retirer ses boots, se dirigea vers Satō d'un pas lourd.

— Voulez-vous bien m'expliquer ce qui se passe ?

Avec un sourire, Satō lui fit signe de s'asseoir.

— Quel plaisir de vous revoir, Kaitarō. Puis-je vous offrir quelque chose à boire ?

— Et si Rina me trouve ici ?

Satō fixa ostensiblement les boots que Kaitarō n'avait pas retirées, puis ses cheveux, décoiffés et en sueur, comme s'il venait de courir. Il sourit plus largement.

— Vous voulez boire quelque chose ?

— Non merci.

— Alors, qu'est-ce que vous en pensez ? demanda Satō en désignant son vaste salon, du sol en marbre blanc aux hautes fenêtres en passant par les tapis crème et les élégants cabinets laqués.

Kaitarō suivit ses mouvements du regard, mais il voyait autre chose. Son regard était attiré par ses objets à elle : un bouquet de camélias en soie brodée dans un vase sur le buffet, ses pinceaux de calligraphie dans leur boîte sous un voile de poussière, et un bouddha en bois qu'elle avait acheté à Nara et qu'elle lui avait un jour décrit. Maintenant qu'il y était, il constatait que l'appartement était étonnamment impersonnel. Il y avait quelques portraits de Sumiko sur le buffet et une seule photo de famille ; elle semblait avoir été prise lors de vacances à la neige quelques années auparavant. Il n'y avait rien de plus récent.

— Très joli, dit Kaitarō en s'efforçant de garder son sang-froid.

Il consulta sa montre et gratifia Satō d'un regard impassible.

— Vous voyez quelque chose qui vous plaît ? demanda Satō.

Kaitarō se retourna et s'assit sur le canapé, mais en se calant contre les coussins il devina son parfum à elle – un soupçon de cette poudre de cèdre qu'elle portait. Rina.

— Moi, je fais mon boulot, c'est tout. Vous voulez cet appartement ou ses rentes ? Ça ne me regarde pas.

— Vous pensez que ce n'est qu'une question d'argent ?

Kaitarō haussa les épaules et s'efforça de ne pas consulter à nouveau sa montre. Bientôt, Rina passerait prendre Sumiko à l'école. Elle mettrait vingt minutes pour s'y rendre et vingt minutes pour rentrer. Il fallait qu'il soit parti d'ici là. En attendant, il fallait se montrer diplomate.

— Satō, vous ne m'avez pas fait venir ici pour me montrer où vous habitez. Dites-moi ce que vous voulez et je vous l'obtiendrai. Mais qu'est-ce qui vous a pris ? Vous voulez me griller ?

Il avait haussé la voix malgré lui.

— Vous ne faites pas votre travail.

— J'y arriverai, répliqua Kaitarō en se penchant en avant, les paumes pressées l'une contre l'autre. La mission est bien trop avancée pour qu'on assigne un autre agent.

Satō sirota son gin-tonic et se dirigea vers le jeune homme

— Justement, dit-il. J'ai parlé à Takeda. Il m'a dit qu'un autre agent était disponible. Formidable. Excellent tableau de chasse.

Kaitarō déglutit. En levant les yeux, il déchiffra, mais trop tard, la fureur latente de Satō. Il tenta de hausser les épaules mais il était trop tendu ; il avait le goût métallique de la peur sur la langue.

— C'est à vous de voir, mais faire rentrer un autre agent à ce stade ne servira qu'à tout embrouiller.

Satō ricana.

— Alors vous vous croyez irremplaçable, c'est ça ? Votre patron m'a tout raconté. Il paraît que ce Haru vous fait de la concurrence…

Kaitarō se leva et une fois de plus, sentit une bouffée ténue du parfum de Rina.

— Il me faut encore un peu de temps.

— Vous m'avez déjà dit ça.

— Monsieur, je peux vous obtenir tout ce que vous voulez.

— Si j'ai fait appel à vous, c'était pour gagner du temps, Nakamura. Du temps. De l'argent. Pour éviter un divorce qui traîne en longueur.

Il sirota son verre en soutenant le regard de Kaitarō, avant de laisser tomber :

— Il n'y aura pas de deuxième agent.

Kaitarō inspira brusquement.

— Merci, monsieur.

— J'ai décidé de ne pas divorcer.

— Quoi ?

— Vous êtes viré. De l'agence aussi. Takeda vous le confirmera.

Satō se tut, savourant l'expression de Kaitarō.

— Maintenant, foutez-moi le camp, avant que ma femme vous trouve dans notre appartement.

Tout ce qui brille

Quand Rina était jeune, elle adorait la chaleur des rues, le vrombissement de la circulation. Au crépuscule, elle s'asseyait pieds nus au bord de sa fenêtre pour écouter du jazz, en tapant du pied au rythme des tambours tandis que la lune montait dans le ciel.

Ce devait être sa jeunesse qui colorait tout en rose. Ce soir-là, le jazz sonnait faux. Il lui semblait ennuyeux, mécanique. La nuit tombait, mais Rina n'entendait pas le bruit de la circulation au pied de l'immeuble, le bruit des pas des passants, le vrombissement des voitures ; elle ne sentait ni la fumée ni la vapeur monter de la ville. Là-haut, au vingt-huitième étage du nouveau Hilton, de hautes parois en verre scintillant étouffaient la vie de la ville.

Lorsqu'elle était petite, Yoshi avait raconté à Rina la façon dont Tokyo s'était transformé de son vivant. Elle se rappelait ses souvenirs de la guerre, une époque de privations si terrible que même son chat lui avait été pris pour être dépiauté, afin de faire des mitaines pour les soldats. Elle songea aux nouvelles autoroutes et aux passages souterrains de son enfance, à la vitalité et à la liberté de ses années à Tōdai, aux richesses qui avaient afflué à Tokyo avant son mariage. Elle se demanda ce que son père pensait du monde auquel Satō aspirait, un monde de cocktails d'alcools millésimés avec des paillettes d'or. Il voyait ce monde pour ce qu'il était, elle en était sûre, mais elle savait aussi qu'il s'attendait à ce qu'elle en profite. Comme il l'avait élevée durant une période de prospérité, il s'attendait à ce qu'elle s'en saisisse à pleines mains. Lorsqu'elle avait renoncé à sa carrière d'avocate, il s'était contenté de son mariage et s'y était investi. Rina savait que si elle quittait Satō et la vie qu'ils s'étaient construite, la vie à laquelle son père croyait, elle trahirait tous les membres de sa famille.

Le champagne avait tiédi dans sa flûte. Elle la posa. À sa droite, Sumiko trépignait dans ses nouvelles chaussures en tripotant la dentelle blanche de sa robe. C'était la première fois qu'elle assistait à une fête pour les grandes personnes, et elle rêvait de faire son entrée dans ce nouveau monde. Il y avait quelques enfants, mais c'étaient des adolescents que l'on considérait comme dignes de la compagnie des adultes. Cependant, lorsqu'elle était sage, Sumiko était éminemment présentable et faisait honneur à son père.

Satō tenait salon avec ses collègues de travail. Leurs épouses souriaient de ses plaisanteries en grignotant des canapés au foie gras et en riant lorsqu'il finissait ses blagues. Debout à la lisière de ce cercle avec sa fille, Rina comprenait parfaitement, contrairement à Sumiko, que ces blagues et ces rires ne leur étaient pas destinés, pas plus que les numéros de charme, les invitations, les promesses : « Il faudra qu'on dîne bientôt… »

Un serveur s'approcha et offrit à Sumi un verre de limonade qu'elle refusa en secouant sa tête noire. Si elle buvait de la limonade, elle risquait d'en renverser. Il faudrait alors qu'elle aille se laver les mains, donc qu'elle s'éloigne de son père, et elle tenait à être présente lorsqu'il reporterait son attention sur elle.

Rina accepta la limonade à sa place et examina le salon. Elle regarda les tables du buffet, nappées de damassé blanc immaculé, les lustres qui scintillaient au-dessus de la foule. Plus elle était entourée, plus elle se sentait seule. Il n'y avait qu'une exception.

En se retournant légèrement, Rina remarqua les femmes qui l'observaient par petits groupes ; elles parlaient entre elles et se détournaient dès qu'elle s'approchait. Mais Satō, lui, était dans son élément : il était capable de jauger chaque petite clique et de s'y immiscer, en s'adaptant pour mieux plaire. Peu lui importait d'être jugé par ces gens. Satō aimait se donner en spectacle ; c'était là qu'il livrait le meilleur de lui-même.

Comme son père, Sumiko était à l'aise dans ces situations. Elle était mûre pour son âge, comme le sont souvent les enfants uniques, et savait déchiffrer l'humeur des adultes. Sumi était excitée, mais elle était aussi capable de rester toute seule, tant elle était heureuse d'observer les autres invités et de prendre part aux conversations, lorsqu'on l'y conviait. Elle jouissait de la glorieuse immunité de l'enfance, cette aptitude à naviguer librement entre les situations et les générations.

Soudain, le moment tant attendu arriva : Satō se tourna vers Sumiko pour l'intégrer à son groupe.

— Ma fille.

Sumi fit une petite courbette polie et accepta un canapé. Rina se laissa enlever son enfant. Elle aurait voulu la rappeler, mais en même temps elle éprouva un moment de fierté lorsque Sumi répondit aux questions des amis de son père et rit avec eux. Sa fille aimait les compliments et l'approbation. C'était une enfant influençable, selon Yoshi, mais en l'observant, Rina ne voyait que de la grâce et de l'exubérance. Regardant Sumiko qui souriait au milieu de cette foule d'inconnus, Rina pria pour qu'il en soit toujours ainsi.

Au bout de quelques minutes, Sumiko jeta un coup d'œil à sa mère et Rina sourit en lui portant un toast. Quand Sumi était bébé et qu'elle avait le droit de s'attabler avec les adultes, elle aimait lever sa petite tasse à chaque toast, l'entrechoquant contre le verre de vin de sa mère en attendant qu'elle dise « Kanpai ! » Sumiko adorait ce moment, qui faisait éclater de rire Rina et tous les convives. La joie de son bébé était contagieuse, comme son amour des fêtes. Rina se rappelait son expression concentrée, plus tard, lorsqu'elle touchait de sa tasse le verre de chaque personne autour de la table.

Rina décida de laisser le champ libre à sa fille ; elle trouverait bien quelqu'un à qui elle supporterait de parler. Posant son verre vide, elle regarda Sumiko une dernière fois. Elle était au cœur de la fête maintenant : on apercevait à peine les épaules de sa robe en dentelle blanche dans la foule. Satō avait trouvé en leur fille une alliée et une amuseuse. Elle était sûre d'elle, mais polie – précoce, mais juste ce qu'il fallait.

Jadis, Rina avait été comme elle, audacieuse et assurée. Elle avait cru que sa mère serait toujours là pour la protéger ; elle n'avait pas réalisé qu'un jour, elle resterait seule, et observée de tous. En écoutant Satō s'esclaffer, elle se promit que Sumiko ne connaîtrait jamais un tel isolement.

La crème de la génération de Rina était dans la pièce ce soir-là ; elle reconnaissait même certains de ses anciens camarades de Tōdai. Elle leur avait présenté Sumiko, et bien que ses amis aient été gentils, elle voyait bien qu'ils mesuraient sa vie actuelle à la carrière qu'elle aurait dû avoir, aux rêves qu'elle leur avait jadis confiés. Rina leur avait raconté en riant que Sumiko voulait être avocate. Mais il était encore temps pour elle de changer d'avis. Elle leur avait adressé un grand sourire et leur avait tourné le dos, au moment où les leurs s'effaçaient.

Traversant la pièce, Rina décida de se diriger vers les W.C. pour dames. Quelques moments de solitude la mettraient peut-être de meilleure humeur. Le fait qu'elle détestait tout d'elle-même n'y était pas pour rien. Même la robe qu'elle portait, noire, brodée de perles et trop moulante. Mais elle était élégante, d'une grande marque européenne, et Satō avait insisté. Rina tira sur le col en avançant.

Elle n'avait pas revu Kaitarō depuis plus de deux semaines. Elle l'évitait, et plus il l'appelait, plus elle se retirait dans un silence presque paralysant. Yoshi approuvait. Au fil des semaines, il l'avait de plus en plus souvent critiquée, allant jusqu'à lui rappeler la législation sur la garde des enfants. Elle savait qu'il ne faisait que la protéger, protéger Sumiko. Mais elle n'avait pas besoin qu'il lui rappelle les risques qu'elle courait. Peu avant la mort de sa mère, lorsque Rina n'avait que quinze ans, celle-ci lui avait parlé de son futur mariage, condensant toute une vie de conseils dans les mois qui lui restaient à vivre. Sa mère aurait voulu qu'elle soit heureuse ; elle l'aurait soutenue en cas de divorce, mais uniquement s'il n'y avait pas d'enfant. Un point, c'est tout. On en revenait toujours au même point, en fin de compte : à son enfant.

Pendant une seconde, elle se permit de penser à Kai. Elle l'aimait, mais c'était impossible. L'enivrement du désir, la beauté de leur amitié, leur confiance mutuelle s'étaient transformés si rapidement en parfait amour que Rina avait réussi à refouler tout le reste. Maintenant qu'elle était de retour à Tokyo et à sa vie quotidienne, elle voyait clairement ce qui était en jeu. Leur amour s'était épanoui à l'ombre, dans des moments volés, à l'abri des regards. Il ne pouvait pas exister au grand jour.

C'était l'un de ses défauts, Rina le savait : elle pouvait être si déterminée à suivre une ligne de conduite qu'elle s'aveuglait presque délibérément, comme si elle percevait du coin de l'œil les conséquences de ses actions, sans jamais se retourner pour leur faire face. À chaque étape de sa vie, elle avait eu recours à cette tactique : lorsqu'elle avait tenté de réussir sa carrière de photographe, lorsqu'elle avait épousé Satō, lorsqu'elle était tombée amoureuse de Kaitarō. Mais maintenant, il y avait une réalité incontournable à laquelle elle ne pouvait pas échapper.

Certains couples pouvaient s'arranger entre eux, et parvenaient à communiquer malgré l'échec de leur vie conjugale. Ces couples-là pouvaient se rendre à la mairie locale pour un divorce par consentement mutuel. Mais rien qu'à y songer, Rina en frémissait. Entre Satō et elle, c'était différent. Il y avait trop d'enjeux ; il faudrait se battre pied à pied, et Satō se battrait, elle en était sûre. Elle ne se sentait pas de taille à l'affronter. Elle ne pouvait pas courir le risque de perdre son enfant.

Derrière elle, la fête battait son plein. Impossible d'y échapper, même dans le couloir de l'hôtel, et de toute façon, elle ne pouvait pas marcher très vite dans cette robe. Elle passa devant le vestiaire et s'arrêta dans une alcôve avec vue sur la ville. C'était une espèce de belvédère encadré par des rideaux en soie à lourds festons, à l'abri des regards. Peut-être y trouverait-elle un peu de tranquillité, rien qu'un moment. Franchissant les rideaux, elle s'avança jusqu'à la grande fenêtre pour contempler sa ville natale, celle où elle avait grandi, et comme toujours, la ville lui rendit son regard.

Alors qu'elle fixait l'obscurité, Rina sentit une main dans son dos : une silhouette avait pénétré dans l'alcôve. Dans son smoking, il était plus beau que jamais. Comme tout ce qu'il faisait, il portait ces vêtements avec aisance. Ses cheveux, toujours si doux sous les doigts de Rina, étaient lissés par le gel, mais ses yeux étaient restés les mêmes : ils avaient cette lueur chaleureuse qu'elle aimait tant.

— Comment es-tu entré ici ? lui demanda-t-elle, en souriant et en fronçant les sourcils à la fois.

Maintenant qu'il était là, tout allait mieux.

— Mon mari t'a vu ?

Elle eut aussitôt honte de cette question, mais jeta un coup d'œil à travers les rideaux à tout hasard.

Il s'appuya contre la fenêtre. Il ne regardait qu'elle.

— Tu ne risques rien.

Lorsqu'elle le regarda dans les yeux, elle sut qu'il ne mentait pas.

— Tu ne réponds plus au téléphone, reprit-il.

Le cœur de Rina s'emballa ; ses sentiments pour Kaitarō refirent surface, d'autant plus vifs et véhéments qu'ils avaient été refoulés. Mais aussitôt, le bon sens reprit le dessus. Elle ne pouvait pas continuer ainsi. Elle voulait être près de lui, dans ses bras, mais chaque fois qu'il la touchait ou la caressait, elle lui donnait de faux espoirs. Elle recula d'un pas, refusant le moindre contact.

— Tu sais bien pourquoi. Tu sais que nous ne pouvons pas continuer ainsi.

La mâchoire de Kaitarō se crispa et elle devina qu'il luttait pour ne pas tendre la main vers elle, pour disperser ses doutes, comme lui seul savait le faire.

— Rina, dit-il d'une voix tremblante, je sais que tu crois qu'il n'y a aucun moyen de nous en sortir, mais nous y arriverons, nous pouvons refaire notre vie, toi et moi.

Rina leva les yeux vers lui. Lorsqu'ils n'étaient pas ensemble, qu'elle n'était pas dans ses bras, elle oubliait à quel point il était grand.

— J'ai déjà une vie. Il y a un homme auquel je suis mariée, et une enfant qui est de lui. Nous avons un foyer, un avenir.

Rina ferma les yeux en se rappelant la nuit de la veille, lorsqu'elle était restée éveillée à côté de Satō, avec son odeur partout dans les draps, cette odeur de thé noir qui semblait émaner de sa peau. Il était resté dans le lit conjugal. Elle aussi.

— Et nous ? demanda Kai.

Sa voix la fit ciller, tant elle exprimait de douleur.

— Tu ne me fais pas confiance ? demanda-t-il.

— Si.

— Tu ne nous fais pas confiance ?

Rina se mordilla la lèvre. Elle sentait la tension qui montait en lui, la sentait depuis ces dernières semaines où ils étaient rentrés à Tokyo. C'était mal de lui donner de faux espoirs. Même à ce moment-là, l'indécision de Rina la paralysait, et il le devinait. Elle inspira profondément et retint son souffle, prête à l'écouter et à défendre sa décision, mais c'est alors qu'il s'avança vers elle. Ses paumes tièdes coururent sur les bras de Rina, qui frissonna de le sentir si proche, la tête inclinée vers elle.

— Je ne suis bon qu'à ça ? chuchota-t-il. (Elle cligna des yeux et s'écarta de lui.) C'est ça ?

Kaitarō la suivit, l'acculant contre le mur. Sa chaleur et son raffinement s'étaient évanouis ; il n'y avait plus que l'homme qu'elle aimait, l'homme auquel elle allait renoncer. Il tendit la main pour lui prendre le bras. Il était en colère, comprit-elle, plus en colère qu'elle ne l'avait jamais vu.

— Si tu as l'intention de renoncer à ce qui existe entre nous, au moins, regarde en face ce à quoi tu nous sacrifies. (Sa voix était posée, mais rageuse.) Demande-toi ce que tu veux vraiment de cette vie.

Il posa la main sur son col ourlé de perles et passa le doigt en dessous pour atteindre la douceur de sa peau et la caresser. Elle releva les yeux vers lui, sans pouvoir cacher son désir.

— Tu n'as pas besoin de tout ça pour être heureuse. Mais ça t'a rendue paresseuse.

Rina s'écarta de lui :

— Tu n'as pas le droit de me juger. Tu n'as rien à perdre, toi.

— J'ai tout à perdre, siffla-t-il. Toi – tes circonstances, dit-il en insistant sur ce mot, ont fait de toi une lâche. Tu préfères avoir l'illusion de la sécurité que l'autonomie de vivre ta vie.

— Non, chuchota Rina en redressant les épaules. Personne ne dépend de toi et tu n'as besoin de personne. (Elle tremblait en parlant.) Que ferais-tu de moi et de ma fille ? Tu ne peux même pas t'occuper de ta mère.

Elle le repoussa alors du plat de la paume. Allait-il partir, enfin ? Horrifiée, elle le sentit prendre ses distances. Il recula vers la fenêtre et se retourna pour contempler la nuit.

— Tu peux me jeter, Rina. Tu peux me dire que tu ne veux ni de moi ni de ce que je peux t'offrir, mais je tenais à te dire que j'ai suivi ton conseil. J'ai démissionné de mon poste et je quitte Tokyo. Je rentre auprès de ma famille. Je vais tenter de me réconcilier avec eux.

Il ne la regardait pas en disant cela, comme s'il ne se rendait pas compte de l'impact que ses paroles auraient sur elle. Rina ferma les yeux. Une douleur lui brûla la poitrine, si fulgurante qu'elle aurait dû l'anéantir, et pourtant, elle était encore là. Il était tourné vers l'avenir, un avenir dont elle ne pouvait pas faire partie, et soudain, elle regretta de l'avoir repoussé. Elle aurait voulu le prendre dans ses bras et sentir sa force, ressentir la paix qu'elle éprouvait quand elle était avec lui, rien qu'une dernière fois, mais elle n'aurait pas pu supporter qu'il refuse de la toucher.

— Je pars demain, dit-il en se retournant pour lui faire face. Si tu veux changer d'avis, si tu veux vivre ta vie avec moi, c'est le moment.

Rina resta immobile. La rumeur de la fête était assourdissante. S'il cherchait à lui faire comprendre à quel point sa perte la désolerait, il avait réussi, mais elle ne céderait pas. Elle se détourna. Tout d'un coup, elle venait de se rendre compte que n'importe qui, en passant devant leur alcôve, aurait pu les surprendre.

Comme s'il avait lu dans ses pensées, la bouche de Kaitarō se tordit.

— Tu ne risques rien. Rien ne t'empêche de retourner là-bas, à ton couple.

Rina déglutit. Elle aurait voulu lui dire quelque chose, quelque chose qui lui fasse comprendre tout ce qu'elle éprouvait, lui demander de lui donner un peu plus de temps, au moins, mais elle en était incapable.

— Adieu, dit-elle.

Elle sentit le regard de Kaitarō la parcourir, de sa peau poudrée à son chignon soigné jusqu'aux perles de son col brodé.

— Adieu, Rina.

Bien qu'elle ait été la première à le dire, ce mot la blessa.

Elle s'apprêtait à quitter l'alcôve, mais pendant une seconde il l'agrippa par le bras, enfonçant ses doigts dans sa chair. Il la regarda droit dans les yeux :

— Écoute, je veux être avec toi, mais après ce soir, si tu penses vraiment ce que tu dis, ne reviens pas me chercher. Ne pense plus à moi, parce que je ne serai plus là pour toi, tu comprends ?

Il leva la main pour lui toucher la joue. Elle sentait la peau rude de ses doigts contre la sienne ; le pouce de Kai se posa au coin de sa bouche, esquissant une caresse.

Rina vit les yeux qu'elle aimait se refroidir ; sa main, dont elle aimait tant le contact, se retira. Elle acquiesça, et avant qu'elle ait pu ajouter quoi que ce soit, il l'abandonnait dans l'alcôve. Seul le discret sillage de son eau de Cologne prouvait qu'il avait été là.

Dans la voiture, au moment de rentrer chez eux, Rina serra Sumiko contre elle. Satō resta silencieux tandis que le chauffeur relâchait l'embrayage de la Lexus. Rina savait que Sumiko avait envie de parler, de revivre la fête, mais elle couvrit sa petite main de la sienne et la pressa. Satō s'accouda à la fenêtre et se pencha au-dehors, dans l'air de la nuit. Il ne jeta pas un regard à sa femme et à sa fille.

Rina se cala dans le siège en cuir, tandis que Sumiko se blottissait contre elle. Un moment, Sumi tourna son visage vers elle et fronça les sourcils, comme si elle était perplexe, puis elle se lova à nouveau contre sa mère et ferma les yeux.

Alors qu'ils filaient sur les avenues éclairées d'enseignes au néon, Rina se remémora chaque moment de la soirée, jusqu'à ce qu'il la retrouve dans l'alcôve. Elle doutait que Satō ait remarqué son absence ; en tout cas, Sumiko n'avait rien dit lorsque Rina était réapparue, les yeux rouges. Elle tenta une fois de plus d'oublier la joie qu'elle avait éprouvée à revoir Kaitarō et la réalité de la voiture où elle se trouvait maintenant. Elle repensa à sa peur qu'ils soient surpris, qu'il compromette sa réputation, son mariage, puis elle comprit que ce qu'elle avait choisi était peut-être plus effrayant encore.

Comme toujours, ils étaient restés tard, et l'heure du coucher de Sumi était depuis longtemps passée. Satō adorait les soirées ; elles faisaient partie de son travail. Les mets du buffet refroidissaient dans leurs plats d'argent, et les serveurs s'étaient mis à bavarder entre eux quand ils étaient enfin partis. En traversant la salle de bal, son éclairage parut trop cru aux yeux fatigués de Rina ; le lieu avait perdu son aura romantique. Les grandes baies vitrées lui semblaient froides, voire dangereuses ; au-delà, la nuit était noire. Des assiettes et des verres vides jonchaient les tables à côté de canapés à moitié entamés, de gambas, de blinis au caviar, de poulet teriyaki, et des petits pics à cocktails rongés et abandonnés s'empilaient un peu partout. Voilà tout ce qui restait de cette élégante soirée.

Le souvenir de cette salle hantait encore Rina dans l'ascenseur qui les menait à leur appartement. Sumi était épuisée ; ses paupières étaient mi-closes. Mais sous le regard de Satō, elle restait bien droite. Elle rangea soigneusement ses chaussures sur le support à côté de l'entrée et enfila ses chaussons. Rina passa dans le salon, le préparant pour Satō, allumant une lampe qui diffusait une lumière chaude et familière dans l'appartement. Elle se dirigea vers le bar pour verser un verre de scotch à Satō. Lorsqu'elle leva les yeux, elle vit que son mari la foudroyait du regard. Un moment, elle crut qu'il allait lui reprocher son absence durant la soirée, son silence avec ses amis, mais elle aperçut alors les jouets de Sumiko éparpillés sur la table basse. Elle avait demandé à sa fille de les ranger seulement, dans la précipitation des préparatifs, Sumiko avait dû oublier. Satō haussa un sourcil en regardant Rina. Elle vit le slinky de Sumiko sur le bar et l'escamota avant que Satō ne le remarque, mais elle ne pouvait cacher le reste. Satō lui prit son verre de whisky et s'assit dans le canapé. Rina fit le tour de la pièce en ramassant deux trolls et une poupée, faisant bouffer les coussins écrasés dans la journée, mais lorsqu'elle se tourna vers sa fille, elle vit que Sumiko regardait son père avec méfiance.

Rina aurait voulu sourire et la rassurer, lui dire que ce n'était pas grave, pour ses jouets, qu'il n'y avait rien à craindre, mais à ce moment-là, Satō se retourna et aboya à Sumi d'aller se coucher et de les laisser seuls. Aussitôt, Sumi fila en ramassant un jouet que Rina avait manqué, pour se réfugier dans sa chambre. Satō avait mis le journal télévisé et n'avait rien remarqué, mais Rina avait tout vu.

TROISIÈME PARTIE

« Il y a deux regards : le regard du corps et le regard de l'âme. Le regard du corps peut oublier parfois, mais celui de l'âme se souvient toujours. »

DUMAS

Sumiko

Ruines temporaires

Le matin suivant, je m'éveillai dès l'aube. Quelque chose, dans la lumière qui filtrait à travers les persiennes, traversa mes paupières et les ouvrit. En deux secondes, je fus complètement réveillée. Je m'extirpai de mes draps entortillés avec un sentiment d'urgence. Le sommeil ne me venait plus facilement et se dissipait en un clin d'œil.

Incapable d'affronter les cassettes et le dossier, je me rendis dans un centre commercial près de la baie de Tokyo. La présence d'autres personnes, avec leurs routines quotidiennes, me calmerait. Je m'assis au comptoir d'un petit café bourdonnant d'activité avec une grosse tranche de toast au beurre d'arachide. Il était encore tôt, et par la fenêtre, je voyais les eaux grises de la baie, mais lorsqu'il fit plus clair je me levai, posai quelques pièces de monnaie sur le comptoir et pris le ferry pour l'île d'Odaiba.

Sur la plage, je marchai jusqu'au bord de l'eau et m'agenouillai pour y faire courir mes doigts. Elle était froide et dense, comme engourdie par la fraîcheur inattendue de la nuit. Des nuits comme celles-là sont trompeuses en été ; elles cèdent à des journées chaudes comme des fours. Des volutes de brume s'élèvent alors de la mer brûlante. Je savais que ce jour-là ne dérogerait pas à la règle.

Me dirigeant vers la mince bande d'espace vert qui faisait face à la ville, je m'installai sur un rocher pour regarder le soleil se lever sur Tokyo. Il apparut au-dessus des gratte-ciel et de l'aiguille de la Tokyo Tower. Puis la lumière se répandit sur la baie, illuminant la blancheur du Rainbow Bridge.

Notre mot pour désigner le paysage est Fūkei. Il combine les caractères signifiant « flux » ou « vent » avec « vue » – une « vue fluide », quelque chose de transitoire et d'éphémère qui ne s'arrête jamais.

La vue que je contemplais n'était pas celle que ma mère avait eue sous les yeux lorsqu'elle était venue ici, à l'époque où elle était étudiante, pour flâner dans le parc ou dans les nouveaux centres commerciaux. Pour elle, l'eau était une étendue ininterrompue de bleu ; on voyait les rivières – la Tsurumi, la Tama, l'Arakawa – se déverser dans la baie. À l'époque, il n'y avait pas de pont.

Peut-être avait-elle vu ses pylônes se dresser et la route progresser, au cours de ces mois enivrants où elle était avec Kaitarō. Mais elle n'aura jamais connu le pont « arc-en-ciel » bien-aimé de notre ville, car il fut complété fin 1994, l'année de sa mort.

Le soleil montait dans le ciel mais il faisait encore frais. Une brise cinglante balayait l'île, créant comme une barrière entre Tokyo et moi. Mais au fil des heures, la ville se mit à miroiter, et je contemplai le brouillard de chaleur s'élever lentement du béton brûlant jusqu'à ce que son odeur sulfureuse me parvienne dans le vent.

Comme vous le savez, ma mère était photographe. Peut-être même aurait-elle été une grande photographe, si elle ne s'était pas mariée et qu'elle ne m'avait pas eue. Un jour, elle m'a dit que lorsqu'elle sortait avec son appareil, son but était de capter l'essence d'une scène, un moment précis d'un jour particulier. Et pourtant, ses photographies n'empruntent qu'à la nature – elles ne représentent qu'une part du paysage, une fraction de ce que l'œil peut voir.

La lumière du soleil devenait aveuglante, et en contemplant la ville qui ondulait au loin, je me demandai si l'on pouvait réellement photographier la chaleur, et comment ma mère s'y serait prise. Il y a certaines choses qu'on peut dérober à la vie pour l'imprimer sur une pellicule, mais sûrement pas ce que j'éprouvais ce jour-là, le soleil qui embrasait ma peau, la sueur qui filtrait de mes cheveux pour s'écouler sur ma nuque, l'éclat éblouissant de Tokyo en août.

Je regardai, de l'autre côté de la baie, les immeubles que ma mère avait dû connaître, les tours d'appartements des années 1980 flanquant des gratte-ciel affublés de ces noms fantaisistes qu'on donnait aux immeubles durant la bulle spéculative, à l'époque où le Japon était riche, comme Golden Plaza ou Sunshine Tower.

C'était étrange de regarder ma ville, telle qu'elle avait dû la connaître. Ces gratte-ciel de luxe avec leurs vitres teintées étaient maintenant démodés, et les immeubles de bureaux du centre-ville s'effritaient, noircis par la pollution.

Tokyo conserve encore quelques traces du passé, mais rien n'y survit très longtemps. Si vous voulez voir les rivières, les douves et les canaux disparus d'Edo, cherchez les ponts, les autoroutes et les viaducs qui ont été bâtis dans leurs lits.

C'est du vivant de ma mère que le développement de Tokyo s'est emballé. À l'époque où elle a épousé mon père et où elle m'a eue, la prospérité propulsait notre ville dans le futur. Depuis, la vase de la baie, asséchée, a cédé aux terrains constructibles et les vieux ports de pêche, jadis si populaires, ont disparu. La baie s'est transformée. Des voies de chemin de fer et des autoroutes zigzaguent désormais entre les gratte-ciel hérissés. Les immeubles d'appartements en brique et les édifices Art déco qui avaient survécu à la fois au séisme de Kanto et au bombardement de la ville durant la guerre ont été démolis. Dans la fièvre de la rénovation urbaine, tout a été refait à neuf, subordonné à un nouveau monde étincelant. Au fil des mois, des couches successives d'histoire, passées et présentes, ont été démantelées ; elles n'ont pas eu le temps de se dégrader. Il n'y a rien de permanent à Tokyo, rien que des ruines temporaires.

On croit souvent que les édifices durent plus longtemps que les individus. Ils semblent indestructibles, mais en réalité ils sont aussi fragiles que les êtres humains. Ce ne sont que les reliques d'une ville qui fait perpétuellement table rase ; elles peuvent être démolies et éradiquées aussi facilement qu'un être aimé.

Ce matin-là, alors que le vent soulevait des mèches de cheveux sur ma nuque, je vis des reflets scintiller des nouvelles tours de la baie – une ruine temporaire se reflétant dans l'autre – et je sus que tout ce qui était devant moi disparaîtrait bientôt.

Le vent soufflait autour de moi par rafales, fouettant la mer jusqu'à ce que de petites crêtes d'écume blanche ourlent les vagues, et je me demandai si les transmutations de notre monde, qu'on ne pouvait jamais appréhender dans leur ensemble à l'œil nu, pouvaient être préservées par un récit entrelaçant la mémoire d'une vie et la mienne. Je songeai aux cassettes et aux documents qui m'attendaient à la maison. Eux seuls pouvaient m'apprendre ce qui existait encore.

Procès en papier

Les gens croient volontiers qu'on est « innocent jusqu'à ce qu'on soit reconnu coupable », mais si vous êtes l'accusé, ne commettez pas cette erreur lors du procès. Vous êtes coupable dès l'instant où l'on vous arrête. Même les médias poussent à le croire : leurs articles au début d'une affaire, pendant qu'on rassemble les suspects, qu'on annonce le coupable, sont longs et sensationnalistes, mais une fois que le procès a commencé, ces mêmes reporters ne rédigent plus qu'un ou deux paragraphes pour le résumer, et pas plus d'une phrase pour évoquer le sort probable de l'accusé.

Tout avocat, en particulier un avocat de la défense, vous le dira. Car si l'on vous détient en garde à vue, vos chances de retrouver la liberté diminuent avec chaque jour qui passe. Notre langue elle-même le confirme. Une fois que la police a fait une arrestation, parfois avant même qu'on ait retenu des charges, les formules de politesse qu'on ajoute au nom de famille, comme « san », l'équivalent de « monsieur », ne sont plus utilisées. Dans la presse nationale, on remplace « san » par « yogisha » ; dans les couloirs du pouvoir et dans les salles d'interrogatoire de la police, par « higisha ». Ces termes, l'un populaire, l'autre juridique, signifient la même chose. Et c'est ainsi qu'un citoyen ordinaire se transforme : il devient Highisha Nakamura, le Suspect Nakamura.

BUREAU DE LA POLICE MÉTROPOLITAINE DE TOKYO

Commissariat de Takanawa, District de Shinagawa, Dossier # 001294-23E-1994

Rapport d'incident

Date du délit : 23 mars 1994	Heure du rapport : 20 h 42 (JST)
Nom de la victime : Rina Satō	Plaignant : M. Yoshitake Sarashima
Nature du préjudice : Décès	Rapport à la victime : père

Arrivée des policiers : 21 h 18 (JST)
Agents de police présents :
Officier principal : Inspecteur Ichiro Soma
Médecin légiste : Akihiko Ito
Second officier : Masashi Hikosaka
Agents de la police scientifique : Keigo Miyabe, Natsuo Murasaki et Akio Ogawa
Lieu : 03-08-20 Takanawa, Minato-ku, Tokyo.
20 h 45 : L'inspecteur Ichiro Soma est envoyé à l'adresse ci-dessus.
21 h 18 : À son arrivée, l'inspecteur Soma entre en contact avec le plaignant, le père de la victime, M. Sarashima, qui a découvert le corps de sa fille, Rina Satō.

M. Sarashima rapporte que sa fille devait venir le retrouver à son domicile de Meguro dans l'après-midi. Lorsqu'elle n'est pas arrivée, sa petite-fille, la fille de la défunte, qui réside actuellement avec M. Sarashima, s'est affolée. M. Sarashima a attendu environ deux heures et, toujours incapable de joindre sa fille au téléphone, a pris la décision de se rendre à son appartement à Shinagawa. Il a pénétré dans l'appartement grâce à une clé donnée par sa fille, et en entrant, a trouvé son domicile dans un état de désordre, des meubles et divers objets étant éparpillés au sol. M. Sarashima rapporte que sa fille était assise contre un mur du salon, mais que sa position n'était pas naturelle, sa tête pendait en avant. Il se rappelle que le petit ami de la victime, Kaitarō Nakamura, était debout à côté du corps, tenant à la main un sac en toile contenant des effets lui appartenant et appartenant à la défunte. D'après M. Sarashima, son apparence était aussi très désordonnée – ses cheveux étaient ébouriffés et en sueur, ses vêtements déchirés et il saignait d'une égratignure au visage.

M. Sarashima rapporte qu'il s'est élancé vers sa fille pour prendre son pouls, mais qu'en constatant qu'il ne battait plus, il a appelé une ambulance et a effectué l'arrestation de Kaitarō Nakamura, qui a avoué avoir assassiné la victime.

21 h 38 : L'équipe de secours médicaux arrive et constate le décès de la victime. La scène de crime est sécurisée et la position de tous les objets s'y trouvant est notée. Les conditions de l'environnement sur les lieux du crime sont comme suit : température extérieure 15 °C, humidité relative 70 %, température intérieure 21 °C, humidité relative 40 %.

22 h 00 : Le médecin légiste Ito pratique un examen visuel de la défunte. Il note que bien que la rigidité cadavérique ne soit pas encore évidente, il existe un début de lividité cadavérique sur les mains, les jambes et les parties distales des membres, indiquant que la mort s'était très probablement produite entre deux et quatre heures auparavant. Le médecin légiste Ito déclare que les blessures infligées et les marques sur le corps correspondent à une strangulation manuelle et par liens et détermine qu'il s'agit d'un homicide.

22 h 30 : Le procureur Kurosawa arrive sur les lieux du crime et s'entretient avec l'inspecteur Soma, le médecin légiste Ito et le témoin, M. Sarashima.

22 h 45 : M. Sarashima explique que sa petite-fille l'attend à la maison. Il demande la permission de quitter les lieux du crime et accepte de se rendre au commissariat le lendemain pour faire sa déposition.

23 h 15 : Le corps de la défunte est transporté à l'hôpital du district de Shinagawa pour autopsie et identification officielle.

23 h 20 : Higisha Nakamura est officiellement placé en garde à vue. Il n'a pas résisté à son arrestation.

BUREAU DE LA POLICE MÉTROPOLITAINE DE TOKYO

Commissariat de Takanawa, District de Shinagawa, Dossier # 001294-23E-1994

Rapport sur les lieux du crime

Date du délit : 23 mars 1994	Heure du rapport : 20 h 42 (JST)
Nom de la victime : Rina Satō	Plaignant : M. Yoshitake Sarashima
Nature du préjudice : Décès	Rapport à la victime : père

Arrivée des policiers : 21 h 18 (JST)
Agents de police présents :
Officier principal : Inspecteur Ichiro Soma
Médecin légiste : Akihiko Ito
Second officier : Masashi Hikosaka
Agents de la police scientifique : Keigo Miyabe, Natsuo Murasaki & Akio Ogawa
Lieu : 03-08-20 Takanawa, Minato-ku, Tokyo.
Procureur : Le procureur Hideo Kurosawa a été avisé d'une présomption d'homicide à 22 h 03 et est arrivé sur les lieux à 22 h 30 accompagné de la police scientifique.

Analyse préliminaire par l'inspecteur Ichiro Soma :

J'ai découvert le corps en position assise sur le sol du salon, le torse soutenu par un mur. Les bras de la victime pendaient par terre, paumes retournées, tandis que ses jambes étaient allongées devant elle. La victime portait un tee-shirt à col roulé blanc, une salopette et une chaussure de sport blanche – l'autre gisait de l'autre côté de la pièce à 1,23 m du corps. Plusieurs blessures subies par la victime étaient apparentes ; des sillons sur la peau, causés par des liens, et des ecchymoses importantes au cou et à la gorge laissent croire qu'elle a été étranglée manuellement et aussi avec une corde ou une ficelle. J'ai remis l'inspection plus approfondie de ses blessures à l'autopsie, toutefois, les abrasions sur ses bras et ses mains indiquent que la victime s'est débattue. Bien qu'il soit très probable que la victime soit morte sur les lieux du crime, elle n'a pas été tuée dans la position dans laquelle elle a été retrouvée.

Une partie de l'agression a manifestement eu lieu dans le salon. La desserte près de la porte d'entrée a été renversée. Le plaignant, M. Sarashima, affirme que lorsqu'il est arrivé dans l'appartement, le téléphone de la maison était par terre près de la desserte renversée et qu'il l'a utilisé pour appeler la police. Il affirme que le téléphone était habituellement posé sur la desserte. Des empreintes de pas ont été trouvées sur le sol du salon sous la fenêtre (masculines, taille 9). On a constaté depuis que M. Sarashima porte des chaussures de taille 8 et que Higisha Nakamura fait une taille 11.

La table basse noire au milieu du salon était de travers, et le contenu d'une boîte bento (saumon et œufs de poisson) a été retrouvé en dessous. Une boîte bento est restée sur la table. Le sac à main de la victime a été retrouvé près de la table basse, son contenu (porte-monnaie, portefeuille, mouchoir, calepin et deux trousseaux de clés) était éparpillé par terre. De l'autre côté de la table basse se trouvait un cabas ouvert contenant les vêtements d'une femme adulte, une brosse à cheveux, des produits de toilette, un appareil photo et une obi de cérémonie d'enfant. Ce cabas est différent du sac en toile contenant des liasses de photographies confisqué à Highisha Nakamura, et fait aussi partie des pièces à conviction. Près de l'entrée de la cuisine, une boîte de beignets aux haricots rouges a été retrouvée gisant à côté d'un sachet de bonbons à la fleur de sakura ; le reçu indique que l'un et l'autre ont été achetés dans une pâtisserie du quartier.

Certains éléments suggèrent que la lutte entre la victime et son agresseur s'est également déroulée dans la chambre principale. Trois taches de sang frais, d'un diamètre de 3 à 5 mm respectivement, ont été retrouvées sur les couvertures du lit (analyse ADN demandée). J'ai observé que le reste de la chambre était dans un état chaotique : les portes du placard étaient ouvertes, ainsi que celles de la commode, et sur le sol se trouvaient trois livres, un réveille-matin blanc au cadran fêlé, et deux boîtes en carton où s'entassaient des vêtements pêle-mêle.

L'analyse judiciaire a révélé que les marques de mains et les empreintes digitales relevées sur le cadre de la porte du salon appartenaient à la victime. La taille, la densité et la distribution de corps gras sur ces empreintes indiquent que la victime s'y est agrippée, peut-être pour éviter d'être entraînée ou tirée en arrière. On a également relevé des empreintes des mains de la victime sur le sol du salon. L'angle et la distribution de corps gras de ces empreintes suggèrent qu'au cours de la lutte, la victime a tenté de ramper, soit pour fuir son agresseur, soit pour atteindre le téléphone par terre. Une bobine de ficelle de cuisine partiellement déroulée a été retrouvée à 33 cm de la dernière empreinte de main.

Les pièces à conviction remises à la police scientifique ont été transportées au laboratoire de la préfecture pour analyse, et un inventaire des articles saisis comme preuves sera transmis à l'équipe d'investigation dans les cinq jours qui suivront ce rapport. Voir l'Appendice A pour le plan au sol du lieu du crime, les diagrammes sur l'emplacement des objets et leurs dimensions précises.

Dans la lumière tamisée de notre salle à manger, je passai des doigts tremblants sur le contenu du dossier étalé devant moi. Je relus chaque document plusieurs fois, comme si j'allais rester prisonnière de la table où tous ces documents étaient éparpillés, jusqu'à ce que je saisisse le sens de ces événements. Je savais que Kaitarō Nakamura avait fini par signer ses aveux – la dernière version qu'avait rédigée pour lui le procureur Kurosawa. Je savais aussi qu'il avait plaidé coupable. Mais ce que je compris, assise dans la lumière douce de mon foyer, était l'importance que donnait cet aveu aux documents qui se trouvaient devant moi. Alors qu'à l'époque, ces rapports et ces témoignages avaient fait l'objet d'un débat au cours d'une audience publique, soudain, c'étaient les documents eux-mêmes, ligne après ligne, qui parlaient.

Les aveux de Kaitarō changèrent la nature du procès, qui ne dura que deux jours. Lors de sa comparution devant le tribunal du district, son affaire a été traitée par un collège de trois juges dirigés par un président, le Saiban-Chō. Il n'y avait pas de jury. Le procureur s'est adressé aux magistrats et leur a remis le dossier de l'affaire. Il a peut-être même expliqué le contenu de chaque document et lu son réquisitoire à la cour, mais une fois que lui et l'avocat de la défense ont exposé leurs opinions sur l'affaire, les dossiers et tous les documents qu'ils contenaient leur ont été retirés pour être examinés à huis clos par chacun des juges. Eux seuls ont débattu de l'affaire. C'est cette lecture, ce rapport intime entre le lecteur et la page, qui joue le rôle le plus déterminant dans ce genre de procès.

Au Japon, il n'existe qu'une seule loi en matière d'homicide : l'article 199 du Code pénal. Il stipule qu'« une personne qui en tue une autre sera punie ». Il en fut ainsi ce jour-là. La nature du meurtre, ses motivations, les remords éprouvés par l'accusé, la peine appropriée – tout cela fut décidé par un collège de trois juges.

On dit que le devoir d'un procureur est de découvrir la vérité, de se rapprocher autant que possible des événements, tels qu'ils se sont déroulés, même s'il n'arrivera jamais à les reconstituer parfaitement. Lors de son réquisitoire, le procureur Kurosawa a présenté sa compréhension des événements, mais ce sont les preuves accumulées, les dossiers et les interrogatoires filmés qui ont permis à chaque juge d'aller au cœur de l'affaire et de sonder l'esprit de Kaitarō Nakamura.

Notre processus judiciaire se fonde sur la question du motif. Qui, comment, où ? Ces questions ne comptent pas autant que le pourquoi. Les désirs qui se terrent au plus profond d'un esprit doivent être examinés et prouvés avant que l'on puisse prononcer une peine. La notion d'amour est envisagée : hatsukoi, le « premier amour », miren, « un attachement durable », kataomoi « un amour qui n'est pas réciproque », aishiau, « un amour réciproque », fukai aijō, « un amour profond ». La cour évaluera la profondeur de l'amour et sa clémence sera mesurée en fonction de cela. C'est ainsi que le sort d'une personne peut reposer sur une valeur intangible. L'amour qui, pour tant d'êtres, est une question de vie ou de mort.

La vie ou la mort

Savez-vous ce qu'est une « question mensonge » ? Les psychologues qui les mettent au point les peaufinent minutieusement ; elles sont utilisées lors des tests au détecteur de mensonges. Ces appareils ne sont pas des reliques réservées aux feuilletons télévisés : la police japonaise y a encore recours aujourd'hui. Le but de ces tests est souvent d'exclure des suspects potentiels, mais ils ont néanmoins leur importance, et la première question, celle pour laquelle on mesure votre pouls, votre rythme cardiaque, est la plus importante. C'est grâce à elle que l'on distingue la personne que vous êtes de celle que vous voudriez être.

Imaginez-vous, face à l'examinateur. Il connaît votre nom, votre âge, votre profession, votre mode de vie. Vous vous attendez à ce qu'il démarre en douceur, mais vous vous trompez. Dans une enquête pour homicide, il vous mettra directement à l'épreuve, par exemple en vous demandant : « Avez-vous déjà pensé tuer quelqu'un ? » C'est dans l'antichambre de l'esprit, entre la pensée et la parole, que se trouve la vérité. Nous avons tous un jour pensé tuer quelqu'un. La réponse à cette question ne permet ni de se draper dans la vertu ni de mentir. Nous sommes tous potentiellement capables de tuer. Le meurtre est une pulsion enfouie en chacun d'entre nous.

Une fois de plus, assise dans ma chambre, je m'efforçai de ne pas voir les reliques de mon enfance afin de mieux me concentrer sur le petit écran de télévision où je visionnais la cassette. Kaitarō porte des menottes lorsqu'il entre dans la salle d'interrogatoire. Le procureur Kurosawa est déjà assis, seul, sans même une assistante pour prendre des notes. Mais Kaitarō doit savoir que des hommes l'observent derrière le miroir sans tain et qu'ils attendent son témoignage, car lorsque Kurosawa contourne la table pour détacher ses menottes, les mouvements de Kaitarō sont délibérément minimaux. Il ne se frotte pas les poignets mais affecte une position détendue, un bras posé sur la table, comme pour se créer un espace à lui.

Kurosawa fait glisser un gobelet d'eau vers Kaitarō : ce geste lui vaut un sourire discret. Un moment, le procureur jette un coup d'œil à la caméra et Kaitarō se tourne pour faire face à l'objectif. Je vois plus clairement les rides d'expression de son visage, les sillons près de sa bouche, là où ses lèvres ont appris s'incurver vers le bas.

— Vous n'avez pas obtenu ce que vous vouliez ? demande Kaitarō.

Le procureur hausse les épaules :

— Il n'y a pas que les faits, dans cette affaire.

— Vous voulez mon âme ? C'est pour ça que vous êtes là, avec vos imbéciles de fonctionnaires, à me trifouiller le cerveau ?

— Je veux que nous parlions d'un sujet plus personnel.

— De mes sentiments ?

Kaitarō s'incline pour siroter son eau.

— De l'amour.

— Vous voulez que je vous donne ma définition ?

Kurosawa reste silencieux. Kaitarō tend à nouveau la main vers son eau, mais arrête son geste avant que le gobelet n'atteigne ses lèvres.

— Vous voulez savoir si j'étais réellement amoureux ?

— Oui.

L'expression de Kaitarō reste indéchiffrable.

— Je veux être juste, ajoute Kurosawa. J'ai déjà enquêté sur plusieurs crimes passionnels.

— Avec des gens comme moi ?

— Non.

Kaitarō se cale contre son dossier pour réfléchir.

— Comptez-vous soutenir que je n'ai jamais été amoureux ?

— Parlez-moi de votre travail, demande le procureur.

— Vous aussi, Kurosawa ? Vous aussi, vous voulez qu'on me pende ?

— Expliquez-moi. Parlez-moi de votre travail.

Kaitarō se penche en avant et enfouit son visage dans ses mains.

— Vous vous fichez de ce qui peut vous arriver ? reprend Kurosawa.

— Peu m'importe ce qui m'arrivera, désormais.

— Je crois que ça peut aider.

Ses doigts toujours pressés contre ses tempes, Kaitarō secoue la tête.

— Rien ne peut m'aider.

— Alors dites-moi la vérité.

Il y a un long moment de silence. Seules quelques secondes s'écoulent sur la minuterie au bas de l'écran, mais on dirait une éternité.

— Parfois, dit Kaitarō, c'est plus facile d'entrer dans la peau d'un autre que d'être soi. (Il jette un coup d'œil à Kurosawa.) Vous êtes-vous toujours aimé ? Vous êtes-vous toujours senti à l'aise dans toutes les situations ? Dans une profession comme la mienne et une vie comme la vôtre, où il faut pénétrer dans l'intimité des autres, il faut savoir se transformer.

Kurosawa hoche la tête ; difficile de savoir s'il est d'accord ou perplexe.

— Parfois, il y a des boulots qu'on n'a pas envie de faire, des gens qu'on ne veut pas rencontrer. Mais comme vous le savez sûrement, il est dangereux de montrer aux autres – qu'il s'agisse d'hommes ou de femmes – qu'on ne les aime pas. Peut-être, par moments, on se sent assez sûr de soi pour manifester son antipathie, mais dans mon univers et sans doute dans le vôtre aussi, il est interdit de dévoiler ses véritables sentiments.

Kurasawa se penche vers lui :

— Aviez-vous de l'aversion pour Rina Satō ? Est-ce pour cela que vous l'avez repoussée au début ?

— J'ai essayé.

— Ce n'était pas « dangereux » ? Ce n'était pas contraire à vos instincts ?

Kaitarō sourit.

— C'était contraire au bon sens et à mes instructions, oui. Mais pas à mes instincts. (Il se tait un instant.) J'ai rempli plusieurs missions. Certaines personnes en manque d'affection cherchent à mettre un peu de piment dans leur vie. D'autres veulent abdiquer la responsabilité de leurs choix, par exemple pour apaiser un traumatisme affectif. La clé, c'est d'être professionnel, de maintenir une distance entre soi et le rôle qu'on joue. On s'y prend comme pour n'importe quelle stratégie sociale. J'avais du succès. J'en tirais une certaine satisfaction.

— Cela affectait-il votre vie personnelle ? demande Kurosawa.

Kaitarō sourit à nouveau.

— Je n'avais pas de vie personnelle, et au début, je n'en avais pas besoin. Je m'essayais à toutes sortes de personnages pour voir s'ils m'allaient, je m'imposais des défis, mais au bout d'un moment, ce qui m'avait paru nouveau et intéressant est devenu épuisant. Il faut beaucoup d'énergie pour sortir de sa propre peau, pour apprendre à devenir quelqu'un d'autre.

— Alors vous n'aimiez personne, et personne ne vous aimait.

Kaitarō soupire.

— C'est le cas de beaucoup d'agents. Ils finissent par se méfier des autres, ils deviennent incapables de faire confiance. Si l'on ne peut pas faire confiance, comment aimer ? Ces agents finissent seuls. Mais on n'est pas censé être seul dans la vie, n'est-ce pas ?

— Alors vous vouliez une compagne ?

— Je voulais être moi-même.

— Cette mission tombait donc à pic ? Lorsque vous avez rencontré Rina, vous ressentiez le besoin de changer de vie ?

— Non ! (Kaitarō se penche vers le procureur.) Je sais ce que je ressentais. Accordez-moi au moins ça.

— Il fallait que je pose la question. C'est ce que la plupart des gens s'imagineront : qu'elle arrivait au bon moment pour vous.

— Ils se trompent.

Kurosawa reste silencieux. Il fait un geste vers le miroir sans tain au fond de la salle, pour demander un autre verre d'eau.

— Alors si ce n'était pas parce qu'elle est arrivée au bon moment, et que ce n'était pas parce que vous étiez épuisé, qu'est-ce qui a changé, pour vous ? Qu'est-ce qui était différent, dans cette mission ?

— Elle. Mieux j'apprenais à la connaître, plus je savais que c'était elle que j'avais toujours recherchée.

— Elle était belle ?

Kaitarō rit doucement.

— Très belle, à sa façon. Elle avait une force intérieure que j'admirais.

— Alors vous avez voulu la repousser ? Au début ?

— J'ai essayé. J'aurais voulu la connaître dans la vraie vie, pas par le travail. Mais plus je passais de temps avec elle… Nous étions faits l'un pour l'autre. Nous nous comprenions et je ne pouvais pas la laisser continuer à vivre la vie qu'elle menait.

Kaitarō se tait pendant qu'on pose un autre gobelet d'eau devant lui. Il adresse un petit sourire ironique à Kurosawa, pour lui montrer qu'il a remarqué qu'on le traite autrement, maintenant.

— Je me voyais en elle : nous étions assortis sur tous les points. Nous nous sommes battus l'un pour l'autre, nous avons trouvé le moyen d'être ensemble. Je lui faisais confiance comme je n'ai jamais fait confiance à qui que ce soit.

— Et elle, vous faisait-elle confiance ?

— Oui, répond Kaitarō d'une voix ferme.

— Et pour vous, c'était suffisant ?

— Je l'espérais.

— Alors ce n'était pas qu'une dupe ? demande Kurosawa en plaçant une photo devant lui.

Elle représente Rina dans le marché nocturne ; elle est sur le point de lancer une pomme en l'air.

— Non, répond Kaitarō en effleurant la photo d'un doigt. Ce n'était pas une dupe.

Seule dans ma chambre, je songeai aux causes et aux effets. Les juges peuvent être chargés de plus de deux cents affaires à la fois, et dans la majorité des cas, les accusés plaident coupable ; leurs aveux sont rédigés et signés. La tâche des juges est de déterminer le degré de culpabilité, de déceler la vérité et d'appliquer une peine qui corrigera et réformera le coupable. Et ils doivent le faire rapidement, car la vitesse à laquelle ils traitent leur charge de travail affecte leur rang, leurs chances de promotion, leur avenir. Leur compétence se mesure au nombre de dossiers dont ils se chargent, et ils ne peuvent pas se permettre de s'attarder sur une affaire.

Je n'avais pas cherché à connaître la peine de Kaitarō Nakamura, et je fus frustrée de découvrir qu'elle ne figurait pas dans le dossier. Au lieu de cela, je trouvai une liste manuscrite des issues possibles de son procès. Elles allaient de diverses formes d'incarcération à la peine de mort. J'avais supposé qu'on le condamnerait à une peine de prison, car il était rare qu'on inflige la peine capitale à un coupable n'ayant commis qu'un seul homicide, et pourtant Yurie Kagashima avait inscrit un astérisque à côté de cette dernière option, comme s'il fallait qu'elle y prenne garde et qu'elle défende l'existence même de son client. Le seul indice dont je disposais était l'horaire de ses deux jours d'audience – le premier pour que son affaire soit exposée, le second pour qu'il reçoive sa peine. J'en déduisais donc que les juges, quelle que soit la peine prononcée, n'avaient pas mis longtemps à trancher.

Une fois de plus, mes pensées revinrent aux documents étalés sur la table de la salle à manger, en bas, à cette empreinte de chaussure mentionnée sur le lieu du crime et l'analyse ADN de l'autopsie de ma mère. La salive retrouvée sur sa peau suggérait qu'elle avait été en contact avec une autre personne peu avant sa mort. Je me rappelais cette phrase tout en songeant à Kaitarō Nakamura et à sa condamnation ; à tous ceux qui étaient là, le jour où ma mère est morte et à tous les choix qui peuvent mettre un terme à une vie.

Rina et Kaitarō

Noir sur blanc

Rina était seule, debout devant la fenêtre. Le sol en marbre du salon était froid sous ses pieds nus et lui glaçait le sang. Elle se pencha pour appuyer son front contre la vitre en le faisant rouler d'un côté à l'autre, laissant la trace de sa peau tiède. Sa migraine était si forte que la douleur s'était répandue dans tout son corps. Elle avait beaucoup bu la veille, mais elle savait que ce n'était pas la raison de son malaise. Rina appuya le visage plus fort encore contre la fenêtre. Même si elle avait pu s'enrouler dans le congélateur là, tout de suite, se glisser entre les étagères, le froid n'aurait pas pu la soulager. Elle éprouverait encore cette douleur lancinante, cette pulsation derrière les yeux qui l'empêchait de voir.

Il était parti. Elle avait fait son choix. Mais maintenant, il ne lui restait plus rien. C'était comme si la lente érosion de son être avait repris son cours. Cette fois, rien ne pourrait plus l'arrêter. Cette impuissance, c'était elle qui l'avait choisie.

Rina se retourna et pressa les pouces contre ses yeux. Elle se revit au gala, quelques soirs auparavant, devant les pics à cocktail abandonnés, un verre de vin à la main. Elle se rappelait Sumiko, blottie contre elle dans la voiture, nichant son petit visage contre son flanc, puis s'écartant un peu, rebutée par l'odeur de sueur et d'alcool. Rina se rappelait la lourdeur de ses membres, la désolation qui s'y répandait, et, enfin, le mépris de Satō lorsqu'il l'avait regardée chez eux, à cause des jouets qui jonchaient le sol ; la façon dont il avait aboyé sur Sumiko.

Bien des années auparavant, elle avait accepté tout cela. Elle venait de refaire le même choix. Ouvrant les yeux, Rina aperçut la table de la salle à manger ; un cadeau de mariage. En contemplant sa surface noire et luisante, Rina s'y revit un instant, jeune mariée. Elle avait disposé plusieurs feuilles de papier de soie colorées sur la table devant elle, et les découpait pour former des carrés parfaits. Depuis le couloir, elle entendait le babillage joyeux de Sumiko qui jouait dans sa chambre. Rina chantonnait doucement, en jeune mère avec une enfant aux joues roses, en pleine santé. Lorsqu'elle tendit la main vers une boîte de bonbons, elle devina la présence de Satō derrière elle. Elle se figea lorsqu'il la prit par les épaules. Quand elle sentit ses lèvres sur sa nuque, elle tressaillit – c'était un mouvement minuscule, mais il l'avait perçu. Il fit glisser ses mains pour effleurer les seins de Rina, qui se força à rester immobile.

Elle gardait la tête baissée vers la table, mais Satō se contenta de rire et de tirer une chaise pour se joindre à elle. Rina tendit à nouveau la main pour prendre la boîte de bonbons et la posa au milieu de feuilles de papier de soie. La cellophane couina sous ses doigts lorsqu'elle tira dessus pour bien emballer la boîte. Elle fixa un côté du papier de soie avec du scotch puis le replia pour que le scotch ne soit pas visible. Satō restait assis sans bouger, en souriant si ostensiblement qu'il attira son attention :

— Qu'est-ce qui te fait sourire ?

— Toi. Tu es tellement intense.

— Je veux que ce cadeau pour Yoshi soit joliment emballé, dit-elle en désignant la boîte d'un signe de tête.

— Tu es une drôle de petite chose.

Rina haussa un sourcil interrogateur. Elle ne s'était jamais vue ainsi.

— Tu ne trouves pas ? insista-t-il. Tu ne te trouves pas drôle ?

Rina ne répondit rien, se contentant de lui adresser un petit sourire.

— Mais je parie que tu te battrais.

À ces mots, Rina leva les yeux. Elle le regarda en face, sans sourire.

— Si tu étais acculée, reprit-il.

Rina posa la boîte sans prendre garde aux couches de papier coloré qui retombaient d'un côté. Elle regarda par-delà son mari, vers sa chambre noire, maintenant transformée en remise ; son ancienne vie recouverte de poussière. Satō prit sa main et lui caressa les doigts.

— Tu es toujours lumineuse et posée, dit-il. (Rina fronça les sourcils.) Mais au fond de toi, c'est différent.

Rina fit mine de se lever ; elle aurait voulu arracher sa main à la poigne de Satō et lui dire de la laisser tranquille, mais elle n'en fit rien.

— Tu es forte, dit-il d'une voix égale. Quand tu te concentres, ça se lit sur tes traits.

Lentement, Rina retira sa main. Elle ouvrit la bouche pour plaisanter, mais à cet instant, elle vit tous les choix qu'elle avait faits, pour en arriver là. Elle se demanda si elle était vraiment aussi forte qu'il le prétendait.

— Allez, dépêche-toi, dit Satō en désignant le papier cadeau. Il faut qu'on y aille.

En repensant à cette conversation, Rina se demanda s'il disait vrai. Jeune fille, lorsqu'ils s'étaient rencontrés, elle était lumineuse comme on peut l'être à cet âge-là, avant qu'on ait pris des décisions et perdu des opportunités. Elle ne le serait jamais plus, mais de toute façon, Satō l'avait sans doute percée à jour dès le début ; il avait deviné que derrière la jeune fille se cachait une femme, une combattante.

Rina releva la tête. Elle ne pouvait pas lui en vouloir entièrement. Elle n'avait pas été une épouse parfaite, ni même peut-être une bonne épouse. Elle aurait dû savoir que les buts et les rêves de Satō ne compenseraient jamais la perte des siens. Il aurait mieux valu se marier les yeux ouverts, mais quoi qu'il en soit, ce qu'elle vivait aujourd'hui, elle l'avait choisi. Cela, c'était Kai qui le lui avait donné. Même si Rina ne brisait pas sa famille, elle n'était pas obligée de refaire les mêmes erreurs. Pour sa fille et pour elle-même, peut-être pour eux trois, elle pouvait reprendre sa vie en main. Traversant le salon, elle sentit sa migraine s'apaiser lorsqu'elle ouvrit la porte de son ancienne chambre noire. Elle la dégagerait et y trouverait à nouveau sa place. Enjambant une raquette de tennis brisée et plusieurs paires de chaussures de Satō, elle souleva la première boîte.

Au début, elle crut que le formulaire était rose. Mais non. Le papier était blanc. Dans son état de choc, les rangées de caractères rouges s'étaient embrouillées, emmêlées, jusqu'à former une surface rose interrompue par des carrés verts. Rina baissa à nouveau les yeux vers ce formulaire, posé sur le dessus d'une boîte. Son cœur battait, battait, battait… Elle tendit la main, puis la retira ; certains documents sont trop empoisonnés pour qu'on les touche.

Longtemps, ce fut surtout l'aspect du formulaire que Rina se rappela. Le symbole de tout ce qu'elle redoutait était joli. Ces kanjis rouges, ces rectangles verts à remplir, l'espace au bas de la page pour qu'elle et Satō y apposent leurs sceaux personnels. Lorsqu'un acte aussi grave peut se cacher derrière une façade aux couleurs si raffinées, qu'est-ce que cela révèle du caractère d'une nation ?

Rina songea aux mascottes de chaque institution publique : au phoque blanc avec une casquette de capitaine et une casaque bleue peint sur tous les phares de la préfecture de Shizuoka, symbole de sécurité proclamant le succès de la garde côtière et faisant oublier les corps de ceux qui n'avaient pas survécu à la mer ; à Pipo, la souris orange dodue de la police de Tokyo, dont le nom même symbolisait les rapports harmonieux entre le peuple et la police. Et pourtant, les policiers et leur mascotte avaient beau être joviaux, leurs armes avaient beau être soigneusement attachées à leurs uniformes – comme des mitaines, pour qu'ils ne les oublient pas –, ces armes étaient bien réelles, et les balles qu'elles contenaient aussi. La peine de mort était toujours appliquée au Japon, et ses prisons regorgeaient de gens dont il aurait mieux valu ne pas croiser le chemin. À tout instant, chaque agent de police pouvait faire entrer la peur et la douleur dans la vie de chacun. Il en allait de même pour les formulaires, songea Rina en s'asseyant par terre, la liasse de papiers entre les mains. Telle était la nature humaine.

Jeune fille, lorsqu'elle vivait à Meguro, Rina était incapable de rester en place. Quoi qu'elle fasse, il fallait qu'elle bouge. Elle avait souvent discuté de dossiers avec son père tout en faisant les cent pas. La première fois qu'elle lui avait annoncé qu'elle voulait abandonner ses études, ils avaient tourné autour de son bureau, comme des chiens. Mais maintenant, sa vie lui pesait. Sa solitude était trop lourde et l'entraînait vers le fond : elle ne pouvait plus que rester assise, par terre, la tête contre les genoux.

Rina regarda à nouveau les papiers. Le formulaire n'était que partiellement rempli. Satō avait renseigné son nom et le sien, avec leur adresse et les numéros de leurs cartes d'identité, et il avait également encerclé l'option qui déclarait que le couple souhaitait un kyogi-rikon – un divorce par consentement mutuel. Il y avait une case où on devait noter les termes de la séparation, mais elle n'était pas renseignée, pas plus que les autres sections, sauf une, présente dans tous les formulaires de divorce au Japon – une case précisant quel parent obtiendrait la garde exclusive des enfants.

Là, au crayon, comme s'il s'agissait d'un brouillon, Satō avait tracé un petit gribouillis vertical, un point d'interrogation qui déterminerait la vie de Sumiko. Ce point d'interrogation tira aussitôt Rina de son état de choc. Elle se releva d'un bond, son sang bouillant de colère. En se levant, elle prit le formulaire et remarqua qu'en dessous, il y avait une autre liasse de papiers blancs de haute qualité.

L'emblème du Tribunal familial de Tokyo figurait sur l'en-tête ; en dessous, une série d'instructions étaient écrites en paragraphes serrés. Il ne s'agissait pas là d'un formulaire de divorce obtenu à la mairie ; il n'y avait pas de cases à remplir ni d'espace pour inscrire une convention entre les parties. Il s'agissait d'un formulaire juridique uniquement destiné à Satō, l'époux qui demandait le divorce, affaire qu'il s'assurerait de gagner.

Ce formulaire contenait un tableau exposant les raisons pour lesquelles le maintien de la vie conjugale était devenu impossible. De grosses lettres noires indiquaient d'encercler toutes les raisons qui s'appliquaient. Ici, Satō avait utilisé un stylo, s'exprimant de façon claire et nette, comme il ne l'avait jamais fait avec elle. Il avait encerclé un mot plusieurs fois en noir : adultère.

Lentement, Rina ouvrit les doigts et les papiers s'éparpillèrent par terre. Il sait, se dit-elle, et il veut me prendre mon enfant.

Rina retourna dans le salon. Elle était environnée par la vie qu'elle avait vécue, mais ce paysage familier s'était transformé. Ce que Satō suggérait était terrifiant. Elle connaissait des couples qui avaient été obligés d'en passer par le tribunal. Le système déterminait qui était l'époux fautif ; il l'éventrait pour étaler sa honte aux yeux de tous. Depuis l'époque de ses études à Tōdai, Rina savait que de tels divorces pouvaient exiger des années de médiation avant de passer devant le tribunal familial. Les médiateurs, d'augustes citoyens de la circonscription du couple, formaient des jurys et analysaient le moindre détail de leur vie conjugale. Ils fouillaient tous les documents de leur vie. On avait beau se battre, donner sa version des faits, le résultat était toujours le même. Un seul parent conservait la garde des enfants, que l'autre ne reverrait sans doute jamais. La garde partagée est illégale, la loi est claire sur ce point : c'est écrit noir sur blanc.

Lors de sa deuxième année à Tōdai, Rina était devenue bénévole dans une ONG qui offrait des conseils juridiques gratuits. Là, elle avait rencontré plusieurs parents qui avaient été séparés de leurs enfants. Elle songea à leur désespoir, à leur isolement. Une fois que le divorce était prononcé et la garde des enfants décidée, les tribunaux considéraient que toute dispute relevait des « affaires familiales » et refusaient d'intervenir. Même lorsqu'il n'y avait aucun accord officiel et que l'un des parents s'emparait purement et simplement de l'enfant, ce parent était souvent favorisé.

Rina repensa aux gens qu'elle avait rencontrés, qui se rendaient parfois dans des préfectures éloignées pour traîner aux abords des écoles de leurs enfants, comme des corneilles, en espérant les apercevoir lorsque la cloche sonnait avant d'être chassés par un ex-époux furieux et par la police.

Elle avait vécu cela par procuration, mais l'idée que cela puisse lui arriver, à elle, réellement, dépassait son entendement. Elle se voyait en train d'attendre devant l'école de Sumi, peut-être à Nagoya ou plus loin encore. Elle aurait une photo dans la poche, écornée et plissée, datant d'un anniversaire passé. Elle resterait à côté du portail, en essayant de ne pas se faire remarquer. Puis, lorsque la cloche de l'école sonnerait, le battant résonnant contre le bronze, elle la verrait, sa petite fille, si différente de l'enfant sur la photo. Cette nouvelle Sumiko marcherait avec ses camarades en bavardant et en échangeant des bonbons. Rina tenterait d'attendre, mais tôt ou tard, elle serait incapable de s'empêcher de s'élancer vers sa fille. Sumi n'aurait pas revu sa mère depuis des années. Elle n'y comprendrait rien, et serait effrayée. Rina la vit reculer, un bonbon serré dans son poing tandis que Rina tremblait d'émotion, ce qui effraierait encore davantage Sumi. « Sumichan, tu ne te souviens pas ? Je suis ta maman. »

Horrifiée, Rina s'arracha à sa rêverie. Les larmes inondaient son visage. Elle posa les formulaires de divorce sur la table de la salle à manger et passa dans la cuisine. Elle pensait prendre un verre d'eau, mais elle aperçut la boîte bento panda de Sumiko sur l'égouttoir. Ce matin-là, Rina avait mis le déjeuner de Sumi dans la boîte ours pour pouvoir laver la boîte panda, qui était la préférée de sa fille. Le lendemain, Rina la remplirait de légumes colorés taillés en formes différentes, et de boules de riz gluant. Elle ne pouvait être séparée de sa fille, il ne pouvait pas lui rester que des bouts de papier et des rouleaux de pellicule, plutôt qu'une enfant qui vivait et respirait.

Elle retourna dans le salon et décrocha le téléphone, mais posa le récepteur aussitôt. Elle venait de se rappeler que les factures de téléphone pouvaient être déposées auprès des médiateurs et du tribunal, s'ajouter aux preuves que Satō devait déjà avoir accumulées contre elle. Prenant son trousseau de clés dans le coquillage rose à côté de la porte, elle sortit de l'appartement et dévala l'escalier sans attendre l'ascenseur. Elle passa en courant devant le portier et sortit de l'immeuble, pour s'arrêter devant une cabine téléphonique à quelques pâtés de maison de là.

Elle entendit le téléphone sonner une fois, deux fois, et puis il fut là :

— Oui ?

Rina tremblait. Elle regarda les gens qui passaient devant la cabine téléphonique, en se demandant si elle était observée.

— Tu es encore là. Dieu merci, tu es là.

Il eut un silence à l'autre bout de la ligne, mais elle poursuivit :

— Il veut divorcer.

— Quoi ?

La voix de Kaitarō résonna dans son oreille, présente, alerte.

— Rina, il te l'a dit ?

— J'ai trouvé les formulaires dans la remise. J'allais… Je voulais…

— Rina, dit Kaitarō d'une voix grave qui la rappela vers lui, vers la sécurité. Les a-t-il remplis ?

Au-dessus de sa tête, les feuilles tombaient des érables et des hêtres, ambre et vermillon. Les cerisiers avaient depuis longtemps perdu leurs fleurs ; leurs branches dénudées n'étaient plus que des brindilles noires oscillant dans le vent. Rina marchait d'un pas vif, ses talons claquant sur le béton d'Ueno Park. Elle parvint à l'intersection du chemin principal et le vit adossé contre un poteau téléphonique. Il hocha la tête et elle prit à droite, s'éloignant de lui. Au téléphone, il l'avait avertie que Satō avait pu engager des photographes. Il ne fallait pas qu'on les voie ensemble.

Rina traversa au feu rouge, ignorant les grognements indignés des autres piétons. Elle courut jusqu'aux grilles du musée national avant de ralentir. Devant elle, l'immense édifice carré la surplombait comme une forteresse. À l'intérieur, on pouvait admirer des paravents vieux de cinq cents ans représentant des courtisanes en train de regarder des feuilles d'automne, près d'instruments de musique dans des vitrines. Lorsqu'on les contemplait, on pouvait presque entendre le son métallique des shamisens sous la canopée de la forêt qui bruissait dans la brise.

Un groupe d'écolières pépiait sur les marches en attendant d'entrer ; l'une d'entre elles rit trop fort et son institutrice lui lança aussitôt un « chut ». La petite fille sourit derrière ses mains et ses camarades firent de même.

Rina s'éloigna du musée pour se diriger vers le jardin à sa droite. Il faisait un temps glacial. Sous le ciel couvert, l'eau du ruisseau qui courait sur les rochers vers un grand étang était noire. Il n'y avait pas de flâneurs ; il faisait trop froid. Elle consulta sa montre, un cadeau de son père, et s'avança plus avant dans le jardin, passant devant la maison de thé, au bord de l'étang. L'été, on s'en servait comme pavillon de thé, mais aujourd'hui tous les volets étaient fermés. Elle continua à suivre le sentier jusqu'à ce qu'elle ne puisse plus être vue depuis le musée, ne s'arrêtant que lorsqu'elle fut cachée par un bouquet d'arbres. Le vent chuchotait au-dessus de sa tête et faisait bruire les branches ; elle n'entendait que le bruit du ruisseau.

Elle trépignait, nerveuse, et s'était aventurée jusqu'au sentier lorsqu'elle l'aperçut. Sa veste était ouverte et ses cheveux volaient tant il courait vite.

— Je suis désolée, je suis tellement désolée…, fit-elle, mais il ne ralentit pas en s'avançant vers elle.

Son baiser n'était pas tendre. Elle y goûta la sueur, la peur et la faim. Elle entortilla les doigts dans ses cheveux ; il finit par lâcher sa bouche.

— Je suis désolée, répéta-t-elle en appuyant son front contre le sien.

— Je suis là.

Il n'avait pas à en dire davantage.

Il retira sa veste comme s'il allait l'étaler par terre pour elle, mais elle s'était déjà agenouillée dans l'herbe.

— Qu'est-ce que j'ai été stupide. J'ai…

— Tu n'es pas stupide, Rina.

— Tu crois ?

— Tu ne pouvais pas savoir.

— Je ne peux… je ne peux rien faire de bien.

Kaitarō s'assit près d'elle dans l'herbe.

— On peut nous voir d'ici ?

— Non, j'ai vérifié.

— Tu crois qu'il a engagé quelqu'un pour me suivre ?

— Je l'aurais repéré.

— Tu connais tous les détectives privés de la ville ?

— Il n'y a pas grand-chose qui m'échappe, Rina, dit Kaitarō.

La crânerie tranquille de cette affirmation la fit sourire.

— A-t-il cité la motivation de sa demande de divorce dans le formulaire ?

— Adultère, fit-elle d'une petite voix. Il a l'intention de me poursuivre et il a des motifs de le faire. (Elle se tut un instant et regarda Kaitarō.) Il sait, pour nous.

— Que gagnerait-il à faire un procès ?

— La garde de Sumiko, répondit Rina. Il pourra soutenir que je ne suis pas digne de l'élever, la ramener à Nagoya dans sa famille.

Kaitarō lui prit les mains :

— Rina, calme-toi. Il ne va pas te l'enlever. Qu'a-t-il d'autre à gagner s'il te fait un procès ?

— Il y a des dommages et intérêts, une amende à payer pour l'adultère, mais elle n'est pas très élevée.

Kaitarō marqua une pause.

— Lorsque Satō t'a épousée, a-t-il reçu de l'argent ? A-t-il bénéficié du réseau professionnel de ton père, emprunté du capital ?

— Comment le sais-tu ?

— C'est une supposition. Je me trompe ?

— Non, tu ne te trompes pas.

— A-t-il fait de mauvais investissements ? Il travaille pour des promoteurs immobiliers, n'est-ce pas ?

— Le prix de l'immobilier est en chute libre, murmura Rina. Il ne veut pas l'admettre (elle se retourna et se mordilla le bout du pouce). Mais je ne sais pas ce qu'il a acheté ou combien il a emprunté. Il refuse d'en discuter avec moi.

— Et Yoshi, il lui en aurait parlé ?

Rina secoua la tête.

— Il aurait eu trop honte…

— Et ?

— Et mon père me l'aurait dit, soupira Rina. À vrai dire, Kai, il s'attend à ce que je sois au courant de ce genre de chose, que je sache où va notre argent. Il ne me pardonnerait jamais…

— Laisse-moi enquêter sur sa situation, dit Kaitarō en lui reprenant les mains. Si nous comprenons ses motifs, nous pouvons prévoir un plan d'action.

Rina hocha la tête et expira lentement. Elle commençait à se calmer, à être de nouveau capable de pensées rationnelles.

— On peut se battre, n'est-ce pas, Kai ?

Lorsqu'il ne répondit rien, elle releva les yeux.

— Rina, j'ai quelque chose à t'avouer.

Elle fronça les sourcils ; la peur lui poignarda l'estomac. Les yeux de Kaitarō étaient sombres, plus sombres qu'elle ne les avait jamais vus.

— Rina, je le connais.

— Quoi ?

— Je l'ai filé.

Kaitarō leva les mains comme pour se défendre lorsque Rina se leva d'un bond.

— Qu'as-tu fait ?

— Rina, il le fallait.

— Il fallait que tu files mon mari ?

Il se releva à son tour et tendit les mains vers elle, suppliant.

— Non. Non ! Je… Il fallait que je sache pour qui tu me quittais. Je ne lui faisais pas confiance. Il aurait pu te faire du mal.

— Alors tu savais ? lui demanda-t-elle tandis que l'horreur de cette information gagnait lentement son esprit. Tu savais, pour le divorce ?

Elle criait presque. Kaitarō inspira brusquement. Il y eut une pause, une fraction de pause.

— Tu savais ?

— Non, répondit Kaitarō. Mais il a quelqu'un à Nagoya.

— Ah.

Rina se tut un moment avant d'ajouter platement :

— C'est sa ville natale.

— Rina…

Kaitarō s'apprêtait à la prendre dans ses bras, mais quelque chose, dans l'expression de Rina, l'arrêta. À son tour, elle vit sa propre douleur se refléter dans les yeux de Kai, et se détourna.

Elle tenta de se concentrer sur sa respiration, mais elle ne pensait qu'à sa stupidité, à sa culpabilité. Elle n'était pas la seule à mener une double vie. C'était pourtant évident.

— Il y a plusieurs années, un soir où il était ivre, Satō m'a parlé d'une fille qu'il avait aimée au lycée, dit-elle lentement.

Elle était plus jolie que moi et plus amusante, mais sa famille à lui n'approuvait pas son choix et il avait dû renoncer à elle. Elle s'appelait Naoko, je crois.

À ces mots, Rina jeta un coup d'œil à Kaitarō :

— C'est elle ? Ou suis-je trop naïve ? Bêtement romantique ?

Lorsque Kaitarō ne répondit rien, Rina se frotta les bras à travers son manteau en s'étreignant.

— Tu ne me mentirais jamais, Kai, n'est-ce pas ? chuchota-t-elle.

— Non.

Elle devina, à sa voix dure et heurtée, à quel point il détestait la malhonnêteté. Un vague d'humiliation la submergea.

— Tout est ma faute. J'aurais dû savoir et… (Elle jeta à nouveau un coup d'œil à Kaitarō.) J'ai été une mauvaise épouse.

— Non, Rina ! S'il te plaît. Rien n'est ta faute.

Elle s'assit dans l'herbe et Kaitarō la rejoignit. Cette fois il l'attira contre lui pour l'envelopper de ses bras.

— Je ne suis qu'une idiote. Qu'est-ce que tu peux bien me trouver ?

— Tout, dit-il simplement.

Rina le regarda, certaine que sa vulnérabilité était évidente, car il grimaça en voyant son expression.

— Pourquoi ne m'as-tu pas parlé de tout ça ? demanda-t-elle doucement.

Kaitarō secoua la tête.

— Je ne te mérite pas, Rina, vraiment, et je…

Il baissa un moment la tête avant de la regarder enfin dans les yeux :

— Je voulais que tu me choisisses… pour moi-même.

— C'est toi que je choisis, dit-elle doucement. Tu le sais sûrement. Tu ne l'as pas senti l'autre soir au gala ? Je t'ai toujours voulu. Mais je me sentais tenue…

Son regard parcourut le visage de Kaitarō, de la ride entre ses sourcils à la ligne de sa bouche et à la barbe de fin d'après-midi qui ombrait ses joues. Il déglutit et prit son visage entre ses mains.

— Ce n'est pas parce que j'ai des ennuis que je t'ai rappelé, reprit-elle.

— Rina, je sais…

— Non, coupa-t-elle. Tu ne sais pas. Moi, je sais que j'ai privilégié d'autres personnes, plutôt que nous. Mais en fin de compte je dois être profondément égoïste, parce qu'après Sumi, je ne veux qu'une chose au monde : toi.

Elle le vit esquisser un sourire.

— Tu peux encore m'aimer, même si je ne suis pas courageuse ?

Le sourire de Kaitarō s'élargit et il acquiesça.

Rina posa la tête sur son épaule et se blottit contre lui. Il lui renversa le visage pour l'embrasser sur la bouche.

— Après ma relation avec Satō, dit-elle, il faut que je puisse croire que toutes les relations ne sont pas pareilles, pleines de mesquineries et de trahisons.

— Pas nous.

Rina prit sa main en allongeant ses longs doigts fins entre les siens.

— Pas nous ?

— Non, dit-il en lui embrassant la paume.

Un moment, Rina hésita, puis elle le regarda.

— Parfois, je me demandais ce que serait ma vie si nous étions mariés, mais maintenant, je ne sais plus…

— Je prendrai ce que tu peux me donner.

Dans le silence qui suivit, elle comprit que c'était vrai. Rina sourit lorsqu'il la souleva pour l'asseoir sur ses genoux et entoura son cou de ses bras.

— Si quelqu'un nous prend en photo, on est fichus, dit-il.

Ils éclatèrent de rire, et leur tension se dissipa, se mêlant à la brise. Ils restèrent silencieux un moment en regardant le vent souffler entre les arbres pour monter dans l'immensité du ciel.

— Ce procès, c'est une menace, c'est tout. Il ne t'enlèvera pas Sumi, reprit Kaitarō. Il veut que tu prennes peur à la perspective d'affronter des médiateurs et un juge imprévisible.

Il rajusta sa position pour s'assurer qu'elle était à l'aise. Rina haussa un sourcil.

— Où as-tu étudié le droit ? le taquina-t-elle, mais elle posa à nouveau la tête sur son épaule, comme pour reconnaître qu'il avait raison.

— Satō cherche un accord, un divorce par conciliation, mais à ses conditions.

Rina leva les yeux vers lui.

— La garde de Sumiko ?

Kaitarō grimaça.

— Comme monnaie d'échange. Ce que tu aimes le plus au monde.

Rina hocha la tête. Elle lui prit la main ; leurs doigts s'entrelacèrent.

— J'ai des preuves contre lui, dit posément Kaitarō en se taisant un moment pour laisser Rina digérer cette information. Je te les donnerai. Utilise-les et offre-lui un règlement financier. S'il y trouve son avantage, il optera pour un divorce à l'amiable. (Il lui caressa doucement la joue pour effacer la tension de son visage). On s'en sortira…

— Kai, tu ne comptes pas contacter Satō toi-même, j'espère ? Cette histoire, c'est entre lui et moi.

Il hocha la tête.

— Fais-moi confiance, Rina. Nous obtiendrons la garde de Sumiko.

Elle s'appuya contre lui, mais sans sourire.

— Je regrette, dit-elle au bout d'un moment. Je regrette la façon dont je t'ai traité. (Il resserra ses bras autour d'elle et elle pressa son visage contre son cou.) Je regrette de te mêler à tout ça.

— Ça va s'arranger.

— Tu… tu rentres toujours à Hokkaido ?

Kai s'écarta un peu pour la regarder dans les yeux.

— Je peux venir avec toi ? demanda-t-elle, en écho à ses paroles à Shimoda.

Il haussa un sourcil. Rina prit son visage entre ses mains.

— Je parle sérieusement, dit-elle.

Soudain, il sourit, et elle sourit à son tour. Il s'inclina pour l'embrasser sur la bouche. Lorsqu'ils se séparèrent, ce ne fut que d'une fraction.

— Ce qu'il reste de moi est à toi, chuchota-t-il, et elle sourit, soulagée, radieuse.

Rina consulta sa montre en quittant le parc. Elle devait passer prendre Sumiko et elle était en retard. Depuis un an elle était toujours en retard, mais désormais, elle allait tout arranger. Sumiko était à son cours de tir à l'arc, à quelques pas de son école. Rina imagina sa fille en tête de file, son souffle se transformant en bouffées de vapeur dans le dōjō sans chauffage. Ses petits pieds dans leurs socquettes blanches bien à plat sur le parquet en bois glacial tandis qu'elle tendait l'arc. Rina sourit. Sumi se passionnait pour tout ce qu'elle faisait ; on lui avait déjà permis de passer au gant et à la flèche.

Rina vit sa fille avancer d'un pas pour tirer sur l'arc, corrigeant sa posture, redressant son dos pour qu'il forme une ligne droite de ses fines épaules à ses pieds. Elle inspirait lentement en se concentrant sur chaque souffle, aspirant l'air en élevant l'arc au-dessus de sa tête avant de l'abaisser et de tirer sur la corde jusqu'à son oreille. Les doigts de son gant en daim effleurèrent sa joue. On n'entendait que le tic-tac de l'horloge quand elle leva les yeux vers la cible et lâcha la flèche, assurée et sereine, comme elle devait l'être.

Se dirigeant vers le métro, Rina scruta les magasins et les épiceries sous leurs néons. Yoshi l'avait invitée à dîner avec Sumi, mais maintenant, Rina ne supportait plus cette perspective. Elle passerait prendre Sumiko et elles iraient manger des donuts aux haricots rouges. Ensuite, Rina ferait du crabe avec du tōfu et des petits oignons et apprendrait à Sumi à préparer la recette. Elle adorait cuisiner avec sa mère. Elle l'observait attentivement quand Rina tranchait les pommes de terre à toute vitesse pour lui faire son gratin préféré le dimanche, en s'exclamant : « C'est mon tour, c'est mon tour ! »

Rina déglutit douloureusement, aveuglée par les lumières du métro, et une fois de plus, la peur monta en elle. Même avec l'aide de Kai, elle savait qu'elle courait le risque de perdre sa fille.

Sumiko

Possession

Je me rappelle ce que c'était, que d'avoir mes deux parents à la maison. Le soir, je pouvais les entendre dans la cuisine en train de manger des nouilles udon ou des fondues, ou alors le porc braisé aux choux que mon père aimait se faire préparer par ma mère. Mon père rentrait dîner à l'époque, et même si c'était tard, maman avait toujours quelque chose de prêt pour lui. Elle cuisinait d'ailleurs une variété de plats, dont un à la viande, en plus de la soupe et de la salade. Je les entendais discuter dans la cuisine ; parfois mon père regardait le JT sur le petit téléviseur, mais leurs voix, douces et calmes, en couvraient le son. J'étais presque toujours couchée lorsqu'il rentrait. Dans l'obscurité de ma chambre, je regardais les lumières de la ville, tamisées par les rideaux. En m'assoupissant, je contemplais cette lumière ; bercée par le ronronnement du radiateur et les voix de mes parents, je m'endormais.

Quand j'ai grandi, mon père s'est mis à rentrer de plus en plus tard et ma mère ne s'est plus donné la peine de lui préparer ses repas. Elle arrêta de lui faire des plats en fin de soirée et se mit à lui laisser une grosse portion de ce qu'elle et moi avions mangé plus tôt. Puis, elle passa aux bento konbini achetés en supérette, aux boulettes de riz avec du thé vert froid, et enfin une portion de ramen instantané à côté de la bouilloire.

Parfois, quand je m'éveillais la nuit, tout me semblait anormalement tranquille. J'entendais le déclic du verrou de la porte, et un vide s'immisçait dans l'appartement. Puis j'entendais ma mère marcher d'une pièce à l'autre, tirer les rideaux, éteindre les lumières ; dans le salon, la télé allumée, très bas. Je l'imagine jetant un coup d'œil vers ma chambre pour voir si le son me dérangeait, mais au bout de quelques minutes, si je ne l'appelais pas et que je n'ouvrais pas la porte, ma mère montait le volume jusqu'à ce qu'il se transforme en vacarme, comme si elle ne voulait rien entendre que ce bruit, aucun son du monde extérieur.

Certains soirs, elle ne regardait pas la télé, mais elle ne dormait pas non plus. Elle n'arrêtait pas de marcher dans l'appartement. Après avoir vérifié les verrous et les fenêtres, sûre que notre foyer était bien gardé, elle s'arrêtait devant la porte de ma chambre et l'entrouvrait de quelques centimètres pour ne pas me réveiller. J'espérais ces moments, même si, lorsque je l'entendais et que j'apercevais le mince rai de lumière tomber sur mon lit, je fermais toujours bien fort les paupières pour faire semblant de dormir.

Une nuit, elle entra dans ma chambre. Je l'entendis ouvrir la porte et sentis sa main sur ma tête, son baiser sur ma joue. Je lui souris et elle se glissa dans mon lit à côté de moi. Je gloussai lorsqu'elle se colla contre moi, mais elle ne souriait pas en me serrant contre elle. Elle me prit dans ses bras et enfouit son visage dans mon cou. Elle tremblait, je sentais sa sueur, l'odeur âcre de la peur. Je sentais une énergie sauvage la parcourir comme un courant électrique, même si elle tentait de l'apaiser. Elle m'embrassa sur la joue, le front, les cheveux.

— Tout va bien, dit-elle. Tout va bien.

Ce fut la dernière nuit que je passai à Ebisu.

Maintenant, je sais pourquoi elle avait peur. Même de nos jours, lors de toute séparation, l'un des parents doit accepter de perdre ses enfants. Ils peuvent prendre cette décision à deux, ou bien c'est un juge qui n'a jamais rencontré leur enfant qui s'en chargera.

Le principe qui fonde cette pratique est la conviction que des parents divorcés seront incapables de coopérer ou d'agir de concert pour le bien de leur enfant. On n'en accorde donc la garde qu'à un seul, le meilleur des deux selon le tribunal.

Mais on a tout de même le choix. Dans le bref intervalle entre l'acrimonie et la procédure judiciaire, les parents peuvent s'entendre en privé et de manière officieuse pour que l'un d'entre eux ait la garde des enfants, mais que l'autre conserve des droits de visite. Dans ces cas, un enfant peut grandir en ayant à la fois son père et sa mère dans sa vie. Ce qui suppose évidemment que les deux parents continuent à se faire confiance. Les parties doivent se mettre d'accord pour placer l'intérêt de l'enfant au-dessus de nouveaux postes, de nouveaux foyers, de nouveaux partenaires, de vieilles rancœurs, et c'est là que tout s'écroule.

Les gens sont gouvernés par leurs désirs ; ils feraient presque n'importe quoi pour parvenir à leurs fins. Un époux qui se lasse de son ex peut partir s'installer dans une préfecture différente, voire à l'étranger. Même s'il reste à proximité, il peut faire en sorte que son ex n'ait aucune possibilité de voir l'enfant – sous prétexte de maladie, de rendez-vous ou de départs en week-end. Les accords conclus en privé ne sont pas exécutoires, et souvent, il ne reste rien, ni recours légal ni possibilité de représailles, à l'autre époux.

Pour cette raison, chaque séparation ne se résume en fin de compte qu'à une seule chose : la possession physique de l'enfant. Les tribunaux y accordent une grande valeur, donc dans les affaires où toute résolution à l'amiable s'avère impossible, la lutte pour cette possession commence très tôt. Les grands-parents peuvent s'en mêler et cacher l'enfant : tout est bon pour s'assurer que l'une des parties ait la garde. Pendant qu'elle me tenait dans ses bras à Ebisu en attendant les informations de Kaitarō sur mon père, ma mère devait se dire qu'elle jouait sa dernière carte. Le lendemain, elle m'emmenait chez grand-papa.

Je me rappelle qu'en arrivant à la maison de Meguro avec son allée aux pavés verts, je croyais que j'allais là pour jouer ; dans une heure ou deux, maman passerait me prendre pour me ramener à la maison. Ce ne fut qu'au moment où elle me caressa le visage et que je vis ses larmes, la façon dont elle clignait des yeux, que je compris que ce soir-là, elle ne viendrait peut-être pas m'embrasser avant que je m'endorme.

— Sumiko.

Elle cala Tora, mon tigre blanc, entre nous et me serra contre elle. Je m'agrippai à elle en soufflant dans son cou :

— Maman.

— Je suis là, dit-elle alors que je me mettais à sangloter. Je suis là. Nous serons bientôt réunies.

Elle sortit son mouchoir et essuya mon visage, puis le sien, avant qu'on puisse nous surprendre.

— On ne pleure plus, maintenant. Nous sommes des Sarashima !

Je restai clouée sur place à la regarder s'éloigner ; les galets qui bordaient l'allée luisaient sous la pluie.

D'une certaine façon, j'ai eu de la chance. Ma mère, pendant le peu de temps qu'elle a été avec moi, puis mon grand-père m'ont élevée avec le plus grand soin. Mais notre histoire a tant de facettes que je n'en connaîtrai sans doute jamais la totalité. Je ne saurai jamais si mon père m'aimait : je ne saurai jamais si j'étais un fardeau pour lui, un pion, ou une enfant. Je ne saurai jamais à quoi pensait ma mère lorsqu'elle m'a quittée ce jour-là. Je ne saurai jamais vraiment ce qu'elle a dû affronter ou le prix qu'elle a dû payer.

Seule à Meguro, dans la maison où nous avons toutes deux grandi, les pièces même semblent faire écho à son absence. Au début de mon enquête, je ne recherchais que les faits. Chaque détail devait parler de lui-même. Mais plus je lisais le dossier, plus mes souvenirs de la dernière année de ma mère remontaient à la surface. Des heures durant, je les revivais en oubliant les documents sous mes yeux.

Un matin, alors que l'horloge de la salle à manger sonnait l'heure, je jetai un coup d'œil au calendrier posé sur le buffet et calculai les jours. Grand-papa était parti pour Hakone depuis plus d'une semaine et il rentrerait bientôt à la maison. Si je voulais comprendre ce qui s'était réellement produit, si je voulais travailler sans son interférence, je devais me hâter.

J'étais une fois de plus en train de scruter les pages étalées devant moi lorsqu'on sonna à la porte. C'était le facteur qui avait un colis pour moi. J'emportai le courrier dans le bureau de grand-papa et le posai sur son bureau machinalement, en allumant la lampe. Il y avait des factures et une grande enveloppe qui contenait, je le savais, mon contrat chez Nomura & Higashino, qui attendait ma signature et mon sceau. Je n'avais pas le courage d'y penser pour l'instant, et je mis l'enveloppe de côté. Le colis contenait une petite boîte noire. Je m'arrêtai un moment. Je m'étais si profondément plongée dans la façon dont la loi s'appliquait à la vie de ma mère et dont elle n'avait su la protéger, que j'en avais oublié qu'elle s'appliquait aussi à moi. Je fus donc prise au dépourvu lorsqu'arriva enfin le jour pour lequel je m'étais préparée depuis des années.

Je restai longtemps assise à fixer la boîte avant de l'ouvrir. Ce que j'y découvris, posé sur du velours bleu, était mon insigne d'avocat. Je le tournai vers la lumière de la lampe, qui fit scintiller l'or, illuminant les pétales finement gravés d'un tournesol dont le cœur était une balance, emblèmes de la liberté et de la justice pour tous.

Je retournai l'insigne pour lire mon numéro d'immatriculation personnel gravé au revers. Ces insignes sont des symboles, non seulement de la loi, mais aussi du pouvoir. Ils appartiennent à la Fédération des associations du barreau du Japon, et leurs détenteurs sont à la fois honorables et qualifiés. Si l'on est inculpé d'un crime, rayé du barreau, qu'on déclare faillite ou qu'on décède, l'insigne doit être rendu.

Si on le perd, un nouveau est émis, sur lequel on indique qu'il s'agit du deuxième ou du troisième insigne – à la fois pour faire honte à son détenteur, et en guise d'avertissement. C'est dans le Kanpo, le journal officiel du gouvernement, que sont publiées les petites annonces concernant les insignes perdus, de sorte que cette honte soit connue de tous. Il ne faut en aucun cas abuser du pouvoir et de l'autorité conférés par ces symboles, et il faut faire respecter la loi à tout prix.

Pourtant, en regardant mon insigne dans le bureau de mon grand-père, assise dans le fauteuil où j'avais projeté ma carrière, je me rendis compte que mon rapport à la loi avait changé. Certains avocats perdent très vite leurs illusions, j'en connaissais quelques-uns, mais moi, avec mes espoirs et mon énergie, je m'étais imaginé que si jamais cela m'arrivait, ce serait dans très longtemps. Maintenant, je m'interrogeais sur les limites de la loi et sur son efficacité. La loi n'avait pas aidé ma mère, elle n'avait fait que la piéger et la mettre en danger. Elle ne m'avait pas aidée. La loi, telle que j'apprenais à la connaître, ne protégeait pas. Elle ne réconciliait ni ne réparait.

Lorsque ma mère m'avait emmenée vivre chez grand-papa tant d'années auparavant, j'en avais été si bouleversée qu'il avait décidé de m'emmener loin de Tokyo pour un certain temps. Triste parodie de nos vacances d'été, nous étions allés dans notre maison de Shimoda et c'est là, près de la mer et des forêts de la péninsule d'Izu, que j'attendis d'apprendre de mes parents le sort qu'ils me réservaient.

Contemplant l'insigne pour lequel j'ai tant travaillé, je le retourne lentement entre mes mains. Puis je le pose sur le bureau et d'une pichenette, je le fais tournoyer comme une toupie.

Basculement

Je cheminais dans la forêt. Les insectes restaient silencieux. Ni sifflement ni coassement ne se faisaient entendre au-dessus du gazouillement des ruisseaux qui parcourent la péninsule. L'air était immobile. Même l'eau ne coulait plus qu'au ralenti, rampant goutte à goutte sous les broussailles ; l'humidité, invisible et muette, imprégnait l'écorce des arbres et les teignait de noir.

Au-dessus de moi, les branches bruissaient, leurs dernières feuilles si minces qu'elles laissaient filtrer la lumière du soleil, qui illuminait leurs nervures. Nous n'étions à Shimoda que depuis deux jours, mais le temps m'avait paru bien long. Avant de prendre le train, grand-papa m'avait acheté de nouvelles baskets ; elles étaient roses avec des arcs-en-ciel sur le côté, mais maintenant elles étaient incrustées de boue. Tout le monde m'achetait des cadeaux, mais ça m'était égal. Je voulais retrouver ce qui m'était familier, une dernière trace de l'été. Je recherchais ce que je connaissais – des touffes de baies sombres oubliées des oiseaux, des fleurs blanches nichées sous les fougères qui proliféraient dans les fossés et les vallées – mais tout avait disparu. Rien ne poussait plus. Les feuilles mortes tapissaient le sol, et bientôt les fruits d'automne, flétris, retourneraient à la terre. L'hiver s'annonçait, mais un hiver comme nous n'en avions jamais connu ; un hiver où le vent même gèlerait.

Je laissais traîner mes doigts sur les arbres que je longeais. Leurs troncs luisaient de mousse et barbouillaient ma peau d'une pâte glacée qui colorait mes mains. Cet été-là, j'avais passé beaucoup de temps à me promener seule dans la forêt, à apprendre les sentiers au-dessus de la maison lorsque personne ne me surveillait. Maintenant, j'étais à nouveau seule.

Je grimpai sur une crête rocheuse aux crevasses teintées de rouille par le fer, et allongeai le cou pour voir, par-delà les cimes des arbres, les torii qui marquaient l'entrée du sanctuaire. Je m'arrêtai, l'oreille tendue, guettant le bourdonnement des voix dans l'air, les sandales qui raclaient le sol. Le sanctuaire était isolé, mais c'était à cette heure-là, en fin de journée, quand tout s'immobilisait dans la forêt, qu'on y trouvait parfois des pèlerins.

Le soleil baissait dans le ciel et je sentais l'odeur nette et cinglante du gel dans l'air. Au cours de ma courte vie, il n'avait jamais neigé sur la péninsule, même si l'on parlait encore d'une tempête qui avait jadis gelé la mer et recouvert les falaises rocheuses de glace blanche. C'était un mythe, une histoire comme celles que grand-papa me racontait. Mais ce jour-là, j'avais la sensation que cet hiver allait se reproduire.

Il y avait plusieurs sanctuaires sur la péninsule, près des baies et sur les plages, dont les torii rouge vif surmontaient les langues de rochers volcaniques qui s'avançaient loin dans la mer. Ils étaient populaires ; les enfants couraient et se faufilaient entre les édifices tandis que les parents achetaient des plaquettes votives, mangeaient des glaces et écoutaient le bruit des vagues.

L'endroit que je recherchais était dans l'arrière-pays, au cœur de la forêt. Il était rarement visité. Parfois, on venait y prier durant les célébrations du Nouvel An, mais même à ce moment-là, il était surtout fréquenté par les prêtres. On avait dégagé les branches et les feuilles détrempées du sentier, et je le suivis dans ses méandres, en repoussant les touffes de bambous qui le bordaient. Ce sentier était d'un vert presque phosphorescent ; j'émergeai de ses ombres dans une clairière à la lueur du soleil couchant. Le pont me frappait toujours par sa beauté, avec ses arches en bois qui s'élevaient devant moi, l'avenue bordée d'arbres à l'autre bout, et en dessous, un ravin où l'eau de pluie cascadait sur des rochers en granit. Je pouvais imaginer les prêtres qui franchissaient ce pont avec leurs robes, tout en priant.

Cette année-là, comme maman et grand-papa avaient de moins en moins de temps pour jouer avec moi, je m'étais aventurée seule sur la colline. Le sanctuaire était devenu mon secret, comme souvent les endroits où l'on se rend seul ; c'était un lieu où je pouvais trouver la paix et la sécurité. Mais ce soir-là, la forêt de mon enfance avait changé. L'été était bel et bien fini. Je frottai mes mains glacées, incrustées de terre et de mousse, tout en songeant à un autre conte, celui de la Yuki-Onna, une femme des neiges qui est censée faire son apparition lors de la première chute de neige, toute de blanc vêtue, flottant au-dessus du sol pour ne pas laisser d'empreintes. On racontait que chaque année, lorsque la neige nouvelle tombait, les mères devaient bien veiller sur leurs enfants, car si elles les laissaient sortir, la Yuki-Onna viendrait les enlever.

Seule sur la colline glaciale, sans me soucier de la boue et des feuilles mouillées, je courus vers le sanctuaire, mais les édifices en pierre s'assombrirent sous mes yeux, jetant leurs ombres sur les pavés dans le soleil couchant. J'entrai dans le pavillon et traversai le sentier qui conduisait au sommet de la montagne, passant devant les renards Inari en pierre qui attendaient là, avec leurs mouchoirs rouges attachés autour du cou.

Le sentier était enjambé par une série de torii, offrandes votives de ceux qui voulaient remercier les Inari pour leur succès en affaires. Je grimpai en passant sous chaque arche vermillon, les nouvelles avec leur peinture éclatante et les noms de leurs donateurs encore nettement lisibles sur le bois, puis la nôtre, avec les caractères kanji signifiant « Sarashima » qui s'écaillaient dans le vent cinglant. Je frissonnai en émergeant dans la cour intérieure. L'espace était flanqué de lanternes sculptées dans de la pierre volcanique. Les jours de fête, on les allumait et chaque bougie les éclairait avant d'être éteinte par la brise. Je me demandai à quoi ce spectacle ressemblerait sous la neige, avec des glaçons blancs suspendus au toit du honden, une fine poudre recouvrant les tuiles comme de la poussière, puis petit à petit, enfouissant tout sous une épaisse couverture blanche, dans une clairière vide de la forêt où les lanternes continueraient longtemps à brûler dans la nuit.

À ce moment-là, je pensai à ma mère dans notre appartement à Tokyo. Je me demandai ce qu'elle faisait. Mon père était en voyage d'affaires, mais je me demandais ce qui arriverait lorsqu'il rentrerait, ce qui m'arriverait, à moi. Autour de moi, le vent soufflait de plus en plus fort, glaçant mes joues jusqu'à les brûler, et l'air râpait ma gorge, comme si j'avalais de la glace. Je couvris mes mains des manches de mon pull. Ma peau était rougie par le froid. La cour intérieure était beaucoup plus sombre maintenant, car on n'avait pas allumé les lanternes. Je ne trouverais pas la paix ici et je n'étais pas en sécurité. Je me retournais pour partir, mais à cet instant, un prêtre entra dans la cour. Il s'avança vers la fontaine où trois louches en bois étaient disposées au-dessus de l'eau vive. Il en prit une et versa le liquide froid sur son visage et ses mains, et se rinça la bouche. Lorsqu'il l'avala, il ne cilla pas. Je restai figée à regarder sa silhouette se mouvoir, fluide, dans le sanctuaire ; dans ses robes blanches, on aurait presque dit qu'il brillait de l'intérieur. Puis il me vit, et son cri d'étonnement me fit prendre la fuite.

Il était tard lorsque je rentrai et Hannae n'était pas là pour m'accueillir.

— Elle est allée se coucher, me dit une voix qui me fit sursauter et jeter un coup d'œil dans la salle à manger. Le froid est mauvais pour ses articulations. Je l'ai envoyée se reposer.

Mon grand-père était assis tout seul à la table en bois sombre. Devant lui, la vapeur montait en fines volutes d'un bol de nouilles soba dans du bouillon. Il y avait aussi un bol pour moi.

— Viens manger, Sumiko. C'est encore chaud.

Je retirai mes chaussures et me joignis à lui, m'installant précautionneusement sur la chaise pour ne pas faire grincer le bois ; le raphia crissa sous mon poids. Je l'observai en attendant sa question.

— Pourquoi ne m'as-tu pas attendu ? finit-il par dire. Je croyais que nous allions en ville ensemble ?

Il était fâché, très fâché, je le savais.

— Quand je te dis de m'attendre, Sumiko, il faut que tu m'obéisses.

Sa voix était dure, mais si calme que j'eus honte de moi. Mon absence l'avait effrayé. Je glissai mes mains sous mes cuisses. J'avais l'intention de les laver avant de rentrer, mais lorsque j'avais commencé à courir à travers la forêt, j'avais été incapable de m'arrêter. J'avais eu peur de l'obscurité qui m'environnait, du froid, de toutes sortes de choses que je ne pouvais pas nommer.

— Tu as eu des nouvelles de maman ? demandai-je.

Mon grand-père soupira. Je crois qu'il savait, qu'il avait toujours su que rien, pas même ses paroles, ne pouvait me rassurer.

— Sumi, tu la reverras bientôt. Tout va bien. Inutile de paniquer. On est bien, tous les deux, non ?

Il se leva pour aller chercher une serviette chaude afin de me laver les mains, et m'aida à retirer mon anorak. En me prenant mon manteau, il se baissa et m'embrassa sur le sommet de la tête. Je me mordis les lèvres pour retenir toutes mes questions.

Grand-papa s'assit avec moi et sirota son thé.

— Combien de temps je dois rester ici ?

— J'appellerai ta mère demain.

— Je veux rentrer chez moi. Je ne veux plus être ici avec toi !

Je m'attendais à ce que cette dernière phrase le blesse, mais grand-papa se contenta de me regarder. D'un signe de tête, il désigna mes nouilles qui refroidissaient dans leur bol.

— Mange, tu dois être morte de froid.

Il reprit son repas et je le regardai manger ses nouilles.

— C'est le meilleur repas possible. Tu as vu comme elles sont longues ?

Je hochai la tête en plongeant mes baguettes dans la soupe.

— Longue vie, dit mon grand-père en aspirant quelques nouilles. C'est pour ça qu'on les mange, reprit-il, pour s'assurer d'une longue vie. C'est pour ça qu'on doit prier.

En prenant une bouchée, aspirant les nouilles chaudes jusque dans mon estomac, je suivis son exemple et priai pour tous ceux que j'aimais.

Cette nuit-là, assise au bord de ma fenêtre, je vis la neige qui commençait à tomber, de fines aiguilles blanches qu'on arrivait à peine à distinguer de la pluie. Je regardai vers l'est, vers Tokyo, là où se trouvait ma mère. Je passai mon pyjama et fermai les volets. Dans quelques heures, les perles d'humidité se transformeraient en cristaux, le givre serpenterait sur ma fenêtre pour la recouvrir de glace, et lorsque je me réveillerais le lendemain, le sol serait nappé de blanc. Je me blottis dans mon lit, tirai les couvertures et tandis que les bouffées de mon souffle se cristallisaient devant moi, je fermai bien fort mes paupières.

Pater Familias

Grand-papa tenta à nouveau de me rassurer le lendemain matin. Il me dit qu'il parlerait à maman et que nous rentrerions bientôt à Tokyo, mais j'en doutais. Je savais que quelque chose n'allait pas.

Lorsque j'entendis le téléphone sonner ce soir-là, je descendis l'escalier à pas de loup. Grand-papa était dans son bureau et comme il me croyait endormie, il avait laissé la porte entrouverte. Je me glissai contre le mur et m'assis au pied de l'horloge qu'il avait rapportée d'Europe. Son carillon noya la première partie de la conversation et je me penchai vers la porte de peur de rater quelque chose.

— Quelles sont ses conditions ? demanda grand-papa.

J'attendis ce qu'il dirait ensuite, mais il y eut une pause lorsqu'il demanda à ma mère d'attendre un instant. Je me figeai en entendant ses pas. Je m'attendais à tout moment à ce qu'il sorte de son bureau et me découvre, mais au lieu de cela, il mit ma mère sur haut-parleur pour pouvoir faire les cent pas devant son bureau.

— Rina, tu m'entends ?

— Oui… Il reste évasif, dit-elle.

La voix de ma mère fit battre mon cœur plus vite. Elle était proche – si proche ; j'aurais voulu lui parler. Je sursautai lorsque mon grand-père tapa du poing sur son bureau, frustré.

— Papa, s'il te plaît, le supplia ma mère. Pour l'instant, il profite de sa position.

— Du pouvoir que tu lui as donné, aboya mon grand-père. (Je l'entendis inspirer profondément et reprendre son va-et-vient.) Où est-il en ce moment ?

— Il est allé à Nagoya pour liquider des investissements immobiliers, du moins c'est ce qu'il prétend. Je pense qu'il est de retour au cabinet, maintenant, mais il n'est pas rentré à la maison.

— Il traîne à Roppongi ?

— Il fait le mort pour m'inquiéter, pour qu'on lui fasse une bonne offre.

— Qu'est-ce qu'il veut ?

— L'appartement d'Ebisu, je crois, et de l'argent. Kaitarō a enquêté sur ses affaires. (Ma mère toussa, nerveuse.) C'est notre avis à tous les deux.

Mon grand-père se tut. J'entendis sa plume gratter sur le papier.

— Combien d'argent ? (Il se tut à nouveau un moment.) Rina, même si nous le payons, qu'est-ce qui l'empêchera de revenir pour en demander davantage ? Et Sumi ?

— Je… (Ma mère hésita.) Il doit accepter par écrit de ne pas revoir Sumiko.

Mon grand-père éclata d'un rire saccadé, et je fronçai les sourcils.

— Tu crois que ça va l'empêcher d'essayer ?

Cette fois, quand ma mère parla, elle semblait épuisée.

— Il faut avoir confiance. Je ne peux pas… être sûre que les choses iront comme nous le souhaitons. Qu'il accepte un divorce par consentement mutuel et me laisse la garde de Sumiko, voilà ce qu'on peut espérer de mieux.

— Il continuera à nous extorquer de l'argent. Il peut attendre Sumi à la sortie des classes, débarquer le week-end. Il peut faire de nos vies un enfer. Nous ne serons jamais débarrassés de lui.

Il parlait durement, mais je devinais qu'il était profondément angoissé, qu'il se sentait peut-être coupable.

— Je crois qu'il ne se manifestera pas. Après tout, il aura une nouvelle vie, dit ma mère.

— Ça ne suffira pas, Rina. Il est endetté, n'est-ce pas ?

Il y eut un silence à l'autre bout de la ligne, puis ma mère répondit, d'une toute petite voix :

— Oui.

— Et l'argent que son père et moi vous avons donné lorsque vous vous êtes mariés ?

— Tout est parti. Je crois qu'il a surinvesti durant la bulle.

— Il faut que je voie ses relevés bancaires avant de fixer une somme définitive, dit mon grand-père.

— Ça ne lui plaira pas, mais je lui demanderai.

Il y eut une pause et j'entendis mon grand-père inspirer à nouveau.

— Je suis désolé, Rina. J'aurais dû enquêter sur lui, engager un détective privé.

— Non…

— J'aurais dû le faire. Je n'aurais pas dû me fier à nos rapports avec sa famille et à notre amitié.

— Papa… (Ma mère parlait doucement, mais il y avait de l'acier dans sa voix.) C'était mon choix. J'ai choisi de l'épouser.

Mon grand-père se tut, debout devant son bureau. Il finit par parler :

— Tu veux que je rédige les documents pour toi ?

— Oui, merci. Je t'appellerai lorsque j'aurai une idée plus claire de ses conditions. Je… je m'assurerai qu'elles soient raisonnables.

— D'accord, Rinachan. Sois forte ! l'exhorta-t-il, et j'eus un petit pincement au cœur en entendant cette phrase, parce que c'était normalement à moi que grand-papa et maman l'adressaient.

— Merci, répondit ma mère, et je me demandai si elle souriait.

— Ton nouvel ami, tu as confiance en lui ?

Cette fois, j'entendis son sourire.

— Oui.

— J'aimerais lui parler.

Ma mère se tut un moment ; elle attendait, et j'attendis avec elle.

— Une fois qu'on sera parvenus à un accord, nous parlerons de Kaitarō, dit-elle. Comment va Sumi ? Tout va bien ?

Mon grand-père soupira.

— Elle est nerveuse. Elle s'est égarée dans les bois hier et elle a eu peur.

La voix de ma mère était douloureuse, presque présente avec nous dans la maison, et mon cœur battit plus fort.

— Comment va-t-elle ? Je peux lui parler ?

— Rina, elle est couchée. Ne la mêle pas à cette histoire.

— Très bien, répondit ma mère, mais je savais qu'elle n'était pas d'accord. Très bien. Et au sujet des conditions…

— Oui ?

— L'enquête menée par Kaitarō sur Satō est excellente. Elle me sera très utile lors des négociations.

— T'aime-t-il, Rina ?

— Il m'aime.

Yoshi soupira et j'entendis l'épuisement dans sa voix lorsqu'il parla.

— Alors il faudra que je fasse sa connaissance, n'est-ce pas ?

— C'est quelqu'un de bien, dit maman. Très différent de Satō.

— Ça n'est pas difficile.

J'entendis ma mère éclater de rire.

— Papa ?

— Oui, Rinachan ?

— Je suis heureuse que tu sois mon père.

— Moi aussi.

— Tu embrasseras Sumi pour moi ?

— Oui, confirma-t-il.

Il y eut un déclic lorsque ma mère raccrocha. Avant que mon grand-père ne sorte de son bureau, je montai l'escalier en courant. J'allai me coucher sur la pointe des pieds, me glissant entre mes draps dans une obscurité impénétrable. En bas, dans le vestibule, mon grand-père resta sans bouger, en tendant l'oreille.

Rina et Kaitarō

Duel

Le froid balaya Tokyo cette année-là, s'immisçant dans chaque interstice de la ville, si palpable que les gratte-ciel en verre semblaient en être l'incarnation glacée. Kaitarō sortit de la station de métro pour émerger au cœur de Roppongi. Comme c'était le quartier préféré des riches étrangers et des hommes d'affaires, il n'avait pas souvent de raison d'y venir, mais parfois les clients s'y plaisaient, tout comme les *salarymen* ambitieux. C'était là qu'on retrouvait Satō ces jours-ci, en train de bavarder avec le premier venu.

Kaitarō entra dans le hall d'un hôtel et prit l'ascenseur jusqu'au skybar du dernier étage. L'endroit était bondé et on faisait entrer les femmes de préférence, mais le physionomiste était l'un de ses contacts et le laissa passer. Satō n'était pas difficile à trouver ; il était installé à l'une des tables centrales avec ses collègues, lieu stratégique d'où l'on pouvait voir et être vu.

Kaitarō se dirigea tranquillement vers le bar. Il fit signe à un serveur et lui demanda de dire à Satō qu'on le demandait au téléphone.

Il observa Satō qui tendait le cou et entra dans son champ visuel, en le saluant d'un signe de tête. Puis il lui indiqua l'entrée principale et s'y dirigea. Satō s'excusa et le suivit. Kaitarō le sentit le rejoindre et se retourna au moment même où l'autre homme lui posait la main sur le bras.

— Qu'est-ce que vous foutez là ?

— J'ai des informations pour vous.

— Je ne sais pas comment vous le faire comprendre plus clairement, mais je vous ai viré, Nakamura. Je n'ai plus besoin de vous.

Kaitarō regarda le bar bondé et la table de collègues que Satō venait d'abandonner.

— Et pourtant, vous êtes venu quand je vous ai appelé.

Ils étaient entourés de hautes baies vitrées avec vue sur Roppongi. Kaitarō baissa les yeux vers la main de Satō, qui s'était refermée sur son bras.

— On descend. Je ne veux pas être vu.

— Je vous ai dit que vous étiez viré !

Kaitarō passa la main dans la poche intérieure de sa veste et en tira un paquet de cigarettes.

— Allez, je vous en offre une.

Il arracha son bras à la poigne de l'autre homme et se dirigea vers l'ascenseur.

Une fois sortis, ils marchèrent jusqu'au coin de la rue pour s'arrêter dans une ruelle entre deux hôtels. Satō tendit la main pour accepter la cigarette que lui offrait Kaitarō, qui l'alluma. Les yeux plissés, Satō aspira une bouffée et recracha la fumée.

— Donc, vous vous êtes procuré un formulaire de divorce, finit par lâcher Kaitarō, mais vous ne l'avez pas encore rempli ?

— Je n'ai plus besoin de vous, Nakamura. Elle a fait ce que je voulais toute seule, comme une grande.

— Il faut que ça s'arrête.

Satō sourit, sûr de lui :

— Elle a peur, c'est ça ?

— Vous n'avez aucune preuve contre elle.

— C'est ce que vous croyez.

— Je le sais, dit Kaitarō en approchant son visage de celui de Satō. Vous n'avez rien.

Satō rit.

— Comme je vous le disais, vous ne pouvez pas en être certain. Mais au moins, vous avez réussi à la baiser. Enfin !

Il aspira une bouffée de tabac. Il riait encore quand Kaitarō se jeta sur lui pour l'attraper par le cou et le plaquer contre le mur. Satō heurta sa tête et laissa tomber sa cigarette pour agripper les avant-bras de Kaitarō. Il sourit.

— Ah, le voilà, ce tempérament violent que je soupçonnais. Vous vous croyez où, là ? Dans un duel, comme dans les westerns ?

— Vous allez régler à l'amiable, dit lentement Kaitarō en enfonçant son poignet dans la gorge de Satō. Vous allez régler à l'amiable et lui accorder la garde de Sumiko.

Satō haletait, ce qui ne l'empêcha pas de sourire largement.

— Je ne crois pas, Nakamura. (Il repoussa l'avant-bras qui l'épinglait au mur mais sans pouvoir se libérer.) Je crois que la médiation sera nécessaire.

Satō poussa à nouveau et cette fois, Kaitarō le lâcha.

— Elle va se battre, poursuivit Satō. Pensez à tout ce qu'elle va subir. Les questions. Les témoignages examinés par des membres respectables de la communauté. Tous ces gens qui vont lire l'histoire de ma femme, juger notre couple. Et elle ne le niera pas, je me trompe ? Elle sera incapable de leur mentir, et elle aura la réputation de quelqu'un qui couche avec n'importe qui. C'est bien ce que vous êtes, non ?

— Rina ne court aucun danger. J'ai veillé à ne jamais être photographié avec elle.

— Oui, mais une ou deux photos auraient pu glisser entre les mailles du filet, alors voilà ce que vous allez faire pour moi…

— Non, Satō, voilà ce que vous allez faire pour moi, vous.

Kaitarō s'avança à nouveau ; il lut l'incertitude dans le regard de Satō lorsqu'il approcha son visage du sien, puis la peur.

— Vous allez régler à l'amiable, reprit Kaitarō. Vous conserverez l'appartement d'Ebisu. Vous accepterez une somme d'argent de Yoshi Sarashima, et vous céderez la garde de Sumiko à Rina.

— Pourquoi laisserais-je ma fille vivre avec cette femme ? Et avec vous ?

— Si vous refusez, j'enverrai à votre famille des photos de votre maîtresse à Nagoya. Je leur ferai connaître le détail de vos dettes. Je parlerai à votre père en personne pour lui raconter ce que vous m'avez demandé de faire, puis je remettrai toutes les preuves que j'ai accumulées contre vous au tribunal. Rina n'a pas monté de dossier contre vous, mais moi, je l'ai fait, et si vous ne vous comportez pas honorablement, vous ne pourrez plus jamais vous montrer à Tokyo.

Satō resta longtemps silencieux. Puis il tira une cigarette de sa poche.

— Je pourrais la garder, marmonna-t-il en allumant la cigarette et en jetant l'allumette dans le caniveau. Nous avons commis des erreurs tous les deux. Si je renonce au divorce et que je nous épargne à tous deux cette humiliation, elle restera avec moi.

— Mais vous n'aurez pas un sou, rétorqua Kaitarō.

— Et Sumiko ? demanda Satō.

— Vous auriez le droit de lui rendre visite.

— Je serais à la merci de Rina.

— Elle est plus bienveillante que vous.

— Vous vous plantez, mon gars, si vous vous imaginez ça, s'esclaffa Satō.

Kaitarō soutint le regard de Satō. Il observa cet homme qu'il méprisait tant retourner sa vie et celle de Rina dans son esprit.

— Ils ne vous accepteront jamais, déclara Satō, mais sa résolution faiblissait. Nous nous ressemblons plus que vous ne le croyez, vous et moi. Et vous ne la rendrez pas heureuse. (Il s'adossa contre le mur de la ruelle en tripotant sa cigarette.) Elle n'a besoin de personne, dit-il posément, et quand elle s'en rendra compte, vous allez dégager.

Pour la première fois, Kaitarō sentit l'haleine empestant l'alcool de Satō et un instant, il se demanda si l'autre homme était plus ivre qu'il ne l'avait cru.

— Elle ne vous aimera jamais vraiment, reprit Satō d'une voix tranquille, et lorsque vous vivrez dans le quotidien, avec une routine normale, vous ne lui suffirez pas.

Kaitarō aurait éclaté de rire s'il n'avait pas éprouvé un sentiment qu'il n'aurait jamais cru ressentir à l'égard de Satō. La pitié. L'espace d'une seconde, la pitié se mêla à la peur. Il ne pouvait s'imaginer vivre sans l'amour de Rina. Puis il comprit que ses craintes étaient vaines. Ses épaules se relâchèrent, sa tension se dissipa et il dévisagea à nouveau Satō.

— Ce que vous avez vécu avec Rina, ça vous regarde, dit-il.

Satō leva les yeux vers lui.

— Vous avez la trouille, Nakamura ?

Kaitarō se contenta de hausser les épaules.

— Dites-lui… Dites-lui que si elle cherche à m'arnaquer…

— Rina ne doit pas savoir que je vous ai parlé.

— Quoi ? s'esclaffa Satō, à nouveau jovial. Vous voulez que je vous couvre ?

— Je ne veux pas que vous me mêliez à vos négociations. Rappelez-vous ce que je peux vous faire, Satō. Rina ne doit jamais savoir comment nous nous sommes connus. Mon silence contre le vôtre.

— Comment savez-vous qu'ils vont me laisser l'appartement ?

— Rina a avoué notre liaison à son père et lui a appris que vous vouliez divorcer. Yoshi va la protéger. Il est d'accord pour régler l'affaire à l'amiable.

— Vous avez pensé à tout.

— Je veux en terminer au plus vite.

— Et lui avouerez-vous un jour ? Tôt ou tard… ?

Kaitarō se tut. Il regarda Satō qui se mit à rire tranquillement. Il riait encore lorsque Kaitarō le plaqua à nouveau contre le mur de la ruelle, et même alors, il ne s'arrêta pas de rire.

— N'oubliez pas ce que je peux vous faire, Satō, siffla Kaitarō en serrant la gorge de l'autre homme. N'oubliez jamais…

Il sentit Satō tenter de déglutir, mais ce ne fit que resserrer l'étau autour de sa trachée ; il le sentit le repousser à coups de poitrine, mais il ne bougea pas d'un cran. Satō finit par sourire et chuchota à Kaitarō :

— Alors tu te crois vraiment meilleur que moi ?

Kaitarō fixa l'autre homme, en détaillant ses yeux injectés de sang, ses joues couperosées et enfin son regard, son rire.

— Oui, dit-il en lâchant la gorge de Satō.

Puis il sortit de la ruelle, s'éloignant des néons clignotants de Roppongi pour disparaître dans la nuit.

Tirés d'affaire

Kaitarō l'attendait dans son appartement en tapotant distraitement un stylo sur son bureau. Lorsqu'elle entra, elle était si éblouissante qu'il en oublia ce qu'il faisait.

Elle était heureuse. Il le devinait à la façon dont elle relevait le menton et penchait sa tête en fermant la porte d'entrée pour s'avancer vers lui. Elle avait laissé pousser ses cheveux ; ils lui arrivaient maintenant jusqu'aux clavicules, et frôlaient les rubans de soie qui fixaient son débardeur à ses épaules. Elle était toujours aussi belle et gracieuse, même à la fin d'une longue journée. Il n'arrivait pas à imaginer le jour où elle ne le serait plus.

Pour s'asseoir sur un coin de son bureau, elle repoussa une tasse de thé à moitié vide qui avait laissé des cernes sur le bois. Il y avait des papiers éparpillés partout. Il était bordélique, il le savait, mais cela ne semblait pas la gêner.

— Tu es prêt ?

— Je pourrais rester là à te regarder pour l'éternité.

— Tu ne préfères pas me regarder pendant qu'on dîne ?

Kaitarō laisser retomber le stylo qu'il tripotait ; il roula sur le bureau et lorsqu'il s'arrêta, le nom de la firme de Satō apparut : HONMA REAL ESTATE INVESTMENTS. Rina était encore l'épouse de cet homme, mais plus pour longtemps. Quelques mois auparavant, en voyant ce stylo, Rina se serait figée, elle aurait interrogé Kaitarō, remis en question leur relation. Mais ce soir-là, elle sourit et lui prit la main. Elle se fichait de Satō : bientôt, il allait disparaître de sa vie.

— Comment va Sumi ?

— Elle ne rêve que d'une chose, rentrer à Tokyo. Yoshi dit qu'elle me demande tous les jours, mais je crois que ce sont surtout ses amis qui lui manquent.

Rina sourit tandis qu'il l'attirait vers lui.

— Je t'ai à moi tout seul pour combien de temps ?

— Ce soir seulement. Ils rentrent à Meguro demain et je vais les rejoindre.

— Déjà ?

— J'ai besoin d'être avec Sumi. Elle me manque.

Kaitarō lui tendit son sac à main, en le retenant par la ganse jusqu'à ce que Rina le regarde dans les yeux.

— Tu verras, ça ira vite, le raisonna-t-elle, et puis nous serons ensemble à Hokkaido.

— Et bientôt, je t'aurai pour toujours.

Elle soupira.

— Oui, mais en attendant, j'ai faim !

Kaitarō éclata de rire et lâcha le sac à main. L'enlaçant par la taille, il l'accompagna hors de l'immeuble. Ils y étaient presque. Ils étaient presque tirés d'affaire.

Plus tard ce soir-là, Rina s'assit au bureau de Kai, devant une photo en noir et blanc qu'elle avait prise d'eux deux. Elle la recadra entre le pouce et l'index. Kaitarō dormait. Pour une fois, il semblait détendu, vraiment reposé ; ses traits étaient lisses et calmes.

Elle adorait sa franchise, sa spontanéité lorsqu'il était avec elle ; il n'avait pas peur de vivre avec une femme capable de le prendre en photo même lorsqu'il dormait. Cela exigeait du courage. Une réelle confiance. Il fallait être brave pour faire face à l'objectif, elle le savait.

Rina posa sa joue dans sa paume. Elle aimait ces moments nocturnes de tranquillité – c'était un plaisir nouveau pour eux, que de pouvoir passer la nuit ensemble. Au cours de ces derniers mois, chaque fois qu'ils se séparaient,

Rina s'imaginait dans cet appartement, s'imaginait que ce petit studio était chez elle, que ses photos épinglées au mur étaient à leur place et que le monde ne contenait plus que cet homme, ce bureau et ce lit. Maintenant, ce fantasme était sur le point de devenir réalité. Dès qu'ils auraient trouvé un appartement plus grand, bientôt, ils pourraient former une famille. Alors Sumi serait avec elle pour toujours, et ils ne se sépareraient plus jamais, tous les trois.

Elle regarda à nouveau la photo. Elle l'avait réalisée pour une nouvelle série sur l'intimité ; une réflexion sur les strates qui séparent nos vies publique et privée. Le cliché avait été pris dans cet appartement, avec l'appareil posé sur le bureau devant lequel elle était assise. Elle avait dirigé l'objectif vers le lit et réglé le retardateur pour prendre la photo dix minutes plus tard. Elle s'était assise à côté de Kaitarō, qui lui tournait le dos, enveloppé dans un cocon de draps. Elle l'observait lorsqu'il se tourna vers elle et entoura sa taille de son bras en roulant sur le dos. Rina avait levé les yeux ; à ce moment précis, elle entendit le déclic de l'obturateur, qui les avait surpris : elle, regardant directement vers l'objectif avec ses grands yeux sombres et ses taches de rousseur, nettement visibles sur son nez et ses joues ; Kaitarō flou, détendu dans son sommeil, le bras autour de sa taille.

Rina adorait ce qu'elle avait saisit dans cette image, sa spontanéité. Son regard vers l'objectif qui captait Kaitarō à son insu, dans son sommeil, avait aussi quelque chose de prédateur qui l'enchantait. Même en dormant, il était possessif, une main dans la sienne et son autre bras lui enlaçant la taille, et ça aussi, elle adorait. Entrelacés, ils ne formaient qu'un, chacun esquissant un sourire.

Elle avait toujours été attirée par la photographie en noir et blanc ; par ce qu'elle révélait. Elle avait l'impression de mieux voir le sujet qui lui renvoyait son regard, sans rien pour la distraire de sa vraie nature. Elle regarda l'image de Kaitarō déferlant vers elle comme une vague se brise sur la rive.

Dehors, l'aube se levait sur la ville. Au loin, le train monorail passa en vrombissant, ses vitres fumées reflétant la lumière du soleil. Rina sourit, car l'idée d'être vue de tous ces yeux et de tous ces visages ne lui faisait plus peur. N'importe qui pouvait la regarder, ça lui était égal. Elle se leva pour chercher son sac à main. Elle ouvrit son agenda pour voir si elle devait passer prendre quelque chose pour Sumi avant de la rejoindre à Meguro. Elle le rangea et retira son tee-shirt pour le rouler en boule et le fourrer dans le sac. Elle resta debout un moment, à contre-jour, avec le soleil qui dessinait les courbes de ses épaules, ses petits seins hauts, les globes de ses fesses dans leur culotte en dentelle blanche, ses pieds nus sur le parquet en bois. Rina tendit la main vers les rideaux devant elle, des carrés de soie aux couleurs vives cousus ensemble, comme des courtepointes suspendues. Elle les avait achetés au marché pour Kaitarō. Ils étaient beaux, décida-t-elle, et ne ressemblaient en rien au décor qu'elle avait choisi à Ebisu. Ici, pas la moindre trace de canapés beiges ou de cabinets en laque, rien que les carrés colorés de ses rideaux et le panier en jonc plein de pellicules et de photos. Lorsqu'ils seraient rentrés d'Hokkaido et qu'ils auraient trouvé un nouvel appartement, toutes ces choses les accompagneraient.

Derrière elle, Rina entend un déclic. Elle leva les bras pour nouer ses mains derrière sa tête. Il y eut un nouveau déclic et elle le regarda par-dessus son épaule, le visage en partie caché par son bras. Il était assis dans le lit ; le soleil qui éclairait son visage accentuait sa repousse de barbe dans la lumière du petit matin. Il leva l'appareil une fois de plus pour le braquer sur elle. Rina haussa un sourcil et sourit.

Premier amour

Kaitarō se pencha pour passer sous le linteau en bois et prit un siège dans l'un des boxes. D'où il était assis, il pouvait voir la mer, une vaste étendue grise zébrée d'éclairs. De gros nuages noirs s'amoncelaient dans le ciel, donnant à l'air une teinte crépusculaire même si l'on n'était qu'en début d'après-midi.

Il voulait arriver tôt, se préparer afin de ne pas manifester son étonnement lorsqu'il la verrait. Il se souvenait de ce lieu, se souvenait de ce qu'il pouvait faire à une femme, mais Megumi aimait y vivre et voulait y rester. Il commanda du thé et des tempuras de moules. Il repensa à ce qu'il lui avait écrit, à la maladresse de ses phrases, à ses explications succinctes sur ses raisons de rentrer au pays. Il est vrai qu'il avait appris à rester distant, même dans l'intimité. C'était une leçon qu'il avait apprise dans cette ville même, et les vieilles habitudes ont la vie dure.

Megumi le taquinerait au sujet de cette lettre, songea-t-il, mais au bout d'un moment, il se ravisa. L'ancienne Megumi l'aurait taquiné ; la jeune fille qui aimait les paysages sauvages et désolés d'Hokkaido, qui voulait être la femme d'un pêcheur. Mais il avait du mal à croire que la femme qu'il était sur le point de rencontrer ne ressemblerait plus du tout à sa Megumi. Sa lettre l'avait peut-être rendue perplexe, ou énervée. Elle ne voudrait peut-être plus rien savoir de lui. Il avait tout de même tenu à la prévenir, pour qu'elle ne soit pas étonnée lorsqu'elle verrait Rina. Megumi était une amie, et il voulait à tout prix éviter de la blesser.

Kaitarō releva la tête en sursautant lorsqu'un parapluie se referma près de la fenêtre avec un bruit sec. Il jeta un coup d'œil dehors et la vit, sous la pluie, en train de le regarder, dans le café où ils se retrouvaient jadis. Son visage était resté le même. Elle avait des rides au coin des yeux et sa peau était moins fine, ses pommettes moins dessinées, mais c'était toujours elle, et ses yeux, lorsqu'ils recherchèrent les siens, étaient bienveillants.

Elle lui fit signe de la rejoindre pour qu'ils puissent marcher sur la plage comme ils le faisaient à l'époque, sur le sable qui s'étendait derrière elle, tavelé de pluie. Il souleva l'assiette de tempura pour la lui montrer, la gorge moins serrée ; ils s'étaient toujours disputés sur ce point.

Elle haussa légèrement les épaules et il déglutit, soulagé, lorsqu'elle entra dans le café. Elle posa son parapluie à l'entrée et le rejoignit. Elle tenait son foulard à la main lorsqu'elle s'assit. Elle le plia soigneusement et le glissa dans une poche de son anorak. C'était un geste de matrone, mais il n'était pas déplacé.

— Monsieur Nakamura.

— Madame Honjima. Je peux te commander quelque chose ?

— Ils savent ce qui me plaît, répondit-elle. Ils vont me l'apporter.

Elle le regardait d'un air détendu, mais il savait qu'elle ne pouvait pas l'être.

— Alors, tu te maries ?

— Et toi, tu es mariée.

— Oui.

Megumi repoussa les manches de son cardigan, ce qui lui donna le temps de se ressaisir. Ça ne lui ressemblait pas d'être aussi lente à la détente, incapable de désamorcer une situation. Il ne put s'empêcher de la dévisager, de son joli nez retroussé à ses fins sourcils. Il remarqua quelques mèches blanches mêlées au noir de ses cheveux. Son rouge à lèvres était d'une couleur trop vive pour son teint. Elle n'en portait pas, à l'époque où ils s'étaient connus.

— Ça ne sert à rien de te sentir coupable, Kaitarō, dit-elle au bout d'un moment.

— Comment va Tsuji ?

— Je suis heureuse avec lui. Très heureuse. J'ai bien choisi.

— Je n'en ai jamais douté !

Kaitarō rit mais s'arrêta en la voyant se raidir.

L'espace d'un instant, il la revit telle qu'elle était la dernière fois qu'ils s'étaient vus. Elle était sur la plage qu'elle aimait tant quand il lui avait dit qu'il partait, qu'il n'était pas fait pour vivre à Hokkaido avec elle. Il s'était attendu à ce qu'elle l'engueule, à ce qu'elle lui jette quelque chose à la tête, mais c'était de son immobilité qu'il se souvenait. Il avait attendu qu'elle se tourne vers lui pour qu'il la réconforte, il aurait voulu la serrer dans ses bras, cette jeune fille qui avait été sa seule amie, mais elle lui avait fait signe de partir.

Elle était restée longtemps immobile, bras croisés, à regarder la mer. Il l'avait appelée lorsqu'elle s'était éloignée de lui, mais elle avait continué à marcher jusqu'au bord de l'eau, puis dans les vagues, jusqu'à ce qu'elles trempent sa jupe. C'était la dernière image qu'il gardait d'elle, debout dans le crépuscule, entourée d'eaux grises.

— Merci d'avoir accepté de me revoir, Megumi.

— Pourquoi es-tu rentré au pays ? dit-elle enfin.

Elle pinça les lèvres, estompant un peu son rouge à lèvres trop criard.

— Tu me manquais.

— Tu m'en vois heureuse !

Ils éclatèrent tous deux de rire. Elle avait toujours été honnête avec lui ; il l'admirait pour cela.

— Tu as vu ta mère ? demanda-t-elle au bout d'un moment.

— Oui, quand je suis arrivé ce matin.

— Elle a toujours été forte.

— Je sais, rétorqua Kaitarō, avant d'incliner sa tête pour s'excuser d'avoir parlé sèchement. Et maintenant elle est seule.

Megumi ne répondit rien. Il se demandait si elle lui en voulait toujours, si elle pensait qu'il avait eu tort de laisser sa mère ici, de les laisser toutes les deux ici.

— Tu as bonne mine. La vie de citadin te va bien.

Le serveur s'approcha avec un plateau de gâteaux bruns comme des galets, du thé et une serviette humide. Il sourit à Megumi, ils bavardèrent de la pêche du jour et il lui demanda si Tsuji passerait plus tard. Kaitarō songea que normalement, elle l'aurait présenté, mais Meguri semblait deviner qu'il ne s'attarderait pas, qu'il ne voulait pas laisser trop de traces.

— Moi, ça ne me plairait pas, Tokyo, affirma-t-elle lorsque le serveur les quitta. J'ai vu ça à la télé, tu sais, tous ces gens riches qui s'entassent dans des appartements minuscules.

Kaitarō sourit :

— On peut trouver le bonheur ailleurs que dans une maison en bord de mer avec trois chambres et une cuisine dans le couloir.

Elle haussa les épaules et mordit un gâteau.

— Elle est comment, ta citadine ?

— Elle est attentionnée. Forte. C'est une photographe. Elle a une fille.

— Elle est belle ?

— Oui, elle est belle.

Megumi hocha la tête et joua avec ses cheveux, en lissant ses mèches entre ses doigts.

— Elle arrive quand ?

— Demain.

— Vous restez combien de temps ?

— Je veux juste lui montrer quelques endroits.

— Si tu veux, venez dîner avec moi et Tsuji.

— Non, merci, je…

— Je suis heureuse pour toi, dit-elle avec un petit sourire.

— Elle te plairait, Megu, vraiment.

— J'en suis sûre.

— On pourrait peut-être prendre un thé ? suggéra Kaitarō.

— Je la croiserai bien tôt ou tard ; c'est tout petit, chez nous.

Elle lui sourit alors, sachant ce qu'il pensait de cela.

— Moi aussi, je suis heureux pour toi et Tsuji. Où habitez-vous, maintenant ?

— Nous avons une petite maison près de la jetée. Je l'adore, admit-elle en lui souriant plus librement cette fois.

— Ce n'est pas celle que tu me montrais toujours, dans le temps ?

— En fait, oui ! rit-elle. Tsuji a construit une galerie autour. (Elle sourit à nouveau en parlant de son mari. Son rouge à lèvres avait disparu.) Les soirs d'été, c'est là qu'on prend le thé.

— Ça me semble idyllique.

— C'est vrai. Pour moi, en tout cas.

— Je demande l'addition ?

— Non, ils mettront ça sur mon compte.

— Mais Megu…

— J'insiste. C'est moi qui t'invite.

Ils prirent leurs manteaux et sortirent du café. Ils firent quelques pas sur le chemin qui longeait la plage en les boutonnant.

— J'ai oublié de te demander, vous avez des enfants ? l'interrogea Kaitarō en lui souriant.

Megu s'arrêta de marcher.

— Non. Nous ne pouvons pas avoir d'enfants.

Kaitarō se tut, gêné.

— Je suis désolé, finit-il par dire en tentant de renouer la complicité qu'ils venaient de retrouver. Mais tu es heureuse, Megu ?

— Je le suis.

La bonté qu'il avait vue dans son regard lorsqu'elle l'avait dévisagé à travers la vitrine était toujours là, dans ses yeux. Mélancolique, mais présente. Elle lui pressa la main.

— Je veux que tu sois heureux, toi aussi, Kai.

— Tu sais, je pense que c'est possible, répondit-il en lui souriant.

— Tant mieux !

Elle avait parlé d'une voix gaie, comme lorsqu'ils étaient gamins.

— Allez, à la prochaine, dit-elle.

Elle le quitta alors pour prendre la route côtière qui suivait la courbe de la baie, avec son parapluie vert qui se balançait allègrement comme une bénédiction. Il n'aurait pas su, songea-t-il, comment la remercier.

Dernier amour

Vu de l'air, Sapporo ne ressemblait pas à ce qu'elle avait imaginé. Lorsque l'avion entama sa descente vers Hokkaido, Rina s'était penchée au hublot pour découvrir la terre des petits ours noirs, des grandes plaines de glace et des brasseries d'hiver. Alors que la capitale de l'île était une ville comme toutes les autres ; elle s'étalait, grise et dense, allongeant ses banlieues comme des doigts au nord et au sud-ouest. Mais contrairement à la vue de Narita, d'où l'immensité de Tokyo se perdait à l'horizon, Sapporo cédait aux plaines et aux forêts de pin qui hérissaient leurs cimes vertes dans la brume.

Au retrait des bagages, elle le chercha des yeux dans le hall. En attendant, elle resserra autour de son cou l'écharpe en laine aux couleurs d'arc-en-ciel de sa fille pour mieux sentir son odeur, la cala dans son manteau. Lorsque Rina était partie de Meguro pour l'aéroport, Sumi était debout près de la porte. Yoshi lui avait adressé un signe de tête, mais sans lui tendre les bras. Sumi, au contraire, l'avait attirée vers elle pour lui faire un câlin, et lui avait donné cette écharpe.

— Pour te tenir au chaud, avait-elle chuchoté quand Rina s'était agenouillée devant elle.

Puis elle avait glissé un petit Bisounours dans la main de Rina.

— Ça va lui faire plaisir de voyager, avait ajouté Sumi.

Rina avait éclaté de rire en serrant fort sa fille contre elle.

— Je rentre dans quelques jours, d'accord ? C'est important, ce voyage.

Sumiko avait hoché la tête et Yoshi s'était rapproché d'elle pour la prendre par la main.

— Tu vas rater ton vol.

Maintenant qu'elle attendait ses bagages, sa famille lui semblait très loin. Les minutes passèrent, interminables, sans qu'il apparaisse. Enfin, elle le vit. Il se dirigeait vers elle, un cabas à l'épaule. C'est curieux, songea-t-elle, pour une fois, je ne l'ai pas deviné ni aperçu du coin de l'œil. Il marchait pourtant droit vers elle – ils n'avaient plus à se cacher, maintenant. Lorsqu'ils se rejoignirent au milieu du hall, il avait une telle lumière dans ses yeux qu'il faisait plaisir à voir. Il s'arrêta un moment pour la regarder :

— Rina.

Il sourit avant que ses lèvres ne touchent celles de Rina, longuement, en savourant le fait qu'ils puissent désormais s'embrasser en public. Rina lui passa les mains dans les cheveux, et en le sentant, en sentant sa chaleur contre son corps, elle sourit à son tour.

Ils roulèrent vers le nord sur la route côtière, protégés du vent glacial qui soufflait de la mer par des bouffées de chaleur émanant sporadiquement du chauffage de la voiture. Ils roulèrent deux heures environ, traversèrent la rivière de Rumoi et son port, et s'arrêtèrent enfin à l'entrée d'une petite agglomération au bord d'une baie. Rina détacha sa ceinture et se retourna pour regarder autour d'elle. Il y avait une petite épicerie derrière eux et un café au bout de la rue. Elle se tourna à nouveau vers Kaitarō, qui observait le petit bungalow à leur droite. Un filet de fumée grise s'échappait de la cheminée.

— Elle est là, dit-il, en coupant le contact.

Rina posa sa main sur son bras.

— Nous sommes ici, Kai. Tu arrives à y croire ? Tu pensais qu'on y arriverait ?

— Je l'espérais, répondit-il avec un petit sourire. Un moment, tu m'as fait peur.

— Tant mieux !

Rina prit son sac à main et sortit de la voiture.

— Je suis un peu nerveuse, dit-elle en jetant un coup d'œil à la maison.

Les stores étaient baissés et l'on ne distinguait rien de l'intérieur. Kaitarō cala la main de Rina sous son bras et l'attira vers lui :

— N'aie pas peur. Nous sommes là, tous les deux.

Sa mère les fit entrer en silence. Elle s'inclina très bas devant Rina avant de prendre son manteau et de lui offrir des chaussons. Rina s'inclina à son tour en inspectant la maison à la dérobée. Elle était aussi petite qu'il l'avait dit, et très sombre à cause des stores fermés. Mme Nakamura se dirigea vers les fenêtres et tira sur les cordons des stores. La lueur hivernale de l'après-midi éclaira les mèches qui s'échappaient de son chignon, et le peignoir qu'elle avait passé sur son pantalon. Elle dormait lorsqu'ils avaient sonné, songea Rina en la suivant dans la chambre de Kaitarō. Elle passa devant la cuisine dont la fenêtre, qui donnait sur la mer, était désormais dégagée de ses plantes en pot.

Plus tard, debout devant cette fenêtre, Rina rinçait dans un bol d'eau froide le riz qui s'était accumulé au fond, faisant tourbillonner les grains jusqu'à ce que l'eau s'embrume d'amidon. À ses côtés, Mme Nakamura parlait peu en travaillant, mais elle observait Rina de temps en temps du coin de l'œil, pour surveiller les opérations. Rina sourit. Elle espéra que sa technique lui vaudrait son approbation ; c'était bon d'être chez Kaitarō avec sa mère, en train de préparer du riz pour leur famille.

Ils feraient un festin ce soir-là, car l'abondance de victuailles d'automne disposées sur le plan de travail de la cuisine était de toute beauté. Rina le dit à Mme Nakamura en désignant les gros champignons matsutake, une citrouille et un filet de saumon si frais et si sauvage que sa chair était d'un rouge profond. Elle fut récompensée d'un petit signe de tête. Mme Nakamura lui remit un délicat kabosu vert pour qu'elle râpe l'écorce de l'agrume et en hume le zeste. On mangerait des matsutake grillés assaisonnés au kabosu, du nabé de saumon, de la citrouille rôtie et du riz gluant. Rina sourit si largement que son enthousiasme amadoua la mère de Kaitarō : elle l'invita à l'appeler par son prénom, Shinobu.

Ils mangèrent ensemble ce soir-là près du radiateur de la pièce centrale, sur une table basse, avec des couvertures sur les genoux. Petit à petit, Shinobu se mit à parler davantage, et Rina prit plaisir à la voir sourire à son fils. Kaitarō se détendit aussi maintenant qu'ils étaient tous réunis chez lui. Au début, Rina resta discrète, puis elle se mit à se raconter elle aussi, à parler de Sumiko et de Tokyo. Enfin, Kaitarō parla à sa mère de la vie qu'ils avaient projeté de vivre ensemble, et en cela, il s'exprimait pour Rina aussi.

Au moment du thé, Rina alla prendre dans sa valise le cadeau qu'elle avait apporté. Elle s'assit par terre avec eux et s'enveloppa les jambes de la couverture avant de présenter solennellement la boîte à Mme Nakamura.

— Ce n'est pas neuf, mais je l'ai rapporté de chez moi.

Rina observa, anxieuse et excitée, la mère de Kaitarō retirer l'emballage pour dévoiler un bol à miso ancien.

— Il appartenait à ma mère, précisa Rina en regardant Shinobu sourire.

Très lentement, la vieille femme souleva sa couverture et se leva.

— Moi aussi, j'ai quelque chose pour vous. Enfin, pour vous deux.

Elle alla dans sa chambre et revint avec une clé ; une petite étiquette en plastique pendait de son anneau.

— Ceci appartenait à l'oncle de Kaitarō. Il me l'a laissé lorsqu'il est mort. C'est la clé de la cabane où il installait sa chambre noire. (Elle eut un petit sourire.) Kai y tenait beaucoup lorsqu'il habitait ici. Il vous la montrera peut-être.

Kaitarō prit la clé et la tint au creux de sa paume. Puis il se tourna vers sa mère et lui tint la main.

— Ton père, il est mort quand ? lui demanda Rina le lendemain alors qu'ils se promenaient sur le chemin de bord de mer.

— Il y a environ deux ans.

— Et comment va-t-elle ? (Rina hésita.) Sans lui ?

— Elle me dit que vers la fin, il s'était radouci.

Kaitarō marchait d'un pas rapide pour l'entraîner vers le café et le quai où les pêcheurs triaient déjà la prise du jour.

— Je n'arrive toujours pas à croire qu'il soit parti le premier, murmura-t-il. J'ai toujours pensé…

— J'imagine… C'est vrai, à ton avis ? Qu'il s'était radouci ?

— Elle m'a dit ça pour me rassurer.

Rina s'arrêta de marcher ; elle aurait voulu continuer à l'interroger, mais ils étaient parvenus à la mer et Kaitarō hélait déjà des jeunes gens près des bateaux. Certains des hommes plus âgés se tournèrent aussi quand Kaitarō s'approcha d'eux et se mit à marchander leurs prises.

— Qu'est-ce que tu vas faire ? lui demanda Rina lorsqu'il la rejoignit, les mains chargées de sacs en plastique pleins de poissons mouillés.

— Je te fais à déjeuner, dit-il. Allez !

Ils s'arrêtèrent pour acheter des yuzus, du petit bois et d'autres babioles à l'épicerie locale. Rina traîna dans les allées pour détailler les ingrédients familiers sur les rayons ; on vendait même des bento konbini dans le grand réfrigérateur. Elle finit par aller attendre dehors, en regardant au bout de la rue, par-delà les pêcheurs et leurs bateaux, la plage qui s'allongeait jusqu'à l'océan. À ce moment-là, des balles aériennes, comme des nuages terrestres, se pourchassèrent sur la grève – c'était de l'écume du fond des mers mêlée à du plancton et à du sable.

Kaitarō désigna la plaine humide et les vagues déferlantes.

— C'est là qu'on va.

— Mais on va se geler ?

— Ça en vaut la peine, promis.

Rina fronça les sourcils tandis qu'ils reprenaient leur route ; le sel qu'on avait répandu sur le chemin crissait sous leurs pieds. Le sentier était glissant par endroits, et le vent glacé qui soufflait de la mer lui fouettait le visage.

— Je veux retrouver Sumiko en une seule pièce ! gémit-elle.

Kaitarō lui prit la main en souriant :

— Ne t'inquiète pas. Allez, sauvageonne d'Hokkaido !

Rina grimaça lorsqu'ils quittèrent le chemin pour marcher sur le sable.

— Il y a une crique pas loin d'ici.

Il avait raison : les rochers les protégeaient du froid, et on pouvait se glisser dans une grotte où le vent ne les atteignait pas. À l'intérieur, il y avait un vieux gril appuyé contre la paroi, enveloppé d'une bâche.

— Il est communal, dit Kaitarō en la rejoignant à l'entrée de la grotte.

Rina regarda Kaitarō déballer le gril et dégager le vieux brasero de ses cendres. Il bâtit le feu lentement, en se servant de la bâche comme d'un abri, disposant les copeaux et les brindilles qu'il avait achetés à l'épicerie. Finalement, il plaça le gril à côté des flammes. Puis il sortit une planche et un couteau de son sac à dos et ouvrit les sacs de légumes, de crevettes, et un poisson à la peau vert olive tachetée dont Rina ne connaissait pas le nom.

— Je reviens dans une minute, dit Kaitarō en prenant le couteau, les crevettes et le poisson et en se dirigeant vers la mer.

Craignant pour le sort de leur déjeuner, Rina l'observa, mais bientôt elle sourit, admirant son savoir-faire tandis qu'il ouvrait le ventre du poisson comme s'il suivait une ligne invisible, le vidait habilement de ses entrailles rouge sombre et pourpres et rinçait le sang dans l'eau. Derrière lui, le soleil se couchait déjà, car les après-midi d'hiver étaient courts ; les pêcheurs de calamars allumaient déjà leurs lanternes sur leurs bateaux, traçant à l'horizon un pointillé de lumières.

Le feu avait bien pris lorsque Kaitarō revint, et une brise attisa les flammes, les faisant se coucher un millième de seconde avant de se redresser. Le jour tombait. Des éclats de bois se détachèrent pour former des braises rougeoyantes au fond du brasero. Il avait acheté des tas de choses sur la jetée, y compris les crevettes sucrées qui étaient de saison maintenant dans le grand nord. Elle les avait vues en photo, mais celles-ci étaient énormes, grandes comme la main, teintées d'orange clair avec des pointes de rouge, si dodues et charnues qu'elle s'imaginait déjà leur saveur intense lorsqu'elles seraient rôties. L'estomac de Rina grondait tandis que Kaitarō épluchait l'écorce du yuzu avec son couteau et enfilait des crevettes sur des bâtonnets avant de les entourer de l'écorce jaune et noueuse. Il fit de même avec des morceaux de poisson translucides. Rina l'observait travailler, fascinée. Elle se demandait ce qu'était ce poisson lorsqu'il lui apprit que c'était un flétan sauvage. Elle en avait déjà goûté à Tokyo, mais lorsqu'il lui passa une brochette, elle fut ébahie. Jamais il n'avait eu cette saveur, cette richesse et cette fermeté dans sa bouche, ce jus succulent qui se mêlait aux huiles du yuzu, un peu grillé et amer sur sa langue. Ravie, Rina suça ses doigts puis mordit une crevette en savourant la richesse de l'umami. Son talent de cuisinier était extraordinaire, et si simple en même temps, si naturel.

Réchauffé par le feu, il avait retiré sa veste et ne portait plus qu'un pull épais et son écharpe. Elle ne les reconnaissait pas ; il avait dû les retrouver dans sa chambre. Elle ne l'imaginait pas les portant à Tokyo, mais ici, dans ce lieu sauvage et primitif, ils lui allaient. Il y avait aussi des crabes dans son sac, toujours vivants. Il avait posé son manteau dessus.

— Je les préparerai quand nous rentrerons, dit-il, alors qu'elle n'avait pas posé la question.

Souriant intérieurement, Rina se délectait de cette facette de son caractère ; cet homme qui pouvait cuisiner le crabe et sans doute aussi le homard, qui connaissait les tables des marées toute l'année et où poser les filets à huîtres au printemps. Il semblait dans son élément, ici, ravi de voir Rina dévorer le poisson parce qu'il était si bon, si frais, pêché quelques heures à peine auparavant. Ils finirent par se blottir l'un contre l'autre, sans parvenir complètement à se réchauffer, mais repus.

— Il va falloir que tu fasses la même chose pour Sumi, dit-elle au bout d'un moment.

Il baissa les yeux vers elle, nichée dans ses bras.

— À Tokyo ?

— À Shimoda, sur la plage, près de notre maison. Ou bien on pourrait l'emmener ici ? Ça lui plairait, ajouta Rina, songeuse. C'est une vraie petite sauvageonne.

— Comme sa mère, dit Kaitarō en se penchant pour l'embrasser.

— Comme son père, répondit Rina, qui lui apprendra à pêcher.

Elle sourit de voir à quel point les traits de Kaitarō exprimaient une émotion intense, aussi puissante que la sienne.

— Si tu veux bien de nous, ajouta-t-elle.

Il la coucha sur le sol rocheux de la grotte pour l'embrasser, encore et encore. Au loin, à l'autre bout de la plage, la marée descendait, dénudant une étendue de galets fins où errait une bécassine esseulée cherchant de la nourriture.

QUATRIÈME PARTIE

« Soyez mauvais, mais ne soyez pas un menteur. »

TOLSTOÏ

Sumiko

Shimoda

Il y a certaines constantes dans sa vie dont on ne réalise l'importance qu'après les avoir perdues. Notre maison de Shimoda en faisait partie ; c'était la dernière chose que je m'attendais à perdre. Pendant de longues années, cette maison a été le foyer de ma famille, un lieu d'amour et de bonheur. Je pense à tous ceux qui y ont vécu, et à ce que cette maison a signifié pour eux. Enfant, je m'interrogeais sur les récits que recelaient ses murs ; ces échos qui ne sont audibles qu'à ceux qui sont enfouis sous terre.

Ce dont je me souviens le plus nettement n'est pas une image ou une personne, mais un son. Le carillon de l'horloge dans le salon, lorsqu'elle marquait l'heure. Quand grand-papa allait seul à Washikura, je l'appelais de Tokyo. Chaque fois, je tendais l'oreille. J'entendais le timbre doux de la voix de grand-papa. Si la fenêtre était ouverte, j'entendais aussi les oiseaux pépier, et les notes musicales et lentes du carillon de l'horloge. On m'a expliqué que c'était celui de Big Ben, la plus grande horloge du monde, mais pour moi, il résume Shimoda. Depuis la poussière et le smog de Tokyo, quand j'entendais cette horloge sonner dans le téléphone, je voyais les parquets en teck luisants de notre maison ; je sentais la chaleur du soleil qui se déversait dans le salon. Je pouvais même m'imaginer l'océan, au fond du jardin, la lumière dansant sur la crête des vagues, l'océan auprès duquel j'avais vécu toute ma vie. Le carillon de l'horloge noyait ce que disait grand-papa, mais pendant ces quelques secondes, les mots n'avaient aucune importance ; c'était comme si j'étais là avec lui, au cœur de notre foyer.

Je me souviens d'autres choses. Les matins d'été, quand j'avais fait la grasse matinée et que tout le monde était déjà dans le jardin lorsque je descendais, je restais pieds nus sur le linoléum rose de la cuisine, un bol de chocolat chaud dans les mains, à contempler la pelouse qui dévalait jusqu'au bord de la falaise. Je regardais le soleil se lever sur l'océan, illuminant le bras sud de la péninsule – un doigt de lave en fusion qui s'était écoulé dans la mer, avec un petit phare blanc au bout.

Parfois, l'eau était anthracite et houleuse, présage d'un orage prochain. Mais parfois aussi, un jour de plein soleil, tandis que je suivais le sentier bordé de bougainvillées de ma grand-mère autour de la véranda de la maison, les nuages blancs à l'horizon s'assombrissaient et gagnaient la terre pour se transformer en brume, et le vent charriait le goût du sel de la mer.

Grand-papa m'avait enseigné à m'occuper des bougainvillées et une année après l'autre, malgré la rudesse des hivers, les branches tordues se hérissaient de pourpre, avec une petite fleur blanche minuscule dans chaque corolle flûtée. Ce dernier été-là, lorsque je marchais dans l'herbe, il ne me serait jamais venu à l'esprit qu'un jour ma maison, notre terre, et cette vue sur la mer, me seraient enlevées.

Je vais encore à Shimoda. Je prends le train et je marche de la gare jusqu'aux collines. J'y sens la présence de ma mère, par-delà la ligne des arbres. Mais quand je m'aventure jusqu'au flanc de colline, là où les arbres deviennent plus clairsemés, je reviens à la réalité. Je revois notre maison et je me fais l'impression d'être une voleuse.

C'est une autre famille qui vit là maintenant. Je fais intrusion dans leur propriété et dans mes propres souvenirs. La serre de mon grand-père, construite pour faire pousser des fraises durant les mois d'hiver, a disparu : à sa place, il y a une piscine en plastique. Les jardins et les parterres de fleurs ont été remplacés par une pelouse, plus facile à entretenir. La vieille véranda en bois qui donnait de l'ombre à la partie sud de la maison a été démolie, et le terrain est maintenant couvert de béton et de dalles. Il n'y a plus de bougainvillées. Quand je lève les yeux vers les fenêtres de ma chambre, je m'apprête à voir mon tigre Tora qui m'attend, mais il n'y a plus de jouets. Les gens qui vivent là ne savent rien de ma famille. Ils n'ont pas bâti notre maison, ils ne savent pas ce qui s'y est passé. Ce qui était à moi ne l'est plus, et ce qui était là est parti.

Pour l'enfant

Que vous reste-t-il de votre famille ? Des souvenirs, des objets, peut-être des films maison ou, si vous avez de la chance, des clips de vos êtres aimés à la télé ? Moi, je n'ai que mes diapos Kodachrome et ces cassettes : des guirlandes de pellicule luisantes comme de l'huile et dangereuses ; les enregistrements de l'homme inculpé du meurtre de ma mère. J'ai regardé chaque entretien plusieurs fois. Je suis hantée par le dernier ; j'ai le sentiment que depuis toujours, on allait en arriver là.

La première fois que j'ai regardé le début de cette cassette, aucun signe ne permettait de présager la suite. Les murs sans fenêtre de la salle d'interrogatoire ne me disaient rien. Je n'arrivais même pas à deviner s'il faisait frais, avec une brise bruissant à travers les feuilles, ou si le ciel était maussade, gris et pluvieux. Je sais seulement que lorsque Kaitarō est entré dans la cellule d'interrogatoire et s'est assis devant la caméra, son comportement était le même que sur toutes les autres cassettes tournées durant l'enquête.

Kaitarō a refusé de signer les premiers aveux préparés pour lui par les inspecteurs de police, qu'on n'a pas revus depuis, mais ce jour-là, quand le procureur Kurosawa entre dans la pièce, en plus de son porte-documents en cuir, il a calé un journal sous son bras. Kaitarō lève les yeux comme s'il saluait un adversaire avec lequel il aurait pu sympathiser en d'autres circonstances. Il grimace lorsqu'il voit le porte-documents et les aveux qu'il contient. Il ne sait pas encore que des circonstances inattendues le feront changer d'avis.

Kurosawa tire un paquet de cigarettes de sa poche arrière. Il en sort une, puis une autre, et offre la première à Kaitarō qui hausse un sourcil, comme s'il lui en demandait le prix. Kurosawa pose quand même la cigarette devant Kaitarō et allume l'autre pour en tirer lentement une longue bouffée.

— La presse se déchaîne, lâche-t-il au bout d'un moment. Les étrangers, surtout.

Kaitarō baisse les yeux vers la cigarette et d'une chiquenaude, la fait rouler vers Kurosawa.

— M. Sarashima a demandé la garde de l'enfant, fait remarquer le procureur en s'asseyant.

Sa posture, comme celle de Kaitarō, est amicale et détendue.

— Des reporters l'ont abordé chez lui – heureusement, la petite était sortie avec la gouvernante à ce moment-là, reprend Kurosawa, mais il a été obligé de la retirer de l'école.

— Iront-ils à Shimoda ? demande Kaitarō.

Kurosawa marque une pause.

— Non, dit-il enfin. La maison est à vendre.

— Je vois, fait Kaitarō d'une voix douce.

— Vous étiez proche de M. Sarashima ?

Kaitarō réfléchit un moment, puis secoue la tête.

— Il n'y avait qu'une seule personne qui était proche de Yoshi.

— Sa fille ?

— Oui.

— Il approuvait votre relation ?

— Il a fini par l'approuver, oui.

— Vous n'aviez pas de sympathie pour lui ? le presse Kurosawa.

Comme Kaitarō ne répond pas, il change de tactique.

— Et l'enfant ? Vous la connaissiez, vous l'aimiez ?

— Comment va-t-elle ?

— Elle a perdu ses deux parents et ne peut plus vivre chez elle.

Kaitarō déglutit. Il se penche en avant et pose ses paumes à plat sur la table pour scruter ses mains, ses ongles trop longs, mais propres.

— La presse les laisserait tranquilles si l'on pouvait entamer le procès.

— Vraiment ? demanda Kaitarō.

Il a toujours les yeux baissés, mais on décèle une trace d'humour dans sa voix. Je n'arrive pas à deviner s'il est narquois ou indifférent ; si cet humour est véritable ou simulé.

— Dès que j'aurai déposé l'acte d'accusation, le procès ira très vite. On cessera de s'intéresser à la famille.

— Vous avez vos preuves.

— En effet.

Kurosawa se cale dans sa chaise.

— On les laisserait tranquilles ?

Kurosawa hausse les épaules.

— Je ne peux pas contrôler la presse, mais l'attention des médias se portera ailleurs, en tout cas.

— Et Sumiko ?

— Elle sera élevée par son grand-père.

Kaitarō se penche en avant :

— Il vous a dit ce qu'il compte faire ?

Kurosawa se tait un moment, comme s'il se demandait le prix de cette information pour Kaitarō.

— Il lui a trouvé une nouvelle école et elle va changer de nom de famille.

— Elle va s'appeler Sarashima ?

— Oui.

Kurasawa fouille dans son porte-documents et en tire une photo.

— Il m'a remis ceci.

Il l'offre à Kaitarō des deux mains. Pendant une seconde, j'ai le souffle coupé lorsque je comprends que c'est une photo de moi. Très doucement, Kaitarō pose la photo sur la table devant lui, ses index de chaque côté de mon visage. J'ai six ans, je porte mon uniforme pour mon premier jour d'école. J'ai l'air très soignée et très petite. Et pourtant, malgré ma solennité, mes yeux brillent d'enthousiasme, j'ai un sourire éclatant et soudain, je suis sûre de savoir qui me photographie : je regarde ma mère.

Kaitarō suit la courbe de ma joue du bout du doigt, jusqu'à la fossette au coin de ma bouche.

— Rina conservait cette photo dans son portefeuille, dit-il. Elle l'avait toujours avec elle.

— Cette histoire ne concerne pas que vous, martèle Kurosawa en regardant Kaitarō relever un visage plein de rage et de douleur.

— Qu'est-ce qu'il vous faut ?

Kurosawa tend la main vers le porte-documents sur la table et en tire une épaisse liasse de papiers liée par un gros trombone. Cette confession est beaucoup plus longue que les précédentes. Kurosawa place un tampon encreur et un stylo à côté des papiers sur la table.

Kaitarō inspire profondément.

— C'est un de vos sous-fifres qui l'a rédigé ?

— Non, c'est moi, répond Kurosawa sans quitter Kaitarō des yeux. Je me suis basé sur les cassettes. Vous voulez lire ?

Kaitarō, immobile, réfléchit. Il regarde les papiers posés sur la table, puis fait signe au procureur de lui passer le stylo.

— Je vous fais confiance, dit-il.

En silence, Kurosawa fait glisser les papiers vers lui et Kaitarō signe là où le procureur lui indique de signer. Alors qu'il tend la main vers le tampon encreur pour marquer la dernière page de ses empreintes digitales, Kurosawa lui offre une autre cigarette. Très délibérément, Kaitarō secoue la tête.

— Vous êtes sûr ?

— J'ai arrêté de fumer.

— Quand ?

— Il y a un an.

— Pour elle ?

— Oui, répond Kaitarō. Pour Rina.

Si je ferme les yeux, je revois les mains de Kaitarō sur ma photo, le tampon encreur à côté de lui et ses empreintes digitales sur le papier, les caractères de sa signature. Si je couvre mes oreilles, sa voix persiste dans le noir. Du tout premier moment où je les ai entendues, ses paroles sont restées en moi, tourbillonnant dans ma tête : la façon intime dont il parlait de moi, la douceur de sa voix lorsqu'il prononçait le nom de ma mère, l'assurance avec laquelle il parlait de notre maison de vacances, Washikura. Il l'appelle « Shimoda », comme ma mère et moi. Il savait tant de choses sur nous, il était presque l'un d'entre nous. Je me rappelle la façon dont il parlait de mon grand-père. Il l'appelait « Yoshi », pas M. Sarashima. Yoshi – comme s'il en avait le droit. Assise dans ma chambre devant l'écran clignotant, je compris que mon grand-père aussi avait eu des rapports complexes avec Kaitarō Nakamura, et que les réponses que je cherchais ne se trouvaient pas dans le dossier de son avocat, ni dans le bureau de mon grand-père, ni où que ce soit de ma maison à Meguro.

Œil pour œil

L'avenue menant au bureau de grand-papa était large et tranquille. Il y avait plusieurs immeubles de bureaux, mais c'était aussi un quartier résidentiel, environnement plus serein pour pratiquer le droit que Roppongi avec ses tours de verre, là où se trouvait le cabinet qui m'avait offert un poste. En marchant, je levai les yeux vers les arbres qui bordaient le trottoir. Leurs feuilles étaient immobiles dans l'air oppressant de l'été et tout était silencieux en cette fin d'après-midi. Le crépuscule approchait, le ciel devenait brumeux ; c'était le moment de la soirée qui fait écho à l'aube, et j'imaginais mon grand-père arriver au bureau à vélo, avec, dans son panier, la canne qu'il utilisait désormais à contrecœur. L'homme qui m'avait élevée. Soudain, je fus heureuse qu'il soit encore loin ; là où ce que j'étais sur le point de faire ne pouvait pas le blesser.

Je sonnai à l'interphone et pris l'ascenseur jusqu'au premier étage. Traversant l'open-space, je m'arrêtai devant l'assistante de mon grand-père, Tatie Yuka, qui travaillait pour lui depuis que j'avais douze ans. Elle était assise dans un petit cubicule près de son bureau.

— Sumichan ! s'exclama-t-elle en me voyant. Nomura & Higashino t'ont fait une offre de recrutement, bravo !

Je souris et hochai la tête en prenant la main qu'elle me tendait.

— Ton grand-père me l'a dit avant de partir pour Hakone. Il est tellement fier de toi !

Elle m'adressa un sourire radieux et me tapota le bras, puis le serra affectueusement. Je lui répondis par un petit sourire.

— Tu es vraiment une bonne fille. Nous sommes tous très heureux pour toi.

— Tatie, grand-papa m'a envoyée prendre des documents pour lui. Il doit les revoir dès son retour.

— Bien entendu, ma chérie, répondit-elle ouvrant un tiroir pour sortir les clés du bureau. Mais j'aimerais bien que tu lui dises de ne pas se tuer au travail. Tu sais qu'il n'arrête pas de téléphoner pour prendre ses messages ?

J'acquiesçai en murmurant qu'il était têtu, et elle me tapota à nouveau le bras :

— Il lèvera le pied quand tu nous rejoindras après être passée chez Nomura. Nous comptons sur toi.

— Merci, dis-je en acceptant les clés.

J'avais la main sur la poignée de la porte du bureau de grand-papa et j'étais sur le point d'entrer lorsqu'elle me lança encore :

— Sumichan, tu veux du thé ? Ah, et comment s'est passée ta conférence à Tōdai ?

— Très bien, mentis-je effrontément. S'il vous plaît, je suis pressée…

— Bien sûr, ma chérie ! Tu dois avoir beaucoup à faire avant de prendre ton poste chez Nomura…

Elle parlait encore lorsque je m'inclinai une fois, puis deux, et refermai la porte.

Une fois entrée, je respirai l'odeur familière du bureau, un mélange de cèdre et de sciure de bois avec une touche de citron, que grand-papa aimait ajouter à son thé noir. Son service à thé était disposé sur la desserte en laque : une théière en céramique de Tokoname avec des tasses sur un plateau – ici, il n'y avait pas de distributeur automatique. L'ikebana de feuilles de lotus et de lys près de la fenêtre était élégant et frais, remplacé tous les trois jours. Rien n'était négligé, même durant son absence.

Je contournai son bureau pour me diriger vers les armoires et les tiroirs au fond de la pièce à droite, cachés par un grand paravent en ébène. Tous ses dossiers professionnels étaient sous clé dans les archives du cabinet, au troisième étage, mais c'était ici que Yoshi rangeait les affaires qu'il traitait personnellement. Tous les matériaux qu'il avait collectés sur la mort de ma mère et sur l'homme qui l'avait tuée devaient se trouver ici.

Dans le dossier au nom de ma mère, je trouvai l'acte de divorce de mes parents et un exemplaire de leur accord à l'amiable avec leurs signatures et leurs sceaux personnels en bas de la page. Il détaillait le don de l'appartement d'Ebisu et un transfert de fonds à mon père. Dans le même dossier, je trouvai le contrat de vente de notre maison de Shimoda, postérieur de plusieurs mois, ainsi qu'une petite annonce publiée dans la presse locale par une agence immobilière : « Perle rare ! Maison en bord de mer non rénovée ayant appartenu à la même famille pendant quatre-vingts ans. Prix cassé. » Je jetai à nouveau un coup d'œil à la date et constatai que cette petite annonce avait été publiée alors que Kaitarō Nakamura était toujours en garde à vue. Tout au fond du dossier se trouvait une enveloppe jaunie par les ans. Ma mère aimait sceller ses enveloppes avec des autocollants, même des documents privés qu'elle conservait. Elle avait un faible pour les grues – celui-ci montrait l'oiseau en plein vol, déchiré en deux morceaux. Je lissai les bords déchiquetés de l'autocollant du bout du doigt.

Je mis longtemps avant de trouver les notes de grand-papa sur le procès. Les papiers étaient classés dans un fichier intitulé « Tribunal du district de Tokyo », comme si mon grand-père n'avait pu associer la mort de ma mère qu'avec l'appareil de la justice. Je posai ces documents sur son bureau avec la petite enveloppe jaunie et les ouvris tous deux.

Il m'est difficile de raconter ce que j'y découvris. J'appris que Kaitarō Nakamura avait été la raison de la vente de notre maison à Shimoda. J'appris que mon grand-père n'avait jamais fait son deuil de la mort de ma mère, et n'avait jamais pardonné à Kaitarō Nakamura. J'appris qu'il pourchasserait le meurtrier jusqu'à la fin de ses jours afin de lui en faire payer le prix ultime : œil pour œil.

Yoshi

1994

Yoshi repoussa le panneau coulissant et passa dans la salle à manger de Washikura. Devant lui se trouvait une grande table de style occidental, commandée à l'occasion de la naissance de Rina. Délicatement, il fit courir ses doigts sur le bois d'érable. Il adorait sa texture et sa variété, les éclats d'or mêlés aux bandes de brun sombre liserés d'un soupçon de gris anthracite, comme si l'arbre avait été roussi par les flammes. Lentement, il passa la main sur la surface huilée en s'attardant sur un nœud dans le bois, un tourbillon en forme de noix, marque de son âge.

C'était ici qu'il parlait à Rina. Elle préférait cette pièce à son bureau. Même petite fille, il la retrouvait souvent assise à cette table, en train de contempler l'océan, avec ses livres et ses crayons disposés devant elle. C'était ici qu'elle lui avait enfin avoué sa décision d'arrêter ses études de droit. Ici qu'ils s'étaient disputés et qu'elle avait justifié son choix. Il entendait encore ses paroles, il la revoyait faire les cent pas devant la fenêtre. Elle réfléchissait mieux debout, comme lui.

On aura toujours besoin de photos, soutenait-elle. À l'avenir, quels que soient les progrès de la technologie, il y aura toujours des images et des gens pour les chérir. C'est ce que j'aime. Tu ne veux pas que je fasse ce que j'aime ? En la regardant, si lumineuse et déterminée, Yoshi avait décidé qu'il voulait ce qu'elle voulait. Maintenant qu'elle était partie, il ne lui restait que l'écho de leurs paroles.

C'était à cette table qu'il l'avait interrogée pour la première fois au sujet de Kaitarō. C'était l'été – le dernier été qu'ils avaient passé ensemble dans cette maison. Sumi était sortie jouer dans le jardin et saisissant l'occasion de rester seule un moment, Rina se préparait un thé. Elle sortait de la cuisine lorsque Yoshi l'avait interceptée. Elle s'était arrêtée, sa tasse à la main, et avait resserré son cardigan comme un cocon. Yoshi lui avait fait signe de passer dans la salle à manger et, à contrecœur, elle l'avait suivi. Ils restèrent assis quelque temps en silence, ne partageant que leurs pensées.

— Tu as quelqu'un dans ta vie, finit-il par dire.

Rina desserra ses mains de sa tasse de thé fumante pour le regarder. Son expression était calme et résolue.

— Nous n'avons fait que deux ou trois excursions, rien de plus.

— Je t'en prie, fais attention à ce que tu dis.

Elle leva la main pour le faire taire. Yoshi la regarda se lever de table. Il se rappelait la rigidité de son attitude et aussi, curieusement, ses pieds dans leurs chaussettes blanches. C'étaient ces chaussettes qui l'avaient marqué. C'était une jeune femme, une mère, mais c'était toujours une petite fille, sa petite fille.

— C'est un ami, c'est tout, dit-elle d'une voix ferme mais peu convaincante.

Yoshi pinça les lèvres pour ne pas répondre, mais il fut incapable de s'en empêcher :

— Tu ne l'as pas présenté à Sumiko, tout de même ? Tu ne l'as pas emmené ici ?

Comme elle ne répondait pas, il la dévisagea.

— Non, papa, pas ici.

Elle se dirigea vers la porte, mais lorsqu'elle passa à côté de lui, elle posa sa main sur l'épaule de Yoshi, qui sentit sa chaleur sur sa peau.

— Je te le jure.

Maintenant, elle était partie et cette maison était tout ce qui lui restait d'elle, le seul espace qui demeurait inviolé.

Yoshi resta un bon moment assis à la table. Il mit longtemps à trouver la force de se lever. Parfois, il songeait qu'il ne se remettrait jamais de l'avoir perdue. Il le sentait dans la façon dont son corps se résignait à vivre. Ses articulations étaient douloureuses le matin et il avait du mal à sortir du lit. Il savait aussi qu'il vieillissait, il sentait qu'il n'était plus assez jeune pour être père, et pourtant c'était ce qu'il devait être pour Sumiko.

Dans le hall d'entrée, Yoshi prit sa petite valise pour l'emporter dans sa chambre et ranger ses effets. Il resterait là quelques jours, avant que Sumi le rejoigne. Hannae l'avait emmenée dans sa famille pour la préserver de l'horreur et l'éloigner de Tokyo, mais maintenant, il valait mieux qu'ils soient tous ensemble ici, à Shimoda. Entretemps, il se reposerait et tenterait de retrouver un peu de paix ; s'il ne pouvait dormir la nuit, il écouterait le bruit de la mer.

Dans le congélateur, Yoshi trouva du poisson surgelé. Il le sortit pour qu'il décongèle et mit une tasse de riz dans le cuiseur à riz. Il allumerait le poêle à bois dans le salon et dînerait au coin du feu. C'était le printemps, mais les nuits étaient encore froides et dehors le ciel était nuageux : la nuit n'était pas même éclairée par la lune.

Il plaça la bouilloire sur la cuisinière et quand l'eau se mit à bouillir, il en versa dans la petite théière en terre cuite pour la réchauffer. Il se prépara une sauce légère – soja, mirin et petits oignons – et cuisit le poisson à la vapeur. C'était un repas simple, comme ceux que son père préparait lorsque sa mère n'était pas là et qu'ils devaient survivre entre hommes. Lorsqu'il était seul et triste, c'était ce qu'il préférait. Quand Sumiko serait prête à partir pour l'université, il lui apprendrait à le préparer.

Yoshi passa dans le salon, et prit du petit bois dans le panier près du poêle pour faire du feu ; il fouilla les fagots jusqu'à ce qu'il trouve du bois de pommier parfumé et l'enfourna dans le poêle, avec du papier et du petit bois. Il resta assis là jusque tard dans la nuit, avec son repas et son thé. Il alla chercher le vieil appareil radio de son père et le posa sur la petite table à côté de son fauteuil. Il eut du mal à trouver la bonne fréquence et se demanda comment ses parents y arrivaient dans les années soixante et puis, tandis que les notes lointaines d'une ouverture d'Elgar s'échappaient des enceintes, il ferma les yeux et rêva du passé.

Yoshi était venu à Shimoda pour réfléchir au genre de vie qu'il mènerait désormais avec Sumiko. Il avait besoin d'être seul, de penser et de se projeter, mais sa douleur était trop vive, et la maison semblait morne sans Sumi. Son vide lui renvoyait celui de sa vie : il n'était qu'un vieil homme qui avait tout raté. Sumiko et lui devraient peut-être passer davantage de temps à Shimoda. Il pourrait lui parler de ses parents à lui, de la façon dont ils avaient vécu, lui raconter comment il avait hérité de la maison et pourquoi elle était aussi importante. Ils pourraient venir s'installer ici ; il vendrait son cabinet et consacrerait tout son temps à Sumi. Il lui créerait la vie qu'il aurait voulue pour Rina. Il la garderait à l'abri du danger.

En haut, dans son attaché-case, se trouvait une série d'arguments qu'il avait songé à envoyer au procureur public chargé de poursuivre Kaitarō Nakamura. Yoshi les brûlerait. Il oublierait ce qu'il avait fait et ce qu'on lui avait fait. Il le ferait pour Sumiko.

Le lendemain matin, tandis que le soleil se levait au-dessus de la mer, Yoshi retrouva une part de son énergie. Il téléphona à Tokyo pour conférer avec sa secrétaire avant le petit déjeuner. La perspective de la nouvelle vie qu'il se créerait à Shimoda lui avait redonné un but ; elle l'aiderait à traverser sa peur et sa douleur. Il alla au marché et passa un bon moment à déambuler entre les étals jusqu'à ce qu'il trouve le plus beau morceau de flétan. Il ne le marchanda même pas. Une fois rentré, il mit le poisson sur le plan de travail avec les fines herbes dont il aurait besoin pour préparer son dîner, ainsi qu'un yuzu dont il utiliserait le zeste en garniture. Dans ces moments fugaces, Yoshi sentit qu'une part de sa jeunesse lui revenait. Il se préparerait un repas digne de ce nom et réfléchirait à l'avenir.

Dans l'après-midi, il fit le tour de la maison avec un calepin et un crayon, en réfléchissant aux aménagements qu'il faudrait y faire s'ils s'installaient ici. Il allongerait le porche pour qu'ils puissent se faire des barbecues. Il redécorerait la chambre de Sumi et lui installerait une bibliothèque et un bureau, afin qu'elle puisse y étudier. Il y avait aussi la salle de séjour attenant à la salle à manger. Jusque-là, c'était plutôt une remise où l'on rangeait les beaux livres et les chaussures de jardinage. La pièce donnait sur le jardin et la mer, mais elle n'avait jamais été rénovée. Contrairement à la salle à manger, il n'y avait pas de panneaux coulissants, rien qu'une fenêtre qui fuyait. Sous la fenêtre, l'eau avait taché le bois d'un coffre qui servait également de banquette. Rina s'asseyait là l'après-midi lorsqu'elle voulait être seule ; c'était son refuge. Il pourrait peut-être en faire celui de Sumiko, pour qu'elle ait son espace à elle.

Yoshi posa son calepin et se dirigea vers le coffre. Au fil des ans, il avait abrité bien des choses – les jouets de Rina, ses magazines, des gants de jardinage pour la serre, ses tongs et ses maillots lorsqu'elle emmenait Sumi à la plage. Il contenait certainement des objets que Rina avait touchés, aimés, puis rangés là, sûre de les retrouver dès qu'elle en aurait besoin.

Lorsque Yoshi ouvrit le coffre, une vague odeur de moisi s'en éleva. Il baissa les yeux. Le coffre était plein de magazines détrempés, avec les vieilles sandales de Rina et le petit seau de plage rouge de Sumiko. Yoshi trouva un sac en plastique et commença à y vider les magazines. Le coffre n'était pas aussi plein qu'il l'aurait cru. Rina l'avait peut-être rangé l'automne précédent. Il trouva deux livres sur l'architecture qu'il avait achetés avec Rina à Atami, plusieurs années auparavant, lorsqu'ils avaient songé à rénover la maison. Il les mit de côté, mais ce faisant, le couvre-livre de l'un d'entre eux tomba pour révéler sa couverture noire. Yoshi l'ouvrit pour replacer le couvre-livre, mais ce qu'il découvrit l'arrêta net. Il y avait une enveloppe calée entre les pages, scellée par l'un des autocollants de Rina, une grue à crête rouge en plein vol.

Les mains tremblantes, Yoshi coupa la grue en deux avec son pouce. Il n'y avait aucun mot à l'intérieur, aucune lettre, seulement un Polaroïd carré qui s'échappa de l'enveloppe. Yoshi le retourna. Rina avait l'air beaucoup plus jeune sur cette photo ; elle regardait droit dans l'objectif, l'air radieux. Elle portait aussi une chemise trop grande pour elle. En l'observant attentivement, il constata que c'était une chemise d'homme, partiellement boutonnée. Ses jambes, repliées sous elle, étaient nues. Le bras du photographe était posé sur ses épaules. Son visage était trop jeune, d'une jeunesse trompeuse. Impossible de ne pas le reconnaître. Ils étaient assis dans le fauteuil de Yoshi près du poêle à bois. Rina l'avait allumé : on distinguait la lueur des flammes derrière eux. L'homme était vêtu d'un pantalon kaki et de la veste en laine polaire que Yoshi portait pour jardiner, et qui avait disparu cet été-là. Rina avait dû la lui donner pour remplacer sa chemise. Kaitarō souriait en tenant Rina contre lui. Leurs visages étaient collés l'un contre l'autre, inséparables. Derrière la photo, elle avait écrit *À la maison à Shimoda.*

Yoshi lâcha la photo. Rapidement, il feuilleta le reste du livre sans rien y trouver. Il agita les pages et le souleva pour le secouer, mais il n'y avait plus rien, plus rien pour lui. Il jeta le livre sans se soucier qu'il tombe par terre. Il s'agenouilla pour regarder la photo de sa fille et de l'homme qui l'avait tuée. Le soir tombait. Il ne bougea pas. Le soleil touchait l'horizon, et il restait toujours assis. Il ne se leva péniblement que lorsqu'il fit trop noir pour y voir.

Yoshi savait quand la photo avait été prise. Leurs cheveux étaient mouillés et il y avait du sable dedans. Elle avait allumé le poêle à bois pour qu'ils se sèchent, mais c'était l'été ; on ne pouvait pas nager dans la baie après le mois d'août. Il repensa à cet été-là, leur dernier été en famille à Shimoda. Il n'y avait que deux dates possibles, de courts week-ends qu'il avait passés avec Sumi au mont Fuji. Rina, restée seule, avait invité son amant chez eux. Il retourna au coffre et ouvrit rageusement le couvercle, fourrant tout son contenu dans le sac en plastique. C'étaient les affaires de Rina, mais il s'en fichait. Il trouva une chemise d'homme à laquelle manquaient quelques boutons, et sa douleur implosa. Il prit la capeline rouge que Rina adorait porter à la plage et froissa la paille dans son poing avant de le jeter par terre. Il reprit sa fouille jusqu'à ce qu'il trouve un calepin tout neuf. Il voulait le jeter, mais il semblait innocent, intact. Elle n'avait écrit que sur une seule page. Yoshi vit le nom de Sumi et une liste d'écoles dans la région de Shimoda. En dessous, il y avait une liste d'aménagements pour la maison – salle de jeux pour Sumi, brasero, nouveau porche ?

Rina lui mentait depuis longtemps. Elle lui avait menti sur son couple, sur sa liaison, sur ses projets. Après tout ce qu'il avait fait pour elle, les soins dont il l'avait entourée, l'amour qu'il lui avait donné – elle lui avait menti, elle ne lui avait pas fait confiance.

Une fois de plus, Yoshi regarda la photo par terre. Leur aisance, leur bonheur d'être ensemble lui étaient insupportables. Rina avait emmené Kaitarō ici ; elle projetait de vivre avec lui dans leur maison de famille comme il projetait maintenant d'y vivre avec Sumi. Elle se construisait une nouvelle vie, peut-être même sans lui. La gorge serrée jusqu'à la douleur, Yoshi réalisa que ce n'était pas là sa fille, telle qu'il l'avait connue ; on la lui avait enlevée.

Il était tard lorsque Yoshi se releva. Ses genoux protestèrent lorsqu'il monta l'escalier, car il était resté assis trop longtemps sur le parquet de cette salle sans chauffage. Le flétan qu'il avait si soigneusement sélectionné était encore sur le plan de travail ; l'écorce de yuzu s'était enroulée sur elle-même, desséchée et racornie. Yoshi ne le remarqua même pas. Il laissa tout en plan pour aller se coucher. Il mit plusieurs heures à s'endormir.

Sans repos

Quelques jours plus tard à Tokyo, dans son cabinet, Yoshi ouvrit l'armoire où il conservait les dossiers relatifs à ses maisons et sa famille. Yoshi les parcourut avant de retrouver celui qu'il cherchait. D'un autre tiroir, il retira les directives du tribunal concernant les peines, document qu'il avait relu plusieurs fois au fil des ans. Les attributs de sa profession – service à thé et dictaphone – étaient posés près de lui.

Yoshi ouvrit son dossier et en sortit chaque document. C'était là toute l'information qu'il avait accumulée sur la mort de sa fille et l'homme qui l'avait tuée. Un par un, il les posa sur son bureau. Il était tard. Le bourdonnement discret du bureau lui parvenait de l'extérieur, tandis que les jeunes avocats passaient un dernier coup de fil et que les assistantes rassemblaient leurs effets pour rentrer chez elles. Il entendit un cliquetis de vaisselle : l'une d'entre elles faisait le tour des bureaux pour ramasser les tasses.

Yoshi s'assit. La tâche qui l'attendait était personnelle et devait être réalisée à l'abri des regards. Plus tôt dans la journée, il avait distribué plusieurs de ses dossiers aux autres avocats ; il avait instruit sa secrétaire de ne lui transmettre aucun appel et de décaler tous ses rendez-vous de deux semaines. Ses collaborateurs ne seraient pas mêlés à cette affaire ; c'était une tâche qu'il devait affronter seul, et qui l'absorberait entièrement.

Il y eut un temps où Yoshi avait envisagé de brûler ce dossier. Alors qu'à Shimoda, il s'imaginait qu'il pourrait recommencer sa vie avec Sumiko. Mais le passé était impitoyable ; il s'était niché jusque dans son sanctuaire. Il n'était nulle part à l'abri ; il n'y avait plus que l'avenir, et il devait terminer ce qu'il avait entamé. Lorsqu'il aurait trouvé un acheteur pour Washikura, il déposerait les fonds dans un compte bancaire au nom de Sumiko. Il était trop vieux pour quitter Tokyo, trop vieux pour changer de vie, mais il pouvait mettre de l'argent de côté pour elle. Peut-être Sumiko pourrait-elle repartir à zéro, même s'il en était incapable.

Son poignet était douloureux lorsqu'il prit la dernière liasse de papiers – ses notes sur l'affaire, ses recommandations pour la peine et, agrafés sur la première page, le nom et l'adresse du procureur principal : Hideo Kurosawa. Yoshi fit glisser ses mains sur les notes ; il sentit le papier sous ses doigts et ses lèvres se tordirent. Normalement, il faut avoir plus d'une mort sur la conscience pour être condamné à la peine capitale, mais il y avait des exceptions : tout dépendait des pièces à conviction, des motifs du tueur, et du réquisitoire préparé par le ministère public. Yoshi prit une feuille blanche et un stylo.

Sumiko

Le procès de Kaitarō Nakamura

Les avocats de la génération de mon grand-père pratiquaient tous les secteurs du droit. Plutôt que de se spécialiser dès le départ, comme nous le faisons aujourd'hui, ils étaient à même de prendre en charge divers types d'affaires. Mon grand-père vivait pour son métier. C'était un avocat d'exception et un généraliste ; il pouvait s'attaquer à n'importe quoi, même à la mort.

Dans son bureau, je trouvai un dossier constitué pour le ministère public. C'étaient une dizaine de lettres accompagnées d'un registre de la date où elles avaient été envoyées. Des lettres de Yoshi pour conseiller le procureur Kurosawa, contenant les arguments juridiques de mon grand-père, rédigés avec la rigueur qui le caractérisait. On ne lui avait jamais répondu.

Mon grand-père abordait d'abord l'industrie du wakaresaseya, à peine légale, non réglementée et florissante à Tokyo. Il soulignait l'absence de législation ou de statuts pour contrôler cette industrie (pour travailler comme agent ou détective privé, on n'a pas besoin de permis), et résumait les dangers que cette activité représentait pour le public. Il attirait particulièrement l'attention sur le fait que ses agents se sentaient libres de manipuler la vie de gens ordinaires, et sur la façon dont leurs actes les menaient souvent à enfreindre la loi. Grand-papa expliquait qu'en l'absence de preuves concluantes d'un déséquilibre psychologique de Kaitarō et d'antécédents de violence, sa manipulation de ma mère, puis son agression, étaient à la fois intéressées et calculées. Il soutenait qu'il fallait sévir contre cette industrie et lancer un avertissement à ceux qui seraient tentés de marcher sur les traces de Kaitarō Nakamura : on devait en faire un exemple.

Grand-papa avait consacré de longues pages à ma famille, mais sous un angle inattendu. Il étoffait son dossier en exposant des détails de notre vie tels que sa fortune personnelle et la protection financière qu'il avait procurée à ma mère. Il donnait la liste des comptes bancaires qui étaient à son nom. Il illustrait, avec clarté et concision, les motifs financiers qu'aurait eus Kaitarō pour rester avec ma mère, et tout ce qu'il risquait de perdre si elle le quittait.

Grand-papa soulignait notamment que quelques mois après l'avoir rencontrée, Kaitarō avait été licencié et qu'il avait été contraint de vivre sans source de revenus, sauf quelques cachets de photographe. Il était évident, selon mon grand-père, que Kaitarō avait beaucoup investi dans sa relation avec ma mère : c'était son avenir qui était en jeu.

Enfin, grand-papa avait retrouvé et citait plusieurs cas d'homicides motivés par l'égoïsme et la cupidité. Il établissait le profil des victimes et des accusés, et détaillait chacune des peines imposées, afin d'en dégager des constantes. Il avait choisi des procès aussi récents que possible. Dans tous les cas, le tribunal avait été impitoyable.

Je vous ai déjà expliqué la façon dont un procureur présente son avis sur une affaire à la cour, et comment un avocat se prépare à défendre l'accusé. De même, les tribunaux établissent leur propre version de l'histoire. Le but de ces narrations est d'en venir au cœur des événements, de comprendre les véritables motivations de l'accusé, de savoir s'il a menti ou non à l'État, et à quel point il éprouve des remords, si c'est le cas.

Lors du procès de Kaitarō Nakamura, ce ne fut pas un juge, mais trois, qui constituèrent son tribunal. Les jurys publics ne faisaient pas partie du système judiciaire à l'époque, de sorte que l'interprétation des événements par la cour, le verdict et la peine étaient de la seule responsabilité des hommes qui présidaient le tribunal, assis par ordre croissant d'âge et d'expérience.

Le plus jeune juge devait être, comme moi, un débutant qui venait tout juste de terminer son stage à la Cour Suprême de Wakō. Son rôle était de rédiger une première version des événements, et de proposer un verdict et une peine. Son travail serait alors revu par le deuxième juge, un homme à mi-chemin dans sa carrière, sans doute affecté pendant trois ans à Tokyo. Enfin, le dossier serait corrigé et approuvé par le troisième juge – un magistrat de haut rang représentant l'institution judiciaire.

Mon grand-père connaissait bien le caractère des juges. Ce sont des êtres humains, comme le serait un juré issu du public, mais ils ne sont pas aussi imprévisibles que ces derniers. Immergés dans le système et chargés de centaines d'affaires à la fois, ces juges s'appuient sur les procureurs. Dans l'immense majorité des cas, l'accusé plaide coupable. Le tribunal est un lieu où les méchants sont jugés ; la tâche des juges consiste à démasquer les menteurs et à corriger les criminels. Le rôle de ce triumvirat existe toujours aujourd'hui ; il s'agit pour lui de s'assurer que les jugements soient cohérents, et que les valeurs du système judiciaire soient unilatéralement respectées. Grand-papa le savait. Il savait aussi que les schémas régissant les peines fonctionnent essentiellement comme des schémas de pensée. Plus ces schémas sont répétés, plus leur valeur augmente. Les opinions judiciaires évoluent lentement. Elles ne changent pas beaucoup d'une génération à l'autre ; on peut les prédire et les suivre. Un procureur habile peut cependant les infléchir. Voilà où voulait en venir mon grand-père.

Dans ces documents, on devinait à quel point grand-papa regrettait certaines de ses décisions, notamment d'avoir arrangé le mariage de ma mère et de mon père. Lors de leur accord de divorce, mon grand-père avait payé mon père pour qu'il disparaisse de la vie de ma mère. Apparemment, avec cet argent, Yoshi avait également acheté autre chose.

Parmi les déclarations faites par des témoins au sujet de Kaitarō Nakamura remises au procureur se trouve une déposition volontaire rédigée de la main d'Osamu Satō. Il l'avait écrite à la demande de mon grand-père, mais aussi pour s'épargner l'humiliation publique d'être donné en spectacle s'il était interrogé devant le tribunal. Dans son témoignage, mon père avouait avoir engagé Kaitarō Nakamura et lui avoir demandé de séduire ma mère afin de lui fournir un motif de divorce. Il décrivait Kaitarō comme un homme qui avait été difficile à contrôler d'entrée de jeu – un rebelle qui avait outrepassé ses ordres dès le début, et qui avait harcelé et menacé Satō.

Il était évident, selon mon père, que Kaitarō visait la fortune de ma mère ; il prétendait qu'il l'aimait, mais il avait emménagé avec elle pour qu'elle le fasse vivre. Lors de leur dernière rencontre, mon père déclarait que Kaitarō avait clairement affirmé son intention de continuer à mentir à Rina et à sa famille. Mon père prétendait qu'il avait eu l'intention de le dénoncer, mais qu'il avait eu trop honte, car c'était lui qui avait engagé Kaitarō. Il affirmait qu'il avait été sur le point de raconter la vérité à plusieurs reprises, mais que Kaitarō l'avait fait chanter en menaçant de le dénoncer à sa famille. Mon père feignait la contrition. Il disait qu'il ne pouvait se pardonner son égoïsme, sa lâcheté. En conclusion, il affirmait que si l'on pouvait empêcher Kaitarō et les hommes dans son genre de nuire encore, ma mère ne serait pas morte en vain.

Le tribunal imposa une amende à mon père pour ses actions, mais le procureur décida de ne pas le poursuivre. Sa déposition fut intégrée au dossier de l'affaire, et lorsque Kaitarō Nakamura fit ses aveux, elle devint le témoignage le plus important du procès. Mon père, par qui tout avait commencé, resta donc libre. La justice est une question de point de vue.

Il n'y avait aucun indice de ce que grand-papa pensait réellement des aveux de mon père ou du fait qu'il ait échappé à la justice, mais tout en poursuivant ma lecture, je constatai qu'il avait utilisé sa déposition pour étayer son portrait de Kaitarō, en tant qu'homme dont le refus de parler à la police lorsqu'il était en garde à vue démontrait son mépris pour la vérité et son absence de remords. Selon grand-papa, le fait que Kaitarō ait autant tardé à signer la confession présentée par le ministère public avait prolongé la souffrance de ceux auxquels il avait déjà fait du tort, et les avait exposés à la persécution de la presse. C'était un homme qui ne comprenait ni l'amour ni la famille, et ne se repentirait jamais de son acte. S'il avait fini par signer sa confession, ce n'était pas parce qu'il se repentait, mais parce que, lassé, le coupable avait fini par accepter l'inévitable.

Si les confessions servent à mesurer la possibilité pour un coupable de se « corriger » – le potentiel d'un criminel à être rééduqué et à réintégrer la société –, mon grand-père était déterminé à ce que Kaitarō ne soit jamais réinséré. La rédemption était, et est, uniquement réservée à ceux qui expriment un remord sincère. En soulignant son absence chez Kaitarō, mon grand-père espérait qu'il serait puni le plus sévèrement possible, par la peine de mort.

La peine capitale peut mettre des années à être appliquée. Elle survient sans avertir. Certains passent une éternité dans leur cellule à attendre que le couperet tombe. La famille n'est avertie que lorsque le condamné est mort, pour qu'elle vienne récupérer le corps.

Cette procédure est restée inchangée pendant des années, à l'exception d'un amendement. Lorsqu'on a enfin révisé le traitement des « oubliés » en introduisant le Système de notification des victimes, les familles des victimes ont pu s'inscrire pour recevoir des informations au sujet des criminels qui leur avaient fait du mal ; elles avaient le droit de connaître leur sort. Je comprenais donc l'importance du coup de fil que j'avais reçu du ministère de la Justice et de ce qu'il signifiait pour Kaitarō Nakamura et pour moi.

À la fin du dossier de mon grand-père, il y avait un dernier document, un témoignage personnel rédigé par lui. Je l'imaginais, encore assis à son bureau après avoir bouclé ses arguments juridiques, retirer enfin sa veste et sa cravate, et les draper sur le dos de sa chaise. Son thé, qu'il n'avait pas touché en travaillant, s'était recouvert d'une mince pellicule qui effleura ses lèvres lorsqu'il le sirota. Le liquide était froid, âcre, et cela lui convenait. Devant lui se trouvait une feuille de papier blanc, mais sa main tremblait ; sa fureur était épuisée. L'odeur de cèdre de son bureau l'enveloppait, familière, lui rappelant les arbres qui bordaient les collines au-dessus de Washikura. Il croyait entendre les pas de Rina qui courait entre eux. C'était comme si elle était avec lui maintenant, qu'elle veillait sur lui. Et il n'y eut plus rien, plus d'arguments juridiques, plus de précédents, rien qu'une douleur qui le submergea. Il avait perdu l'être qu'il aimait le plus au monde, celle qu'il n'avait pas su protéger. Yoshi savait qu'il était seul et que Rina n'était pas vraiment là. La seule chose qu'il puisse faire, c'était d'écrire la vérité, telle qu'il la percevait. La vérité devrait lui suffire.

DÉCLARATION DE YOSHITAKE SARASHIMA

Ma fille Rina était toute ma vie. Jusqu'à la naissance de ma petite-fille, elle était mon unique raison de vivre. Il y a tant de choses que l'on redoute lorsqu'on est parent ; on vit dans un état presque constant de terreur. Dès l'instant où ils font leurs premiers pas, on surveille ses enfants attentivement. On les protège le plus possible. On voudrait que leur vie soit parfaite, qu'ils ne subissent jamais les difficultés que l'on a affrontées, qu'ils ne ressentent jamais la douleur, qu'ils ne répètent jamais nos erreurs. Et même lorsqu'ils commettent des erreurs à leur tour, on cherche toujours à les réparer, quel que soit leur âge.

Rina est morte. Je ne la tiendrai plus jamais dans mes bras. Ma fille est partie, sans avoir commis la moindre faute. Nous n'étions pas toujours d'accord, mais c'était une fille et une mère merveilleuse. Elle aimait tellement sa fille qu'elle tentait de faire ce qui était le mieux pour elle lorsqu'elle a été tuée.

Kaitarō Nakamura nous l'a enlevée. Il a mis ses mains autour de son cou et l'a étranglée jusqu'à ce que mort s'ensuive. Il ne s'agissait pas d'une femme agressée tard la nuit par un fou dans la rue, mais d'une mère, chez elle, qui se remettait d'un divorce et qui avait décidé de faire passer sa fille en premier. Elle voulait le quitter ; elle voulait repartir à zéro et soustraire son enfant à l'influence d'un homme auquel elle ne pouvait faire confiance. Elle voulait la mettre en sécurité, et c'est pour cette raison qu'il nous l'a enlevée.

J'ai beaucoup de souvenirs de Rina ; ils me hantent la nuit et chaque minute de la journée. Sans elle, je suis changé, brisé. Je n'entendrai plus jamais sa voix m'appeler dans la maison, je ne sentirai plus jamais ses lèvres sur ma joue quand elle m'appelait papa. Je ne la verrai plus jamais border Sumiko le soir ou lui enseigner à peindre, comme mon épouse l'avait fait pour Rina. Je ne peux pas marcher sur la plage devant notre maison de vacances parce qu'à chaque pas je m'attends à entendre le déclic de son appareil photo, le bruit de ses pas lorsqu'elle court sur le sable. Elle ne vieillira pas avec moi. Elle ne verra pas sa fille avoir son bac ni célébrer sa majorité. Elle n'assistera pas au mariage de Sumiko, moi non plus sans doute.

Mon épouse est morte d'un cancer lorsque Rina n'avait que quinze ans. Cette perte l'affecta très profondément. Elle savait ce que c'était que de grandir sans mère. Elle n'aurait jamais voulu infliger une telle douleur à Sumiko. Elle nourrissait de grands espoirs pour sa fille et toutes les expériences qu'elles partageraient. Elle aurait voulu que Sumiko sache à quel point elle était aimée, mais cela, je suis incapable de l'exprimer par des mots.

J'espère que Rina, elle aussi, savait qu'elle était aimée. Pendant si longtemps, il n'y avait eu que nous deux. J'ai fait de mon mieux pour l'élever et la guider. J'ai tenté d'être à la fois son père et sa mère, et j'ai failli. Maintenant, l'histoire se répète et je dois remplir pour Sumiko le rôle de ses deux parents, si j'y arrive.

Je ne peux pas le nier : moi aussi, je suis coupable. Je ne me pardonnerai jamais le rôle que j'ai joué dans l'arrangement du mariage de Rina. Je ne me pardonnerai jamais d'avoir permis à son mari ou à Kaitarō Nakamura d'entrer dans nos vies. J'aurais dû la protéger. J'aurais dû la sauver.

Curieusement, à certains moments, j'éprouve du bonheur. Je me surprends à sourire de quelque chose que Sumiko a dit, ou à tirer du plaisir d'une tâche simple, d'un repas. Ces choses, je ne me les pardonne pas non plus. Je ne peux me pardonner d'être vivant alors que Rina ne l'est pas, ou qu'elle soit morte à cause de moi. Je rêve de son fantôme dans les pièces de notre maison, et j'espère qu'elle me pardonne. J'élèverai sa fille du mieux que je peux.

Et je sais ceci : Rina n'aurait pas pardonné à l'homme qui lui a volontairement ôté la vie, l'homme qui ne l'aimait pas assez pour la laisser partir. L'homme qui se trouve devant vous est un homme qui l'a piégée, qui lui a menti, et qui a fini par la tuer. Il savait ce qu'il faisait. Il a détruit nos vies à tous. Je vous implore, je vous supplie, pour l'honneur de ma vie et la foi que j'ai dans la justice de ce tribunal, de lui imposer la seule peine possible : la peine de mort.

J'étais assise seule à son bureau, seule comme il l'avait été, et l'unique chose qui nous séparait était le fait que l'encre de sa déclaration avait séché depuis longtemps, et que le papier que je tenais à la main était une photocopie, que mon méticuleux grand-père avait inclus dans le dossier. Je pleurais. Je venais de la perdre à nouveau, et le désespoir de mon grand-père était devenu le mien, comme si ce désespoir avait toujours vécu là, entre les murs de cette pièce, à m'attendre. Il ne restait plus rien, rien que les restes de ceux que j'aimais. Je tentai de faire ressurgir mes souvenirs, mais j'en fus incapable ; ils s'étaient transformés.

Je songeai à mon grand-père qui profitait des sources thermales, bien à l'abri et au chaud, réconforté par la perspective de mon avenir assuré, car c'était tout ce qu'il avait espéré pour moi : que cet avenir serait brillant. Je songeai à cet homme qui m'avait enseigné la justice, qui m'avait tenue sur ses genoux et qui m'avait lu toutes les histoires qu'il connaissait. La douleur de cet homme était aussi insondable que la mienne, mais elle l'avait changé. Je n'arrivais plus à voir en lui la personne que j'avais connue. Je ne pouvais pas comprendre comment sa douleur, voire son sentiment de culpabilité, avait mené à ceci.

Seule avec ses papiers dont je retraçai les phrases du bout des doigts, je me demandai ce qui se cachait sous ses mots. Mon grand-père avait rencontré Kaitarō Nakamura lorsqu'il était libre, qu'il vivait avec ma mère et qu'il l'aimait. Grand-papa l'avait connu, l'avait vu à travers le regard de ma mère, avait entrevu, ne fût-ce que brièvement, la vie qu'ils projetaient de vivre avec moi. Il avait accepté Kaitarō au sein de notre famille, et plus je relisais sa déclaration et le dossier qu'il avait constitué à sa charge, plus cette intimité me troublait. Je finis par me demander si cela ne cachait pas aussi quelque chose, un démon qui harcelait mon grand-père plus encore que la douleur.

Lorsque je relevai les yeux, il faisait noir dans la pièce. Le soleil s'était couché pendant que je lisais. J'allumai la lampe de bureau et me mis à rassembler les papiers et les notes de grand-papa pour les remettre dans le dossier. Ce fut alors que je remarquai le classeur en plastique transparent resté en dessous, découverte surprenante après tout ce que je venais de lire, mais qui me fit sourire. Il était étiqueté « Yurie Kagashima ». Si mon grand-père avait préparé un dossier pour le ministère public et fourni des documents à l'appui pour le procureur Kurosawa, il avait également anticipé les arguments de la défense. Il n'y avait que quelques pages dans les classeurs, ainsi qu'une lettre dactylographiée.

Je repensai à ma première rencontre avec Yurie, tant d'années auparavant, quand je n'étais qu'une petite fille. Je me rappelais encore sa bonté, son bento à l'anguille et son jeu de Shogi, mais là aussi, ces souvenirs avaient changé, transformés par ma connaissance des événements. Yurie Kagashima m'avait rencontrée, elle avait vu et touché le corps de ma mère, et elle m'avait elle-même précisé qu'elle avait parlé avec mon grand-père. Elle l'avait en fait contacté plusieurs fois.

Quelque chose, dans cette affaire, l'avait poussée à le faire, quelque chose qui ne se trouvait ni dans les preuves à charge, ni même dans les cassettes vidéo. Elle avait rencontré Kaitarō Nakamura en chair et en os, comme je ne le ferais jamais. Elle s'était assise avec lui, avait vu les cicatrices qu'il portait au visage et avait écouté son récit, avant qu'il soit ramené dans sa cellule et que la date du procès ne soit fixée.

Sa sympathie pour Kaitarō enrageait mon grand-père, sans toutefois l'empêcher de comprendre sa stratégie de défense. Avant de retrouver le dossier que je venais de lire, j'avais parcouru toutes les preuves qui avaient été amassées. Je voulais évaluer les documents moi-même, scruter chaque détail aussi minutieusement qu'un juge. Je tenais à aller par-delà les écrans de fumée des opinions et des visées des autres. Pour cette raison, bien que j'aie étudié tous les documents sur lesquels Yurie Kagashima s'était appuyée, je n'avais pas encore lu ses notes personnelles ni sa plaidoirie – l'opinion écrite qu'elle soumettrait à la cour. Lorsque je la retrouvai plus tard ce soir-là, je fus étonnée de la justesse des hypothèses de mon grand-père.

La jeune Yurie Kagashima était adroite, mais pas aussi audacieuse qu'elle ne le deviendrait par la suite. Il lui avait fallu vingt ans pour avoir assez d'assurance pour enfreindre la loi, comme elle l'avait fait en me remettant les dossiers. Durant le procès, elle avait accepté que Kaitarō plaide coupable et n'avait pas contesté le réquisitoire du ministere public. Elle l'avait défendu avec sympathie, mais de façon traditionnelle. Elle avait longtemps parlé de son profond remords, sincère selon elle. Elle avait répété qu'il aimait ma mère plus que tout au monde. Elle avait réitéré les paroles de Kaitarō : il ne voulait plus vivre sans elle.

Sachant ce qui plairait à la cour, elle avait fourni les preuves des offres de compensation financière de Kaitarō à ma famille, toutes refusées. Elle avait raconté comment Kaitarō avait tenté de rassembler les effets de ma mère le soir où elle était morte et avait demandé qu'on les renvoie à la famille Sarashima, afin qu'on les conserve pour moi. Comment il avait collecté ses photos, son œuvre, dans un sac en toile. Elle avait souligné qu'il n'avait pas de casier judiciaire. Elle avait regroupé tous ces éléments pour tenter de convaincre la cour qu'il n'était pas mauvais, afin de réduire sa peine et de lui épargner la mort.

Enfin, elle avait soutenu que le catalyseur des événements fatals du 23 mars 1994 avait été la découverte par ma mère de la véritable profession de Kaitarō. Elle fondait sa plaidoirie sur le fait que Kaitarō avait réellement eu des sentiments pour ma mère, qu'il l'aimait, mais qu'une fois leur relation entamée par un mensonge il s'était retrouvé pris au piège d'une situation inextricable. Son acte n'était pas cruellement prémédité : c'était celui d'un homme acculé au pied du mur. Elle décrivait la relation de ma mère et de Kaitarō, leur amour réciproque et leur dépendance l'un envers l'autre. Elle racontait la vie qu'ils avaient projeté de vivre ensemble, son intention d'épouser ma mère et de m'adopter, le fait qu'il ait été accepté par ma famille.

Ici, dans ses notes sur Yurie Kagashima, mon grand-père revenait sans cesse à ce dernier argument. Je découvris ainsi quelque chose en relisant sa déclaration personnelle et ces papiers qui confirma mes doutes et mes craintes. Yurie Kagashima n'avait pas beaucoup d'imagination, mais elle était minutieuse. Elle avait mieux jugé mon grand-père que moi. Elle lui avait écrit, et c'était cette lettre que je retrouvai dans le classeur. Il s'agissait d'une dernière demande de rencontre, pour discuter de la compensation que Kaitarō

Nakamura avait offerte. Elle précisait que par souci de transparence, elle souhaitait faire savoir à mon grand-père qu'elle avait appris quelque chose à son sujet. Elle savait qu'il avait engagé un détective privé pour enquêter sur Kaitarō Nakamura. Il connaissait donc sa véritable profession et son rôle dans nos vies. Elle laissait entendre que la décision de Yoshi de ne pas révéler la vérité à ma mère confirmait le fait qu'il avait accepté Kaitarō, et s'il l'avait considéré jadis comme un fils et lui avait pardonné ses péchés passés, ne pourrait-il pas lui pardonner à nouveau ?

Ainsi, mon grand-père avait su, pour Kaitarō, plusieurs mois avant la mort de ma mère, mais il ne lui en avait jamais rien dit. Des relevés téléphoniques indiquent qu'il l'a appelée dans les semaines précédant sa mort, des témoignages confirment qu'il lui a rendu visite en lui apportant des bonbons et certains de mes effets, en préparation pour mon déménagement. Lui, qui aurait peut-être pu lui annoncer la nouvelle en douceur, qui aurait peut-être pu la préparer et l'aider à surmonter cette révélation, avait choisi de garder le silence.

Le tournesol et la balance

Le tribunal du district de Tokyo est un lieu stérile et impersonnel. Le bruit des centaines de pas qui le parcourent tous les jours est assourdi par le linoléum gris des sols ; au plafond, des ventilateurs somnolents bourdonnent. Les pièces sont blanches, comme les cellules où Kaitarō avait été interrogé ; sous la lueur crue des néons, les visages sont blafards. Même l'air ne trahit aucune trace de vie ; recyclé par le système de ventilation, sa température reste toujours la même, de la chaleur torride de l'été au froid glacial de l'hiver – c'est un air sans vie, généré artificiellement pour une antichambre entre deux mondes.

Bien entendu, mon grand-père avait assisté au procès. Ce n'était pas un oublié ordinaire, un ignorant qu'on pouvait tenir à l'écart en lui refusant toute information. Avocat, il connaissait le système et était parfaitement à même de se renseigner sur le calendrier du tribunal. D'ailleurs, il comprenait l'effet que sa présence y produirait. Il comptait dessus. Il utiliserait cette présence en tant que père d'une femme assassinée, grand-père d'une orpheline et avocat respecté à Tokyo, pour tendre un miroir à la loi.

Il n'y a qu'une loi sur l'homicide au Japon – l'article 199 du Code pénal. Elle stipule qu'« une personne qui en tue une autre sera punie ». Rien de plus. Les distinctions entre un homicide prémédité, un crime passionnel ou un homicide involontaire sont appliquées par un collège de juges lorsqu'ils déterminent la peine. En 1994, ils le faisaient à huis clos, en se fondant uniquement sur les dossiers du procès. La présence de mon grand-père ne pouvait que souligner la gravité de ce crime et de ses conséquences ; il s'assurerait ainsi que les juges gardent toujours à l'esprit la profession de Kaitarō et la brutalité du meurtre de Rina.

J'ai assisté à tant de procès que j'imagine sans peine la scène. Mon grand-père, assis devant la cour, a dû rester inflexible, ferme dans sa condamnation silencieuse, sa fureur. Rien n'aurait pu laisser croire qu'il connaissait Kaitarō Nakamura, qu'il éprouvait la moindre sympathie, la moindre compassion pour lui. S'il se trahissait, Kaitarō risquait d'être épargné, voire libéré. Il avait donc redoublé d'efforts pour qu'il soit condamné à mort.

Lorsque Kaitarō entra dans la salle d'audience, il était rasé ; l'État lui avait fait couper les cheveux et les ongles. Il portait la chemise et le pantalon beiges réglementaires. Ses mains étaient menottées, mais il était également entravé par une grosse corde orange qui s'enroulait autour de sa taille, tenue par les gardes qui le flanquaient ; dans notre rutilante cité moderne, les prévenus sont attachés comme des bêtes de somme. Il portait des chaussons en plastique aux pieds pour rendre toute tentative d'évasion encore plus difficile.

Au fond de la salle d'audience, les juges étaient assis sur une estrade, engoncés dans leurs robes volumineuses ; les dossiers noirs de leurs fauteuils s'élevaient au-dessus de leurs têtes. Ils restèrent immobiles lorsque Kaitarō comparut devant eux. Flanquant les juges, au pied de l'estrade, se trouvaient cinq stagiaires en costumes marine, les mains croisées sur les genoux. À droite et à gauche, se faisant face derrière leurs bureaux parallèles, se trouvaient le procureur Hideo Kurosawa et l'avocate de la défense Yurie Kagashima.

Le juge junior, un jeune homme mince affligé d'une poussée d'acné sur les joues, parla le premier. Il lut le nom de Kaitarō, son adresse, et le crime pour lequel il était jugé :

l'homicide de Rina Satō. Le juge demanda à Kaitarō si ces informations étaient exactes, ce qu'il confirma par un simple « oui » ; ce serait l'unique mot qu'il prononcerait tout au long de son procès.

Le procureur Kurosawa se leva pour lire l'inculpation, en concluant par le chef d'accusation : meurtre. Pendant quelques secondes, la cour attendit en silence. Le juge junior consulta du regard ses supérieurs, qui lui adressèrent un signe de tête. Il se pencha alors vers Kaitarō. Lorsqu'un prévenu plaide coupable, il a le droit de s'expliquer, voire de tenter de se disculper. Mais Kaitarō se contenta de secouer légèrement la tête sans rien dire.

Un auxiliaire de justice s'approcha du procureur Kurosawa, qui lui remit un épais dossier contenant l'aveu signé. Alors que ce dossier était remis au juge en chef, le procureur parla :

— Saiban-chō, l'État estime que ce crime est d'une extrême brutalité. Vous lirez mon opinion dans le rapport que je vous ai soumis, mais je souhaite souligner dès maintenant que Rina Satō est morte de suffocation après avoir été étranglée.

» Ce type de mort est singulièrement prolongé et douloureux. La victime ne cesse jamais complètement de respirer. Il faut donc exercer une énorme force physique pendant plusieurs minutes pour que l'hypoxie cérébrale se produise. Le prévenu a dû persister dans son acte de strangulation malgré les efforts de sa victime pour se défendre, se débattre et lutter pour respirer. Ce fait en lui-même démontre l'intention malveillante de son meurtrier, et la violence de son envie de la tuer. Durant ces longs moments, il n'a montré ni pitié ni hésitation, uniquement sa volonté de lui enlever la vie.

» Nous savons que Kaitarō Nakamura est un homme suprêmement égoïste. Il exerçait une profession fondamentalement destructrice. Il était payé pour briser des familles et tirer parti des couples malheureux. Il a enlevé cette jeune femme à son mari, à son père et à son enfant. Leurs vies ne seront plus jamais les mêmes.

» Bien que la relation de M. Nakamura et de Rina Satō et ses sentiments pour elle soient au cœur de ce procès, j'estime que ni son histoire ni ses actions ne témoignent de son amour pour la victime. Cet homme est un tueur, une menace pour la société, et nous préconisons la peine de mort.

Kaitarō, debout au milieu de la salle d'audience, se tourna soudain, non pour regarder Kurosawa et son équipe, mais Yoshi Sarashima, assis au premier rang de la tribune réservée au public. Le regard de Kaitarō était long et direct. Toujours inflexible, Yoshi le soutint.

Après avoir toussoté, l'avocate de la défense se leva. La jeune Yurie Kagashima était simplement vêtue d'un chemisier blanc et d'un cardigan noir. Ses cheveux longs étaient coiffés en queue-de-cheval. Elle tenait à la main une feuille, qu'elle lut.

— Saiban-chō, mon client a signé ses aveux et accepté le chef d'accusation. Aujourd'hui il comparaît devant vous pour être jugé et je vous demande de faire preuve d'indulgence après avoir consulté le matériel que j'ai rassemblé démontrant les remords de mon client, son désir sincère d'expier la douleur qu'il a causée à la famille de Mme Satō, ses rapports avec les membres de cette famille, et les circonstances supplémentaires de cette affaire. Au vu de ce matériel, je demande une peine moins sévère que celle proposée par le ministère public.

Le greffier traversa la salle pour prendre le dossier et les trois cassettes vidéo, qu'elle lui remit. Dans la salle, tous les regards suivirent ce dossier jusqu'à l'estrade où il rejoignit celui du procureur. Le deuxième juge posa les dossiers devant lui, l'un sur l'autre.

— La cour examinera les preuves et se réunira à nouveau pour prononcer la peine dans trois semaines, le lundi 6 juin, dit-il.

Sur ce, les trois juges se levèrent et sortirent, suivis du greffier portant les dossiers. L'équipe du procureur sortit par une porte à droite de la salle d'audience ; les voix du public, jusque-là silencieux, se mirent à bourdonner. Alors que ses gardes ligotaient à nouveau Kaitarō Nakamura pour le faire sortir, mon grand-père se tourna vers la tribune de la presse. Yurie Kagashima, la jeune avocate de la défense, resta assise à sa table, immobile, et l'observa.

Tandis que j'éparpillais les papiers de grand-papa pour trouver le jugement définitif de la cour, j'entendais le tic-tac de l'horloge derrière moi. Je passai son dossier au peigne fin à plusieurs reprises, sans rien trouver. Les jugements ne sont ni publiés ni distribués. Il était certain qu'on ne l'avait pas envoyé à mon grand-père, mais comme il avait assisté au procès, il en connaissait le dénouement.

Je repensai à la façon dont il avait archivé ce dossier, comme si l'affaire était bouclée. Je songeai à l'énergie qu'il avait consacrée à m'élever, à sa force de volonté, à son désir de se venger de Kaitarō. Il ne me restait plus qu'une chose à faire : attendre qu'il rentre, pour lui demander quel effet cela faisait, de tuer.

Seule dans son bureau, je pris l'enveloppe que ma mère avait scellée d'une grue à crête rouge tant d'années auparavant. Soulevant le rabat, j'en tirai le Polaroid. Ils étaient là : jeunes, amoureux, heureux. Deux êtres, figés dans le temps. Deux êtres, morts aujourd'hui.

Lentement, je me mis à ranger les dossiers, page par page. Et pourtant, malgré tout ce que j'avais trouvé et perdu dans ces documents, aucun d'entre eux ne répondait à ma question principale : comment en étaient-ils arrivés là ? J'avais devant moi tous les faits, immuables et clairs ; j'attendais simplement qu'ils se mettent en place, et confusément je savais, la peur au ventre, que ce n'était qu'une question de temps. Une fois de plus, je passai en revue chaque détail de l'affaire dans ma tête. Je pensai à mon grand-père, à son silence avant la mort de ma mère. Je pensai à l'empreinte de chaussure dans l'appartement qui ne correspondait ni à sa pointure, ni à celle de Kaitarō. À la salive non identifiée sur le corps de ma mère. Je pensai à mon père, par qui tout avait commencé, et qui s'était retiré à Nagoya. Je pensai à Kaitarō, qui après son silence initial avait tenu à faire entendre sa version de l'histoire. Et enfin, je pensai à ma mère, qui espérait une nouvelle vie. Je pensais à tous ceux qui avaient été impliqués ce jour-là, au cours des dernières heures de sa vie, en ouvrant le classeur de mon grand-père et en repoussant les autres fichiers suspendus. Et là, posée à plat au fond de ce tiroir profond, dans une enveloppe où était inscrit son nom, je trouvai une cassette.

Je me rappelle avoir lu l'étiquette à plusieurs reprises. Au début, je restai perplexe. Lorsque je compris enfin, la douleur me tordit les tripes. Ce ne pouvait être qu'une seule chose : une cassette de vidéosurveillance. Le nom de la pâtisserie sur l'étiquette ne m'était pas familier, mais elle était située à Shinagawa, et la séquence avait été enregistrée le jour de la mort de ma mère.

C'est ainsi que ce qui m'avait hantée depuis le début – la peur que tous les membres de ma famille soient ternis par les événements, transformés par eux jusqu'à en devenir méconnaissables – devenait réalité. Non seulement nous étions tous impliqués dans la mort de ma mère, mais chacun d'entre nous en était coupable, même moi.

Rina

La vérité

Rina ouvrit les persiennes pour permettre à la lumière du matin d'inonder sa nouvelle demeure. C'était en mars, le mois où la vie recommence, et en regardant le soleil se déverser sur le parquet, elle se rappela le moment où ce lieu était réellement devenu son foyer, celui où on leur avait remis leurs clés, à Kaitarō et elle.

Ils s'étaient allongés côte à côte dans l'appartement vide. Il faisait assez doux pour qu'ils retirent lentement leurs vêtements, se couchent au soleil et se regardent. La sensation de plénitude qu'ils avaient éprouvée à Hokkaido leur revint, étendus sur le parquet en hêtre de Shinagawa.

— Ça ira ? demanda Kaitarō en regardant autour de lui l'espace vide, les murs blancs et la cuisine dénudée.

— C'est ravissant.

— J'ai des idées pour la chambre de Sumi. Je vais te montrer…, dit-il en faisant mine de se lever.

— Pas tout de suite, répondit-elle en l'attirant vers elle.

Rina se blottit contre lui, passant ses mains sur son ventre, savourant sa texture, l'odeur de sa propre peau mêlée à celle de Kaitarō. Elle joua avec la touffe de poil sur sa poitrine et le mordilla nonchalamment. Il se retourna pour la serrer dans ses bras et la mit sur le dos. Par les fenêtres, nues sans leurs persiennes, la lumière se mouvait sur leurs peaux en flaques brillantes et fluides, sans jeter d'ombre.

Ce souvenir fit sourire Rina. Apparemment, ils avaient un faible pour les parquets, quelle honte ! Elle posa le bout des doigts sur la fenêtre. Contrairement aux grandes baies vitrées de l'appartement d'Ebisu, avec leur panorama spectaculaire, cette fenêtre était un rectangle qui donnait sur les immeubles en béton de Shinagawa et leurs escaliers de secours. Ce qu'elle préférait dans cet appartement était sa position : près du dernier étage, il était plus lumineux. Et pas le moindre immeuble moderne aux alentours.

Rina se tourna à nouveau vers l'appartement ; il était presque terminé. Les meubles qu'elle avait reçus en cadeau de mariage avaient été donnés à Satō en même temps que l'appartement d'Ebisu, et pendant quelques mois, avant qu'elle ne trouve celui-ci avec Kaitarō, elle était retournée vivre à Meguro avec Yoshi et Sumiko. Maintenant, après de longs préparatifs, leur nouveau foyer était prêt ; elle et Kaitarō avaient enfin fondé leur petite agence photographique.

L'un de leurs premiers projets avait été un service de portraits offert aux habitants du quartier. En y repensant, Rina s'étonnait de la façon dont leur travail avait évolué : ils avaient d'abord photographié des paysages, avant de se photographier l'un l'autre. Maintenant, ils photographiaient les autres. C'était une réelle responsabilité, mais ils avaient découvert qu'ils aimaient cette confiance si librement accordée aux photographes portraitistes ; ils la chérissaient. La plupart du temps, ils se chargeaient ensemble de leurs commandes, mais ils alternaient aussi pour que chacun puisse travailler indépendamment de l'autre. Quand l'un faisait une prise de vue ou était dans la chambre noire qu'ils partageaient, l'autre s'occupait de la maison, faisait les courses au marché ou chinait dans les brocantes pour trouver des meubles. Tout ce qu'ils ramèneraient dans ce petit espace serait à eux, et à eux seuls.

D'un côté de la salle de séjour, Rina avait placé un buffet avec des armoires de rangement ; celles-ci contenaient des couvertures et un chauffage d'appoint pour l'hiver. La minuscule cuisine se trouvait à l'autre bout de l'appartement.

Juste avant, une table basse noire et carrée était entourée de coussins sur quatre tabourets. Rina songea à tout ce qui aurait lieu autour de cette table – les repas familiaux, les devoirs de Sumi, les travaux de couture de Rina et la création de costumes pour les festivals locaux. Peut-être qu'un jour un autre bébé viendrait. Rina et Kaitarō veilleraient là, en faisant leur comptabilité, une fois les enfants endormis.

Un petit couloir donnant sur la salle de séjour menait aux deux chambres et à la salle de bain. Rina avait orné l'ouverture du couloir d'un noren, un écran en soie fait d'un kimono ancien qu'elle avait trouvé au marché aux puces d'Ichiroya. Ce kimono faisait partie d'un trousseau de mariage, conservé depuis des décennies par la même famille, mais il avait été abîmé par un incendie et le tissu en avait été revendu. Elle adorait les brocantes et toutes les découvertes inattendues qu'on pouvait y faire.

En travaillant avec le tissu, Rina avait pris soin de préserver le panneau central au dos, ne découpant qu'une fente dans la soie, permettant au motif de demeurer intact tout en ouvrant l'accès aux parties privées de l'appartement. Maintenant, la broderie chatoyait dans la lumière du matin. Au milieu du panneau, il y avait des arbres dont les feuilles jade et émeraude se déployaient comme de larges éventails. Au-dessus, en rayures ascendantes, le ciel s'ouvrait en nuances d'or, et là où auraient dû flotter les nuages s'envolaient des grues aux ailes soulignées de rouge, crème, noir et brun. Rina adorait la façon dont les couleurs de l'écran s'assortissaient à celles de la pièce. Elle y avait songé ce matin-là quand, en passant chez le fleuriste, elle avait choisi des fleurs maintenant emballées dans un papier brun, posées sur le buffet.

Elle passa à la cuisine pour prendre un petit vase en cristal (cadeau de son père pour leur pendaison de crémaillère), ainsi que ses ciseaux. Elle n'avait jamais appris l'art de l'ikebana, qu'elle n'exerçait qu'en autodidacte, mais elle préférait qu'il en soit ainsi. Dans les hautes tours d'Ebisu, des étages entiers de femmes se retrouvaient pour des matinées d'arrangement floral, en se vantant les unes aux autres des instructeurs dont elles avaient réussi à s'assurer les services. Mais Rina n'avait jamais eu le cœur de se joindre à elles. Maintenant, ce n'était plus nécessaire. D'abord, elle sélectionna un chrysanthème vert à longue tige fine ; chacun de ses pétales était à la fois distinct, mais partie d'un groupe. Puis un oiseau de paradis, avec ses faisceaux de flammes rouges ourlées d'orange et de jaune et, enfin, une branche de palmier. Pressant son ongle contre la base de la feuille et pratiquant une petite incision, Rina pela une longue bande de vert. Elle répéta ce geste trois fois et enroula ces bandes autour des autres fleurs, créant une ceinture diagonale qui maintenait les tiges bien droites.

Ayant complété l'ikebana, elle le mit dans le vase en lissant la feuille de palmier pour qu'elle forme un contraste frappant avec le bouquet rouge et vert limette. Puis elle sourit. Ce serait une façon parfaite d'accueillir Kaitarō lorsqu'il rentrerait à la maison.

Il était parti tôt ce matin-là et passerait la journée à photographier des goûters d'anniversaire d'enfants. Elle devait quant à elle terminer de peindre la chambre de Sumiko et fixer au mur le reste de la frise décorée d'étoiles argentées. C'était le dernier jour d'école de Sumi avant les vacances de printemps. Rina avait prévu des tas de choses pour eux au cours des semaines à venir, y compris l'emménagement de sa fille. Yoshi voulait qu'ils prennent leur temps, que Sumi reste encore un peu chez lui, mais Rina ne voulait rien entendre. Kai et elle avaient déjà attendu assez longtemps. Elle finirait la chambre de Sumi et dès que tout serait prêt, ils vivraient enfin ensemble, en famille.

Rina passa une vieille salopette déjà tachée de peinture et prit le téléphone pour appeler Kyubey. Elle commanderait des bentos, et quand Kaitarō rentrerait enfin à la maison, ils pourraient passer la soirée ensemble. Elle venait de raccrocher lorsqu'on frappa à la porte, si fort qu'elle sursauta. L'immeuble était vieux, et contrairement à celui d'Ebisu il n'avait pas de gardien ; n'importe qui pouvait entrer sans s'annoncer. La sonnette était brisée, donc on n'avait pas le choix, il fallait frapper à la porte : il faudrait qu'elle répare cela bientôt.

Elle le vit par le judas au moment où il l'appelait.

Satō sourit lorsqu'il la vit. Mais ce n'était pas un vrai sourire, et il ne retira pas son chapeau.

— Pourquoi as-tu mis si longtemps à m'ouvrir ?

— Pour rien, murmura Rina. Pourquoi es-tu là ?

— Tu ne me fais pas entrer, chère épouse ?

— Ex-épouse, dit-elle en s'effaçant pour le laisser passer.

Elle ne lui offrit pas de prendre son manteau ; il ne resterait pas longtemps.

Satō le retira et le drapa sur la console près de la porte d'entrée. Il ne se déchaussa pas et déambula dans l'appartement, les poings sur les hanches, pour l'inspecter.

— Tu n'as jamais été habituée à ça, dit-il avec un petit sourire. Tu as tout payé toi-même, je parie ?

Rina hocha la tête sans rien ajouter.

— Il est où, trucmuche ?

— Kaitarō est sorti.

— Il est sur une affaire ?

Satō souriait encore.

— En quoi ça te regarde ?

Elle lui barra le chemin, pour qu'il ne puisse pas accéder aux chambres dissimulées par le noren en soie.

— La chambre de ma fille est là ?

— De ma fille.

— Notre fille.

— Plus maintenant, dit Rina.

Son choc avait cédé à la colère. Elle campait sur ses positions, prête à l'affronter. Il continuait à la dévisager. Il n'était pas très grand, il n'avait jamais été imposant, mais sa taille lui permettait de baisser les yeux vers elle.

— Que pense Yoshi de cet arrangement ?

— Nous allons nous marier.

Satō examina la pièce, la table basse traditionnelle, l'ikebana qui attendait le retour de Kaitarō.

— Oui. On m'a dit ça.

À ces mots, Rina recula d'un pas. L'expression de Satō n'annonçait rien de bon.

— Je veux que tu partes.

— Tu ne me fais pas faire le tour du propriétaire ? répondit Satō en avançant vers elle. Tu ne m'expliques pas comment ma femme et mon enfant vont vivre ?

— Nous ne sommes pas…

— Nous ne nous sommes pas séparés en mauvais termes, pas vrai, Rina ? Je t'ai donné tout ce que tu m'as demandé, n'est-ce pas ?

— Pourquoi es-tu ici, Satō ?

— Je…

— Et moi, je ne veux plus jamais te revoir, trancha Rina. Je ne veux pas que tu voies Sumiko, et rien ne pourra me faire changer d'avis. (En disant cela, Rina sourit, d'un petit sourire doux.) Nous connaissons tous deux la loi, n'est-ce pas ? Nous savons ce que je peux faire et ce que tu ne peux pas faire. Tu as perdu le droit de me défier.

— Et la voilà : la combattante.

— Sors d'ici.

— Alors il va devenir son père, c'est ça ? Il va l'élever ? L'asseoir sur ses genoux ?

— Il fera un meilleur père que toi.

— Tu es heureuse qu'il soit dans ta vie ?

— Évidemment.

— Eh bien, c'est à moi que tu le dois.

Rina se détourna pour se diriger vers la fenêtre.

— À vrai dire, Satō, je n'ai pas le temps de jouer au plus malin avec toi. Sors d'ici. Tes petits jeux, c'est fini.

— Il t'a parlé de son travail ? De ses affaires ?

— Je n'ai aucune intention de parler de mon futur mari avec toi.

— Où crois-tu qu'il soit en ce moment ?

— Il travaille.

— Et ma fille, elle est où, bordel ?

— Avec son grand-père. (Rina leva les yeux vers Satō.) Et il va s'assurer, comme moi, que tu ne la revoies plus jamais.

Rina fit volte-face pour s'avancer vers lui.

— Ne t'imagine pas que tu peux débarquer ici. Je peux t'enfoncer. Je connais tous tes secrets, et si tu me menaces, je détruirai ta famille et ta vie.

— C'est moi qui l'ai engagé, Rina.

— Tu mens.

— Tu crois que je ne peux pas te dire la vérité, si ça me chante ?

— Tu n'es même pas capable d'être honnête avec toi-même.

Satō porta sa main à sa bouche, soit pour s'empêcher de dire quelque chose, soit pour ménager ses effets. Puis il se retourna et prit son manteau. Rina poussa un soupir de soulagement, mais ne le raccompagna pas à la porte. Elle ne voulait pas s'approcher de lui.

— C'est un wakaresaseya, dit Satō en rajustant son chapeau.

— Quoi ?

— Il est payé pour briser les ménages.

— Il est photographe, et tu allais partir.

— Pose-lui la question.

— Je n'en ai aucune intention.

— Demande-lui comment il a su où te retrouver l'an dernier au marché nocturne, comme par hasard, quand Sumi était avec son grand-père, et puis à nouveau à la conférence sur la photographie ? Quand il t'a emmenée à la réserve naturelle près de ta maison natale, tu crois que c'était une coïncidence ? Qu'il avait tout simplement deviné ce que tu aimais, et qu'il pouvait te séduire par la nostalgie ?

Rina ne répondit rien. Son soulagement de voir Satō partir avait cédé à un autre sentiment. Mais elle résista. Il avait passé son manteau et avançait vers elle. Il tendit la main vers elle, et elle l'esquiva, reculant jusqu'à ce qu'elle sente l'embrasure de la fenêtre contre son dos. Il la rejoignit et passa le doigt sous la bretelle de sa salopette pour l'attirer contre lui. Soudain, elle sourit.

— Ça n'a pas collé, avec Naoko ? demanda-t-elle en éprouvant un petit pincement de triomphe lorsqu'il plissa les yeux. C'est pour ça que tu es là ?

Satō se pencha vers elle. Elle sentit son haleine aigre, empestant le whisky. Il effleura la gorge de Rina et passa ses doigts dans ses cheveux. Il baissa la tête pour poser ses lèvres sur son cou et lécher sa peau ; puis il couvrit sa bouche de la sienne et y poussa sa langue. Rina le mordit, violemment, jusqu'à ce qu'elle goûte son sang. Elle grimaça lorsqu'il recula brusquement, heureuse qu'il trébuche. Elle sentit un sourire s'esquisser sur ses lèvres lorsqu'il fouilla ses poches pour trouver un mouchoir, sa main encore plaquée contre sa bouche.

— C'est la dernière fois que je te vois, et j'en suis ravie.

Satō s'essuya les lèvres et se dirigea vers le buffet.

— Voici l'agence où il travaille, dit-il en y posant une carte de visite et quelques papiers. Demande-leur ton dossier. Ou mieux encore, demande-le-lui.

Il lui adressa un sourire contraint. Elle n'avait ni bougé ni changé d'expression.

— Demande-lui combien je l'ai payé pour qu'il te baise.

Lorsqu'il partit, Rina resta immobile près de la porte de son foyer.

La fuite

Rina passa la main sur sa bouche pour frotter ses lèvres et effacer les traces du sang de Satō – mais son goût, fumé et métallique, lui resta dans la bouche. Ce n'était pas vrai, se dit-elle, ça ne pouvait pas être vrai. Un moment, elle envisagea d'aller dans la chambre de Sumi pour commencer à peindre le dernier mur. Satō aimait tout contrôler, et ça lui ressemblait beaucoup de raconter de telles horreurs. Quand les choses ne se passaient pas comme il l'aurait souhaité, il se mettait en colère. Sans doute Naoko l'avait-elle largué, ou elle avait trouvé quelqu'un d'autre.

Rina alla dans la cuisine pour s'asperger le visage d'eau froide. Elle se rinça la bouche et se versa un verre de thé froid. « C'est absurde », dit-elle à haute voix, mais en retournant dans la salle de séjour, elle vit la carte de visite et les papiers restés sur le buffet. Mieux valait les déchirer et les jeter avant que Kaitarō ne rentre à la maison. Rien de ce qui venait de Satō n'avait de place dans leur vie.

Elle prit la carte. Le nom de l'ancien patron de Kaitarō à l'agence de détectives était imprimé côté recto. Cela ne voulait rien dire, songea Rina. Satō avait pu découvrir où Kaitarō travaillait et se procurer une carte de visite. Elle la déchira, puis elle regarda la feuille de papier repliée qui se trouvait en dessous. C'était un relevé bancaire de Satō, indiquant plusieurs versements à l'agence de mai à septembre de l'année précédente. Et cela, Rina ne pouvait pas passer outre.

Il y avait une brochure agrafée au relevé. Rina la lut lentement ; elle décrivait les services de l'agence, les mêmes que les agences traditionnelles de détectives privés, mais aussi des extras. Ceux-ci étaient discrètement suggérés, mais leurs implications étaient évidentes. Sous la brochure se trouvait une facture. Elle détaillait les dépenses encourues durant l'été (billets de train, location de voiture, chambre d'hôtel à Atami) avec, en bas, en noir et blanc, le nom de l'agent qui avait remis sa note de frais : Kaitarō Nakamura.

Rina laissa tomber le papier par terre. Elle sentait son sang battre dans ses tempes. Elle resta un moment totalement immobile, comme si, en ne bougeant pas, elle pouvait prétendre que rien de tout cela n'était arrivé, que sa vie était comme avant, comme elle voulait qu'elle soit. Mais cette nouvelle information ne pouvait être refoulée. Implacable, elle venait tout bouleverser. Des images défilaient dans son esprit à toute vitesse. Elle pensa à Kai, à tous ces mois où les événements s'étaient enchaînés comme par magie. Chaque regard, chaque baiser, chaque moment – désormais, en un éclair, tout avait pris un autre sens.

Ils avaient traversé tant de choses ensemble : certains des moments les plus sombres et les plus merveilleux de sa vie. Et Kaitarō était au cœur de tout. Il la connaissait véritablement, il la comprenait. Elle se rappelait encore l'angoisse qu'elle avait éprouvée lorsqu'elle avait songé à le quitter ; à ses regrets et à sa culpabilité. Elle se souvenait encore de sa terreur de perdre Sumi, et pourtant il l'avait sauvée, l'avait aidée et guidée. Il ne pouvait pas l'avoir prise au piège, trompée. Instantanément, elle se revit en ce jour d'automne dans les jardins du musée ; son soulagement de ne plus être seule, d'être avec lui. Elle lui avait demandé alors si tous les couples étaient faits de mensonges et de trahisons, et il avait répondu d'une voix calme et nette : Pas nous. Il lui avait promis de ne jamais lui mentir, et pourtant, à l'évidence, il n'avait fait que ça. Mais alors, parce que son esprit était sans pitié, il fit ressurgir les souvenirs d'Hokkaido. Il l'avait emmenée chez lui, s'était mis à nu. Elle repensa à la façon dont il l'avait étreinte dans la grotte, à la chaleur de ses bras, au bonheur d'être avec lui à Tokyo, de travailler avec lui, de vivre avec lui, et la douleur fut si violente qu'elle lui coupa le souffle.

Rina passa dans leur chambre, la chambre qu'elle partageait avec Kaitarō. Le lit était fait, l'édredon bien tiré, mais juste en dessous, leurs oreillers étaient encore froissés par le sommeil. Si elle en prenait un, il aurait son odeur. Lentement, Rina s'écarta du lit. Que lui avait toujours répété son père ? Que les meilleurs mensonges étaient ceux qui se rapprochaient le plus de la vérité.

Près du lit, alignées contre le mur, se trouvaient les boîtes qu'elle venait de vider, mises à plat. Il faudrait les remplir à nouveau. Sumiko ne pouvait pas vivre ici. En pensant à sa fille, un chagrin désespéré la submergea. Elle courut dans la chambre destinée à Sumi. Les murs étaient peints d'un rose pâle et frais. L'escabeau l'attendait, à côté des pots de peinture. Rina songea à tout ce qu'elle avait fait, tout ce qu'elle avait prévu dans cette chambre, et une pensée domina les autres. Si elle n'avait pas été aussi stupide, si elle n'avait pas été aussi égoïste, si elle ne s'était pas bercée de telles illusions, elle aurait pu être avec sa fille. Elle aurait peut-être fini par quitter son mari, mais elle aurait pu être à Meguro, vivre avec Sumiko ; elles auraient pu ne jamais être séparées. Rina avait délaissé son enfant pour vivre avec un homme qui l'avait dupée.

Rina retourna dans sa chambre. Au-dessus du placard se trouvait un sac de voyage en cuir. Elle le tira vers elle sans se soucier des serviettes et des écharpes qui dégringolèrent en même temps. Elle y jeta des sous-vêtements, des chemisiers, un pull et son jean pêle-mêle. Elle ajouta sa brosse à dents, du dentifrice et tendit la main vers son appareil photo, avant de se figer. C'était l'appareil qu'il lui avait offert à Atami, celui qu'elle prenait tous les jours pour travailler. Un moment, Rina ne sut pas quoi faire, et puis son regard tomba sur un sac en plastique à côté de son lit. C'était un cadeau pour Sumiko, un obi, pour le Shichi-go-san. Maintenant que Sumiko avait sept ans, elle pouvait porter son kimono avec un obi de cérémonie plutôt qu'une ceinture pour enfant. Le Shichi-go-san représentait un premier pas vers l'âge adulte. La cérémonie n'aurait lieu que dans plusieurs mois, mais Rina n'avait pas pu résister. Elle voulait que tout soit parfait lorsqu'elles iraient au sanctuaire. Mettant l'appareil photo dans son sac de voyage, elle posa l'obi à plat dessus. Elle prendrait tout ce qui était à elle, chaque parcelle d'elle-même, songea-t-elle en refermant le sac.

Ensuite, elle prit le téléphone. Sumiko répondit après deux sonneries et Rina ravala un sanglot en entendant la voix de sa fille.

— Ma chérie, c'est maman.

Le cri de bonheur de Sumiko la fit sourire. Sa fille se mit à lui raconter sa journée.

— Chut, ma chérie – Sumi, je viens te chercher.

Il y eut un petit silence à l'autre bout de sa ligne pendant que sa fille digérait cette information.

— Demande à Hannae de te préparer tout ce qu'il te faut pour passer la nuit. Je serai là dans une heure, et nous irons à Shimoda.

Rina écouta la voix émerveillée de sa fille, son enthousiasme. Des larmes affleurèrent à ses yeux et lui roulèrent sur les joues tandis que Sumi babillait au bout du fil.

— Oui ma chérie, dit Rina. Promis. J'arrive.

Rina se frotta les yeux et le nez pour essuyer ses larmes.

— Je viens te chercher, et je ne te quitterai plus jamais.

Il y eut un silence et Rina dit doucement :

— Sumi, tu m'entends ?

Elle sourit lorsqu'elle entendit sa fille s'écrier d'une voix joyeuse :

— Oui !

— Sumi, j'arrive, préviens grand-papa.

Rina posa son sac de voyage dans la salle de séjour. Elle se demanda ce qu'il lui faudrait encore pour Shimoda et se rappela le train. Elle jeta un coup d'œil à l'horloge. Sumi aurait déjeuné à l'école, mais le trajet était long et il lui faudrait un goûter. Elle ne pouvait pas arriver les mains vides ; il fallait qu'elle apporte une gâterie, quelque chose qui ferait vraiment plaisir à Sumi. Elle prit ses clés et dévala l'escalier jusqu'à la rue étroite pour se précipiter à la pâtisserie du coin, frissonnant dans l'air frais, avec ses bras nus. Elle réalisa tout d'un coup qu'elle était sortie vêtue d'un tee-shirt et d'une salopette tachée de peinture. Plusieurs clients la regardaient de travers, mais elle fit comme si de rien n'était et s'approcha du comptoir pour désigner une boîte de manjū fraîchement confectionnés.

— Aux haricots rouges, s'il vous plaît, dit-elle à la jeune fille derrière le comptoir.

En attendant, Rina se frotta les bras et inspira profondément. Tout irait bien. Dès qu'elle retrouverait Sumi, elle se rachèterait. Rina leva les yeux et vit la caméra de sécurité du magasin dirigée vers elle. Elle ne vivait pas dans le quartier depuis longtemps, mais elle venait dans ce magasin presque tous les jours ; elle songea à toutes les versions d'elle-même qu'avait vues cette caméra. De la femme amoureuse qui se lançait dans un nouveau métier et s'installait avec Kai, à la personne qu'elle était devenue maintenant.

Près de la caisse, Rina remarqua des bonbons à la fleur de cerisier et les ajouta à son manjū. Puis elle retourna chez elle, gravissant les étages en courant. Elle ramassait ses affaires lorsqu'on frappa à la porte. C'était le livreur de Kyubey avec les bentos qu'elle avait commandés. Un instant, elle se crut revenue en arrière ; sa journée se déroulait comme prévu – comme elle l'avait prévue avant que Satō ne détruise tout ce qu'elle aimait. Elle fit un signe de tête au livreur, prit les boîtes et le paya en lui disant de garder la monnaie. Elle posa les bentos sur la table et les disposa, un à sa place, et l'autre à la place de Kaitarō. Normalement, elle les aurait mis au frigo jusqu'à ce qu'il rentre, puis elle lui aurait servi du thé ou une bière pendant qu'elle préparait une salade, mais rien de tout cela n'aurait lieu désormais. En soupirant lentement, Rina laissa les bentos sur la table et prit son sac. Ce fut alors qu'elle entendit sa clé dans la serrure.

Le meurtre

Il souriait lorsqu'il entra. Ses yeux brillaient, son expression reflétait un tel bonheur qu'elle aurait pu effacer les événements de la journée. Il haletait bruyamment, théâtralement, l'une de leurs plaisanteries au sujet des escaliers qu'ils devaient escalader tous les jours.

— Mais pourquoi a-t-il fallu que tu choisisses un appartement au sixième étage ! dit-il en refermant la porte et en s'avançant pour l'embrasser.

Il tenait toujours son sac photo à la main. Il le déposa par terre tandis que ses lèvres touchaient celles de Rina. Kai était là, sa chaleur, son goût. Il la prit dans ses bras. Il était rentré.

Rina leva les yeux vers lui. Elle était toujours en état de choc. Il était impossible qu'il la regarde comme si rien n'avait changé, comme si leurs vies étaient toujours les mêmes. Il sourit, perplexe, avant même de remarquer qu'elle portait son sac de voyage et son sac à main à l'épaule, et qu'elle agrippait fermement leurs bandoulières en cuir.

— Rina, qu'est-ce qui se passe ? demanda-t-il en riant, tout en tentant de lui faire lâcher les sacs.

Elle s'avança d'un pas et se hissa sur la pointe des pieds pour l'embrasser sur le front. Elle sentit la peau de Kai sous ses lèvres, la douceur de ses sourcils. Elle l'embrassait souvent ainsi – lorsqu'ils regardaient la télé ensemble, blottis sous les couvertures, ou dans leur lit lorsqu'elle découvrait, en s'éveillant, qu'ils dormaient nez à nez. Elle l'embrassait tout le temps. Mais cette fois, c'était pour dire adieu.

— Rina ?

Kaitarō fronça les sourcils, recula pour la dévisager, puis son regard suivit celui de Rina. Il vit les papiers éparpillés par terre, la carte de visite déchirée en deux, la brochure, le relevé bancaire et la facture.

— Satō est passé.

Elle l'observa tandis que tout ce qu'impliquaient ses paroles se dessinait sur les traits de Kai. Il blêmit.

— Je vais le tuer, dit-il à mi-voix.

— Non, Kai. Il m'a dit la vérité.

Il se retourna pour lui faire face. Elle était aussi étonnée que lui du calme de sa voix.

— Quelle vérité ? Rina, je ne sais pas ce qu'il t'a raconté, je ne sais pas ce qu'il prétend, mais ce n'est pas vrai !

Il s'éloigna d'elle avant de faire volte-face pour se rapprocher.

— Ça n'a rien à voir avec nous, avec ce que nous sommes – rien ! C'est un homme amer, qui a gâché sa vie.

— Il a gâché la nôtre aussi, répliqua Rina en rebondissant sur ses paroles. Et tu l'as laissé faire.

— Non !

Kaitarō regarda tout autour de lui, comme s'il cherchait où s'accrocher. Il avisa les bentos qu'elle avait si soigneusement disposés sur la table.

— Ma chérie, viens t'asseoir, on va manger, on peut…

— C'est fini, entre nous, dit Rina à voix basse.

Quelque chose dans son intonation, dans son assurance, sembla enfin atteindre Kaitarō. Il agrippa la courroie de son sac pour le lui retirer et le jeter par terre.

— Reste avec moi. Je t'ai toujours protégée. Toi et Sumi.

Il se dressait devant elle, bloquant l'accès à la porte, vibrant d'énergie. Rina lui tourna le dos et se dirigea vers leur chambre. Elle prit l'un des cartons mis à plat et le déplia. Elle ouvrit le placard et se mit à arracher ses vêtements de leurs cintres pour les jeter dans le carton jusqu'à ce qu'il soit plein à ras bord. Puis elle prit une boule de ficelle sur sa table de chevet et ferma la boîte.

— Rina… je t'en prie, réfléchis.

— J'ai réfléchi, Kai.

En l'appelant par ce petit nom affectueux, elle éprouva un effet étrange, comme si ce mot s'opposait à ce qu'elle avait décidé de faire.

— Tu as eu des mois, un an, pour me dire la vérité. Tu aurais pu te rattraper.

Elle sortit une autre boîte et se dirigea vers la commode.

— Rina, je ne pouvais pas. Pense à ce que nous sommes l'un pour l'autre. Je ne voulais pas te perdre. J'essayais de te protéger. Qu'importe la façon dont nous nous sommes rencontrés ?

Rina souleva une pile de vêtements pliés et les rangea plus soigneusement dans le carton, cette fois. Puis elle se retourna et Kaitarō recula d'un pas, saisi par la douleur qu'il lisait dans son regard.

— C'est toi que tu protégeais.

Elle reprit la boule de ficelle et la tint entre ses mains.

— Je n'ai jamais été celle que je voulais être avec lui, tu le sais ? ajouta-t-elle avant d'éclater soudain de rire. Oui ! Tu le sais, parce que j'étais moi-même avec toi.

Elle regarda Kaitarō avancer d'un pas vers elle. Rina agrippait la ficelle entre ses doigts de toutes ses forces, maintenant, submergée par la douleur.

— Tu n'es plus toi. Ce que nous avons vécu était faux. (Sa voix était douce, presque un murmure.) Je croyais que nous étions francs l'un avec l'autre – que nous nous disions tout.

— C'est vrai ! plaida Kaitarō.

— Non. Je ne compte pas pour toi. Qui suis-je vraiment ? Pour toi ? Pour Satō ?

— Ce n'est pas pareil.

— Je ne suis qu'une idiote qu'on a trahie deux fois. Une femme à qui on peut mentir. Ce n'est pas comme ça que j'ai été élevée.

— Rina, Yoshi et moi…

— Non. Pas un mot sur mon père.

Kaitarō la fixa d'un air si malheureux qu'elle dût reculer, reculer encore, jusqu'à ce que l'arrière de ses genoux heurte le bord de leur lit. Elle s'assit et détourna les yeux. Il était inquiet, se dit-elle, très inquiet, mais il était content qu'elle ne lui ait pas crié dessus. Il croyait peut-être pouvoir rattraper le coup, mais il se trompait ; elle tiendrait bon. Kaitarō fit à nouveau un pas vers elle et elle leva la main pour lui interdire d'approcher. Elle parlait d'une voix douce, non parce qu'elle était calme, mais parce qu'elle était brisée. Elle était brisée, et faible, comme elle l'avait été pendant de longues années. Elle songea à Sumiko. Que penserait sa fille si elle pouvait la voir maintenant, voir ce qu'elle était devenue ? Rina imagina Sumi, plus âgée, le jour de sa majorité, l'observant, là, assise sur le lit. Elle me mépriserait, songea-t-elle. Je ne suis pas digne d'être sa mère. Je l'ai quittée parce que j'ai voulu m'amuser avec un amant. J'ai été incapable de distinguer le vrai du faux. Lentement, elle leva les yeux vers Kaitarō et cette fois, la fureur se peignait sur ses traits.

— Tu m'as tout pris, dit-elle en lançant la boule de ficelle, puis le réveil, puis ses livres.

Tout en s'avançant vers elle, il intercepta certains de ses missiles et en esquiva d'autres. Il lui saisit les mains.

— Rina, arrête, chuchota-t-il.

— Non ! hurla-t-elle en le frappant. Tu m'as détruite.

— Rina… Rina…

Kaitarō ne pouvait s'arrêter de répéter son nom. Il lui attrapa les bras et la plaqua sur le matelas de leur lit. Elle lui résista de toutes ses forces, mais il l'écrasait de son poids ; il tentait de la maîtriser, et la seule pensée qui venait à l'esprit de Rina, c'était qu'une fois de plus, elle était dominée, manipulée.

— Je t'aime, dit-il en essuyant les larmes qui coulaient sur le visage de Rina. Je t'aime plus que la vie.

En entendant ses paroles, Rina redoubla d'efforts pour se libérer. Elle lui arracha ses mains et lui attrapa le visage. Ils étaient nez à nez ; elle sentait son souffle.

— Je ne te connais pas, dit-elle, et je ne veux pas te connaître.

Elle le repoussa au moment où il tentait de la plaquer à nouveau sur le lit. Elle lança un coup de pied pour essayer de lui frapper l'entrejambe, mais il était trop fort, trop lourd. Elle lui griffa le visage et vit le sang perler sur sa peau. C'était le deuxième homme qu'elle faisait saigner ce jour-là.

— Je n'ai pas besoin de toi, dit-elle en le regardant droit dans les yeux. Je me débrouillerai mieux toute seule.

Il tenta de lui attraper les deux mains tandis qu'ils luttaient sur le lit. Elle réussit à le frapper à nouveau, giflant sa joue ensanglantée, et soudain Kaitarō lança un long hurlement aigu, un cri de désespoir, qui heurta Rina de plein fouet. Sa force et son volume la terrifièrent.

Rina se débattit frénétiquement en lui donnant des coups de pied qui lui firent perdre l'équilibre. Se levant d'un bond, elle s'élança dans le couloir vers la salle de séjour ; elle sentait Kaitarō derrière elle. Il l'attrapa par l'arrière de sa salopette pour la plaquer au sol. Rina s'accrocha au cadre de la porte, mais elle fut incapable de se retenir et tomba de tout son poids, en se cognant le menton. Elle goûta le sang dans sa bouche et lui décocha des coups de pied tout en tentant de ramper vers le téléphone sur la desserte ou vers la porte d'entrée – ce qu'elle atteindrait en premier. Pendant une seconde, elle put bouger librement puis elle sentit tout son poids s'abattre sur elle, l'écraser contre le parquet de leur appartement, la broyant contre le bois. Elle tenta de le renverser.

— Tu n'es rien ! hurla-t-elle, au moment où, passant la main sous elle, il la retournait pour lui faire face. Tu n'es qu'une pute !

Kaitarō s'agenouilla au-dessus d'elle. Il lui tenait les poignets d'une main et la ficelle dans l'autre. Il secoua la boule pour libérer une longueur de ficelle, afin de l'entortiller autour de ses poignets et de les ligoter, mais il ne quittait pas les mains de Rina des yeux. Vite, elle lui donna un coup de genou aux testicules. La douleur le fit reculer et relâcher son emprise. Elle était libre. Elle se retourna, rampant à toute vitesse, sachant qu'il fallait qu'elle lui échappe, qu'il n'y avait plus rien à sauver. Mais quand elle se hissa sur ses genoux, il lui passa une boucle de la ficelle autour des épaules, puis la lui resserra autour du cou.

— Arrête ! hurla-t-il au moment où Rina plongeait vers l'avant, s'étouffant, haletant, sentant ses ongles lâcher la ficelle.

Elle lui labourait les poignets, les mains, griffait, griffait.

— Écoute-moi ! Écoute-moi ! répétait-il.

Le sang affluait dans le visage de Rina ; elle le sentait battre sous sa peau. Elle ne pouvait pas respirer. Elle ruait, ruait, mais il tirait encore plus fort. Elle essayait d'aspirer de l'air mais rien n'arrivait dans ses poumons.

— Rina… arrête, je t'en supplie, l'entendit-elle implorer.

Elle faiblit et tomba au sol. Il la retourna pour lui faire face en desserrant sa prise sur la ficelle.

Ses premières aspirations n'étaient que des filets d'air, mais cet air était comme la foudre, et Rina inspira profondément en sentant l'oxygène courir en elle. C'était douloureux, mais elle pouvait respirer, et cela lui donna de la force.

— Ne me quitte pas, murmura-t-il.

Il la caressait, repoussait ses cheveux de son visage pour les lisser, massait sa gorge, retirait la ficelle. Rina le regarda dans les yeux et en le voyant, elle se rappela ses mensonges, la vie qu'elle avait aimée et perdue, et son cœur se brisa à nouveau.

— Ne me quitte pas. Je ne suis rien sans toi.

Elle regarda une larme rouler sur le visage de Kaitarō et ce fut cette larme, sa faiblesse, une faiblesse semblable à la sienne, qui la remplit à nouveau de rage. Même maintenant, elle aurait pu rester avec lui, s'accrocher à lui, au lieu de ne compter que sur elle-même, enfin.

— Je n'ai pas besoin de toi, dit-elle.

Les mains de Kaitarō, qui caressaient et apaisaient sa gorge, se figèrent. Il secoua la tête. Elle le repoussa.

— Je ne veux pas de toi. Je préfère être seule ! hurla-t-elle en se débattant.

Il la plaquait à nouveau au sol. La tête de Rina heurta durement le parquet et il resserra ses mains autour de sa gorge. Rina tenta de lui faire lâcher prise en griffant ses doigts, mais il était trop fort. Elle lui donnait des coups de pied, mais elle avait perdu l'une de ses chaussures et son pied en chaussette glissait sur le parquet. Luttant pour respirer, la poitrine de Rina se gonflait et se contractait. La pression autour de son cou s'intensifia, les doigts de Kaitarō lui serraient la trachée, la douleur revenait, l'air se dérobait. Une fois de plus, elle tenta de le repousser mais ses yeux se brouillèrent et il n'y eut plus que la pulsation violente du sang dans sa tête et son corps qui faiblissait. Rina se tordit, gémit, cria pour défendre sa vie. Elle rua encore et encore, jusqu'à ce qu'elle ne sache plus si elle avait vraiment bougé ou si elle l'avait imaginé. Kaitarō pleurait, il sanglotait de douleur en la pressant contre le parquet de leur appartement. Au-dessus de son épaule, elle voyait le plafond, l'écran suspendu devant le couloir menant à leur chambre, les grues prenant leur envol. Voilà, pensa-t-elle ; je ne serai plus que ça.

— Sumiko, murmura-t-elle, mais elle ne pouvait plus parler.

Elle tenta de dire ce nom et seules ses lèvres bougèrent. Il n'y avait pas de son.

— Sumi, Sumi…

CINQUIÈME PARTIE

« Tout a été découvert, sauf comment vivre. »

Attribué à Sartre

Sumiko

Respirer

Toute la journée, je guettai les nuages noirs qui s'amassaient au-dessus de Meguro ; l'air était lourd et chaud, comme s'il était chargé de trop de particules. L'orage, lorsqu'il arriva enfin, fut violent et soudain, une cacophonie de gouttes de pluie, de grêlons qui venaient s'écraser dans les rues en lavant tout sur leur passage. Quand je regardai le jardin, l'air était frais et propre, et les plantes luisaient dans le crépuscule.

La nuit tombait lorsque je m'installai dans le fauteuil de grand-papa ; le cuir crissa et céda pour m'accueillir. J'allumai la lampe de lecture, laissant le reste de la pièce dans l'ombre. Sur mes genoux se trouvait la boîte en velours qui m'avait accompagnée tout au long de ce parcours. Elle était ouverte, maintenant. L'or des pétales de l'insigne brillait autour du minuscule cœur en relief : le tournesol et la balance. Justice pour tous. Les volets ouverts laissaient filtrer la stridulation constante des cigales du jardin. Leurs cris partaient de l'herbe pour s'élever dans les airs, de plus en plus bruyants, amplifiés par la noirceur de la nuit, comme le sont souvent nos pensées.

Je tendis l'oreille pour surprendre le cliquetis métallique de la grille, des pas feutrés sur l'allée carrelée. Puis j'entendis sa clé dans la serrure.

— Sumichan ! lança-t-il.

J'entendis ses chaussures claquer par terre lorsqu'il passa ses chaussons dans le vestibule. De là, il voyait forcément la lumière dans son bureau. J'imaginai son sourire : il devait croire que je travaillais, peut-être à l'une des affaires supplémentaires dont je m'étais chargée, ou alors que je me préparais à occuper mon nouveau poste au cabinet Nomura & Higashino.

— Leurs ormeaux étaient un délice, Sumichan, lança-t-il encore, en se dirigeant vers la cuisine. J'en ai rapporté. Tu veux que je t'en prépare ?

Je l'entendis mettre des assiettes sur la table à dîner. J'imaginai les ormeaux en tranches minces, disposés en éventail sur un plateau de glace.

— Il faut que tu manges, dit-il en me rejoignant dans le bureau.

Il eut un sourire radieux lorsqu'il me vit, assise dans son fauteuil.

— Tu travailles trop. Allez.

Il me tendit la main, détendu et énergique, revigoré par les sources thermales.

Ce n'était plus l'homme qui avait rédigé un dossier d'accusation contre Kaitarō Nakamura. Ses cheveux noirs, parsemés de quelques fils blancs à l'époque, étaient devenus gris. Ses membres étaient plus grêles, plus courts, comme s'il avait rétréci. Mais son visage exprimait toujours sa force, avec ses sourcils sombres et ses traits burinés. Il plissa les yeux et me sourit. Puis il pencha la tête sur l'épaule comme s'il cherchait à résoudre un problème. Vingt ans s'étaient écoulés, et il me regardait toujours comme si j'étais une enfant qu'il suffisait de taquiner pour la faire changer d'humeur.

Son regard se posa sur la boîte que je tenais et il sourit largement.

— Tu l'as reçu ! s'exclama-t-il, satisfait.

— J'ai trouvé ceci, dis-je en retirant un petit carré de papier de dessous la boîte.

C'était une coupure de journal, semblable à celles qu'il m'avait préparées au fil des ans.

En la prenant, grand-papa ne sembla ni surpris ni alarmé. Puis il la déplia et lut l'article, ces quelques lignes qui résumaient la vie de chacun d'entre nous.

— Sumiko…

— Je l'ai trouvé dans un commissariat à Shinagawa, dis-je.

Yoshi fronça les sourcils. Son esprit fonctionnait à toute vitesse. Avant qu'il puisse répondre quoi que ce soit, inventer une autre histoire, je repris la parole :

— Et j'ai trouvé ton dossier.

Mon grand-père se tut. Il se frotta la bouche et se tourna vers les étagères de livres qui nous entouraient.

— Mon dossier ?

— Ton dossier sur Kaitarō Nakamura. Dans ton bureau, précisai-je pour dissiper le moindre doute.

Je me levai lentement.

— Sumi.

Il murmura mon nom, comme si en le disant assez doucement, nous pourrions revenir en arrière. Je désignai le fauteuil vide, pour l'inviter à s'y asseoir.

Il s'avança, encore sonné. Je le voyais tenter d'imposer une expression impassible à ses traits, d'exercer son self-control habituel, mais ses mains tremblaient lorsqu'il les posa sur les bras de notre fauteuil.

— Tu m'as menti.

Il baissa les yeux vers le tapis, fuyant mon regard.

— Tu m'as menti toute ma vie, répétai-je. Tes histoires, la visite à l'autoroute de Shinagawa…

Ma voix s'érailla, comme le vernis de notre histoire partagée.

Mon grand-père secoua à nouveau la tête comme si cela pouvait effacer ce qui venait de se produire, mais en vain. Je voulais des réponses, et il savait à quel point je pouvais me montrer opiniâtre. Après tout, c'était lui qui m'avait formée.

— C'est moi qui l'ai trouvée. Tu le savais ? finit-il par dire.

Ses joues tremblaient, mais il ne pleurait pas, et je remarquai soudain à quel point il était frêle. Sa peau était devenue fine comme du papier.

— Elle était allongée par terre. Elle portait encore cette salopette ridicule.

Il fouilla la poche intérieure de sa veste pour en tirer un mouchoir, qu'il déplia. En observant ce geste, je compris combien il était bouleversé, combien il se sentait coupable de ne pas l'avoir sauvée, culpabilité qu'il éprouvait encore à ce jour. Une culpabilité que je partageais désormais. Depuis que j'avais trouvé la vidéo de la caméra de sécurité, je me posais la question : si elle n'était pas passée à la pâtisserie pour moi, si je lui avais demandé de se dépêcher, de venir les mains vides, elle serait peut-être toujours vivante. Yoshi serra la mâchoire et inspira profondément.

— Il était agenouillé à côté d'elle.

En disant cela, il leva les yeux vers moi. Il soutint mon regard, pour me parler enfin de l'homme qui nous avait plongés dans la douleur. Ses traits n'exprimaient plus la fragilité, uniquement une franchise candide et sombre.

— Tu aurais préféré grandir en sachant tout ça ? C'est ça ? me demanda-t-il en me tendant la coupure de journal.

Ce fut à moi de me détourner, car j'étais incapable de lui répondre.

— Je sais ce qu'il est, dis-je pour esquiver sa question. Je sais ce qu'il a fait, mais tu aurais dû trouver une autre façon…

Mon grand-père poussa un grognement incrédule qui me fit taire. Il me fixa avec un dédain paternel et même si c'était lui qui était en tort, j'eus honte de moi. Son regard semblait me dire que j'étais une gamine, une gamine idiote qui refusait de comprendre.

— J'ai vu les cassettes de son interrogatoire, précisai-je, et il écarquilla les yeux. J'ai lu le dossier de la défense et tes notes. Tu m'as dérobé ces événements, alors qu'il m'appartenait de les connaître. Il m'appartient de les connaître.

Mon grand-père inspira profondément et expira lentement.

— Tu as réécrit sa vie et la mienne, tu m'as créé les souvenirs que tu voulais, dis-je d'une voix de plus en plus exaspérée.

Je pensais à ma mère, à cette femme qui me manquait encore tellement, et à toutes les façons dont elle m'avait été prise.

Au début, lorsque j'avais obtenu le dossier, je ne pensais qu'à elle. Je ne me souciais pas de ce qui était advenu de Kaitarō. Mais en le regardant, en lisant ce qu'on disait de lui, j'avais compris qu'il avait connu des facettes de ma mère que personne d'autre n'avait connues, et j'avais pensé à sa peine. J'avais commencé à avoir peur pour lui, peur qui s'était accrue et concrétisée au fur et à mesure de la lecture des notes de mon grand-père.

— Ça fait quel effet, de tuer ? demandai-je posément.

— Quoi ?

Mon grand-père plissa les yeux.

— Il est mort, n'est-ce pas ? C'est pour ça que le ministère de la Justice a téléphoné ?

Je restai totalement immobile à le fixer, mais lorsque mon grand-père m'adressa un petit sourire tranquille, je reculai d'un pas.

— Je peux comprendre pourquoi…

Son éclat de rire m'interrompit. Sous le choc, je me tus un moment.

— La plaidoirie de Yurie Kagashima lui a-t-elle sauvé la vie ? demandai-je en me rappelant la jeune femme avec la queue de cheval qui m'avait jadis prise sur ses genoux.

— À ton avis, Sumiko ? As-tu aussi réfléchi à ton rôle dans cette histoire ? me demanda mon grand-père en se levant lourdement de son fauteuil.

— Je ne comprends pas, murmurai-je, déchirée entre mon envie de le prendre dans mes bras et la colère que je lisais dans son regard – colère jusque-là assoupie.

— Tu t'es demandé où elle a eu l'idée que nous l'avions accepté comme membre de notre famille ? Tu ne t'en rendais peut-être pas compte à ce moment-là, mais c'est toi qui lui as dit que c'était un gentil monsieur. Un gentil monsieur qui aimait beaucoup ta mère.

— Alors lorsqu'il a affirmé qu'il l'aimait…

— On l'a cru, dit mon grand-père. Le tribunal a cru qu'il aimait vraiment ta mère et que ses remords étaient sincères. Ils en ont conclu qu'il s'agissait d'un crime passionnel et qu'il pouvait être réformé.

— Mais le procureur Kurosawa ?

Je repensai à la photo de moi que grand-papa lui avait donnée, à la force des arguments de mon grand-père, à ce procès que j'avais si clairement imaginé. Mais alors, je me rappelai les entretiens filmés, l'attitude pondérée du procureur, les rapports entre Kaitarō et lui, que je n'étais jamais parvenue à appréhender. Malgré ma formation, j'avais tiré des conclusions hâtives. Lorsque je le compris, j'éprouvai un autre sentiment, aussi étrange qu'interdit : le soulagement.

— Kurosawa n'a répondu à aucune de mes lettres, dit mon grand-père. Il a fini par demander une longue peine de prison avec travaux.

— Alors le coup de fil du ministère de la Justice ?

— Kaitarō Nakamura est vivant, dit Yoshi, et il est sur le point d'être remis en liberté.

Je mis un temps à assimiler cette information, et je compris que mon grand-père avait, en fin de compte, lui aussi fait partie des oubliés, seul et abandonné. Son expertise professionnelle avait été incapable d'infléchir le cours des événements. Et pourtant, même si j'avais de la peine pour lui, et que je souffrais de tout ce que nous avions perdu, une question me taraudait.

— Où est-il ?

— Ne sois pas idiote, Sumiko.

— Je veux le voir.

— Il a tué ta mère !

— Je veux lui parler, insistai-je. Il peut me parler d'elle.

Avec une vitesse étonnante, grand-papa s'avança vers moi pour m'agripper les bras. Sa peau était fine et ridée, mais sa poigne était solide.

— Je t'ai parlé d'elle, moi, dit-il en rapprochant son visage du mien.

Je tentai de soutenir son regard.

— J'ai fait de mon mieux, Sumiko, dit-il sans cesser de me serrer les bras.

— Ce n'est pas assez.

Je me libérai, trébuchant vers l'arrière lorsqu'il me lâcha brusquement pour se détourner. Même ainsi, de dos, tout ce qu'il m'avait donné, mon enfance, sa protection, son amour restaient suspendus dans l'air entre nous.

— Je ne crois pas que je pourrai travailler chez Nomura & Higashino.

— Ne dis pas de bêtises, fit-il en me lançant un regard noir par-dessus son épaule.

— Je parle sérieusement.

— Ne fais pas ça, Sumiko. Si tu essaies de me punir…

— Non.

Il se retourna à nouveau vers moi en secouant la tête.

— Mais tu as signé le contrat…

— Pas encore.

— Cela va nuire à ta carrière… irrévocablement.

— Je ne veux pas me spécialiser en droit des affaires.

L'expression de grand-papa s'adoucit et il me tendit les mains, prenant mes doigts entre les siens.

— Sumichan, tu as subi un choc. Tu ne sais plus où tu en es. (Je me raidis et ses doigts se resserrèrent sur les miens.) C'est le chagrin, Sumi. Tu n'es pas rationnelle.

— Avant que tu rentres, j'ai ouvert le contrat. Mais je ne peux pas le signer…

Mon grand-père serra la mâchoire et me lâcha les mains.

— Ce n'est pas ainsi que je t'ai élevée.

— C'est ça que tu as dit à ma mère ?

— Rina n'a pas voulu accepter ses responsabilités.

— Et tu crois que je suis comme elle ?

— Tu es bien éduquée, disciplinée. Tu peux devenir tout ce qu'elle n'a pas été.

— Je serai moi-même. Comme elle.

Je le regardai réaliser ce que je venais de dire.

— Elle est morte, dit-il en s'éloignant de moi. Elle t'a laissée grandir sans elle.

— Je veux le voir, insistai-je.

Il se figea soudain en pinçant les lèvres, exaspéré.

— Tu n'arriveras pas à temps.

Je tentai de me rappeler les détails du coup de fil que j'avais reçu, pour calculer la période de préavis du ministère de la Justice. Il était impossible que j'arrive trop tard et qu'il ait déjà été libéré. Au bout d'un moment, je compris que mon grand-père bluffait, et il vit que je le savais.

— Ils ne laissent pas entrer n'importe qui, insista-t-il. Tu veux faire quoi ? Prétendre que tu es son avocate ?

— Ce ne sera pas nécessaire.

— Quelle ironie du sort. C'est à cela que t'a servi ton éducation ? ricana mon grand-père.

— Je n'ai pas l'intention de me faire passer pour quelqu'un d'autre.

Grand-papa fixait les bibliothèques, notre collection, un amalgame de tous nos travaux à ce jour.

— Les règles sont strictes. Seule la famille a le droit de visite.

— Quel est son régime de détention ? demandai-je, mais mon grand-père refusa de me répondre.

Je me demandai s'il avait reçu des rapports sur le comportement de Kaitarō durant son incarcération. Plus un détenu était bien classé, plus il pouvait recevoir de visites et de lettres. En tant qu'oublié, grand-papa avait le droit de recevoir de tels rapports, selon la nouvelle législation.

— A-t-il reçu des visites ?

— Non, répondit mon grand-père.

Nous nous faisions face, incapables de faire un pas l'un vers l'autre.

— Pas une seule ? insistai-je.

Mon grand-père me regarda d'un œil las.

— Il n'a plus de famille.

— Où est-il ?

— Sumiko, ne fais pas ça, me supplia-t-il enfin.

— Où ? répétai-je.

— À Chiba, répondit-il en fermant les yeux pour ne pas me voir. Et sous quel prétexte comptes-tu te présenter ?

Je m'apprêtais à sortir du bureau, en songeant à l'homme qui disait aimer ma mère et qui l'avait tuée.

— Kaitarō Nakamura devait devenir mon beau-père. Sa famille, c'est moi.

Sadame

Dans le train qui me menait à Chiba, incapable de rester assise, je déambulai d'une voiture à l'autre. Je m'attardai dans le couloir qui les reliait, dans le vacarme des roues, et m'adossai contre la porte. Je voyais mon reflet dans la fenêtre – une petite femme portant des bottes en cuir et une robe-chemisier marine, étroitement ceinturée à la taille. Mes doigts agrippèrent la rampe en acier à côté de moi, l'encerclant ; j'enfonçai mes ongles dans ma paume comme s'ils pouvaient m'ancrer.

Quand grand-papa et moi étions allés skier dans les Alpes japonaises, nous avions pris de petits trains locaux. Ceux-ci roulaient si lentement qu'on voyait les rangées de bambous onduler sous la brise. Comme des plumes d'autruche, ils s'inclinaient dans le vent, bordant les rails et les berges des rivières. Chaque détail était net : les tiges sombres qui se tendaient vers la lumière, couronnées d'un plumage vert jade. À bord de ce train, le monde extérieur n'était qu'un flou délicat. Au loin, les cimes des montagnes luisaient comme des perles opalescentes striées de fils téléphoniques ; les maisons isolées et les champs se fondaient en rayures colorées, jusqu'à ce que le monde file si vite qu'il semblait me fuir pour remonter les rails et rentrer chez moi, à Tokyo.

Mais il était trop tard pour rester chez moi, bien à l'abri avec ceux que j'aimais. En approchant de Chiba, une peur âpre et laide monta en moi ; le train ralentit et le monde extérieur se cristallisa pour révéler les lignes dures du quai de la gare.

J'étais nerveuse en m'approchant du portail de la prison. Ce que je ne m'étais pas avoué à moi-même, c'était que je ne serais peut-être pas autorisée à voir Kaitarō Nakamura. Mon grand-père avait raison lorsqu'il affirmait que le règlement était très strict. Je pouvais soutenir que j'étais une parente, mais les instances qui décideraient si j'avais le droit ou non de le voir étaient hors de mon contrôle. Le cours de ma vie avait été déterminé vingt ans auparavant, dans la façon dont Kaitarō m'avait considérée lorsque j'étais petite.

À ce jour, lorsqu'un détenu entre à Chiba, tous ses visiteurs potentiels sont inscrits auprès des autorités. Ceux qui n'y sont pas nommés ne seront pas autorisés à entrer.

Mes doigts tremblaient lorsque je sortis mes pièces d'identité de mon sac ; mon permis de conduire restait coincé dans mon portefeuille en cuir et je dus l'extirper, les doigts glissants de sueur. Je m'inclinai devant le gardien qui me fit signe d'attendre et se dirigea vers une guérite proche de la clôture d'enceinte. Je le regardai décrocher le téléphone. Il tenait mon permis de conduire devant lui, pour le lire. Il s'arrêta pour écouter son interlocuteur ; il finit par hocher la tête et parler à nouveau. Il avait commencé à pleuvoir, une pluie fine, presque une brume. Le gardien hâta le pas pour me rejoindre.

— Le détenu travaille, expliqua-t-il. Il termine dans une demi-heure. Il y a une pièce où vous pouvez l'attendre.

Il désigna d'un geste l'édifice principal à une centaine de mètres de là, un imposant bloc de béton aux portes en verre noir. J'avais rassemblé tant d'arguments dans ma tête, anticipé tant de problèmes pour entrer (j'avais même pris mon insigne), qu'un moment je fus incapable de comprendre ce qu'il me disait. Le gardien s'essuya le visage de sa manche et me regarda en fronçant les sourcils.

— Mademoiselle Sarashima ? répéta-t-il. Je dois vous faire remplir un formulaire, dit-il en levant les yeux vers le ciel.

La pluie s'était intensifiée. Tandis que de grosses gouttes s'écrasaient sur l'asphalte autour de nous, il me prit par le bras pour me conduire sous l'auvent jaune vif de la boutique du pénitencier. Là, il me tendit son porte-bloc et son stylo.

— Merci de remplir ceci. Vous devez être précise.

J'acquiesçai et pris le formulaire un peu maladroitement.

— Il m'a inscrite ? Je suis sur sa liste de visiteurs ? articulai-je lentement en regardant le gardien.

Celui-ci fronça les sourcils et plissa les yeux.

— Pardon, murmurai-je précipitamment en penchant la tête.

Je répondis rapidement aux questions concernant mes antécédents, avant d'arriver à une grande case vide : Veuillez déclarer le sujet de votre entretien avec le détenu. Sous cette phrase, une seconde ligne en plus petits caractères précisait : Vous êtes priés de ne pas dévier de ce sujet ou votre entretien sera terminé. J'hésitai, la bille du stylo posée sur le papier. Puis j'écrivis trois mots : ma mère, Rina.

Le gardien examina le formulaire et hocha la tête avant me le prendre et de rentrer en courant dans sa guérite. Seule sous l'auvent de la boutique, je consultai ma montre et vis que mon bras était éclaboussé de gouttes d'eau. Je les balayai, secouai mes mains et entrai dans la boutique. À l'intérieur, les climatiseurs crachaient des bouffées d'air froid qui me glacèrent. Il n'y avait personne, rien que des présentoirs remplis d'articles produits par les prisonniers.

Chaque détenu a le devoir de travailler. Même ceux qui sont dans le couloir de la mort et vivent en isolement travaillent seuls dans leurs cellules. Les autres passent leurs journées dans les manufactures de la prison, qui reçoivent des contrats, par exemple pour la fabrication de sacs à main de grandes marques, ou des baguettes. Une fois ces commandes réalisées, on forme les détenus à un métier, et les produits qu'ils confectionnent sont vendus dans les boutiques des pénitenciers.

La pièce où je venais d'entrer était vaste, comme un entrepôt. Sous l'éclat des néons, les murs étaient d'un blanc aveuglant. Il y avait un espace avec de la moquette au bout de la pièce où l'on avait exposé un canapé en velours et une table basse en verre transparent, à côté de coffres traditionnels en bois d'orme et en fer forgé. Devant moi, des paniers en osier pleins de sachets de thé vert et de modèles des dieux en terre cuite étaient disposés sur des tables basses. Des chaussures d'hommes noires et marrons s'alignaient sur des étagères contre les murs. Il y avait aussi un assortiment de cravates et de cannes, puis, dans une armoire vitrée, des épingles à cravate en laque noire ciselée d'or et d'argent – une carpe dorée nageant dans un étang sombre, ou une pivoine d'argent sur fond de ciel nocturne.

En déambulant dans la pièce, je songeai aux hommes qui avaient fabriqué ces articles et à leur existence. La vie dans un établissement comme Chiba se déroule essentiellement en silence. Les détenus n'ont pas le droit de se parler ou de se regarder. Durant les séances d'exercice, le bain, même la prière, toute communication est interdite et punie. Dans les manufactures, chaque homme doit se concentrer exclusivement sur son travail. Il n'a pas le droit de regarder les gardiens ou les autres prisonniers, ni même par la fenêtre. Il doit demander la permission pour s'essuyer le visage ou se moucher. Dans ce monde, les hommes n'ont presque aucun contrôle sur leurs esprits et leurs corps ; les seules choses sur lesquelles ils ont une influence, ce sont les produits qu'ils créent.

Je repensai à Kaitarō, tel que je l'avais vu la dernière fois ; à l'homme des vidéos, avec son désespoir et son attitude de défi. Je revis son visage encadré par de longs cheveux noirs, ses yeux étincelants, et je me demandai lesquels de ces articles il avait réalisé. Je me demandai en quoi il avait pu changer dans ce monde où pendant des années on lui avait dicté où s'asseoir, quand se lever et même quand dormir. Je l'imaginai dans la manufacture, tous les jours, endurci contre les fouilles corporelles qui avaient lieu chaque fois qu'il passait à la cantine ou dans sa cellule, ne regardant rien ni personne, se déplaçant au son des cloches. J'étais peut-être la première personne qu'il verrait réellement depuis vingt ans. Je me demandai s'il serait capable de me regarder dans les yeux.

Une porte au fond de la boutique s'ouvrit et une vendeuse entra. Elle marchait vite avec ses chaussures à talon plat, et s'essuyait les commissures des lèvres avec un mouchoir. Elle sourit et me fit signe d'approcher de la caisse.

— Vous avez vu ceci ? me demanda-t-elle en désignant le présentoir de papeterie sur le comptoir.

Il contenait les habituels calepins et blocs de papier à lettres ornés de fleurs de cerisier, des sous-verre en papier à motif de feuilles d'automne, mais à côté de ceux-ci, sur un présentoir à part, se trouvait une pile de calepins représentant Kumamon, l'ours noir de la préfecture de Kumamoto. Cette mascotte est si adorable que sa popularité a gagné le pays tout entier ; son image figure même sur les biberons des bébés et sur les paquets de nouilles instantanées des supermarchés. Sur ce calepin, il portait la casquette et l'uniforme d'un gardien de prison. Son visage noir et brillant affichait un sourire, et des cercles rouges sur ses joues proclamaient sa bonne santé. Il levait une patte pour saluer. Sous lui, en gros caractères verts, se trouvaient les mots : LE MÉMO DE KUMAMON !

La vendeuse m'interrogea du regard et je lui répondis par un sourire enthousiaste. Je connaissais des personnes qui collectionnaient ces blocs-notes ; certains seraient même jaloux si j'en achetais un. J'ouvris la première page et vis un bout de papier à l'intérieur. « Ne pas manger. Ne pas utiliser comme arme. » Et enfin : « Ne pas jeter ! » Je songeai aux rangées d'hommes assis dans les manufactures, aux tensions entre eux, au silence. Au ronronnement des machines tandis que les blocs-notes étaient assemblés, un à un.

Je ressortis pour attendre qu'on me laisse entrer, devant le portail, sous la pluie. Glissant la main dans la poche de ma robe, j'en tirai la coupure de journal que j'y avais mise. Je l'avais trouvée sur le bureau de grand-papa ce matin-là, abandonnée dans la lumière grise de l'aube. Je la dépliai et relus une fois de plus ces mots qui m'étaient devenus si familiers, notre histoire à tous. Je lissai l'article entre mes mains jusqu'à ce qu'il soit si détrempé qu'on aurait dit qu'il s'était infiltré sous ma peau. Quand le portail s'ouvrit devant moi, je froissai ce bout de papier dans mon poing et le jetai dans une poubelle.

Les semelles de mes bottes couinaient sur le linoléum vert jade tandis qu'on m'escortait, par-delà la salle d'attente avec ses murs blancs et ses longs bancs en bois, vers un box d'entretien d'environ deux mètres de largeur. Il était divisé par une cloison en verre percée de petits trous. Il aurait été impossible de tendre la main à travers ce verre, ni même de se toucher. Seul l'air pouvait circuler entre nous.

De mon côté de la cloison se trouvaient un bureau et une chaise en plastique marron où je m'assis pour attendre. J'attendis. Et j'attendis. J'attendis jusqu'à ce que je me dise qu'il ne viendrait pas, jusqu'à ce que je me convainque qu'il n'oserait pas me faire face. Les instructions collées au mur de mon côté stipulaient que je devais me borner exclusivement au sujet précisé lors de mon entrée, et que l'entretien devait se dérouler calmement, sans hausser la voix. Je n'avais pas le droit de communiquer avec le détenu en langues étrangères ou par gestes. Toute contravention aux règlements ci-dessus se conclurait par la fin immédiate de l'entretien.

Je baissai les yeux, en me demandant comment je parlerais à Kaitarō Nakamura. Comme arriverais-je à être calme et tranquille ? Saurais-je quoi dire ? Nous avions peu de temps. Les visites de prison durent quinze à vingt minutes, maximum. De son côté de la cloison en verre, une chaise était destinée à Kaitarō et une autre au gardien qui surveillerait et noterait ce qui serait dit, mais ces chaises restaient vides. Il n'y avait rien d'autre, rien que le silence, un silence qui s'éternisait avec le tic-tac de l'horloge.

Je respirais lentement, peu profondément, lorsque j'entendis le claquement de ses chaussons sur le linoléum. J'hésitai. J'avais peur de lever les yeux. Quelques jours auparavant à peine, je le regardais sur l'écran, dans ma chambre, et il était enfin là. Le gardien entra le premier, suivi d'un petit homme en combinaison grise. On lui avait rasé la tête, mais comme il serait libéré bientôt on lui avait permis de laisser repousser ses cheveux. Ils se hérissaient sur son crâne en halo poivre et sel. Il avait les épaules voûtées et détournait le visage en tendant les mains pour qu'on lui retire ses menottes. Tête baissée, refusant toujours de lever les yeux, Kaitarō prit sa chaise et s'assit. Ses mouvements étaient minimes, économes. S'il y avait eu un temps pour la pitié, je l'aurais éprouvée dans la boutique de la prison, lorsque je m'armais de courage pour affronter celui qui l'avait aimée et perdue, comme moi. Maintenant, je ne voyais plus que ma mère par terre dans un appartement que je ne connaissais pas, avec d'énormes hématomes violets autour du cou.

L'homme devant moi se déplaça sur sa chaise et j'eus un choc lorsqu'il leva les yeux vers moi. Il me détailla du regard, de mes cheveux retenus par des barrettes au col bien repassé de ma robe-chemisier. Très lentement, un sourire se dessina sur ses lèvres.

— Vous ressemblez à votre mère.

Nous donnons plusieurs noms au destin. Certains sont sentimentaux ; d'autres évoquent l'énergie, les cycles du hasard et du choix. Le mot qui me vint à l'esprit, assise dans la prison de Chiba, était ancien, voire archaïque, mais c'était le plus approprié : Sadame. Un destin qui doit être accepté avec résignation parce qu'il ne peut être changé.

Les traits de Kaitarō reprirent une expression neutre et placide. Pourtant, une lueur illuminait son regard tandis qu'il me détaillait par coups d'œil rapides. Le gardien s'assit derrière lui, avec son stylo et son bloc-notes. Le regard de

Kaitarō se fixa enfin sur mon visage. Le fait de savoir qu'il m'attendait, qu'il m'avait inscrite comme visiteuse vingt ans auparavant, restait en suspens entre nous. Comment avait-il su que je viendrais ? Ou bien l'avait-il simplement espéré ? J'avais été élevée par mon grand-père ; j'aurais pu ne rien connaître de son existence.

Kaitarō se pencha légèrement en avant.

— Vous êtes avocate.

Je baissai les yeux vers ma tenue, mes bottes noires et ma robe, de style décontracté. Puis je me rappelai le porte-documents que j'avais pris au cas où je n'arriverais pas à persuader les autorités de me laisser entrer en tant que membre de la famille, et le petit insigne rond épinglé dessus. Il était posé sur le bureau devant moi. Je hochai la tête et à nouveau, il sourit lentement, émerveillé.

— Comme votre mère.

— Je viens d'être admise au barreau.

— Le barreau de Tokyo ? me demanda-t-il, sans jamais quitter mon visage des yeux.

J'acquiesçai d'un signe de tête.

— Votre grand-père a tenté de me faire exécuter.

— Je sais.

— Vous regrettez qu'il n'ait pas réussi ?

Le sang me monta au visage en repensant à tout ce que j'avais éprouvé au cours des dernières semaines. En effet, j'avais parfois souhaité sa mort.

— Pas pour le moment.

— Vous le lui reprochez ?

Je songeai à Yoshi, à la maison, en deuil de la vie qu'il avait créée.

— J'aurais peut-être agi de même, dis-je en faisant allusion à la tentative de vengeance de mon grand-père plutôt qu'au secret qu'il avait gardé.

Kaitarō accepta ma réponse en hochant la tête.

— Et que comptez-vous faire maintenant ? me demanda-t-il.

— Le délai de prescription est depuis longtemps dépassé.

— Votre famille est pleine de ressources.

Je faillis sourire. Il nous connaissait bien.

— Êtes-vous content d'être vivant, Kaitarō Nakamura ? demandai-je d'une voix basse mais audible.

Le gardien se pencha pour écouter, la main au-dessus de son bloc-notes. Je regardai Kaitarō mais il resta silencieux, les yeux baissés, et je me demandai s'il se rappelait ma mère. Je me demandai s'il pouvait visualiser, encore aujourd'hui, son sourire lorsqu'un petit détail de la vie lui faisait plaisir. Enfin, il me regarda.

— Je suis le seul qui se souvienne d'elle.

La rage noire qui monta en moi faillit m'étouffer. Je regardai haineusement ce pauvre petit homme.

— Vous n'êtes pas le seul ! sifflai-je.

Dans le silence de la petite pièce, ma voix était retentissante. Je me penchai vers lui. Mon souffle fit de la buée sur la cloison qui nous séparait, comme pour traverser les petits trous entre nous. Le gardien s'avança d'un pas et posa la main sur l'épaule de Kaitarō. Il s'était levé pour m'accueillir et maintenant on le forçait à se rasseoir. Le gardien m'adressa un regard sévère et je me rassis à mon tour en inclinant la tête pour m'excuser. Les secondes passaient. Je baissais toujours la tête, contrite. Le temps allait me manquer.

— Sumiko.

Je relevai la tête lorsque Kaitarō prononça mon nom. Il tendit la main vers la paroi, ses doigts touchèrent le verre, couvrant les trous poreux.

— Je ne suis pas le seul qui se souvienne d'elle, mais personne ne l'a connue comme moi.

— Mon grand-père l'a connue.

— Parle-t-il d'elle ? me demanda Kaitarō en souriant lorsque je ne lui répondis rien. Si je mourais, reprit-il, elle mourrait aussi, comme tout ce qu'elle a été pour moi.

Je grimaçai de colère. Mais je savais qu'il avait raison.

— J'ai quelque chose pour vous, dit-il tandis que je tentais de retrouver mon sang-froid.

Il passa la main sur ses cheveux en épis, plus blancs que noirs.

— Je ne veux rien de vous, Sumiko Sarashima. (Je sursautai. Comment savait-il que j'avais repris le nom de ma mère ?) Mais je veux vous offrir mes souvenirs.

Je fronçai les sourcils et le silence s'éternisa entre nous.

— Je vous ai écrit, dit-il avec un petit sourire en coin. Une lettre par mois, de sept pages.

Mes lèvres se tordirent à nouveau lorsque je songeai au règlement de la prison, appliqué même pour les lettres.

— Chaque mois, reprit-il en se penchant vers la cloison, je vous ai écrit une lettre, en espérant qu'un jour vous les liriez.

— Vous êtes un meurtrier. Vous devriez les brûler.

— C'est vrai, acquiesça-t-il. Mais j'ai aussi conservé d'autres choses de notre maison.

Je le fixais, décidée à n'avoir aucune pitié pour lui, mais l'usage de cet adjectif possessif, cette allusion à la vie qu'il avait partagée avec ma mère me firent ciller.

— Il n'y a pas grand-chose, reprit-il. Seulement ce que j'ai rassemblé le soir où elle est morte. Elles sont devenues des pièces à conviction. Votre grand-père s'était porté caution pour le bail. C'est lui qui s'est défait de tous les meubles et de la plupart de nos effets.

— Qu'avez-vous gardé ?

— Des photos de votre mère à Hokkaido avec moi. C'est là que j'ai grandi.

— J'ai grandi sans elle. Vous ne pourrez jamais vous faire pardonner.

— Non, répondit-il simplement.

Derrière lui, le gardien se leva. Notre entretien était fini. Kaitarō se tourna et tendit les poignets pour être à nouveau menotté. Je le regardai, avec sa peau sèche et squameuse, ses joues creuses, et tentai d'apercevoir la trace de la griffure qu'elle lui avait infligée, dont il portait la croûte sur les vidéos. Je le scrutai avidement, mais tout son visage était pâle, de la pâleur d'un homme qui a passé vingt ans de sa vie enfermé, avec seulement trente minutes par semaine pour sortir. Alors qu'il se dirigeait vers la porte, malgré moi, je l'appelai. Le gardien me jeta un regard énervé, et je levai la main pour l'amadouer.

— S'il vous plaît… Je vous en prie, pourrais-je avoir les documents et les photos dont il a parlé ?

— Il faudra qu'ils soient examinés, mademoiselle Sarashima. Notre censeur passe tous les vendredis.

Je vis Kaitarō sourire, d'un sourire si discret que son gardien n'en vit rien. Lorsqu'on lui ouvrit la porte, Kaitarō me regarda :

— Sumiko, dit-il, et la chaleur de son regard me marqua. Brûlez-les si vous voulez.

Qu'y a-t-il dans un nom ?

Après ma visite à Chiba, mon grand-père m'évita. Il faisait à peine mine de s'apercevoir de ma présence dans la maison, et refusait de me parler. Nous ne mangions pas ensemble, et je ne suis pas certaine qu'il mangeait. C'était comme si, en découvrant notre passé, je m'étais transformée, et que le simple fait de me voir le faisait souffrir. Et pourtant, je l'abordai tous les jours, obstinément, jusqu'à ce que je finisse par le forcer à me parler du seul sujet dont il acceptait de discuter : mon père.

Il m'apprit qu'ils avaient assisté tous les deux à la séance où la peine de Kaitarō Nakamura avait été prononcée, au tribunal du district de Tokyo. Mon grand-père était arrivé en avance, mais mon père était en retard, car il espérait qu'on ne remarquerait pas sa présence s'il restait au fond de la salle. Lorsque le verdict fut annoncé, il ouvrit aussitôt la porte pour dévaler le grand escalier et traverser au pas de course le grand hall en marbre, pour sortir sous la pluie. Mon grand-père le suivit, certain de ce qu'il ferait.

Mon père se dirigea vers la gare de Kasumagaseki. Au coin de la rue, il y avait une cabine téléphonique, grise de poussière et maculée de traces de chaussures, de cigarettes et de sueur. Il ouvrit la cabine et s'enferma. Puis il hésita un moment, fixant le combiné, avant de finir par le décrocher et de composer un numéro.

Dans la cabine, l'air était chaud et le verre se couvrit de condensation. On distinguait à peine le visage de mon père lorsqu'il releva la tête et sourit. Il parla précipitamment. Il y eut une pause à l'autre bout du fil. Il attendit longtemps que la personne dont il recherchait le plus l'approbation vienne au téléphone. Il tenait le combiné à deux mains ; sa bouche articula le mot « père ». En quelques secondes, son sourire s'évanouit, il baissa la tête, écouta, puis éloigna lentement le combiné de son oreille. Il le fixa un bon moment avant de raccrocher. Une petite file s'était formée à l'extérieur : des reporters, et des personnes attendant de téléphoner. Un homme s'avança pour frapper sur le verre, ce qui fit sursauter mon père. Il hocha la tête et sortit aussitôt de la cabine. Il franchit la petite foule assemblée sur la chaussée en agitant les bras pour écarter les reporters qui tentaient de lui parler. Il ne pouvait pas les aider, leur cria-t-il. Il n'était pas l'homme qu'ils cherchaient. Il n'était pas Osamu Satō.

De plus en plus nombreux, les gens qui s'assemblaient autour de lui le repoussèrent vers l'édifice en béton des tribunaux, jusqu'à ce qu'il ne puisse plus reculer davantage. Mon grand-père l'attendait à quelques mètres de là, sous un parapluie.

Mon père n'avait pas été accusé d'un crime, même s'il avait dû payer des dommages et intérêts au titre de sa responsabilité civile. Sa famille n'était pas harcelée par la presse. Néanmoins, les Satō le bannirent de leurs vies, même si ce n'était pas à cause de la façon dont il avait traité ma mère, ni même à cause de sa mort. C'était le catalogue complet de tous ses délits, collectés et assemblés par Kaitarō Nakamura, qui les poussa à le faire. Ces détails sur la vie de leur fils leur parvinrent dans un colis emballé de papier brun, lié avec une ficelle.

Ce rapport détaillait les relations professionnelles de Satō, son alcoolisme, ses dettes, la perte de la dot que lui avait remise Yoshi lors de son mariage, son licenciement du cabinet où il travaillait et sa liaison avec une femme à Nagoya.

Dans tout cela, le meurtre d'une jeune femme n'était que la goutte qui avait fait déborder le vase. Je demandai à grand-papa si c'était Kaitarō qui leur avait envoyé le dossier, mais dans la pénombre de notre salle à manger, il pinça les lèvres pour m'adresser un sourire las.

— C'est moi qui l'ai envoyé.

Il savait que mon père ne nous contacterait plus jamais, et il ne s'était pas trompé. La dernière communication que j'ai reçue de lui fut une carte d'anniversaire, postée peu après le divorce, du vivant de ma mère. J'étais assise par terre dans le salon à Meguro, en train d'ouvrir ma pile de cartes, lorsque je la trouvai. Il y avait inscrit son adresse à Nagoya, encore une maison que je ne verrais jamais, et inclus une photo. Ils se tenaient tous les deux devant un immeuble d'appartements sur une bande de gazon. J'ai dû la fixer longtemps, car grand-papa vint voir ce qui me retenait.

— Tu n'as pas encore terminé ? Tu comptes les lettres d'amour de tous tes admirateurs ?

Il se tut lorsqu'il vit ce que je tenais à la main et s'assit par terre à côté de moi.

— C'est qui ? demandai-je.

— C'est la petite amie de ton père.

— Elle est hideuse, murmurai-je tandis qu'il me prenait sur ses genoux.

Elle n'était pas hideuse, mais elle ne ressemblait en rien à ma mère. Elle avait le visage large et les joues épaisses – c'était une femme entre deux âges. Il y avait des rides au coin de ses yeux et de ses lèvres ; son sourire contraint les faisait ressortir. Mon père la tenait par les épaules et arborait la même expression qu'elle ; impossible de savoir s'ils étaient heureux.

Je me rappelle avoir niché mon visage dans le cou de grand-papa. Il s'était levé en me soulevant en même temps. Puis il me posa et se pencha vers la pile de cartes que j'avais laissées par terre pour les ramasser. Ce jour-là, il inaugura une tradition qui allait durer jusqu'à mon âge adulte : il disposait toutes les cartes en rangées sur la table basse, une à une, jusqu'à ce qu'elles la recouvrent complètement.

— Tu vois combien tu es spéciale ? disait-il.

Nous rangeâmes la photo dans l'un des albums de famille, et dans les jours qui suivirent mon retour de la prison de Chiba, je la retrouvai. Elle n'avait pas changé ; les deux personnages debout sur la pelouse étaient les mêmes, figés dans le temps. J'en avais tant appris sur mon père et sur son rôle dans la mort de ma mère que je sus, en regardant cette photo, que je ne chercherais pas à le retrouver.

Pendant un certain temps, le sort réservé à mon père dut aider mon grand-père à faire son deuil. Bien qu'il souffrît profondément de la mort de ma mère, le fait de savoir que ses ennemis avaient été punis lui permit d'apaiser sa colère et de se tourner vers l'avenir. Dans un cocon de silence, il rebâtit le monde qui l'entourait. Tout ce qu'il avait perdu, il le recréa et l'investit en moi.

Je sais que j'ai eu de la chance. J'ai passé une enfance protégée. Toute ma vie, mon grand-père m'a soutenue et guidée. S'il a commis une erreur, c'était de croire qu'il pouvait contrôler le monde, que sa version des événements aurait force de loi. La loi, en soi, ne protège pas ; elle est souvent insuffisante, dans le monde d'aujourd'hui. Ce qui compte le plus, c'est la connaissance – de nous-mêmes et des autres. Ce que j'ai appris de ma mère a changé ma vie.

Grand-papa ne comprenait pas. Il regardait notre maison comme si, en son absence, elle l'avait trahi. Nous ne passions plus nos soirées dans la lumière tamisée de son bureau ; il ne me découpait plus des articles de journaux tous les matins. Non seulement je l'avais défié, mais j'avais transformé sa réalité, son présent et son avenir : voilà ce qu'il ne pouvait pas pardonner.

Au fil de l'été, alors que la date de la libération de Kaitarō se rapprochait, je descendais tôt chaque matin pour voir si ses lettres et ses photos étaient arrivées. Je me demandais s'il avait changé d'avis et décidé de ne pas me les envoyer. S'il avait été indiscret en les écrivant, par exemple en critiquant la prison ou ses gardiens, ce qui aurait justifié qu'on les retienne. Et pendant tout ce temps, le contrat de Nomura & Higashino resta dans le bureau. Je ne l'avais toujours pas signé, et avec chaque jour qui passait, je savais de moins en moins quoi faire. Finalement, je rendis visite à ma mère.

Devant moi, la route était sinueuse et montait avec le terrain, chaque virage révélant une nouvelle facette de notre quartier – un sanctuaire, un parc où jouaient des enfants, un salon de thé, un salon de coiffure, un salon funéraire où les morts pouvaient être préparés et vénérés en paix. Des maisons basses et blanches s'accrochaient aux pentes, avec des topiaires miniatures dans leurs jardins, des kakis en pots ou des buissons de natsumikan, et partout, des fils téléphoniques serpentaient entre les maisons, avec des corneilles perchées dessus. Elles guettaient toujours une poubelle fraîchement sortie ou un petit enfant avec une sucrerie.

Je m'arrêtai chez un fleuriste qui proposait plusieurs bouquets traditionnels de chrysanthèmes dans des seaux bleus, mais je préférai des hortensias, qui me rappelaient les fleurs qui devaient s'épanouir en ce moment sur les collines de Shimoda.

La route suivit une crête avant de donner sur un escalier tellement escarpé que même les habitants du coin devaient se tenir aux rampes. Au bas de l'escalier se trouvait un terrain de jeux où ma mère m'emmenait jadis. Les balançoires avaient des couleurs beaucoup plus vives qu'à l'époque où j'y jouais, et il y avait un bac à sable avec un panda monté sur des ressorts planté au milieu. Lorsque je le traversai, il était tranquille et désert. On ne voyait plus les autoroutes embouteillées, les bureaux et les tours du centre-ville de Meguro. Il n'y avait que la lumière qui brillait à travers les fils téléphoniques et les branches des arbres et, au bout de la rue, le temple où j'avais reçu mon nom et où ma mère était enterrée, notre temple local, le site de notre tombeau familial.

À l'intérieur du complexe, je ne gravis pas l'escalier menant à la salle principale. J'empruntai un sentier qui contournait l'édifice et menait à un petit cimetière. Mon grand-père et moi l'avions visité ensemble quelques semaines auparavant, lorsque nous vivions dans un monde différent.

C'était durant le festival d'Obon, où l'on dit que les morts rentrent chez eux et où les chants résonnent dans les temples jusque tard dans la nuit. Grand-papa et moi avions apporté des plats d'ohagi, du riz couvert de pâte de haricots rouges enveloppé dans de la cellophane. Je savais que bientôt les gardiens du temple retireraient la nourriture avant qu'elle ne pourrisse ou qu'elle n'attire les renards urbains durant la nuit, mais lorsque je m'y rendis ce matin-là, nos offrandes y étaient toujours, comme celles des autres familles, boîtes enrubannées soigneusement disposées devant chaque tombe.

Au fond du cimetière se trouvaient les seaux à eau des familles, dont les armoiries étaient peintes en noir sur le fond clair du bambou. Je recherchai le symbole des Sarashima : trois boules suspendues au milieu d'un pentagone. Puis je remplis le seau d'eau et le soulevai à deux mains.

Il y avait plusieurs générations de tombes. Les pierres des plus anciennes étaient couvertes de lichen ; les plus neuves, en granit, étincelaient dans la lumière du matin. Mais il n'y avait pas de moines ce jour-là, ni de fidèles venus saluer la mémoire des défunts. Je n'entendais que le crissement des feuilles mortes broyées sous mes pas.

Les terrains de ce genre étaient rares. Ils ne devenaient disponibles que lorsqu'une famille quittait la ville. Ils emportaient leurs morts avec eux et le terrain était revendu. Ces « nouveaux » terrains trouvaient immédiatement preneur. Quand ma mère était jeune, que le yen était fort et que les étrangers affluaient à Tokyo, le prix des terrains avait augmenté à une vitesse étourdissante. On avait fait pression sur les temples pour qu'ils cèdent leurs cimetières ; c'était ainsi qu'avaient émergé des mausolées à plusieurs étages, dotés d'autels privés et d'armoires pour les cendres familiales.

C'était la vie moderne : on remplissait les gratte-ciel de morts tandis que les vivants regrettaient le passé.

Ma mère m'avait un jour raconté une histoire au sujet de grand-papa et de ce cimetière : quand il était petit, durant la Deuxième Guerre mondiale, on l'avait surpris à voler les gâteaux de riz des tombes : c'était là qu'il s'était réfugié, mourant de faim, fuyant les rues bombardées. Elle voulait me rappeler que j'avais de la chance, et elle y avait réussi. Mais je me rappelle aussi avoir été stupéfaite. J'avais du mal à m'imaginer mon grand-père dans cette position. Il était si droit et digne, aisé et bien nourri : lorsqu'il la racontait, cette histoire devenait celle d'un garçon glouton sans aucun respect pour ses ancêtres, même si l'on devinait sous l'anecdote la réalité désespérante.

En regardant notre histoire à travers son prisme, je compris que mon grand-père avait assisté à l'effondrement de sa nation et de son système juridique. Il avait vécu l'occupation américaine et tous les changements qu'elle avait provoqués. Qu'avait-il pu penser de la folle prospérité, de la bulle spéculative qui enflait du vivant de ma mère, quand j'étais encore toute petite ? Que pensait-il de la hausse des marchés financiers, des spéculations immobilières, de la brève période où Tokyo avait été la ville la plus riche du monde, et du krach qui avait suivi ? Que pensait-il du monde où nous vivions maintenant ?

Il devait croire, comme moi, que lorsqu'un havre se présente il doit être chéri, car nous, les humains, sommes constants dans nos désirs : voilà pourquoi nous ne restons jamais longtemps en sécurité. Je savais très bien que la hausse et la chute des marchés qui avaient tant fasciné mon père avaient entraîné un krach qui avait duré vingt ans après la mort de ma mère, encore connu, à ce jour, sous le nom de « décennies perdues ».

Mon grand-père recherchait la paix, et j'avais perturbé la sienne. Mais je me demandais aussi si sa colère ne venait pas du fait que je ne profitais pas de la prospérité actuelle, que je m'écartais de mon plan de carrière comme ma mère l'avait fait avant moi. Et pourtant, sachant l'histoire de ma mère et la sienne, je me sentais tellement plus proche d'eux, et de ceux qui étaient enterrés sous mes pieds ; de notre histoire. Ce matin-là, devant le tombeau familial, je m'attendais à ce que le cycle se répète ; je savais qu'il se répéterait, mais aussi qu'il me revenait de décider comment vivre ma vie.

Posant mes fleurs par terre, je m'agenouillai et retirai les bouquets fanés, apportés plusieurs semaines auparavant, des vases en métal, que je remplis d'eau fraîche tirée du seau. Puis je disposai les hortensias de chaque côté du tombeau, en m'assurant qu'ils soient symétriques. Un moment, je fus absorbée par mon travail : rincer la pierre à l'eau claire pour enlever la poussière, essuyer le granit avec un chiffon tiré de mon sac. On avait pavé à neuf notre terrain pour qu'aucune mauvaise herbe ni aucun détritus ne dépare la pierre tombale. C'était pratique, mais aussi un peu bizarre, car mes grands-parents adoraient la nature et l'ordre naturel ; ils connaissaient le nom de toutes les fleurs de la péninsule d'Izu. Le fait était même représenté sur le tombeau, car lorsque son épouse était morte, grand-papa avait fait graver ses dessins préférés dans le granit – les plants de fraisiers dans la serre de Shimoda, des azalées en pleine floraison – ses souvenirs les plus chers, sculptés dans la pierre.

Ma mère avait aussi contribué à notre tombeau ; elle y avait ajouté notre nom. Avant même d'avoir atteint l'âge adulte, c'était une calligraphe chevronnée, assez douée pour mériter d'être artiste, mais enfant, elle n'avait que son enthousiasme et un talent naissant. Elle avait dessiné le nom de « Sarashima » sur une feuille de papier de riz à Meguro, et grand-papa avait fait graver ce dessin dans le granit. Son œuvre à elle, sur la tombe sous laquelle ses cendres étaient ensevelies.

Essuyant une dernière trace de poussière, je posai les doigts dans les rainures et les entailles profondes de notre nom, retraçant les traits de chaque caractère, suivant le trajet du pinceau de ma mère. Les noms bouddhistes de mes ancêtres étaient inscrits au-dessus. Mais ce jour-là, je ne m'intéressais qu'à notre nom de mortels, notre nom de famille, le nom que ma mère avait aimé, et que j'avais désormais choisi de garder.

Assise près d'elle dans sa dernière demeure, je réfléchis au contrat que je n'avais ni signé ni renvoyé à Nomura & Higashino ; au parcours qui avait été décidé pour moi. J'avais été pleinement préparée à le suivre : à faire une sorte d'apprentissage en droit des affaires, puis à utiliser mon expérience et mes contacts pour développer le cabinet de mon grand-père. Il méritait de se reposer et d'être soulagé de son fardeau. Et pourtant, ce matin-là, je compris que j'avais changé d'avis. Lorsque je repensais à tout ce que j'avais découvert, je me demandais si je pourrais tirer un meilleur parti de ma vie et des connaissances que j'avais si douloureusement acquises.

Le droit a beaucoup évolué depuis que ma mère était morte et que mon grand-père était devenu un oublié – rôle contre lequel il s'était insurgé, en se donnant un mal extraordinaire pour se faire entendre. Aujourd'hui, on offre un meilleur soutien aux familles des victimes. Elles peuvent s'asseoir auprès du procureur dans la salle d'audience et témoigner, même interroger l'accusé, et peut-être, ainsi, arriver à faire leur deuil. Mais il y aura toujours des crimes, et la loi devra évoluer avec eux, car la question de ce que nous pouvons nous infliger les uns aux autres ne sera jamais réglée.

Mon grand-père n'avait aucune confiance en l'humanité. Il contrôlait sévèrement ce qu'il permettait d'entrer dans sa vie et s'était abrité en pratiquant le droit des affaires, là où lui-même pouvait rester en retrait, protégé. Je pouvais en faire de même, ou bien je pouvais poser ma candidature auprès de mes tuteurs à la Cour Suprême et trouver un poste qui me permettrait de travailler avec les victimes de crimes.

Tirant des bâtonnets d'encens de mon sac, je les allumai et les plaçai dans le brûle-encens devant la tombe. Puis je me levai pour prier. Lors de la cérémonie où j'avais reçu mon nom, mon père avait tenu à ce que je m'appelle Sumiko Satō. Mais mon véritable nom, celui que je porte aujourd'hui, que ma mère a conçu de façon à ce que les traits de chaque caractère forment la meilleure somme possible, et qui était resté sur l'autel de notre temple familial, combine les caractères de mon prénom – célébration, beauté, enfant – avec notre patronyme – île absolue. On peut former le nom de Sumiko Sarashima grâce à différentes combinaisons, mais celle-là était la mienne. Mon grand-père avait été si heureux lorsqu'il l'avait découverte. Il avait dit qu'il espérait que je deviendrais cela, une forteresse, un bastion de force. J'aimais mon nom et ma famille, mais je ne voulais plus être une île.

De retour à la maison, en ouvrant la grille et en remontant l'allée dallée, j'aperçus le vélo de mon grand-père appuyé contre la maison. Je déglutis et m'armai de courage pour la confrontation qui m'attendait, même si, en me voyant, il se contentait généralement de se détourner. Je déverrouillai la porte d'entrée et jetai un coup d'œil dans le vestibule, mais tout était tranquille. C'était presque comme si une sensation de paix avait gagné la maison. Grand-papa avait ouvert tout grand les volets et la lumière se déversait dans toutes les pièces. Comme toujours, lorsque j'entrais chez moi, ce fut vers son bureau que je me dirigeai. Mon grand-père n'y était pas, mais aussitôt, mon cœur devint moins lourd lorsque je vis qu'il m'avait laissé quelque chose sur son bureau. Un gros colis enveloppé de papier brun, toujours fermé, livré ce matin-là par la poste : les lettres de Kaitarō.

Ce que je sais

Finalement, je les suivis à Hokkaido. Je ne savais pas ce que je m'attendais à y trouver. Certainement pas à cette chaleur torride. J'avais toujours cru que les étés du grand nord étaient frais, voire froids. Ma peau était moite lorsque j'ouvris les fenêtres de ma voiture de location en roulant sur la route côtière. Je dépassai plusieurs fermes de kombu avec leurs poteaux en bambou et des cordes de varech submergées sous les vagues, et les algues empilées sur la côte rocheuse pour sécher au soleil. La brise était riche et salée, l'air imprégné de l'odeur de la mer.

Je m'arrêtai pour lire l'itinéraire qu'on m'avait donné. J'avais du mal à retenir les noms de lieux Ainu sur les panneaux routiers, dernières traces d'un peuple indigène colonisé et exterminé. J'écoutai le langage des ports, en notant les consonnes musclées de régions de Tōhoku et d'Hokuriku, influence des colons. Je mangeai des huîtres frites et un épi de maïs en regardant les bateaux de pêcheurs s'éloigner dans la baie, avec leurs noms peints sur la poupe en japonais et en caractères cyrilliques.

J'avais lu les lettres de Kaitarō, mais elles ne m'avaient pas préparée au hameau minuscule où il avait grandi, avec sa rue unique longeant la baie et sa petite épicerie délabrée, à côté du café dont le « é » en néon ne serait sans doute jamais réparé. Je garai ma voiture à l'entrée du village et marchai en bord de mer. Les gens me dévisageaient, étonnés de voir une inconnue. Certains me saluèrent, mais lorsqu'ils tentèrent de me parler je me détournai. Je me sentais mal à l'aise dans ce lieu qui avait été si cher à Kaitarō et à ma mère, mais qui m'était étranger.

Je jetai un coup d'œil au café mais il était fermé. Il n'y avait pas d'auberge. Je devrais donc rouler jusqu'à la ville la plus proche avant la tombée de la nuit ou bien dormir dans la voiture. Je marchai vers la plage et m'arrêtai près de la corniche rocheuse qui s'avançait dans la mer. Par-delà, la baie continuait, aboutissant à une série de grottes. La leur s'y trouvait, songeai-je, en regardant la mer qui déferlait et refluait devant moi, cette eau qui voyagerait jusqu'à la côte de Shimoda. Tout comme ceux qui vivent en ce monde ne s'y attardent pas longtemps, et n'existent qu'un moment, ainsi l'eau que je voyais devant moi n'était pas l'eau qui avait été.

Je tournai le dos à la plage et remontai le chemin côtier jusqu'à ce que je trouve le bungalow de Kaitarō. Là encore, je fus étonnée. Il ressemblait à tous les autres, avec leurs murs blanchis, leur peinture écaillée et leurs portes battantes, séparés par une minuscule ruelle pleine de fissures où des fleurs sauvages couleur lilas poussaient et tremblaient au vent.

La mère de Kaitarō était morte depuis longtemps et une nouvelle famille habitait là. Dans la cour arrière, il y avait un petit trampoline détrempé par la pluie, et les fenêtres du séjour étaient ouvertes. Une jeune femme se trouvait à l'intérieur. Elle me surprit en train de l'épier et me fit signe d'approcher, mais je secouai la tête, prise de timidité. Il n'y avait plus aucune trace de Kaitarō ou de ma mère dans cette maison, mais je pouvais peut-être retrouver la petite cabane où ils s'étaient photographiés l'un l'autre.

Le soir de la mort de ma mère, Kaitarō avait fourré ces photos dans un sac en toile. Maintenant, je les tenais entre mes mains. Bien que ces photos n'aient pas été longtemps des pièces à conviction et qu'elles appartiennent à Kaitarō, on ne lui avait pas permis de les conserver pendant qu'il purgeait sa peine. Les détenus n'ont pas le droit de garder des souvenirs dans leur cellule. Lorsque les photos me parvinrent, elles étaient toujours sous scellé. Je me demandai si j'étais la première à les voir depuis vingt ans.

Notre mot pour dire mémoire est kioku ; un souvenir ou un document se dit kiroku. Ces mots sont si proches que seul un son les sépare. De même, une photo n'est pas seulement un document, mais aussi la création d'un souvenir – d'un lieu où l'esprit humain et le monde physique se rejoignent.

À l'orée du hameau, par-delà le groupe de cabanes, de hangars et de potagers hirsutes, un champ de fleurs sauvages menait à une forêt. Devant moi, les arbres étaient verdoyants et touffus. Il n'y avait qu'une trace de jaune qui ourlait les feuilles, signe qu'elles vireraient bientôt à l'or, au rouge ou au marron. Quand ma mère était venue, il était tard dans l'année, et le temps du momijigari, la chasse aux feuilles rouges de l'automne, était déjà passé. Mais il y avait encore des feuilles sur les arbres parmi les branches noires, taches de brun sombre et de vermillon.

Cette vue m'était familière. Je me dirigeai vers les arbres et sortis les photos de mon sac. Dans la première, elle portait des bottes dans les longues herbes et regardait la forêt. Elle avait relevé le col de son chemisier pour se protéger du froid, et elle était de profil, aussi élancée et immobile qu'un arbre. La photo était en couleur, mais sous-exposée de sorte que la silhouette de ma mère se fondait dans le paysage – élément parmi les éléments de cette terre nordique.

Dans la photo suivante, elle regardait Kaitarō. L'ambiance était totalement différente. Elle faisait face à l'objectif, tournée vers le soleil de fin d'après-midi qui éclairait doucement son visage, illuminant ses traits, ses grands yeux sombres et sa peau lumineuse, sur le fond ombragé de la forêt. Elle souriait, jeune et libre. Vivante.

Les deux autres photos avaient manifestement été prises aux abords du village, près des cabanes, dont l'une devait être celle que Kaitarō et son oncle avaient utilisée comme chambre noire. Dans la première image, ma mère était dans la cabane. Elle avait ouvert les volets de l'unique fenêtre et la lumière hivernale dessinait son profil. La photo était en noir et blanc, soulignant la pureté de ses traits, l'élégance de sa silhouette. L'autre photo était beaucoup plus enjouée : elle s'était retournée et touchait les cuves et une vieille pompe à eau. La vitesse d'obturation lente rendait l'image floue, accentuant son mouvement virevoltant et son visage joyeux.

Dans la dernière photo, il l'avait rejointe. Ils avaient réglé le retardateur et posé l'appareil photo dans la chambre noire, tourné vers l'entrée, de telle façon qu'ils étaient encadrés par la porte. Elle le taquinait en lui ébouriffant les cheveux, et il l'avait soulevée de terre de sorte que ses bottes doublées de fourrure étaient juste au-dessus de l'herbe. Elle riait, les yeux fermés, mais il regardait l'objectif et lui aussi, il souriait ; c'était l'une de ses dernières photos d'homme libre.

Ce n'étaient pas là des photos de familles où tous s'alignent avec un sourire forcé et des attitudes figées. Ces images formaient une conversation, un dialogue entre eux, à une époque connue d'eux seuls.

Je fis demi-tour avec les photos dans les mains et marchai dans l'herbe haute en tentant de ne pas écraser les orchidées sauvages, pour trouver l'endroit où elle s'était arrêtée. Mais sous le soleil de fin d'été, les oiseaux de la forêt, les herbes sauvages et les petites fleurs ne me dirent rien. Rien que le murmure des feuilles bruissant dans les arbres.

Je pensai un moment demeurer à Hokkaido pour les chercher encore. Peut-être qu'au cours des jours suivants, je pourrais retourner au hameau et parler aux gens. Mais lorsque je regagnai ma voiture, assise dans l'air lourd et immobile, je sus que je n'en ferais rien.

Dans le paquet que j'avais reçu, il y avait encore une photo, de moi. J'étais debout sur un rivage rocailleux, peut-être près de notre maison à Shimoda, ou bien sur la côte d'Atami. Ma mère l'avait prise face au soleil, de sorte que les rochers et même moi, avec mon tee-shirt blanc et mon short rouge, étions à contre-jour, silhouettes dessinées sur le fond indigo de la mer. J'étais de profil. On ne voyait donc qu'une partie de mon visage. Mais elle avait saisi le moment où la brise avait soulevé mes cheveux et où la lumière avait frappé mon visage tandis que je contemplais les vagues : dans mon regard, il y avait tous les possibles.

En tenant cette image, seule trace du dernier projet de ma mère, prise durant notre dernier été à Shimoda, je tentai de me souvenir du moment où j'y avais été avec elle. Je sentais la brise fraîche sur mon visage, le choc de l'eau froide, mes sandales qui glissaient sur les algues lorsque j'escaladais les rochers. Nous avions peut-être été au port pour voir les yachts. Je me rappelais le son de mes pieds sur le ciment quand je courais, et plus tard, un cornet de crème glacée, et des bras forts qui m'avaient soulevée pour une photo au soleil.

De tout cela, je le compris alors, la seule chose qu'il reste, c'est moi. Toutes ces histoires, ces photos, ces faits résident en moi. Il reste des objets tangibles : sa carte d'embarquement pour Hokkaido, ses chaussures, ses sachets de parfums, les lettres de Kaitarō. Ces choses racontent l'histoire d'une vie, de plusieurs vies entrelacées, mais je suis leur point de rencontre.

Sur le tarmac d'Hokkaido dans la lueur de l'aube, je regardai par le hublot de l'avion. Les moteurs vrombirent tandis que les hôtesses de l'air refermaient les compartiments à bagages. Je mordis ma lèvre, impatiente. J'avais hâte que l'avion roule sur la piste de décollage, de sentir le coup de son accélération plaquant mon dos au siège, nous propulsant dans l'air, sans retour en arrière possible : il n'y avait plus que le vol, ou la destruction.

Je savais que je conserverais les lettres de Kaitarō, les traces de son stylo sur le papier, que je ne les brûlerais pas. J'en étais incapable. Je serais toujours liée à ma mère et à son amant, mais le reste me regardait. Comme dit Sartre, que mon grand-père m'avait fait lire, la liberté, c'est ce qu'on fait à partir de ce qu'on a fait de nous. Je devais me construire un avenir, une vie.

Quand l'avion s'envola enfin, je baissai les yeux pour voir l'aéroport, puis Sapporo qui diminuait. Bientôt, nous survolâmes les volcans, les lacs et les longues côtes désertes d'Hokkaido. Nous contournâmes la baie d'Uchiura et traversâmes le détroit de Tsugaru et la mer bleue agitée. Quittant les vagues ourlées de blanc, nous gagnâmes l'île de Honshu, survolant les forêts d'Aomori et des chaînes de montagnes si escarpées que les villes et les villages qui s'étaient nichés dans leurs vallées étaient de petits havres de civilisation.

Le terrain devint plus plat au-dessus de Fukushima et des rizières dorées de Tochigi, virant au kaléidoscope de couleurs entre le vert des forêts, l'ocre brûlé des terres moissonnées et le patchwork des cultures qui mûrissaient encore au soleil. Longtemps, nous aperçûmes l'éclat argenté des serres industrielles où l'on cultivait les tomates et les concombres, ponctuées ici et là par des toits aux tuiles bleues et des chemins provinciaux poussiéreux, de petites agglomérations nichées au bord des fleuves. Mais en traversant les plaines, les villages devinrent des villes, les villes des ensembles urbains, jusqu'à se fondre dans l'immense métropole qui était ma ville natale.

Je sentis l'avion s'incliner. Je vis le bout de l'aile scintiller au soleil, et la terre qui se déroulait sous mes yeux, les banlieues de Tokyo s'étirant jusqu'à Chiba. Une étendue de béton mêlée à une autre, une forêt d'acier, de verre et de progrès.

Baissant les yeux, je tentai de retrouver la ligne de train que j'avais empruntée quelques semaines auparavant, refaisant mentalement le trajet de la gare au grand édifice carré de la prison de Chiba. Je pouvais presque revoir le gardien, dehors, avec son café dans une tasse en polystyrène, désignant le parking aux visiteurs, remettant des formulaires, et dans la ville et les écoles par-delà le complexe pénitentiaire, des gens qui vaquaient à leurs occupations. Je jetai un coup d'œil à ma montre pour noter l'heure, et surtout la date. Encore quelques heures, et un nouveau citoyen franchirait ces portes en verre teinté, car c'était le dernier jour de sa peine. Bientôt, Kaitarō Nakamura serait libre.

Depuis notre rencontre, je m'étais souvent demandé ce qu'il ferait lorsqu'il serait libéré. Dans les cassettes, il avait affirmé qu'il ne voulait pas vivre sans ma mère. Mettrait-il fin à ses jours ? Roulerait-il dans la campagne jusqu'à une zone fantomatique de la forêt du Suicide et s'y allongerait-il pour se laisser mourir ? Je ne le croyais pas. Je croyais que comme moi, il vivrait avec le souvenir de ma mère. Il vivrait avec ce qu'il avait fait.

L'avion pointa vers Narita, et en cherchant l'aéroport au loin, je ne vis que Tokyo, à perte de vue. Baissant les yeux vers ma ville, je pouvais presque distinguer chacune de ses anciennes enceintes, toujours présentes dans le tissu de la métropole, comme les cernes de croissance dans un arbre. Après avoir atterri, je pris le train express pour Shinagawa, jadis lointaine banlieue, maintenant au cœur de la ville, et dernier endroit où avait vécu ma mère. En avançant dans les couloirs souterrains de la gare, tunnels sans fin d'affiches aux couleurs criardes et de pancartes, je songeai à toutes les choses qu'avait été ce lieu, d'abord petit village, puis avant-poste d'Edo et maintenant ceci : la porte d'entrée internationale de Tokyo et du reste du Japon. C'est vers Shinagawa qu'on canalise, depuis les aéroports, les torrents humains venus du monde entier. Près d'un million de personnes par jour transitent par ces halls, dont les sols sont si brillants qu'ils nous renvoient notre image.

L'heure de pointe était terminée, mais il y avait toujours foule lorsque je passai de l'escalator au tourniquet, avant de m'arrêter sous l'horloge de la gare. L'heure était presque arrivée. La deuxième aiguille avançait sans répit, et j'imaginai Kaitarō marchant dans un couloir, toujours menotté, vers la sortie de la prison. Je vis les gardiens préparer ses effets – un sac de vêtements, les quelques objets qu'il avait gardés, et une enveloppe remplie de l'argent qu'il avait gagné dans les manufactures. Je les vis en train de signer des papiers, d'ouvrir ses menottes, et puis, quand l'horloge sonna neuf heures, insérer une carte pour ouvrir les portes. Calmement, d'un pas lent, Kaitarō Nakamura émergea, en clignant des yeux au soleil.

Un frisson de peur me courut dans le dos, car c'était maintenant à mon tour de faire de même. Devant moi se trouvait un dernier passage couvert. Au bout, je pouvais tout juste distinguer l'intersection et les hordes de gens qui la traversaient pour se diriger vers les ambassades, les hôtels et les immenses ensembles d'immeubles de bureaux qui entouraient la gare. Je levai à nouveau les yeux vers l'horloge et je retins mon souffle. Il était neuf heures passées, mais c'était comme si ma vie restait en suspens. Je sentais l'humanité tout entière, par-delà l'arche. Je pouvais soit reculer pour me cacher, soit l'accueillir. Je rajustai la courroie de mon sac de voyage en pensant aux photos qu'il contenait, celles de ma mère et celle qu'elle avait prise de moi. Soudain mon choix m'apparut clairement. Peut-être qu'il avait toujours été clair. Je calai mon sac plus fermement et me dirigeai vers la sortie, franchissant rapidement le passage couvert pour parvenir à la lumière.

REMERCIEMENTS

Ce roman s'inspire d'un vrai procès qui a eu lieu à Tokyo en 2010, mais il s'agit d'un ouvrage de fiction. Pour les besoins du récit j'ai modifié l'époque, les lieux et les personnages : toutes les vies et les choix représentés ici sont issus de mon imagination. Ce qui m'a fascinée dans cette affaire, c'est l'humanité de l'histoire originale : comment nous nous aimons, et ce que nous sommes capables de nous faire les uns aux autres par amour. C'est le point de départ de ce roman. J'ai mis plusieurs années à le réaliser, dont plusieurs à voyager au Japon pour y faire des recherches, avec l'aide d'organisations là-bas et au Royaume-Uni. J'ai désormais l'honneur et le privilège de remercier enfin tous les individus et les institutions incroyables qui m'ont soutenue, moi et *Ce qu'il me reste de toi.*

Je dois d'abord remercier Richard Lloyd Parry, rédacteur en chef de la branche asiatique du journal *The Times*, qui a couvert l'affaire originale à Tokyo et qui a eu la gentillesse de partager avec moi ses articles sur le procès et ses connaissances sur l'industrie japonaise des briseurs de couples. Je lui suis particulièrement reconnaissante de ses conseils au fil des ans et de son extraordinaire ouvrage *Dévorer les ténèbres*, qui m'a initiée au système juridique japonais.

Plusieurs sources ont contribué à mes recherches sur le droit japonais, en premier lieu l'ambassade du Japon à

Londres et les procureurs qui y ont été premiers secrétaires des affaires juridiques, Fumihiko Sakamoto et Naoya Maeda. Je suis également redevable aux avocats de Tokyo qui m'ont parlé de leur formation, de leurs carrières et de l'évolution de la loi : Masako Suzuki, Aiko Koma, Chie Komai, Fuki Iwai, et Tomoko Kobayashi. Merci pour votre enthousiasme, votre franchise et votre générosité 今度東京に行くときは一杯おごらせて ! Je remercie aussi les professionnels du droit de la British Japanese Law Association (BJLA) qui ont partagé leur expertise avec moi et qui m'ont fait l'honneur de me nommer membre de la BJLA.

Pour leur érudition sur la façon dont on poursuit les criminels au Japon, l'importance de l'amour dans le droit japonais, les lois sur le divorce, la garde et l'enlèvement des enfants, mes plus sincères remerciements à David T. Johnson, Mark D. West, Takao Tanase, Malcolm M. Feeley, Setsuo Miyazawa, Masayuki Murayama, Matt Antell et David Hearn. Je n'ai pas été autorisée à entrer dans une prison au Japon, mais je suis profondément reconnaissante au Human Rights Watch Prison Project pour leur rapport « Prison Conditions in Japan », notamment le « Handbook for Life in Prison » sur la prison de Fuchu en 1994, source précieuse pour l'histoire de Kaitarō dans ce roman.

Une part immense de ma recherche n'aurait pas été possible sans la British Association of Japanese Studies et la Toshiba International Foundation qui m'ont décerné une bourse Toshiba pour mon travail anthropologique dans *Ce qu'il me reste de toi*, et qui ont facilité mon travail sur le terrain au Japon. Je suis aussi profondément reconnaissante à tous les gens merveilleux partout au Japon, particulièrement à Tokyo, Atami et Shimoda, qui m'ont invitée chez eux, m'ont montré leurs quartiers et m'ont généreusement offert leur hospitalité et leur temps. À Masami Nakamura, Nori Tsuchiya, Sumiko Itagaki, Chie Matsuda, Henry Onodera, Yoshikuni Nakamura, Yumi Fukui, Yasuko Norita, la famille Ushirosako, ainsi que le personnel et les étudiants de Den-en

Chofu Gakuen : merci de m'avoir accueillie et de m'avoir traitée comme l'une des vôtres.

À ma « famille japonaise » à Londres, et en particulier à ma chère amie Sumiko Sarashima, merci de m'avoir donné ton beau nom, et de toutes ces années de « Soirées Niku », de tes encouragements et ton amitié. Merci aussi à Otosan, pour toutes ces bulles qui ont préservé ma santé mentale, et à Sayuri et Takumi de m'avoir rappelé que les dinosaures – surtout en peluche – sont beaucoup plus importants que quoi que ce soit. Je suis honorée d'être votre marraine (mais si vous lisez ceci avant 2030, vous êtes trop jeunes !).

Pour nos discussions nocturnes régulières, leurs précieux conseils et leur aide à la traduction et à l'écriture en japonais, merci à Asuka Isono, Kaori Maeda et Kazuko Yoshida. Mon travail n'aurait pas non plus été possible sans le dictionnaire de caractères japonais en ligne de la Monash University.

Pour tout ce qui concerne l'anthropologie, j'aimerais remercier Joy Hendry pour sa patience infinie et pour être venue à mon secours au sujet des corneilles et du temps. Je me suis également appuyée sur les ouvrages de Melinda Papp, Peter Wynn Kirby, Dorinne K. Kondo, Yoshinobu Ashihara, Alex Kerr, Inge Daniels, Christopher Tilley, David Lowenthal et Nam-lin Hur. Pour leurs renseignements sur les détails médicaux, médico-légaux et psychologiques, je suis redevable à Jill Harling, David Neaum, Justin Parker et Leigh Curtis.

Pour leurs photos, leurs articles et leurs connaissances extraordinaires sur la photographie japonaise des années 1970 à nos jours, merci à : Masahisa Fukase, Yurie Nagashima, Shomei Tomatsu, Shoji Ueda, Ryuji Miyamoto, Masafumi Sanai, Seiichi Furuya et Daido Moriyama. Pour leur expertise sur tous les aspects techniques de la photographie, je suis redevable à Holder Pooten du London Institute of Photography, et Debbie Castro. Je suis également très reconnaissante au Arvon Jerwood Prize for Literature, à l'Inspires Award du National Writing Centre, au A.M. Heath Prize, et au First Novel Award de The Literary Consultancy/Peggy Chapman-Andrew Bridport, d'avoir reconnu les mérites du premier manuscrit et de m'avoir offert le soutien financier, les encouragements et les résidences d'écrivain nécessaires à le compléter. Tout ce qui est juste dans ce livre, je le dois à ces personnes et à ces organisations incroyables. Toutes les erreurs sont les miennes. 感謝してもしきれません.

Ce qu'il me reste de toi n'aurait jamais existé sans mes merveilleux agents, Antony Harwood et Grainne Fox. Merci d'avoir cru en moi et de m'avoir arraché le manuscrit des mains ! Je serai aussi éternellement reconnaissante à mon éditrice, Margo Shickmanter. Merci d'avoir aimé ces personnages autant que moi et de m'avoir poussée à donner de ce roman la meilleure version possible. Votre perspicacité et votre rigueur m'ont inspirée. À Federico Andornino et à tout le monde chez Doubleday et chez Weidenfeld & Nicholson, *Ce qu'il me reste de toi* n'aurait pas pu trouver une meilleure maison, et je suis ravie d'être publiée chez vous. Merci d'avoir transformé ce livre, mon rêve, en réalité.

J'ai l'immense chance d'être entourée d'une communauté d'écrivains, et je ne serais jamais arrivée où j'en suis aujourd'hui sans Louise Doughty. Louise, vous m'avez donné le courage de me prendre au sérieux en tant qu'écrivain et d'écrire professionnellement. Je vous suis plus reconnaissante que je ne puis le dire. Merci aussi à Richard Skinner, à la Faber Academy, ainsi qu'aux enseignants et aux étudiants du Creative Writing MSt de l'université d'Oxford, en particulier à Clare Morgan, Jane Draycott et Frank Egerton. J'éprouve une profonde gratitude envers les mentors et les amis qui m'ont soutenue au fil des ans : Nikita Lalwani, Liz Jensen, Jacqui Lofthouse, Nicola Upson, Tessa Manisty, German Munoz, Guinevere Glasfurd et Patience Agbabi. Merci pour votre brillance naturelle, votre endurance, vos réflexions précieuses, et pour le gin. Vous êtes mes héros.

Enfin, j'aimerais remercier ma famille. Maman et papa, tout ce que je suis aujourd'hui, c'est à vous que je le dois.

Merci d'avoir toujours cru en moi et de m'avoir soutenue quand j'ai pris la folle décision de quitter un travail dans la finance pour écrire. À mon mari, Tom : je n'aurais jamais pu écrire ce livre sans toi. Merci pour les tasses de thé à l'infini, merci d'avoir lu et relu mes versions successives (même lorsqu'elles étaient quasiment identiques !) et surtout, merci de m'avoir épousée. Tu es tout pour moi.

Cet ouvrage a été composé par PCA

Imprimé en France par
CPI BRODARD & TAUPIN (72200 La Flèche)
en octobre 2021

pour le compte des Éditions J.-C. LATTÈS
17, rue Jacob – 75006 Paris

PAPIER À BASE DE FIBRES CERTIFIÉES

JC Lattès s'engage pour l'environnement en réduisant l'empreinte carbone de ses livres. Celle de cet exemplaire est de : 1,2 kg éq. CO_2
Rendez-vous sur www.jclattes-durable.fr

N° d'édition : 01 – N° d'impression : 3044668
Dépôt légal : octobre 2021
Imprimé en France